Ed Catmull

Die Kreativitäts-AG

Ed Catmull
mit Amy Wallace

# Die Kreativitäts-AG

## Wie man die unsichtbaren Kräfte überwindet, die echter Inspiration im Wege stehen

Aus dem Amerikanischen von Karin Miedler, Sigrid Schmid und Thomas Pfeiffer

HANSER

Titel der Originalausgabe:
*Creativity, Inc.* Overcoming the Unseen Forces That Stand in the Way of True Inspiration.
New York, Random House 2014

FSC
www.fsc.org
MIX
Papier aus verantwortungsvollen Quellen
FSC® C014889

Bibliografische Information der Deutschen Nationalbibliothek
Die Deutsche Nationalbibliothek verzeichnet diese Publikation in der Deutschen Nationalbibliografie; detaillierte bibliografische Daten sind im Internet über http://dnb.d-nb.de abrufbar.



2. Auflage 2019


Lektorat: Martin Janik
Herstellung: Andrea Reffke
Umschlaggestaltung nach einem Entwurf von Andy Dreyfus
Illustration: © Disney • Pixar
Satz: Kösel Media GmbH, Krugzell
Druck und Bindung: Friedrich Pustet, Regensburg
Printed in Germany
ISBN 978-3-446-43672-5
E-Book-ISBN 978-3-446-44061-6

*Für Steve*

# INHALT

# EINLEITUNG: VERLOREN UND WIEDERGEFUNDEN

Jeden Morgen, wenn ich die Pixar Animation Studios betrete, vorbei an der über sechs Meter hohen Skulptur von Luxo Jr., unserem freundlichen Schreibtischlampen-Maskottchen, durch die Doppeltüren in das Glasdachatrium trete, wo ein mannshoher Buzz Lightyear mit Woody aus Legosteinen strammsteht, die Treppen hinaufgehe, vorbei an Zeichnungen und Gemälden der Figuren, die unsere 14 Filme bevölkern – dann bin ich beeindruckt von der einzigartigen Kultur, die an diesem Ort herrscht. Obwohl ich diesen Weg schon tausende Male zurückgelegt habe, wird er nie alt.

Der über sechs Hektar große Komplex von Pixar wurde auf dem Grundstück einer ehemaligen Konservenfabrik gegenüber der Bay Bridge in San Francisco erbaut. Das Gebäude wurde komplett, innen wie außen, von Steve Jobs entworfen (es heißt auch Steve Jobs Building). Es hat gut durchdacht angelegte Ein- und Ausgänge, damit die Leute in Kontakt kommen, sich treffen und kommunizieren können. Draußen gibt es einen Fußballplatz, ein Volleyballfeld, ein Schwimmbecken und ein Amphitheater mit 600 Sitzplätzen. Manche Besucher verstehen den Sinn der Gestaltung nicht und halten sie nur für eine Laune. Sie verstehen nicht, dass der übergreifende Gedanke für dieses Gebäude nicht Luxus heißt, sondern Gemeinschaft. Steve wollte, dass das Gebäude unsere Arbeit fördert, indem es unsere Möglichkeiten zur Zusammenarbeit verbessert.

Die Zeichner, die hier arbeiten, sind frei – nein aufgefordert –, ihre Arbeitsplätze so zu gestalten, wie es ihnen gefällt. Sie verbringen ihre Tage in rosa Puppenhäuschen mit kleinen Kronleuchtern an der Decke, in Hütten aus echtem Bambus und Burgen, deren sorgfältig bemalte viereinhalb Meter hohe Styroporzinnen aussehen wie aus Stein gemeißelt. Ein jährlich stattfindendes Ereignis in der Firma heißt »Pixarpalooza«, bei dem unsere hauseigenen Rockbands mit großem Einsatz von Herzblut auf den Bühnen auf dem Rasen vor dem Gebäude miteinander wetteifern.

Wir legen hier Wert auf Selbstdarstellung. Das macht meistens großen Eindruck auf Besucher. Oft sprechen sie von einer gewissen Wehmut, die sie beim Betreten des Gebäudes empfinden, als fehle etwas in ihrem Arbeitsleben – eine spürbare Energie, ein Gefühl von Zusammenarbeit und ungehindert fließender Kreativität, ein Gefühl von Möglichkeiten, wenn das auch ein bisschen abgedroschen klingen mag. Ich erzähle ihnen dann immer, dass das Gefühl, das sie aufnehmen – nennen wir es Überschwang, Respektlosigkeit, sogar Launen –, ein wichtiger Bestandteil unseres Erfolges ist.

Doch das ist es nicht, was Pixar zu etwas Besonderem macht.

Das Besondere bei Pixar ist: Wir wissen, dass wir immer Probleme haben werden, viele davon sind für uns nicht sichtbar; dass wir uns große Mühe geben, diese Probleme zu entdecken, auch wenn das für uns unbequem sein könnte; und dass wir, wenn wir auf so ein Problem treffen, alle unsere Energie aufwenden, es zu lösen. Deshalb komme ich jeden Morgen so gerne zur Arbeit und nicht so sehr wegen einer tollen Party oder dem Arbeitsplatz mit Türmchen. Das motiviert mich und gibt mir ein gewisses Sendungsbewusstsein.

Es gab jedoch eine Zeit, als mir meine Bestimmung hier viel weniger klar war. Und es mag Sie überraschen, wenn ich Ihnen erzähle, wann das war.

Am 22. November 1995 lief *Toy Story* in den amerikanischen Kinos an und wurde der größte Filmstart aller Zeiten. Kritiker bezeichneten den Film als »einfallsreich« *(Time)*, »brillant« und »überaus geistreich« *(New York Times)* und »visionär« *(Chicago Sun-Times)*.

Um einen Film zu finden, der einem Vergleich standhielte, schrieb die *Washington Post,* müsse man auf den *Zauberer von Oz* aus dem Jahr 1939 zurückgreifen.

Die Produktion von *Toy Story* – der erste Trickfilm in Spielfilmlänge, der vollständig am Computer erstellt wurde – hatte jede Unze unserer Hartnäckigkeit, Kunstfertigkeit, technischen Findigkeit und Ausdauer gefordert. Die rund 100 Frauen und Männer, die ihn produzierten, hatten zahllose Hochs und Tiefs durchlebt, in dem ständigen Bewusstsein, dass unser Überleben von diesem 80-minütigen Experiment abhing. Fünf ganze Jahre hatten wir dafür gekämpft, *Toy Story* auf unsere Art zu machen. Wir widersetzten uns dem Rat der Disney-Oberen, die fanden, wir brauchten viele Lieder in unserem Film, da sie mit Musicals immer so erfolgreich waren. Wir überarbeiteten die Geschichte mehr als einmal vollständig, damit sie auch wirklich echt wirkte. Wir arbeiteten abends, an Wochenenden, an Feiertagen – meistens klaglos. Wir waren zwar Neulinge im Filmgeschäft in einem noch jungen Studio in höchst bescheidenen finanziellen Verhältnissen, doch wir vertrauten auf einen einfachen Gedanken: Wenn wir etwas machten, das *wir* sehen wollten, würden andere es auch sehen wollen. Bis dahin hatte es sich angefühlt, als würden wir einen Felsbrocken einen Berg hinaufschieben, als versuchten wir das Unmögliche. Es gab viele Momente, in denen die Zukunft von Pixar in den Sternen stand. Jetzt waren wir plötzlich ein Beispiel dafür, was passieren kann, wenn Künstler auf ihr Bauchgefühl hören.

*Toy Story* wurde der umsatzstärkste Film des Jahres und spielte weltweit 358 Millionen Dollar ein. Doch nicht nur die Zahlen machten uns stolz; Geld ist schließlich nur ein Maßstab für ein florierendes Unternehmen und meistens nicht der bedeutendste. Nein, was mir Befriedigung verschaffte, war das, was wir geschaffen hatten. Die Kritiken konzentrierten sich hauptsächlich auf die bewegende Handlung des Films und seine komplexen dreidimensionalen Charaktere – und sie erwähnten nur kurz, dass der Film komplett am Computer entstanden ist. Trotz der zahlreichen Innovationen, die unsere Arbeit erst möglich gemacht hatten, hatten wir nicht zugelassen, dass die Technologie über unserem eigentlichen Ziel stand: einen tollen Film zu machen.

Für mich persönlich war mit *Toy Story* ein Ziel erreicht, das ich mehr als zwei Jahrzehnte lang verfolgt und von dem ich schon als Junge geträumt hatte. Ich wuchs in den 1950er-Jahren auf und wollte immer Disney-Trickfilmzeichner werden, hatte aber keine Ahnung, wie ich das anstellen sollte. Instinktiv, das erkenne ich jetzt, stürzte ich mich auf die Computergrafik – damals ein noch neues Feld –, um diesen Traum weiterzuverfolgen. Wenn ich nicht von Hand zeichnen konnte, musste es einen anderen Weg geben. Während des Aufbaustudiums hatte ich mir im Stillen das Ziel gesetzt, den ersten computergenerierten Animationsfilm zu machen, und arbeitete 20 Jahre unermüdlich, um dieses Ziel zu erreichen.

Jetzt hatte ich das Ziel erreicht, das eine treibende Kraft in meinem Leben gewesen war, ich empfand eine ungeheure Erleichterung und war in Hochstimmung – zumindest anfänglich. Kurz nach dem Start von *Toy Story* gingen wir mit dem Unternehmen an die Börse, besorgten uns das Kapital, um unsere Zukunft als unabhängige Produktionsfirma zu sichern, und machten uns an zwei neue Projekte in Spielfilmlänge: *Das große Krabbeln* und *Toy Story 2*. Alles lief gut für uns, und doch fühlte ich mich irgendwie ziellos. Nachdem ich ein Ziel erreicht hatte, hatte ich ein wichtiges Bezugssystem verloren. »Ist das wirklich das, was ich machen will?«, fragte ich mich immer wieder. Die Zweifel überraschten und verwirrten mich, und ich behielt sie für mich. Ich war die meiste Zeit, in der das Unternehmen bestand, Präsident von Pixar gewesen. Ich liebte den Ort und alles, wofür er stand. Doch ich konnte nicht leugnen, dass die Erfüllung des Ziels, das mein Berufsleben bestimmt hatte, mich nun ohne Bestimmung dastehen ließ. »Ist das alles?«, fragte ich mich. »Ist es Zeit für eine neue Herausforderung?«

Ich dachte nicht etwa, Pixar sei »angekommen« oder meine Arbeit sei getan. Ich wusste, dass noch größere Schwierigkeiten vor uns lagen. Das Unternehmen wuchs schnell, viele Aktionäre mussten zufriedengestellt werden, und wir arbeiteten fieberhaft an zwei neuen Filmen. Kurz, es gab genügend zu tun, was meine Arbeitszeit ausfüllte. Doch mein innerer Ansporn – das, was mich im Aufbaustudium auf dem Boden des Computerraums übernachten ließ, damit ich länger am Großrechner arbeiten konnte, was mich als Kind nachts wach hielt, weil ich im Kopf Probleme wälzte, was jeden meiner Arbeitstage antrieb – war verloren gegangen. Ich hatte zwei Jahrzehnte damit verbracht, einen Zug zu bauen und die Schienen zu verlegen. Jetzt erschien mir die Aufgabe, einfach damit zu fahren, weitaus weniger interessant. »Genügte es mir, einen Film nach dem anderen zu machen?«, fragte ich mich. »Was sollte nun mein Organisationsprinzip werden?«

Es sollte ein ganzes Jahr dauern, ehe sich eine Antwort abzeichnete.

Von Anfang an schien es mir bestimmt, mein Berufsleben mit einem Fuß im Silicon Valley und mit dem anderen in Hollywood zu verbringen. 1979 kam ich erstmals mit dem Filmgeschäft in Berührung, als mich George Lucas nach dem Erfolg von *Star Wars* einstellte, weil ich modernste Technologie in die Filmindustrie bringen sollte. Doch sein Standort war nicht Los Angeles. Er hatte seine Firma Lucasfilm am nördlichen Ende der San Francisco Bay gegründet. Unser Büro lag in San Rafael, etwa eine Stunde Autofahrt von Palo Alto entfernt, im Herzen des Silicon Valley – ein Name, der damals gerade erst Zugkraft entwickelte, als es mit den Halbleitern und der Computerindustrie richtig losging. Damit konnte ich aus nächster Nähe die zahlreichen neu entstehenden Hardware- und Softwarefirmen beobachten, ganz zu schweigen von der wachsenden Risikokapitalbranche, die im Laufe einiger Jahre das Silicon Valley von ihrem Beobachtungsposten an der Sand Hill Road beherrschen würde.

Ich hätte keinen dynamischeren und unbeständigeren Zeitpunkt für meine Ankunft wählen können. Ich sah viele Start-ups hell aufflammen im Erfolg – und dann erlöschen. Meine Aufgabe bei

Lucasfilm – das Filmemachen mit der Technologie zusammenzubringen – brachte es mit sich, dass ich häufig mit den Chefs von Firmen wie Sun Microsystems, Silicon Graphics und Cray Computer zu tun hatte und einige gut kennenlernte. Ich war damals vor allem Wissenschaftler und weniger Führungskraft, deshalb beobachtete ich diese Leute genau und hoffte, ich könnte aus der Entwicklung ihrer Unternehmen lernen. Allmählich zeichnete sich ein Muster ab: Jemand hatte eine kreative Idee, erhielt Kapital, versammelte eine Menge intelligenter Leute und entwickelte und verkaufte ein Produkt, das sehr viel Aufmerksamkeit erregte. Dieser anfängliche Erfolg führte zu weiterem Erfolg und lockte die besten Ingenieure und Kunden mit interessanten und sehr wichtigen Problemen an, die zu lösen waren. Während diese Unternehmen weiter wuchsen, wurde viel über ihre bahnbrechenden Methoden geschrieben, und wenn ihre CEOs unweigerlich auf dem Cover von *Fortune* landeten, wurden sie als »Titanen der Innovation« gefeiert. Ich erinnere mich speziell an das Selbstvertrauen. Die Führer dieser Unternehmen strahlten extremes Selbstvertrauen aus. Sicher hatten sie nur an die Spitze gelangen können, weil sie sehr, sehr gut waren.

Aber dann machten diese Unternehmen etwas Dummes – nicht nur rückblickend dumm, sondern damals schon erkennbar dumm. Ich wollte wissen, warum. *Was brachte intelligente Menschen dazu, Entscheidungen zu treffen, die ihre Unternehmen aus der Bahn warfen?* Zweifellos waren sie selbst überzeugt, das Richtige zu tun, doch etwas blendete sie – und verhinderte, dass sie die Probleme erkannten, die sie zu kippen drohten. Daher wuchsen ihre Unternehmen wie Blasen und platzten dann. Mich interessierten nicht der Aufstieg und der Fall der Unternehmen, auch nicht das laufend sich verändernde Umfeld mit neuen Technologien, sondern die Tatsache, dass die Führung dieser Unternehmen so auf den Wettbewerb fokussiert schien, dass sie nie zu einer tieferen Einsicht über andere zerstörerische Kräfte gelangte, die am Werk waren.

Während der Jahre, als Pixar seinen Weg suchte – erst verkaufte das Unternehmen Hardware, dann Software, dann animierte Kurz-

und Werbefilme –, fragte ich mich: Wenn Pixar je Erfolg hat, werden wir dann auch etwas Dummes tun? Kann die sorgfältige Beobachtung der Fehltritte anderer uns helfen, wachsam für unsere eigenen zu sein? Oder gibt es etwas, das einen als Führungskraft blind macht für Bedrohungen für das Wohlergehen der eigenen Firma? Sicher, irgendetwas führte zu einem gefährlichen Ausfall bei vielen klugen, kreativen Unternehmen. Was genau das war, war ein Rätsel – und eines, das ich zu lösen entschlossen war.

In dem schwierigen Jahr nach *Toy Story* erkannte ich, dass meine nächste Herausforderung die Lösung dieses Rätsels war. Mein Wunsch, Pixar vor diesen Kräften zu bewahren, die so vielen Unternehmen zum Verhängnis geworden waren, gab mir wieder einen Fokus. Ich begann, meine Rolle als Führungskraft klarer zu sehen. Ich würde mich der Aufgabe widmen, herauszufinden, wie man nicht nur eine erfolgreiche Firma aufbaut, sondern auch eine nachhaltige kreative Kultur. Als ich meine Aufmerksamkeit von der Lösung technischer Probleme auf die Beschäftigung mit der gedanklichen Struktur von vernünftiger Führung richtete, war ich wieder voller Begeisterung – und war sicher, dass unser zweiter Akt so berauschend werden würde wie unser erster.

Es war immer mein Ziel, bei Pixar eine Kultur zu schaffen, die die Unternehmensgründer überleben würde – Steve, John Lasseter und mich. Doch es ist ebenfalls mein Ziel, unsere Unternehmensphilosophie anderen Führungskräften mitzuteilen und eigentlich allen, die mit den widerstreitenden und nicht notwendigerweise sich ergänzenden Kräften von Kunst und Kommerz ringen. Was Sie nun in Händen halten, ist ein Versuch, meine besten Gedanken zum Aufbau unserer Kultur zu Papier zu bringen, die die Basis dieses Unternehmens ist.

Dieses Buch ist nicht nur für die Mitarbeiter von Pixar, Führungskräfte der Unterhaltungsbranche oder für Trickfilmzeichner geschrieben worden. Es ist für jeden, der in einer Umgebung arbeiten möchte, die Kreativität und Problemlösung fördert. Es ist meine

Überzeugung, dass gute Führung dazu beitragen kann, Kreative auf dem Weg zur Exzellenz zu halten, unabhängig von der Branche. Mein Ziel bei Pixar – und bei Disney Animation, das ich mit meinem langjährigen Partner John Lasseter ebenfalls führe, seit die Walt Disney Company Pixar im Jahr 2006 erwarb – ist es, unsere Mitarbeiter zu befähigen, ihr Bestes zu geben. Wir gehen von der Annahme aus, dass unsere Mitarbeiter talentiert sind und einen Beitrag leisten wollen. Wir akzeptieren, dass unser Unternehmen ohne Absicht auf vielerlei unsichtbare Weise diese Fähigkeit erstickt. Schließlich versuchen wir, diese Behinderungen zu erkennen und sie zu beseitigen.

Seit fast 40 Jahren denke ich darüber nach, wie man intelligenten, ehrgeizigen Menschen helfen kann, effektiv zusammenzuarbeiten. Meine Aufgabe als Führungskraft sehe ich darin, ein fruchtbares Umfeld zu schaffen, es gesund zu erhalten und Ausschau nach Faktoren zu halten, die das untergraben könnten. Ich bin zutiefst überzeugt, dass jeder das Potenzial besitzt, kreativ zu sein – welche Form diese Kreativität auch annehmen mag –, und dass die Förderung einer solchen Entwicklung ein nobles Anliegen ist. Noch interessanter finde ich jedoch die Felsbrocken, die uns oft unbemerkt in den Weg gelegt werden und die die in jedem florierenden Unternehmen vorhandene Kreativität behindern.

Die These dieses Buches lautet: Es gibt viele Hindernisse für die Kreativität, und man kann aktive Schritte unternehmen, um den kreativen Prozess zu schützen. Auf den folgenden Seiten werde ich viele unserer Schritte bei Pixar diskutieren, doch am interessantesten finde ich die Mechanismen, die mit Unsicherheit, Labilität, mangelnder Offenheit und dem zu tun haben, was wir nicht sehen können. Ich glaube, die besten Führungskräfte geben dem Raum, was sie nicht wissen, und akzeptieren es – nicht nur weil Bescheidenheit eine Tugend ist, sondern weil die bedeutendsten Durchbrüche erst geschehen können, wenn man diese Haltung eingenommen hat. Ich glaube, dass Manager die Kontrolle lockern müssen und nicht verstärken. Sie müssen das Risiko auf sich nehmen; sie müssen den Menschen vertrauen, mit denen sie zusammenarbeiten, und sich bemühen, ihnen den Weg frei zu machen; und sie müssen immer auf alles achten und sich mit allem beschäftigen, was Ängste hervorruft. Außerdem akzeptieren erfolgreiche Führungskräfte die Tatsache, dass ihre Führungsmodelle falsch oder unvollständig sein könnten. Nur wenn wir das akzeptieren, was wir nicht wissen, haben wir eine Chance, es zu erfahren.

Dieses Buch ist in vier Abschnitte unterteilt – »Der Anfang«, »Der Schutz des Neuen«, »Aufbau und Erhalt« und »Der Praxistest«. Hier geht es nicht um meine Memoiren, doch um die Fehler zu verstehen, die wir gemacht haben, und was wir daraus lernten, muss ich an manchen Stellen in meine eigene Geschichte und die von Pixar eintauchen. Ich kann viel darüber sagen, wie man Gruppen befähigt, gemeinsam etwas Bedeutsames zu schaffen, und sie vor den zerstörerischen Kräften beschützt, die auch in den stärksten Unternehmen lauern. Es ist meine Hoffnung, dass ich durch die Schilderung meiner Suche nach den Quellen von Verirrung und Verwirrung bei Pixar und Disney Animation anderen helfen kann, die Fallstricke zu umgehen, die alle möglichen Unternehmen behindern und manchmal sogar zu Fall bringen. Der Schlüssel für mich – was mich in den 19 Jahren seit dem Debüt von *Toy Story* immer noch motiviert – war die Erkenntnis, dass die Suche nach diesen zerstörerischen Kräften nicht etwa eine Art philosophischer Übung ist. Es ist eine zentrale, ganz wesentliche Aufgabe. Kurz nach unserem ersten Erfolg war es notwendig, dass die Führung von Pixar wach blieb und aufpasste. Und diese Notwendigkeit, wachsam zu sein, endet nie. In diesem Buch geht es also um die Aufgabe beständiger Wachsamkeit – um Führung durch Selbst-Bewusstsein als Führungskräfte und als Unternehmen. Hier sind die Vorstellungen versammelt, die nach meiner Überzeugung das Beste in uns möglich machen.

# TEIL 1

# Der Anfang

# KAPITEL 1

## Belebt

Dreizehn Jahre lang hatten wir im großen Konferenzraum bei Pixar, den wir West One nennen, einen Tisch. Er war zwar schön, doch mit der Zeit begann ich diesen Tisch zu hassen. Er war lang und schmal, wie diese Dinger in Sketchen über ein altes wohlhabendes Ehepaar, das sich zum Abendessen an diesen Tisch setzt – an jedem Ende eine Person, ein Armleuchter in der Mitte – und sich nur laut schreiend unterhalten kann. Der Tisch war von einem Designer ausgewählt worden, den Steve Jobs mochte, und er war elegant, okay – aber er behinderte unsere Arbeit.

Wir hatten regelmäßige Meetings über unsere Filme an diesem Tisch – 30 von uns saßen sich in zwei langen Reihen gegenüber, oft saßen noch mehr Menschen an der Wand, und alle waren so weit verteilt, dass die Kommunikation schwierig war. Für die Unglücklichen, die ganz am Ende saßen, flossen die Ideen nicht, denn es war fast unmöglich, Augenkontakt aufzunehmen, ohne sich den Hals zu verrenken. Außerdem mussten der Regisseur und der Produzent des jeweiligen Films in der Mitte sitzen, damit sie hören konnten, wenn jemand etwas sagte. Das galt auch für die künstlerischen Leiter bei Pixar: der Creative Officer John Lasseter, ich und eine Handvoll unserer erfahrensten Regisseure, Produzenten und Autoren. Damit diese Leute immer zusammensaßen, machte schließlich jemand immer Platzkarten. Wir hätten auch bei einem förmlichen Abendessen sein können.

Wenn es um künstlerische Inspiration geht, sind Stellenbezeichnungen und Hierarchien bedeutungslos. Das ist meine Überzeugung. Doch unwissentlich ließen wir zu, dass dieser Tisch – und das dadurch entstandene Platzkartenritual – eine andere Botschaft aussandte. Je näher man an der Mitte des Tisches saß, desto wichtiger – und zentraler – musste man sein, das war die Botschaft. Und je weiter entfernt man saß, desto weniger wahrscheinlich war es, dass man etwas sagte – die Entfernung vom Zentrum der Konversation ließ sie die Teilnahme an einem Gespräch als aufdringlich empfinden. Wenn der Tisch, wie so oft, voll war, saßen noch mehr Leute auf Stühlen am Rand des Raumes und schufen so eine dritte Stufe von Teilnehmern (neben denen im Zentrum und denen an den Enden des Tisches). Ohne Absicht hatten wir ein Hindernis geschaffen, das Menschen davon abhielt, sich einzubringen.

Im Laufe eines Jahrzehnts hielten wir zahlreiche Treffen an diesem Tisch auf diese Weise ab – ohne zu erkennen, wie das unsere wichtigsten Grundsätze untergrub. Warum waren wir blind dafür? Weil die Sitzregelungen und Platzkarten der Bequemlichkeit der Führungskräfte dienten, auch meiner. Da wir nach unserer Überzeugung in einem Meeting saßen, das alle einschloss, sahen wir kein Problem, denn *wir* fühlten uns *nicht* ausgeschlossen. Die nicht im Zentrum Platzierten erkannten inzwischen sehr deutlich, dass das eine Hackordnung darstellte, doch sie gingen davon aus, dass wir – die Führungskräfte – das so beabsichtigt hatten. Wer waren sie denn, dass sie sich beschweren konnten?

Erst als wir zufällig eine Sitzung in einem kleineren Raum mit einem quadratischen Tisch hatten, erkannten John und ich das Problem. An diesem Tisch war das Zusammenspiel besser, der Austausch von Ideen floss freier, und es gab automatisch Augenkontakt. Jeder fühlte sich unabhängig von seiner Stellung frei, etwas zu sagen. Das war nicht nur das, was wir wollten, sondern es war eine Grundüberzeugung bei Pixar: Ungehinderte Kommunikation war von wesentlicher Bedeutung, ganz gleich, welche Position man innehatte. Wir hatten auf unseren gemütlichen, zentral gelegenen Plätzen an unserem langen, schmalen Tisch überhaupt nicht erkannt, dass wir uns entgegengesetzt zu diesem grundlegenden Ziel verhielten. Im Lauf der Zeit waren wir in eine Falle getappt. Obwohl uns bewusst war, wie wichtig die Dynamik eines Raumes für jede gute Diskussion ist, obwohl wir glaubten, ständig Ausschau nach Problemen zu halten, machte uns unser günstiger Aussichtspunkt blind für das, was sich direkt vor unseren Augen abspielte.

Ermutigt durch diese neue Erkenntnis ging ich zu unserer Hausverwaltung und sagte: »Bitte bringen Sie diesen Tisch dort raus, ganz gleich, wie Sie das anstellen.« Ich wollte, dass wir an einem quadratischen Tisch sitzen konnten, damit eine vertraulichere Atmosphäre entstand, in der die Leute direkt miteinander sprechen konnten und niemand das Gefühl bekam, er sei nicht wichtig. Einige Tage später fand ein entscheidendes Meeting zu einem gerade entstehenden Film statt, und unser neuer Tisch war da und löste das Problem.

Interessanterweise gab es noch Überreste dieses Problems. Es verschwand nicht sofort, nur weil wir es gelöst hatten. Als ich zum Beispiel das nächste Mal den Raum West One betrat, sah ich den brandneuen Tisch und die Plätze – wie verlangt – zu einem intimeren Quadrat arrangiert, in dem mehr Menschen sofort interagieren konnten. Doch den Tisch schmückten dieselben alten Platzkarten! Wir hatten zwar das Hauptproblem gelöst, das die Platzkarten notwendig erscheinen ließ, doch die Karten selbst waren zur Tradition geworden, die weitergeführt wurde, bis wir sie gesondert abschafften. Das war kein so großes Problem wie der Tisch selbst, doch es war etwas, was wir ansprechen mussten, denn Tischkarten vermittelten Hierarchie, und genau das wollten wir vermeiden. Als Andrew Stanton, einer unserer Regisseure, an diesem Morgen den Raum betrat, griff er sich einige Platzkarten und verstellte sie beliebig, während er sprach.

»Die brauchen wir nicht mehr!«, sagte er so, dass alle im Raum es begriffen. Erst da war es uns gelungen, dieses Nebenproblem zu lösen.

So ist das in der Führung. Man trifft Entscheidungen, meist aus gutem Grund, die wiederum zu anderen Entscheidungen führen. Wenn sich Probleme ergeben – und das geschieht fortwährend –, dann ist es nicht damit getan, den ursprünglichen Fehler zu korrigieren. Oft erfordert die Suche nach einer Lösung mehrere Schritte. Es gibt das bekannte Problem, das Sie lösen wollten – stellen Sie es sich als Eiche vor –, und dann gibt es all die anderen Probleme – stellen Sie sich diese als Triebe vor –, die aus den Eicheln sprießen, die um den Baum herum gefallen sind. Und diese Probleme bleiben, auch wenn Sie die Eiche fällen.

Auch nach all diesen Jahren bin ich oft überrascht, wenn ich Probleme entdecke, die gut sichtbar direkt vor meiner Nase bestanden. Der Schlüssel zur Lösung dieser Probleme liegt meiner Ansicht nach darin, herauszufinden, was funktioniert und was nicht. Das klingt viel einfacher, als es ist. Heute wird Pixar nach diesem Grundsatz geführt, doch irgendwie suche ich mein Leben lang schon nach Möglichkeiten, besser zu sehen. Das begann schon Jahrzehnte, ehe Pixar überhaupt existierte.

Als Kind lag ich jeden Sonntag wenige Minuten vor 19 Uhr auf dem Wohnzimmerboden des bescheidenen Heims meiner Eltern in Salt Lake City und wartete auf Walt Disney. Ich wartete darauf, dass er auf unserem winzigen Zwölf-Zoll-Schwarz-Weiß-Bildschirm erschien. Auch aus etwa dreieinhalb Metern Entfernung – damals glaubte man, für jeden Zoll Bildschirmgröße sollte der Zuschauer etwa 30 Zentimeter zwischen sich und den Fernseher bringen – war ich fasziniert von dem, was ich sah.

Jede Woche eröffnete Walt Disney selbst die Sendung *Walt Disneys bunte Welt*. Er stand vor mir in Anzug und Krawatte wie ein freundlicher Nachbar und entzauberte die Disney-Magie. Er erklärte den Einsatz von Tonsynchronisation in *Steamboat Willie* oder sprach über die Bedeutung der Musik in *Fantasia*. Er verwies immer ausdrücklich auf seine Vorgänger, die Männer – und damals waren es alles Männer –, auf deren Pionierarbeit er sein Imperium errichtete. Er stellte den Fernsehzuschauern Vorreiter wie Max Fleischer vor, der durch *Koko der Clown* und *Betty Boop* bekannt war, und Winsor McCay, der im Jahr 1914 *Gertie the Dinosaur* schuf, den ersten Zeichentrickfilm, in dem eine Figur auftrat, die Gefühle zum Ausdruck brachte. Er versammelte eine Gruppe seiner Trickfilmzeichner, Koloristen und Storyboard-Zeichner und erklärte, wie sie Micky Maus und Donald Duck zum Leben erweckten. Jede Woche erschuf Disney eine Fantasiewelt, machte das mit neuester Technologie möglich, und dann sagte er uns, wie er das gemacht hatte.

Walt Disney war eines meiner beiden Jugendidole. Das andere war Albert Einstein. Für mich stellten sie schon in jungen Jahren die beiden Pole meiner Kreativität dar. Bei Disney ging es immer darum, Neues zu erfinden. Er erschuf Dinge – sowohl künstlerisch als auch technisch –, die es zuvor nicht gegeben hatte. Einstein dagegen war ein Meister in der Erklärung dessen, was bereits existierte. Ich las jede Einstein-Biografie, die mir in die Hände fiel, auch ein kleines Buch über die Relativitätstheorie, das er geschrieben hatte. Mir gefiel es, wie die von ihm entwickelten Konzepte die Menschen zwangen, ihre Herangehensweise an Physik und Materie zu überdenken, das Universum aus einer anderen Perspektive zu betrachten. Der ikonische Einstein mit seiner wilden Frisur wagte es, die Konsequenzen dessen, was wir zu wissen glaubten, zu verändern. Er löste das größte aller Rätsel und veränderte dabei unsere Auffassung von Realität.

Sowohl Einstein als auch Disney inspirierten mich, doch Disney beeindruckte mich mehr, wegen seiner wöchentlichen Besuche in unserem Wohnzimmer.

»Wenn du dir bei einer Sternschnuppe etwas wünschst, ist es ganz gleich, wer du bist« war der Titelsong seiner Fernsehsendung, während eine Baritonstimme erklärte: »Jede Woche, wenn du dieses zeitlose Land betrittst, wird sich eine dieser zahlreichen Welten für dich öffnen …« Dann zählte der Erzähler sie alle auf: Frontierland (»große und wahre Geschichten aus der legendären Vergangenheit«), Tomorrowland (»die Verheißung der Dinge, die kommen werden«), Adventureland (»die Wunderwelt der Natur«) und Fantasyland (»das glücklichste Königreich von allen«). Mir gefiel die Vorstellung, dass der Trickfilm mich an Orte versetzen konnte, wo ich noch nie gewesen war. Doch das Land, über das ich am meisten erfahren wollte, war das, in dem die Erfinder von Disney lebten, die diese Trickfilme machten.

Zwischen 1950 und 1955 machte Disney drei Filme, die heute als Klassiker gelten: *Cinderella*, *Peter Pan* und *Susi und Strolch*. Über ein halbes Jahrhundert später erinnern wir uns alle an den Glasschuh, die Insel der verlorenen Jungen und die Szene, in der der Cockerspaniel und die Promenadenmischung gemeinsam Spaghetti schlürfen. Doch wenige begreifen, wie technisch anspruchsvoll diese Filme waren. Die Trickfilmzeichner bei Disney setzten allerneueste Filmtechnik ein; anstatt lediglich auf vorhandene Verfahren zurückzugreifen, entwickelten sie ihre eigenen. Sie mussten die Werkzeuge entwickeln, um Ton und Farbe zu perfektionieren, das Bluescreen-Verfahren, Multiplan-Kameras und die Xerografie. Sobald eine technische Neuerung zur Verfügung stand, wurde sie bei Walt Disney übernommen und dann in seiner Sendung besprochen, sodass die Beziehung zwischen Technik und Kunst deutlich wurde. Ich war zu jung, um zu erkennen, dass eine solche Synergie bahnbrechend war. Für mich war es einfach klar, dass sie zusammengehörten.

Als ich an einem Sonntagabend im Jahr 1956 Disney anschaute, machte ich eine Erfahrung, die mein Berufsleben bestimmen sollte. Was genau das war, ist schwer zu beschreiben, außer dass ich das Gefühl hatte, dass in meinem Kopf etwas einrastete. Die Episode jenes Abends hieß: »Wo kommen die Geschichten her?«, und Disney lobte zu Beginn die Begabung seiner Trickfilmzeichner, aus alltäglichen Ereignissen lustige Zeichentrickfilme zu machen. Doch an jenem Abend war es nicht Disneys Erklärung, die mich faszinierte, sondern das, was auf dem Bildschirm geschah, während er sprach. Ein Künstler zeichnete Donald Duck, verpasste ihm ein kesses Kostüm und einen Blumenstrauß und eine Schachtel Süßigkeiten, mit der er Daisy umwerben konnte. Dann, während der

Bleistift des Künstlers auf der Seite umherwanderte, erwachte Donald zum Leben, erhob seine Fäuste gegen den Bleistiftstrich, dann hob er das Kinn, damit der Künstler ihm eine Fliege zeichnen konnte.

Eine großartige Animation erkennt man daran, dass jede Figur auf dem Bildschirm dich glauben lässt, sie sei ein beseeltes Wesen. Sei es nun ein Tyrannosaurus Rex oder ein anschmiegsamer Hund oder eine Schreibtischlampe, wenn der Zuschauer nicht nur Bewegung, sondern eine Absicht spürt – anders gesagt, eine Emotion – dann hat der Zeichner seine Arbeit gut gemacht. Es sind nicht mehr nur Linien auf dem Papier; es ist etwas Lebendiges mit Gefühlen. Das spürte ich an jenem Abend zum ersten Mal, als ich Donald aus der Seite springen sah. Die Wandlung einer statischen Zeichnung zu einem plastischen, belebten Bild war ein Kunstgriff, nichts weiter, doch das Geheimnis, wie das gemacht wurde – nicht nur der technische Prozess, sondern die Art, wie die Kunst mit solcher Emotion belebt werden kann –, das war das Fesselndste, was mir je begegnet war. Ich wollte in den Fernsehapparat steigen und Teil dieser Welt sein.

Die Zeit Mitte der 1950er- und Anfang der 1960er-Jahre war natürlich eine Zeit großen Wohlstands und reger Tätigkeit in den Vereinigten Staaten. Ich wuchs mit meinen vier jüngeren Geschwistern in Utah in einer eng verbundenen Mormonengemeinschaft auf, und ich hatte das Gefühl, alles sei möglich. Denn die Erwachsenen, die wir kannten, hatten die Wirtschaftskrise durchgemacht und den Zweiten Weltkrieg, dann den Koreakrieg, und diese Zeit nun fühlte sich an wie die Ruhe nach einem Gewitter.

Ich erinnere mich an den energiegeladenen Optimismus – einen ungeduldigen Vorwärtsdrang, ermöglicht und gefördert durch eine Vielzahl neuer Technologien. Es war eine Zeit des Aufschwungs in Amerika, die gewerbliche Wirtschaft und der private Hausbau erzielten Höchststände. Banken boten Darlehen und Kredite, und das bedeutete, immer mehr Menschen konnten sich einen neuen

Fernsehapparat, ein Haus oder einen Cadillac kaufen. Es gab faszinierende neue Entwicklungen im Haushalt wie Müllschlucker und Maschinen, die das Geschirr spülten, wenn ich auch sicherlich meinen Anteil von Hand spülte. 1954 wurden die ersten Organe transplantiert; die erste Polioimpfung kam ein Jahr später; 1956 kam der Begriff *künstliche Intelligenz* ins Lexikon. Die Zukunft hatte bereits begonnen, wie es schien.

Als ich zwölf war, schossen die Sowjets den ersten künstlichen Satelliten – Sputnik 1 – in die Erdumlaufbahn. Das war eine bedeutende Nachricht, nicht nur für die Wissenschaft und die Politik, sondern auch in meinem Klassenzimmer in der sechsten Klasse, wo der morgendliche Alltag unterbrochen wurde durch den Besuch des Rektors, dessen grimmiger Gesichtsausdruck uns vermittelte, dass unser Leben sich nun für immer verändert hatte. Da man uns beigebracht hatte, dass die Kommunisten unsere Feinde sind und dass der nukleare Krieg auf einen Knopfdruck hin begonnen werden könnte, erschien die Tatsache, dass sie uns im All geschlagen hatten, relativ beängstigend – ein Beweis, dass sie uns überlegen waren.

Die Antwort der amerikanischen Regierung auf diese Niederlage war die Schaffung der ARPA (Advanced Research Projects Agency). Sie war zwar beim Verteidigungsministerium angesiedelt, doch ihr Auftrag war betont friedlich: die Unterstützung von Wissenschaftlern an den Universitäten der USA in der Hoffnung, die sogenannte »technologische Überraschung« zu verhindern. Die Architekten der ARPA gingen davon aus, wenn man unsere besten Köpfe unterstützte, würden wir bessere Lösungen entwickeln. Rückblickend bewundere ich immer noch den aufgeklärten Umgang mit einer ernsthaften Bedrohung: Wir mussten einfach schlauer werden. Die ARPA sollte weitreichende Auswirkungen auf Amerika haben und führte neben zahlreichen anderen Innovationen direkt zur Computerrevolution und zum Internet. Da war dieses Gefühl, dass in Amerika Großes geschah und noch mehr kommen sollte. Das Leben war voller Möglichkeiten.

Meine Familie gehörte zwar der Mittelschicht an, doch unsere Ansichten wurden von der Erziehung meines Vaters geprägt. Nicht dass er viel darüber gesprochen hätte. Earl Catmull, Sohn eines Kleinbauern aus Idaho, war eines von 14 Kindern, von denen fünf im Kleinkindalter starben. Seine Mutter war unter mormonischen Pionieren aufgewachsen, die ein mageres Auskommen als Goldwäscher im Snake River in Idaho fanden. Sie ging erst mit elf Jahren in die Schule. Mein Vater war der erste aus seiner Familie, der das College besuchte. Seinen Lebensunterhalt bestritt er dabei mit verschiedenen Jobs. Als ich klein war, unterrichtete er während des Schuljahres Mathematik, und im Sommer baute er Häuser. Er baute auch unser Haus ganz allein. Er sagte zwar nie explizit, dass die Ausbildung das Wichtigste sei, doch meinen Geschwistern und mir war klar, er erwartete von uns, dass wir uns in der Schule anstrengten und aufs College gingen.

Ich war ein ruhiger und zielstrebiger Schüler in der Highschool. Ein Kunstlehrer sagte meinen Eltern einmal, ich wäre oft so vertieft in meine Arbeit, dass ich das Klingeln am Ende der Stunde überhörte; ich saß dann in meiner Bank und starrte auf einen Gegenstand – zum Beispiel eine Vase oder einen Stuhl. Der Vorgang, dieses Objekt zu Papier zu bringen, vereinnahmte mich vollständig – die Notwendigkeit, nur das zu sehen, was da war, und alle Ablenkung auszuschließen, meine Vorstellungen von Stühlen oder Vasen und wie sie aussehen *sollten*. Zu Hause bestellte ich mir *Learn to Draw* – Kunst-Sets von Jon Gnagy –, für die auf der Rückseite von Comic-Heften geworben wurde, und den Klassiker *Animation* aus dem Jahr 1948, geschrieben und gezeichnet von Preston Blair, dem Zeichner der tanzenden Nilpferde in Disneys *Fantasia*. Ich kaufte mir eine Druckplatte – eine Metallplatte, mit der Künstler Papier auf die Tinte drücken – und baute sogar einen Tricktisch aus Sperrholz mit Beleuchtung darunter. Ich machte Daumenkinos – eines von einem Mann, dessen Beine sich in ein Einrad verwandelten – und war zum ersten Mal verliebt in die Fee Naseweis aus *Peter Pan*.

Doch bald wurde mir klar, dass ich keinesfalls genügend Talent besaß, um einer der berühmten Zeichner bei Disney zu werden. Ich hatte keine Ahnung, wie man Trickfilmzeichner wurde. Ich wusste von keiner Schule, in der man das lernen konnte. Als ich die Highschool abgeschlossen hatte, erkannte ich, dass ich eine weitaus bessere Vorstellung davon hatte, wie man ein *Wissenschaftler* wurde. Der Weg schien mir klarer vorgezeichnet. Mein Leben lang haben die Menschen immer gelächelt, wenn ich ihnen erzählte, dass ich von Kunst auf Physik umstieg, denn beides erscheint ihnen unvereinbar. Doch meine Entscheidung für die Physik sollte mich indirekt zu meiner wahren Berufung führen.

Vier Jahre später, 1969, machte ich meine beiden Abschlüsse an der University of Utah, einen in Physik und den anderen in den neu entstandenen Computerwissenschaften. Als ich mich für ein Aufbaustudium bewarb, wollte ich lernen, wie man Computersprachen entwickelt. Doch bald nach meiner Immatrikulation an der Graduate School, ebenfalls an der University of Utah, begegnete mir ein Mann, der mich zu einem Studienwechsel ermutigte: einer der Pioniere der interaktiven Computergrafik, Ivan Sutherland.

Die Computergrafik – im Wesentlichen die Erstellung digitaler Bilder aus Zahlen oder Daten, die von einer Maschine gesteuert werden können – steckte damals noch in den Kinderschuhen, doch Professor Sutherland war bereits eine Legende. Am Anfang seiner Laufbahn hatte er etwas entwickelt, das Sketchpad hieß, ein geniales Computerprogramm, mit dem man Figuren zeichnen, kopieren, bewegen, rotieren oder in ihrer Größe verändern konnte, wobei sie ihre grundlegenden Eigenschaften behielten. 1968 war er an der Entwicklung eines Systems beteiligt, das in weiten Kreisen als das erste am Kopf zu tragende Display für virtuelle Wirklichkeit betrachtet wird. (Das Gerät wurde Schwert des Damokles genannt, nach dem griechischen Mythos, denn es war so schwer, dass es an einem mechanischen Hebearm an der Decke befestigt werden musste, damit man es tragen konnte.) Sutherland und Dave Evans, der Leiter der Fakultät für Computerwissenschaften, waren Anziehungspunkte für intelligente Studenten mit den unterschiedlichsten Interessen, und sie führten uns mit leichter Hand. Im Grunde hießen sie uns im Studiengang willkommen, gaben uns Arbeitsplätze und Zugang zu Computern und ließen uns machen, wozu wir Lust hatten. Das Ergebnis war eine Gemeinschaft, die gut zusammenarbeitete und sich gegenseitig unterstützte. Das war so inspirierend, dass ich später versuchte, das bei Pixar auch zu schaffen.

Einer meiner Studienkollegen, Jim Clark, gründete später Silicon Graphics und Netscape. Ein anderer, John Warnock, wurde Mitbegründer von Adobe, das unter anderem durch Photoshop und das Dateiformat PDF bekannt wurde. Ein weiterer, Alan Kay, war führend an mehreren Fronten, von objektorientierter Programmierung bis hin zum Fenstersystem, dem »Windowing« grafischer Benutzeroberflächen. In vielerlei Hinsicht waren meine Mitstudenten das Inspirierendste an meiner Zeit an der Universität; diese kollegiale, von Zusammenarbeit geprägte Atmosphäre war nicht nur von wesentlicher Bedeutung für meinen Spaß am Studium, sondern auch für die Qualität meiner Arbeit.

Diese Spannung zwischen dem persönlichen schöpferischen Beitrag des Einzelnen und dem Wirkungsgrad der Gruppe existiert in allen kreativen Umfeldern, doch dies war meine erste Kostprobe davon. An einem Ende des Spektrums gab es das Genie, das ganz allein erstaunliche Arbeit leistete; am anderen Ende gab es die Gruppe, die gerade wegen der Vielfalt der Ansichten Hervorragendes leistete. Wie sollten wir nun einen Ausgleich zwischen diesen beiden Extremen finden, fragte ich mich. Ich hatte noch kein gutes geistiges Modell für die Beantwortung dieser Frage, doch in mir wuchs das starke Verlangen, darauf eine Antwort zu finden.

Ein großer Teil der Forschung in der Abteilung für Computerwissenschaften an der University of Utah wurde von der ARPA gefördert. Wie erwähnt war die ARPA als Reaktion auf den Sputnik-Schock gegründet worden und eines ihrer wichtigsten Organisationsprinzipien war, dass Zusammenarbeit zur Exzellenz führen könnte. Eine der größten Errungenschaften von ARPA war die Verbindung der Universitäten durch das sogenannte »ARPANET«, aus dem sich schließlich das Internet entwickelte. Die ersten vier Knotenpunkte des ARPANET waren am Stanford Research Institute, an der University of California, Los Angeles, an der University of California, Santa Barbara, und an der University of Utah, also konnte ich von einem Logenplatz aus dieses großartige Experiment beobachten, und was ich sah, hatte einen weitreichenden Einfluss auf mich. Die Aufgabe der ARPA – intelligente Menschen auf unterschiedlichen Gebieten zu unterstützen – gründete auf der unumstößlichen Überzeugung, dass Wissenschaftler nach Meinung der ARPA schon wüssten, was zu tun ist, und dass übermäßiges Eingreifen und Führen kontraproduktiv wären. Die Beamten der ARPA sahen uns nicht ständig über die Schulter bei den von ihrer Behörde geförderten Projekten, auch verlangten sie nicht, dass unsere Arbeit direkt militärisch verwendbar sei. Sie vertrauten einfach darauf, dass wir innovativ waren.

Dieses Vertrauen gab mir die Freiheit, mich mit allerlei komplexen Problemen zu beschäftigen, und das tat ich mit Vergnügen. Nicht nur ich schlief oft auf dem Boden in den Computerräumen, um möglichst viel Zeit am Computer verbringen zu können, meine Kommilitonen taten das auch. Wir waren jung, uns trieb das Gefühl, dass wir das Gebiet von Grund auf entwickelten – und das war unbeschreiblich aufregend. Zum ersten Mal sah ich eine Möglichkeit, gleichzeitig Kunst zu schaffen *und* ein technisches Verständnis dafür zu erlangen, wie eine neue Art der bildlichen Darstellung entwickelt werden könnte. Die Erstellung von Bildern mit einem Computer sprach beide Seiten meines Gehirns an. Sicher, die Bilder, die im Jahr 1969 auf einem Computer dargestellt werden konnten, waren noch sehr primitiv, doch der Vorgang, neue Algorithmen zu entwickeln, die als Resultat bessere Bilder brachten, faszinierte mich. Mein Kindheitstraum wurde auf seine Weise wahr.

Im Alter von 26 Jahren setzte ich mir ein neues Ziel: Ich wollte einen Weg finden, wie man zeichnen kann, nicht mit einem Bleistift, sondern mit einem Computer, und Bilder schaffen, die so überzeugend und schön sind, dass man sie im Film verwenden kann. Vielleicht, so dachte ich, könnte ich am Ende doch noch Trickfilmzeichner werden.

Im Frühjahr 1972 verbrachte ich zehn Wochen mit der Herstellung meines ersten kurzen Trickfilms – ein digitalisiertes Modell meiner linken Hand. In meinem Prozess verband sich Altes mit Neuem; wieder trug ich, wie alle in diesem sich schnell wandelnden Gebiet, dazu bei, die Sprache dafür zu entwickeln. Zuerst tauchte ich meine Hand in eine Schüssel mit Gips (leider vergaß ich, sie zuerst mit Vaseline einzustreichen, das bedeutete, ich musste jedes kleine Härchen auf meinem Handrücken ausreißen, um wieder freizukommen); als ich die Form hatte, füllte ich sie mit Gips, um ein Modell meiner Hand herzustellen. Dann malte ich auf das Modell 350 kleine miteinander verbundene Dreiecke und Vielecke, die ein Netz schwarzer Linien auf der »Haut« des Modells bildeten. Man mag vielleicht nicht glauben, dass man eine gekrümmte Oberfläche aus solchen flachen, eckigen Elementen aufbauen könnte, doch wenn man sie klein genug macht, kommt man dem recht nahe.

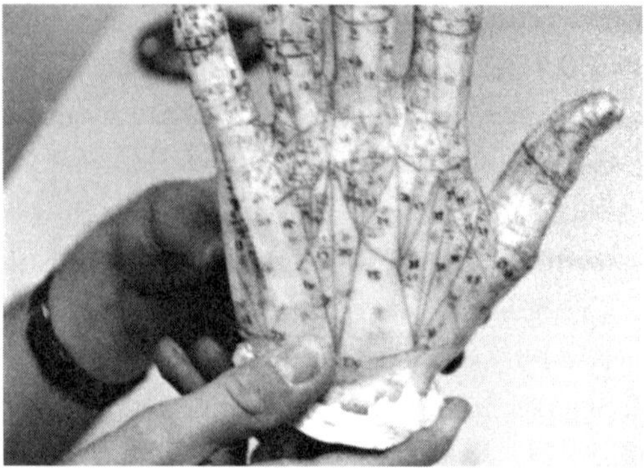

Ich hatte mich für dieses Projekt entschieden, weil es mich interessierte, wie man komplexe Objekte und gekrümmte Oberflächen darstellen könnte – und ich suchte eine Herausforderung. Zu dieser Zeit war noch nicht einmal die Darstellung flächiger Objekte im Computer besonders gut, geschweige denn die Darstellung gekrümmter Flächen. Die Berechnung gekrümmter Flächen war noch nicht weit entwickelt, und Computer besaßen nur begrenzte Rechenkapazitäten. In der Abteilung für Computergrafik an der University of Utah arbeiteten wir alle fieberhaft daran, computergenerierte Bilder wie Fotografien oder wie reale Objekte aussehen zu lassen, und verfolgten dabei drei Ziele: Geschwindigkeit, Realismus und die Möglichkeit, gekrümmte Flächen darzustellen. Mein Film wollte sich mit den beiden letzteren beschäftigen.

Die menschliche Hand hat keine einzige ebene Fläche. Und im Gegensatz zu einer einfacheren gekrümmten Fläche – einem Ball zum Beispiel – hat sie viele Teile, die sich gegeneinander bewegen, bei einer anscheinend unendlichen Anzahl möglicher Bewegungen. Die Hand ist ein unglaublich komplexes Objekt, wenn man versucht, sie festzuhalten und mit Zahlenanordnungen zu beschreiben. Da die meisten existierenden Computeranimationen damals einfache polygonale Objekte darstellten (Würfel, Pyramiden), hatte ich nun mein Arbeitsfeld gefunden.

Als ich die Dreiecke und Polygone auf mein Modell gezeichnet hatte, vermaß ich die Koordinaten aller Eckpunkte und gab dann die Daten in ein 3-D-Animations-Programm ein, das ich geschrieben hatte. Das ermöglichte mir, die zahlreichen Dreiecke und Polygone, die meine virtuelle Hand ausmachten, auf einem Monitor darzustellen. In der ersten Version sah man scharfe Kanten an den Rändern, wo die Polygone zusammentrafen. Doch später wurde die Hand lebensechter, dank des »Smooth Shading«, das das Erscheinen dieser Kanten minimierte – ein Verfahren, das ein Mitstudent entwickelt hatte. Die echte Herausforderung bestand jedoch darin, die Hand zu bewegen.

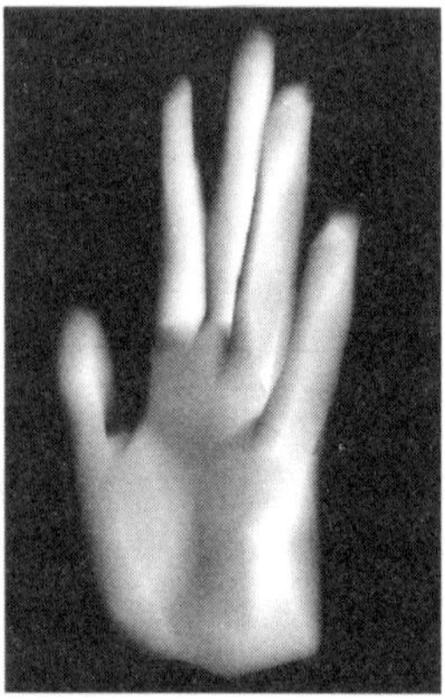

*Hand* wurde bei einer Konferenz zur Computerwissenschaft im Jahr 1973 erstmals öffentlich vorgestellt und verursachte einiges Aufsehen, denn so etwas hatte man noch nicht gesehen. Darin erscheint meine Hand zuerst von einem Netz von Polygonen überzogen. Sie öffnet und schließt sich, als versuche sie, eine Faust zu bilden. Dann wird die Oberfläche meiner Hand glatter, realistischer. Einen Moment lang zeigt sie direkt auf den Zuschauer, als wolle sie sagen: »Ja, genau mit *dir* spreche ich.« Dann fährt die Kamera ins *Innere* der Hand, sieht sich um, schwenkt mit der Linse in die Handfläche und an jedem Finger entlang nach oben. Das ist perspektivisch schwierig, und das gefiel mir, weil man das nur mit einem Computer darstellen konnte. Für diese vier Filmminuten habe ich über 60 000 Minuten gebraucht.

Zusammen mit einem digitalisierten Film, den mein Freund Fred Parke etwa zur selben Zeit vom Gesicht seiner Frau machte, war *Hand* noch Jahre nach seiner Entstehung das Neueste in der Computeranimation. Ausschnitte aus Freds Film und aus meinem erschienen 1976 in dem Film *Futureworld – Das Land von übermorgen,* der bei den meisten Kinogängern heute in Vergessenheit geraten ist. Fans der Szene erinnern sich jedoch an diesen ersten Film in Spielfilmlänge, bei dem computergenerierte Animation zum Einsatz kam.

Professor Sutherland sagte immer, er liebte an uns graduierten Studenten an der University of Utah, dass wir nicht wussten, was unmöglich war. Er offensichtlich auch nicht: Er glaubte als einer der Ersten, dass die Chefs in Hollywood keine Ahnung hatten, was in der Wissenschaft vor sich ging. Daher versuchte er, ein formelles Austauschprogramm mit Disney ins Leben zu rufen, bei dem das Studio einen seiner Trickfilmzeichner nach Utah schicken sollte, um sich über neue Technologien in der Computerdarstellung zu informieren. Die Universität sollte einen Studenten zu Disney Animation schicken, damit er mehr darüber lernte, wie man Geschichten erzählt.

Im Frühjahr 1973 schickte Sutherland mich nach Burbank. Ich sollte seine Idee den Führungskräften bei Disney verkaufen. Für mich war es ein Gänsehauterlebnis, durch das rote Backsteintor auf das Disney-Gelände zum echten Animation Building zu fahren, das im Jahr 1940 nach Walts persönlichen Anweisungen in einem doppelten H-Grundriss erbaut wurde, damit möglichst viele Räume Fenster und natürliches Licht hatten. Ich hatte diesen Ort studiert – oder was ich davon auf unserem Zwölf-Zoll-Bildschirm sehen konnte –, doch dort hineinzugehen war, als würde ich zum ersten Mal den Parthenon betreten. Dort lernte ich Frank Thomas und Ollie Johnston kennen, zwei der »Nine Old Men« von Walt, der Gruppe legendärer Trickfilmzeichner, die so viele Figuren der von mir so geliebten Disney-Filme geschaffen hatten, von *Pinocchio* bis *Peter Pan*. Ich wurde auch ins Archiv geführt, wo die Originalpapierzeichnungen für alle Trickfilme aufbewahrt wurden, Regal an Regal mit den Bildern, die meine Fantasie beflügelt hatten. Ich war im Gelobten Land.

Eines war sofort klar. Die Leute, die ich bei Disney traf – ich schwöre, einer hieß Donald Duckwall –, hatten null Interesse an Sutherlands Austauschprogramm. Der technisch risikofreudige Walt Disney war schon lange weg. Meine begeisterten Schilderungen trafen auf leere Blicke. Für sie passten Computer und Trickfilm einfach nicht zusammen. Woher sie das wussten? Sie hatten einmal Hilfe von

Computern gesucht – um Millionen von Blasen in ihrem Realfilm *Die tollkühne Hexe in ihrem fliegenden Bett* darzustellen –, und wurden anscheinend von den Computern enttäuscht. Der technische Standard war zu der Zeit noch nicht gut, besonders für gekrümmte Flächen, so waren Blasen für die Computerdarstellung unerreichbar. Leider half das meinem Anliegen nicht weiter. Nicht nur einer der Disney-Chefs sagte an jenem Tag: »Ehe die Computeranimation keine Blasen darstellen kann, ist sie noch nicht so weit.«

Stattdessen bot man mir eine Stelle in der Abteilung an, die das Design für die Themenparks entwickelt, und die heute Disney Imagineering heißt. Es mag komisch klingen, wenn man bedenkt, welche Rolle Walt Disney für mich in meinem Leben immer gespielt hat, doch ich lehnte das Angebot ohne zu Zögern ab. Die Arbeit für Themenparks erschien mir als Abweichung von dem Weg, den ich beschreiten wollte. Ich wollte meinen Lebensunterhalt nicht mit der Entwicklung von Fahrgeschäften bestreiten. Ich wollte mit dem Computer zeichnen.

Gerade wie Walt Disney und die Pioniere der Zeichnungen von Hand Jahrzehnte zuvor versuchten die, die Bilder mit dem Computer zeichnen wollten, etwas Neues zu schaffen. Wenn einer meiner Kollegen an der University of Utah etwas erfand, stürzten wir anderen uns gleich darauf und brachten die neue Idee voran. Natürlich gab es auch Rückschläge, doch es überwog das Gefühl von Fortschritt oder einer ständigen Vorwärtsbewegung auf ein fernes Ziel hin.

Lange bevor ich vom Blasenproblem bei Disney erfahren hatte, arbeiteten wir graduierten Studenten Nächte durch an unseren Methoden zur Gestaltung gekrümmter Flächen mit dem Computer – und wie wir unseren Bildern mehr Tiefe und Komplexität verleihen konnten. Meine Dissertation »A Subdivision Algorithm for Computer Display of Curved Surfaces« (deutsch: ein Unterteilungsalgorithmus für die Computerdarstellung gekrümmter Flächen) bot eine Lösung für dieses Problem.

Was meine Gedanken in jedem wachen Augenblick beschäftigte, lässt sich zum großen Teil nur schwer erklären, weil es extrem fachspezifisch ist, doch ich werde es versuchen. Die Idee hinter den von mir so genannten »Subdivision Surfaces« (Unterteilungsflächen) war, die Oberfläche in viele kleinere Flächen aufzuteilen, anstatt zum Beispiel die gesamte Oberfläche einer glänzenden roten Flasche abzubilden. Es war einfacher, herauszufinden, wie man jedes kleine Teil darstellt und einfärbt – und die Teile dann zu unserer glänzenden roten Flasche zusammenzusetzen. (Wie gesagt, die Speicherkapazität von Computern war damals noch sehr gering, deshalb verwendeten wir viel Energie auf die Entwicklung von Tricks zur Umgehung dieser Einschränkung. Dies war einer dieser Tricks.) Und wenn man nun diese glänzende rote Flasche mit Zebrastreifen zeichnen wollte? In meiner Dissertation fand ich einen Weg, wie ich zum Beispiel ein Zebra- oder auch Holzmaserungsmuster um jedes beliebige Objekt wickeln konnte.

»Texture Mapping« nannte ich das Verfahren. Es war, als wickelte man ein elastisches Geschenkpapier um eine gekrümmte Fläche, sodass es eng anlag. In der ersten von mir entwickelten Texture Map wurde ein Bild von Micky Maus auf eine gewellte Fläche projiziert.

Ich zog auch Winnie Puuh und Tigger heran, um meine Argumentation zu unterstützen. Ich war vielleicht nicht bereit, bei Disney zu arbeiten, doch ihre Charaktere waren immer noch meine Bezugspunkte.

Wir an der University of Utah erfanden eine neue Sprache. Einer trug ein Verb bei, ein anderer ein Substantiv, eine dritte Person fand Möglichkeiten, die Elemente zusammenzubinden, um tatsächlich etwas auszusagen. Meine Erfindung, der sogenannte »Z-Buffer«, ist ein gutes Beispiel, denn sie baut auf der Arbeit anderer auf. Der Z-Buffer sollte ein Problem lösen, das auftaucht, wenn ein computeranimiertes Objekt hinter einem anderen verborgen oder teilweise verdeckt ist. Zwar sind die Daten für jeden Aspekt des verdeckten Objekts im Computer gespeichert (das heißt, man könnte es sehen, wenn es sein müsste), doch in der gewünschten räumlichen Darstellung sollte es nicht vollständig sichtbar sein. Nun ging es darum, einen Weg zu finden, wie dem Computer das vermittelt werden kann. Wenn sich zum Beispiel eine Kugel vor einem Würfel befand und ihn teilweise verdeckte, sollte die Fläche der Kugel auf dem Bildschirm zu sehen sein, ebenso die Teile des Würfels, die nicht von der Kugel verdeckt werden. Der Z-Buffer erreichte dieses Ziel, indem er jedem Objekt eine Tiefe in einem dreidimensionalen Raum zuwies und den Computer dann anwies, jedes Pixel des Bildschirms dem jeweils nächststehenden Objekt anzupassen. Die Computerspeicher waren so begrenzt, dass das damals keine praktikable Lösung war, doch ich hatte einen neuen Lösungsweg gefunden. Es klingt zwar einfach, ist es aber keineswegs. Heute besitzt jedes Spiel und jeder Computerchip auf Erden einen Z-Buffer.

Nach meiner Promotion im Jahr 1974 verließ ich Utah mit einer schönen kleinen Liste von Innovationen in der Tasche, doch mir war nur allzu bewusst, dass ich all das nur im Dienste eines gemeinsamen größeren Ziels für alle getan hatte. Meine Arbeit wie auch die meiner Mitstudenten war nur möglich geworden aufgrund der schützenden, vielseitigen und unglaublich herausfordernden Umgebung, in der sie stattgefunden hatte. Die Leiter meiner Fakultät hatten verstanden, dass sie für die Schaffung einer fruchtbaren Arbeitsumgebung verschiedenartigste Denker zusammenbringen und dann ihre Autonomie fördern mussten. Sie mussten Feedback geben, wenn wir es brauchten, mussten aber auch bereit sein, sich zurückzunehmen und uns Raum zu geben. Instinktiv fühlte ich, dass so eine Umgebung selten und erstrebenswert war. Ich wusste, dass das Wertvollste, das ich von der University of Utah mitnahm, das Vorbild meiner Lehrer war, wie man andere kreative Denker führt und inspiriert. Für mich war die Frage damals, wie ich wieder in eine solche Umgebung kommen konnte – oder wie ich selbst eine schaffen konnte.

Ich verließ die Universität mit einer klareren Vorstellung von meinem Ziel und war bereit, dem mein Leben zu widmen: den ersten computeranimierten Film zu schaffen. Doch es würde nicht leicht werden. Nach meiner Einschätzung waren noch mindestens weitere zehn Jahre Entwicklungsarbeit notwendig, um herauszufinden, wie man Charaktere entwickelt, zeichnet und sie in komplexen Umgebungen darstellt, ehe wir daran denken konnten, einen kurzen Film – geschweige denn einen Spielfilm – zu machen. Ich wusste auch noch nicht, dass meine mir selbst auferlegte Aufgabe noch viel mehr als reine Technologie erforderte. Um diese Aufgabe zu erfüllen, mussten wir nicht nur technisch kreativ sein, sondern auch in der Art unserer Zusammenarbeit.

Damals verfolgte kein anderes Unternehmen und keine Universität mein Ziel, einen computergenerierten Film zu machen; immer wenn ich das Ziel in den Bewerbungsgesprächen an den Universitäten zur Sprache brachte, schien das einen Schatten über den Raum zu werfen. »Wir möchten aber, dass Sie *Computerwissenschaften* unterrichten«, sagten meine Gesprächspartner dann. Mein Vorschlag erschien den meisten Akademikern als Hirngespinst, als ein teurer Traum.

Im November 1974 erhielt ich dann einen geheimnisvollen Anruf von einer Dame von einer Einrichtung mit dem Namen New York Institute of Technology. Sie sagte, sie sei die Sekretärin des Institutsleiters, und sie rief an, weil sie meinen Flug buchen wollte. Ich wusste nicht, wovon sie sprach und sagte ihr das. Wie war noch mal der Name des Instituts? Warum sollte ich nach New York fliegen, fragte ich. Es folgte eine peinliche Stille. »Entschuldigen Sie bitte«, sagte sie. »Jemand anderes hätte Sie vor mir anrufen sollen.«

Und dann legte sie auf. Der nächste Anruf, den ich erhielt, sollte mein Leben verändern.

# KAPITEL 2

# Pixar wird geboren

Was bedeutet gute Führung?

Als junger Mann hatte ich sicher keine Ahnung, doch nach drei verschiedenen Beschäftigungsverhältnissen – ich arbeitete für drei bilderstürmerische Männer mit ganz unterschiedlichen Führungsstilen – hatte ich einen Crashkurs in Sachen Führung hinter mir. Im folgenden Jahrzehnt lernte ich viel, was Führungskräfte tun sollten und was nicht, über Vision und Desillusionierung, über Vertrauen und Arroganz, was Kreativität fördert und was sie abtötet. Mit wachsender Erfahrung stellte ich mir Fragen, die mich ebenso faszinierten wie verwirrten. Noch heute, 40 Jahre später, habe ich nicht aufgehört, mir diese Fragen zu stellen.

Ich will mit meinem ersten Chef beginnen, Alex Schure – der Mann, dessen Sekretärin mich aus heiterem Himmel an jenem Tag im Jahr 1974 anrief und einen Flug für mich buchen wollte und dann schnell wieder auflegte, als sie ihren Fehler bemerkte. Als das Telefon einige Minuten später wieder klingelte, war eine unbekannte Stimme dran, ein Angestellter von Alex, der mich informierte: Alex gründete eine Forschungseinrichtung an der Nordküste von Long Island, die das Ziel hatte, Computer in den Prozess der Trickfilmherstellung einzubinden. Geld spiele keine Rolle, versicherte er – Alex sei Multimillionär. Er brauchte jemanden, der das Ganze leitete. Ob ich an einem Gespräch interessiert sei?

Wenige Wochen später bezog ich mein neues Büro im New York Institute of Technology.

Alex, ein ehemaliger Kanzler eines Colleges, besaß keinerlei Fachwissen im Bereich der Computerwissenschaften. Das war damals nichts Ungewöhnliches, doch Alex selbst war sicher ungewöhnlich. Er dachte naiverweise, Computer würden bald Menschen ersetzen, und es faszinierte ihn, hier an vorderster Front mitzumischen. (Wir wussten, dass das ein Irrtum war, wenn auch ein damals verbreiteter, doch wir waren dankbar, dass er so dringend unsere Arbeit finanzieren wollte.) Er hatte eine eigenartige Art, zu sprechen, eine Mischung aus Poltern, unlogischen Aussagen und sogar einzelnen Reimen, so ein verrückter Jargon oder »Wortsalat«, wie es einer meiner Kollegen nannte. (»Unsere Vision wird die Zeit beschleunigen«, sagte er, »und sie schließlich auslöschen.«) Die, die oft mit ihm zusammenarbeiteten, hatten Probleme, ihn zu verstehen. Alex hatte eine geheime Ambition – nun, so geheim war sie nun auch wieder nicht. Fast täglich sagte er, er wolle nicht der nächste Walt Disney werden, was uns alle nur denken ließ, er wollte es doch. Als ich kam, führte er gerade Regie bei einem von Hand gezeichneten Trickfilm mit dem Titel *Tubby the Tuba*. Wirklich, das Ding hatte keine Chance – niemand am NYIT besaß eine Ausbildung oder ausreichend Gespür für Geschichten, um einen Film zu machen, und als er schließlich herauskam, verschwand er spurlos.

Alex täuschte sich vielleicht, was seine eigenen Fähigkeiten anging, doch er war ein Visionär. Er war unglaublich vorausschauend, was die zukünftige Rolle des Computers im Bereich Trickfilm anging, und er war bereit, eine Menge Geld dafür einzusetzen, um diese Vision wahr werden zu lassen. Sein unbeirrtes Engagement für das, was viele als Fantasterei bezeichneten – die Verschmelzung von Technologie und dieser von Hand gezeichneten Kunstform –, ermöglichte viele bahnbrechende Arbeiten in diesem Bereich.

Alex überließ es mir, ein Team zusammenzustellen: Er hatte absolutes Vertrauen in die Leute, die er einstellte. Das bewunderte ich, und später versuchte ich auch selbst, es so zu halten. Einer der ersten, die ich zum Vorstellungsgespräch einlud, war Alvy Ray Smith, ein Texaner mit Charisma, der in Computerwissenschaften promoviert und einen glänzenden Lebenslauf vorzuweisen hatte, darunter Lehrtätigkeiten an der New York University, der UC Berkeley sowie ein Aufenthalt in Xerox PARC, dem berühmten Forschungszentrum in Palo Alto. Ich hatte gemischte Gefühle, als ich Alvy kennenlernte, denn offen gesagt erschien er mir besser qualifiziert für die Leitung der Einrichtung als ich. Ich erinnere mich an ein ungutes Gefühl im Magen, die potenzielle Bedrohung versetzte mir einen Stich: Ich dachte, das könnte der Typ sein, der mir eines Tages den Job wegnimmt. Ich stellte ihn trotzdem ein.

Manche fanden es vielleicht selbstbewusst, dass ich Alvy einstellte. Die Wahrheit ist, ich war keineswegs zuversichtlich als 29-Jähriger, der sich vier Jahre lang auf die Forschung konzentriert hatte und der noch nie einen Assistenten hatte, geschweige denn Leute eingestellt und geführt hatte. Ich sah jedoch, dass das NYIT ein Ort war, wo ich die Forschungen weiterführen konnte, die ich bereits als Graduierter begonnen hatte. Damit das erfolgreich wurde, musste ich die klügsten Köpfe anziehen; um die klügsten Köpfe anzuziehen, musste ich meine Unsicherheit ablegen. Die Lektion der ARPA hatte sich in mein Gehirn eingegraben: Wenn du einer Herausforderung begegnest, werde schlauer.

So machten wir es. Alvy wurde einer meiner besten Freunde und vertrauensvollsten Mitarbeiter. Und seitdem habe ich es zur Regel gemacht, Leute einzustellen, die intelligenter sind als ich. Die offensichtlichen Vorteile sind, dass diese außerordentlichen Menschen innovativ und exzellent sind und das Unternehmen generell – und dadurch auch dich – gut dastehen lassen. Doch es gibt noch einen weiteren, weniger offensichtlichen Vorteil, den ich rückblickend erkenne. Alvys Einstellung veränderte mich als Führungskraft: Indem ich meine Angst ignorierte, lernte ich, dass die Angst unbegründet war. Im Laufe der Jahre lernte ich Menschen kennen, die den scheinbar sichereren Weg gegangen sind und es bereuten. Ich war mit Alvys Einstellung ein Risiko eingegangen, und dieses Risiko brachte mir die höchste Belohnung – einen brillanten, engagierten Teamkollegen. Im Aufbaustudium hatte ich mich gefragt, wie ich jemals die einzigartige Umgebung der University of Utah nachbilden könnte. Jetzt sah ich plötzlich einen Weg. Riskiere immer das Bessere, auch wenn es bedrohlich scheint.

Am NYIT konzentrierten wir uns auf ein einziges Ziel: die Grenzen der Computerleistung im Bereich Animation und Grafik zu erweitern. Als sich unsere Mission herumsprach, zogen wir die Top-Leute aus dem Gebiet an. Je größer mein Personalbestand wurde, desto dringender musste ich herausfinden, wie ich sie führen konnte. Ich entwickelte eine Organisationsstruktur mit flachen Hierarchien, wie ich es aus der akademischen Welt kannte, hauptsächlich, weil ich in meiner Naivität dachte, wenn ich eine hierarchische Struktur entwickeln würde – mit ein paar Führungskräften, die mir verantwortlich waren –, würde ich zu viel Zeit für die Führung brauchen, und mir bliebe nicht genügend Zeit für meine eigene Arbeit. Diese Struktur – ich vertraute allen, dass sie ihr eigenes Projekt in ihrem eigenen Tempo vorantrieben – hatte ihre Grenzen. Doch weil man hoch motivierten Menschen sehr viel Freiheit ließ, konnten wir in kurzer Zeit einige bedeutende technologische Schritte nach vorn machen. Gemeinsam leisteten wir wegweisende Arbeit, bei der es größtenteils um die Integration von Computer und dem Zeichnen von Hand ging.

Im Jahr 1977 schrieb ich zum Beispiel ein 2-D-Zeichenprogramm mit dem Namen Tween, das das sogenannte »In-Betweening«, das Zwischenphasenzeichnen, automatisch ausführte – es füllte die Bewegungsbilder zwischen den Schlüsselbildern aus, was normalerweise ein teurer und arbeitsintensiver Vorgang ist. Eine weitere technische Herausforderung, die uns beschäftigte, war die sogenannte »Bewegungsunschärfe«. Beim Zeichentrick im Allgemeinen und bei der Computeranimation im Besonderen werden die Bilder mit der exakten Schärfe gezeichnet. Das mag gut klingen, aber menschliche Wesen reagieren darauf negativ. Wenn sich bewegende Objekte genau in der richtigen Schärfe zu sehen sind, empfinden das Kinobesucher als unangenehmen, stroboskopähnlichen »ruckartigen« Effekt. Wenn wir einen Realfilm sehen, nehmen wir dieses

Problem nicht wahr, weil bei Aufnahmen mit herkömmlichen Filmkameras eine leichte Unschärfe in die Richtung entsteht, in die sich das Objekt bewegt. Daher nimmt unser Gehirn die scharfen Kanten nicht wahr, und unser Gehirn betrachtet diese Unschärfe als natürlich. Ohne die Bewegungsunschärfe denkt unser Gehirn, es stimmt etwas nicht. Also stellte sich für uns die Frage, wie die Unschärfe in der Animation simuliert werden könnte. Wenn das menschliche Auge die Computeranimation nicht akzeptieren konnte, hätte das Feld keine Zukunft.

Die paar Unternehmen, die sich mit diesen Problemen beschäftigten, hatten sich eine strikte Geheimhaltung verordnet, als wären sie die CIA. Wir befanden uns schließlich in einem Wettlauf, wer als Erster einen computeranimierten Spielfilm macht, also hielten sich viele, die an dieser Technologie arbeiteten, bedeckt, was ihre Entwicklungen anging. Alvy und ich verständigten uns jedoch darauf, das Gegenteil zu tun – unsere Arbeit mit der Welt da draußen zu teilen. Meiner Ansicht nach waren wir alle so weit von unserem Ziel entfernt, dass das Zurückhalten von Ideen lediglich die Chancen schmälerte, überhaupt zum Ziel zu kommen. Stattdessen engagierte sich das NYIT in der Computergrafik-Community, und wir veröffentlichten alle unsere Entdeckungen. Wir nahmen an Komitees teil, die eingereichte Arbeiten verschiedenster Wissenschaftler prüften, und übernahmen eine aktive Rolle bei allen größeren wissenschaftlichen Konferenzen. Der Nutzen dieser Transparenz war nicht sofort spürbar (und bei unserem Beschluss hatten wir nicht einmal eine Belohnung im Auge gehabt; es schien einfach nur richtig, es so zu machen). Doch die Beziehungen und Verbindungen, die wir im Lauf der Zeit knüpften, erwiesen sich als weitaus wertvoller, als wir es uns vorstellen konnten, und förderten unsere technologische Innovation und unsere Kreativität im Allgemeinen.

Trotz all der guten Arbeit, die wir leisteten, fand ich mich am NYIT in einem Dilemma. Dank Alex waren wir in der glücklichen Lage, dass wir die Mittel für die Ausstattung und für die Einstellung der Leute hatten, die wir für Neuerungen in der Welt der Computeranimation brauchten, doch wir kannten keinen, der etwas vom Filmemachen verstand. Wir entwickelten die Fähigkeit, mit einem Computer eine Geschichte zu erzählen, doch hatten wir keine Geschichtenerzähler unter uns, und das war nicht gut für uns. Alvy und ich empfanden dieses Manko so stark, dass wir sogar heimlich Angebote an Disney und andere Studios machten und versuchten, sie für eine Investition in unsere Werkzeuge zu interessieren. Hätten wir einen Interessenten gefunden, wären Alvy und ich bereit gewesen, das NYIT zu verlassen, mit unserem Team nach Los Angeles zu gehen und uns mit bewährten Regisseuren und Drehbuchautoren zusammenzutun. Doch das sollte nicht sein. Einer nach dem anderen lehnte ab. Es ist heute schwer vorstellbar, aber im Jahr 1976 war der Gedanke, neueste Technologie ins Filmemachen in Hollywood zu integrieren, nicht nur ein Punkt mit geringer Priorität; er war überhaupt nicht auf der Agenda. Doch ein Mann sollte das ändern, mit einem Film mit dem Titel *Star Wars (Krieg der Sterne).*

*Star Wars* lief am 25. Mai 1977 in den Kinos in ganz Amerika an. Die meisterhaften visuellen Effekte – und seine alle Kassenrekorde brechende Beliebtheit – sollten die Branche für immer verändern. Und der 32-jährige Drehbuchautor und Regisseur George Lucas stand erst am Anfang. Sein Unternehmen Lucasfilm und dessen Sparte Industrial Light & Magic war bereits führend in der Entwicklung neuer Werkzeuge für visuelle Effekte und Sound Design. Da sonst niemand in der Filmbranche auch nur das geringste Interesse gezeigt hatte, in diesem Bereich zu investieren, beschloss George im Juli 1979, eine Computersparte zu gründen. Dank Luke Skywalker verfügte er auch über die Mittel, das richtig anzupacken.

Für die Leitung dieser Abteilung brauchte er jemanden, der sich nicht nur mit Computern auskannte; er brauchte jemanden mit der Liebe zum Film und der Überzeugung, dass beide nicht nur gleichzeitig existieren, sondern sich auch gegenseitig aufwerten konnten. Das führte George schließlich zu mir. Einer seiner wichtigsten

Leute, Richard Edlund, war ein Pionier in Sachen Spezialeffekte. Er besuchte mich eines Nachmittags in meinem Büro beim NYIT, und er trug einen Gürtel mit einer großen Schnalle, auf der in riesigen Buchstaben »Star Wars« stand. Das war lästig, denn ich versuchte, seinen Besuch vor Alex Schure geheim zu halten. Doch irgendwie merkte es Alex nicht. Georges Gesandter war offensichtlich angetan von dem, was ich ihm zeigte, denn einige Wochen nach seiner Abreise war ich auf dem Weg zu einem formellen Vorstellungsgespräch bei Lucasfilm in Kalifornien.

Zuerst traf ich dort Bob Gindy, der Georges persönliche Bauprojekte leitete – nicht gerade die Qualifikation, die man von einem Typ erwartet, der die Suche nach einer neuen Führungskraft der Computerabteilung führt. Als Erstes fragte er mich: »Wen sollte Lucasfilm für diese Stelle noch in Betracht ziehen?« Er meinte die Stelle, für die ich mich bewarb. Ohne zu zögern rasselte ich die Namen verschiedener Leute herunter, die in verschiedenen technischen Bereichen Eindrucksvolles leisteten. Meine Bereitschaft dazu zeigte meine in der akademischen Welt begründete Ansicht, dass an jedem schwierigen Problem möglichst viele kluge Köpfe gleichzeitig arbeiten sollten. Es schien unsinnig, das nicht einzuräumen. Erst später würde ich erfahren, dass die Leute von Lucasfilm bereits mit allen von mir Genannten gesprochen hatten und sie ebenfalls um Empfehlungen gebeten hatten – und keiner hatte Namen genannt! Klar, für George Lucas zu arbeiten war ein Traumjob, und man wäre verrückt, den nicht zu wollen. Doch einfach zu schweigen, wenn man aufgefordert wurde, das Fachgebiet zu bewerten, wie meine Kollegen das taten, signalisierte nicht nur extremes Konkurrenzdenken, sondern auch mangelndes Selbstbewusstsein. Bald landete ich zu einem Gespräch bei George selbst.

Auf dem Weg zu ihm war ich so nervös wie kaum einmal zuvor. Schon vor *Star Wars* hatte sich George mit *American Graffiti* als erfolgreicher Regisseur und Produzent bewiesen. Ich war ein Computertyp mit einem teuren Traum. Doch als ich am Drehort in Los Angeles ankam, wo er arbeitete, sah ich einige Ähnlichkeiten zwischen uns: Wir waren beide dünn und bärtig, Anfang 30, trugen Brille, arbeiteten intensiv, mit Scheuklappen sozusagen, und neigten dazu, nur zu sprechen, wenn wir etwas zu sagen hatten. Doch was mir sofort auffiel, war Georges unerbittlicher Sinn für das Machbare. Er war nicht irgendein Hobbybastler, der versuchte, nur so Technologie ins Filmemachen zu integrieren. Sein Interesse an Computern begann und endete mit ihrem potenziellen Nutzen für den Prozess des Filmemachens – sei es durch digitales optisches Kopieren, Digitalaudio, digitale nicht lineare Filmbearbeitung oder Computergrafik. Ich war sicher, dass das möglich war, und sagte ihm das.

Nicht lange nach unserem Zusammentreffen bot er mir die Stelle an. In den folgenden Jahren sagte George, er habe mich aufgrund meiner Ehrlichkeit eingestellt, wegen meiner »klaren Vision« sowie meiner unumstößlichen Überzeugung von der Leistungsfähigkeit der Computer.

Als ich in das zweigeschossige Gebäude in San Anselmo einzog, das vorläufige Hauptquartier der neuen Computerabteilung von Lucasfilm, hatte ich mir eine Aufgabe gestellt: Neu darüber nachzudenken, wie ich Menschen führte. Was George schaffen wollte, war ein weitaus ehrgeizigeres Unternehmen als das, das ich am NYIT leitete, mit höherem Anspruch, größerem Budget, und angesichts seiner Ambitionen in Hollywood versprach es weitaus größere Einfluss. Ich wollte sichergehen, dass ich mein Team in die Lage versetzte, das Beste daraus zu machen. Am NYIT hatte ich eine flache Hierarchie geschaffen, wie ich es von der University of Utah kannte. Ich hatte meinen Kollegen viel Freiraum gelassen, wenig Kontrolle ausgeübt und war relativ angetan von den Ergebnissen. Doch nun musste ich zugeben, dass das Team sich dort verhielt wie ein Haufen graduierter Studenten – unabhängige Denker mit eigenen Projekten – und nicht wie eine Mannschaft mit einem gemeinsamen Ziel. Bei Lucasfilm beschloss ich, für die Gruppen Grafik, Video und Audio Führungskräfte einzustellen; sie sollten mir verantwortlich sein. Ich wusste, dass ich eine Art Hierarchie brauchte, doch ich befürchtete auch Probleme dadurch. Also begann ich zuerst zögerlich, doch ich wusste, dass es irgendwie notwendig war.

Die Bay Area im Jahr 1979 hätte für unsere Arbeit nicht fruchtbarer sein können. Im Silicon Valley wuchs die Zahl der Computerunternehmen so schnell, dass keiner mit seinem Rolodex (ja, wir hatten damals diese Rollkarteien) je auf dem neuesten Stand war. Ebenfalls exponentiell wuchs die Anzahl der Aufgaben, die Computer erledigen konnten. Nicht lange, nachdem ich nach Kalifornien gekommen war, vereinbarte Bill Gates von Microsoft, ein Betriebssystem für den neuen IBM Personal Computer zu entwickeln – was natürlich die Arbeitswelt in ganz Amerika verändern würde. Ein Jahr später brachte Atari die erste Heimspielkonsole heraus. Das bedeutete, dass seine beliebten Arcade-Spiele wie Space Invaders und Pac-Man in den Wohnzimmern in ganz Amerika gespielt werden konnten. Damit eröffnete sich ein Markt, der heute weltweit über 65 Milliarden Dollar umsetzt.

Zur Veranschaulichung, wie schnell die Veränderungen vor sich gingen, bedenken Sie, dass wir im Jahr 1970, als ich meinen Abschluss machte, an riesigen Computern von IBM und sieben anderen Herstellern von Großrechnern (man nannte die Gruppe auch »IBM und die sieben Zwerge«) arbeiteten. Stellen Sie sich einen Raum voller Regale und Geräte vor, etwa zwei Meter hoch, einen halben Meter breit und fast einen Meter tief. Als ich fünf Jahre später zum NYIT kam, fand gerade der Minicomputer – etwa so groß wie ein Schrank – Verbreitung, bedeutendster Lieferant war Digital Equipment in Massachusetts. Als ich 1979 zu Lucasfilm ging, ging die Entwicklung in Richtung Arbeitsplatzrechner wie die der Silicon-Valley-Neugründungen Sun Microsystems und Silicon Graphics, ebenso der von IBM. Doch damals sah jeder, dass Workstations nur ein weiterer Schritt auf dem Weg zum Personal Computer und schließlich zum Personal Desktop Computer waren. Die Geschwindigkeit dieser Entwicklung schuf scheinbar unbegrenzte Möglichkeiten für die, die bereit und in der Lage zu Innovationen waren. Die Verlockung, viel Geld zu verdienen, zog intelligente, ehrgeizige Leute an, und es entstanden ein intensiver Wettbewerb – ebenso enorme Risiken. Die alten Geschäftsmodelle waren immer wieder einem abrupten Wandel unterworfen.

Lucasfilm hatte seinen Sitz in Marin County, mit dem Auto eine Stunde nördlich des Silicon Valley, mit dem Flugzeug eine Stunde von Hollywood entfernt. Das war kein Zufall. George sah sich selbst in erster Linie als Filmemacher, deshalb war das Silicon Valley nichts für ihn. Doch er wollte auch nicht in der Nähe von Los Angeles sein, denn er fand, es hatte etwas Ungehöriges und Inzüchtiges. Also schuf er sich seine eigene Insel, eine Gemeinschaft, die Film und Computer umfasste, sich aber nicht den in diesen Bereichen vorherrschenden Kulturen verpflichtet fühlte. In dieser Umgebung fühlte man sich geschützt wie in einer wissenschaftlichen Einrichtung – diese Vorstellung würde mich begleiten und mir später beim Aufbau und der Gestaltung der Firma Pixar helfen. Experimentieren wurde hoch bewertet, doch die Notwendigkeit, ein profitorientiertes Unternehmen zu gründen, lag definitiv in der Luft. Mit anderen Worten, wir hatten das Gefühl, es gab einen Grund, warum wir Probleme lösten.

Ich machte Alvy zum Leiter unserer Grafikabteilung, die sich anfänglich mit der Entwicklung einer digitalen Lösung für die Bluescreen-Technik beschäftigte – der Vorgang, bei dem ein Bild (zum Beispiel ein Mann auf einem Surfbrett) in ein anderes Bild (zum Beispiel eine 30 Meter hohe Welle) gestellt werden kann. Vor der digitalen Technik wurde dieser Effekt im Film durch den Einsatz komplizierter optischer Geräte erzielt, und die Zauberer für Spezialeffekte damals hatten keinerlei Interesse daran, diese mühevolle Methode hinter sich zu lassen. Unsere Aufgabe war es, sie vom Gegenteil zu überzeugen. Alvys Team machte sich an die Entwicklung eines hoch spezialisierten Einzelcomputers mit der Auflösung und der entsprechenden Rechenleistung, um damit einen Film einzuscannen, die Bilder für Spezialeffekte mit den Realfilmteilen zu kombinieren und das Endresultat wieder auf Film aufzuzeichnen. Wir brauchten etwa vier Jahre, und unsere Ingenieure bauten genau so ein Gerät und nannten es den Pixar Image Computer.

Warum »Pixar«? Der Name ist das Ergebnis einer Diskussion zwischen Alvy und einem anderen Kollegen namens Loren Carpenter. Alvy hatte einen großen Teil seiner Kindheit in Texas und New Mexico verbracht und liebte die spanische Sprache, und es faszinierte ihn, dass manche englischen Substantive wie spanische Verben aussahen – zum Beispiel »Laser«. Also setzte sich Alvy für »Pixer« ein, das für ihn wie ein (falsches) spanisches Wort mit der Bedeutung »Bilder machen« aussah. Loren konterte mit »Radar«, das seiner Ansicht nach mehr nach Hightech klang. Dann kamen sie darauf: Pixer + Radar = Pixar! Und das blieb.

Den Experten für Spezialeffekte bei Lucasfilm war unsere Technologie für Computergrafik relativ gleichgültig. Ihre Kollegen vom Filmschnitt dagegen waren unverhohlene Gegner. Das spitzte sich zu, als George uns anwies, ein Videoschnittsystem zu entwickeln, das den Cuttern das Arbeiten am Computer ermöglichte. George hatte ein Programm im Auge, mit dem man Einzelbilder leicht speichern und ablegen konnte, sodass man weitaus schneller schneiden konnte als im Film. Ralph Guggenheim, ein Programmierer (mit einem Filmabschluss von der Carnegie Mellon), den ich vom NYIT abgeworben hatte, übernahm die Leitung bei diesem Projekt, das seiner Zeit so voraus war, dass noch nicht einmal die dafür benötigte Hardware existierte. (Um einigermaßen arbeiten zu können, musste Ralph ein kompliziertes Provisorium mit Laserdiscs entwickeln.) Das war eine große Herausforderung, doch die verblasste angesichts des größeren und dauerhafteren Hindernisses für unseren Fortschritt: menschlicher Widerstand gegenüber dem Wandel.

George wollte, dass dieses neue Videoschnittsystem eingesetzt wurde, die Cutter bei Lucasfilm wollten das nicht. Sie waren absolut zufrieden mit dem System, das sie bereits beherrschten: Dabei wurde der Film tatsächlich mit Rasierklingen in kleine Stücke geschnitten und dann wieder zusammengeklebt. Die Cutter hatten keinerlei Interesse an Veränderungen, die ihre Arbeit kurzfristig verlangsamen würden. Sie fühlten sich wohl mit dem Gewohnten, und Veränderung war unbequem. Als unsere Arbeit getestet werden sollte, weigerten sich die Cutter. Weder unsere Überzeugung, dass der Video-Schnitt das Ganze revolutionieren würde, noch Georges Unterstützung konnten daran etwas ändern. Weil die Leute, denen unser neues System dienen sollte, sich dem widersetzten, kam der Fortschritt zum Erliegen.

Was sollten wir tun?

Wäre es nach den Cuttern gegangen, wäre kein neues Arbeitsmittel je entwickelt worden, und es wäre keine Verbesserung möglich gewesen. Sie sahen keinen Vorteil in einer Veränderung und konnten sich nicht vorstellen, wie der Einsatz eines Computers ihre Arbeit leichter oder besser machen könnte. Wenn wir aber das neue System in einem Vakuum entwickelten und ohne den Input der Cutter weitermachten, hätten wir am Ende ein Arbeitsmittel, das nicht ihren Bedürfnissen entspricht. Es reichte nicht aus, dass wir vom Wert unserer Innovation überzeugt waren. Wir brauchten die Billigung der Gemeinschaft, der wir dienen wollten. Ohne das waren wir gezwungen, unsere Pläne aufzugeben.

Es reichte eindeutig nicht aus, wenn die Führung gute Ideen hatte, sie musste auch in der Lage sein, Unterstützung für diese Ideen bei denen zu erzeugen, die damit arbeiten sollten. Ich nahm mir diese Lektion zu Herzen.

In den Jahren bei Lucasfilm gab es definitiv Zeiten, in denen ich mich als Führungskraft überfordert fühlte, Zeiten, als ich mich fragte, was meine Fähigkeiten waren und ob ich eher einen energischeren Alphatier-Führungsstil an den Tag legen sollte. Meine Art von Hierarchie bestand darin, an andere Führungskräfte zu delegieren, doch ich stand auch in einer Befehlskette im größeren Imperium von Lucasfilm. Ich erinnere mich, dass ich abends erschöpft nach Hause ging und das Gefühl hatte, ich balancierte auf einer Pferdeherde – einige Pferde waren Vollblüter, manche waren völlig wild, und manche waren Ponys, die gerade noch so mithalten konnten. Ich fand es schwer genug, mich oben zu halten, geschweige denn, die Richtung vorzugeben.

Führen war schlichtweg schwierig. Keiner nahm mich zur Seite und gab mir Tipps. Ich las Bücher, die Einsicht in das Thema versprachen, doch die meisten hatten nichts zu sagen. Also blickte ich auf George, um zu sehen, wie er es machte. Ich sah einiges von seiner Art in den philosophischen Äußerungen der Figur Yoda widergespiegelt. Yoda sagt Sachen wie: »Tue es oder tue es nicht. Es gibt kein Versuchen.« Ebenso hatte George eine Vorliebe für volkstümliche Analogien, die das Chaos des Lebens freundlich zu beschreiben versuchen. Er verglich den oft mühsamen Prozess der Entwicklung seiner 19 Quadratkilometer großen Skywalker Ranch (eine Minicity mit Wohnhäusern und Produktionseinrichtungen) mit einem Schiff, dass den Fluss hinunterfährt … und in zwei Hälften zerbrochen war … und dessen Kapitän man über Bord geworfen hatte. »Wir kommen trotzdem an«, sagte er immer. »Greift euch die Paddel und macht weiter!«

Ein weiterer beliebter Vergleich war, der Aufbau eines Unternehmens gleiche einem Wagenzug in den Westen. Während der langen Reise ins Gelobte Land waren die Pioniere voll guter Vorsätze, und das gemeinsame Ziel einte sie. Sobald sie angekommen sind, kommen und gehen die Leute, wie es ihnen passt, und das sei normal, sagte er. Doch den Prozess, sich *auf etwas zuzubewegen* – noch nicht angekommen zu sein –, den idealisierte er.

Ob er nun dabei Wagen oder Schiffe vor Augen hatte, George dachte langfristig; er glaubte an die Zukunft und an seine Fähigkeit, sie zu formen. Schon viele Male ist die Geschichte erzählt worden, wie man ihm als jungen Regisseur kurz nach dem Erfolg von *American Graffiti* geraten hatte, für seinen nächsten Film *Star Wars* mehr Geld zu verlangen. Das wurde in Hollywood erwartet: Jage den Preis hoch. Nicht George. Er übersprang die Erhöhung und wollte stattdessen die Lizenz- und Vermarktungsrechte für *Star Wars*. 20th Century Fox, das Studio, das den Film vertrieb, ging bereitwillig auf sein Ansinnen ein, da sie davon ausgingen, der Film würde sowieso nicht viel abwerfen. George bewies ihnen das Gegenteil und bereitete die Bühne für größere Veränderungen in der gesamten von ihm so geliebten Branche. Er setzte auf sich selbst – und gewann.

In den Tagen nach *Star Wars* war Lucasfilm ein Magnet für große Namen. Ständig kamen berühmte Regisseure von Steven Spielberg bis Martin Scorsese vorbei, um zu sehen, woran wir arbeiteten und welche neuen Effekte oder Innovationen sie in ihren Filmen verwenden könnten. Doch mehr als die Stippvisiten der Prominenz ist mir die Gruppe von Disney-Trickfilmzeichnern im Gedächtnis geblieben, die kurz nach dem Valentinstag im Jahr 1983 zu uns kamen. Als ich sie herumführte, fiel mir auf, dass einer von ihnen – ein Junge in ausgebeulten Jeans mit dem Namen John – besonders fasziniert von unserer Arbeit war. Als Erstes fiel mir tatsächlich seine Neugier auf. Während ich allen ein computeranimiertes Bild zeigte, auf das wir so stolz waren, dass wir ihm einen Titel gegeben hatten – »Die Straße nach Point Reyes« –, stand er nur ganz gebannt da. Ich sagte ihm, wir hätten das Bild einer sanft geschwungenen Straße am Pazifik mit einem Softwareprogramm entwickelt, das wir Reyes genannt hatten (für Renders Everything You Ever Saw, deutsch: stellt alles dar, was du je gesehen hast), und das Wortspiel sei beabsichtigt. Point Reyes in Kalifornien ist ein Küstendorf an der Route 1, nicht weit von Lucasfilm entfernt. Reyes war das Neueste in der Computergrafik damals. Und das haute diesen Jungen John um.

Bald erfuhr ich den Grund dafür. Er hatte eine Idee für einen Film, erzählte er, *The Brave Little Toaster,* über einen Toaster, eine Decke, eine Lampe, ein Radio und einen Staubsauger, die im Schrank im Wald zurückgelassen wurden und die in die Stadt fahren, um ihren Besitzer zu suchen. Er sagte, dass dieser Film, den er seinen Chefs bei Disney Animation vorstellen wollte, der erste sei, der handgezeichnete Figuren in computergenerierte Hintergründe platzierte, ganz wie der, den ich ihm gezeigt hatte. Er fragte, ob wir zusammen an der Realisation dieses Projekts arbeiten könnten.

Diese Zeichner war John Lasseter. Ich wusste nicht, dass er bald nach unserem Zusammentreffen bei Lucasfilm seine Stelle bei Disney verloren hatte. Offensichtlich waren seine Vorgesetzten der Ansicht, *The Brave Little Toaster* sei – wie er – etwas *zu* avantgardistisch. Sie hörten sich seinen Vorschlag an und feuerten ihn gleich danach. Einige Monate später traf ich John wieder, ausgerechnet auf der Queen Mary. Das historische Hotel in Long Beach, das ein angedockter Ozeandampfer ist, war Schauplatz des jährlichen Symposiums über Computergrafik des Pratt Institute. Ich wusste nicht, dass John nun arbeitslos war, und fragte ihn, ob es irgendwie möglich wäre, dass er zu Lucasfilm käme, um uns bei der Fertigstellung unseres ersten Kurzfilms zu helfen. Er sagte ohne Zögern zu. Ich dachte noch, es war fast, als ob Professor Sutherlands Austauschprogramm in diesem Moment endlich wahr würde. Einen Disney-Zeichner in unserem Team zu haben, wenn auch nur auf Zeit, wäre ein großer Schritt vorwärts. Zum ersten Mal würden wir einen echten Geschichtenerzähler in unseren Reihen haben.

John war ein Träumer. Als Kind lebte er hauptsächlich in seiner Fantasie und in Baumhäusern und Tunneln und Raumschiffen, die er in sein Skizzenbuch zeichnete. Sein Vater war der Ersatzteilverwalter der Chevrolet-Niederlassung in Whittier in Kalifornien – daher kam Johns lebenslange Begeisterung für Autos –, und seine Mutter war Kunstlehrerin an einer Highschool. John erinnert sich, dass er wie ich entdeckte, dass es Menschen gab, die ihren Lebensunterhalt mit Trickfilmzeichnungen verdienten, und er dachte, er hätte seinen Platz in der Welt gefunden. Für ihn wie für mich hatte diese Erkenntnis mit Disney zu tun; das geschah, als ihm in seiner Schulbibliothek eine abgegriffene Ausgabe von *Die Kunst des Zeichenfilms* in die Hände fiel, Bob Thomas' Geschichte der Disney Studios. Als ich John kennenlernte, war er mit Walt Disney verbunden wie jeder 26-Jährige auf der Welt. Er hatte einen Abschluss von der CalArts, der legendären von Walt gegründeten Kunstschule. Dort hatte er bei einigen der größten Künstler des Goldenen Zeitalters bei Disney gelernt; er hatte als Flussführer bei der Dschungelfahrt in Disneyland gearbeitet; er hatte im Jahr 1979 einen Studenten-Oscar für seinen Kurzfilm *The Lady and the Lamp* gewonnen – eine Hommage an Disneys *Lady and the Tramp* (deutsch: *Susi und Strolch*) –, dessen Hauptfigur, eine weiße Schreibtischlampe, später in unser Pixar-Logo eingehen würde.

Als John zu Disney Animation ging, war ihm jedoch nicht bewusst, dass das Studio sich in einer schwierigen, unproduktiven Phase befand. Der Zeichentrick dort hatte seine Hochphase viel früher erlebt – seit *101 Dalmatiner* im Jahr 1961 hatte es keine wesentlichen technischen Neuerungen mehr gegeben, und viele junge, talentierte Zeichner hatten das Studio verlassen, zum Teil als Reaktion auf eine zunehmend hierarchisch strukturierte Unternehmenskultur, die ihre Ideen nicht würdigte. Als John 1979 kam, waren Frank Thomas, Ollie Johnston und der Rest der Nine Old Men in die Jahre gekommen – der jüngste war 65 –, hatten sich aus dem Tagesgeschäft des Filmemachens zurückgezogen und das Studio in die Hände einer Gruppe weniger genialer Künstler übergeben, die seit Jahrzehnten auf ihren Auftritt gewartet hatten. Diese Männer hatten das Gefühl, jetzt seien sie an der Reihe, die Führung zu übernehmen, waren jedoch hinsichtlich ihrer Position im Unternehmen so unsicher, dass sie an ihrem neuen Status klebten und jüngere Talente erstickten – anstatt sie zu ermutigen. Sie waren an den Ideen ihrer jungen Zeichner nicht interessiert, sie übten auch Macht auf eine sanktionierende Art aus. Offensichtlich waren sie entschlossen, die unter ihnen nicht schneller aufsteigen zu lassen, als es ihnen selbst vergönnt war. John war fast von Anfang an unzufrieden in dieser nicht kooperativen Umgebung, doch es war trotzdem ein Schock für ihn, als ihm gekündigt wurde. Kein Wunder, dass er so bereitwillig zu uns zu Lucasfilm kam.

Das Projekt, bei dem er uns unterstützen sollte, hieß ursprünglich *My Breakfast with André*, eine Art Hommage an einen Film mit dem Titel *My Dinner with André* (deutsch: *Mein Essen mit André*) aus dem Jahr 1981, den wir alle liebten. Die Idee war einfach: Ein Android mit dem Namen André wachte auf, gähnte und streckte sich, während die Sonne aufging und eine üppige, vom Computer dargestellte Welt zeigte. Alvy hatte die ersten Storyboards gezeichnet und übernahm die Leitung des Projekts. Damit wollten wir Teile unserer neu entwickelten Animationstechnologie testen, und Alvy war begeistert, dass John uns nun helfen wollte. John war ein überschwänglicher Typ mit der Begabung, aus anderen das Beste herauszuholen. Seine Energie würde den Film beleben.

»Darf ich ein paar Dinge sagen?«, fragte John Alvy, nachdem er die ersten Storyboards gesehen hatte.

»Natürlich«, antwortete Alvy, »dazu bist du doch da.«

Nach Alvys Darstellung »machte sich John daran, das Stück zu retten. Ich hatte dummerweise gedacht, ich sei der Zeichner, doch offen gesagt, fehlte mir der Zauber. Ich konnte Dinge dazu bringen, sich nett zu bewegen, doch nicht, dass sie dachten, berührten und Bewusstsein zeigten. Das kann John.« John machte einige Vorschläge, wie die Hauptfigur aussehen sollte, eine einfache, menschenähnliche Figur mit einer Kugel als Kopf und einer weiteren Kugel als Nase. Doch sein Geniestreich war, dass er eine zweite Figur hinzufügte, eine Hummel mit dem Namen Wally, mit der André interagieren konnte (und die übrigens nach Wallace Shawn benannt wurde, der in dem Film mitspielte, von dem unser Kurzfilm inspiriert war). Der Film wurde umbenannt in *Die Abenteuer von André und Wally B.*, und er begann mit André, der auf dem Rücken liegend im Wald schläft, erwacht und Wally B. genau über seinem Gesicht schweben sieht. Erschreckt flieht er, Wally B. verfolgt ihn und fliegt dicht hinter ihm her. Das ist die ganze Handlung, wenn man es so nennen kann – ehrlich gesagt, hatten wir uns nicht so sehr auf die Handlung konzentriert, sondern wollten vielmehr zeigen, welche Möglichkeiten der Computerdarstellung es gab. Johns Begabung war es, Spannung zu erzeugen, auch in den kürzesten Formaten.

Der Film war auf zwei Minuten angelegt, doch mit der Fertigstellung befanden wir uns immer noch in einem Wettlauf gegen die Zeit. Der Animationsprozess war nicht nur arbeitsintensiv, das war er auf jeden Fall, sondern wir erfanden den Prozess, während wir arbeiteten. Zusätzlicher Stress erwuchs aus der Tatsache, dass wir uns so wenig Zeit für die Fertigstellung gegeben hatten. Wir hatten uns selbst den Termin Juli 1984 gesetzt – nur acht Monate, nachdem John zu uns gestoßen war –, denn dann fand die SIGGRAPH-Konferenz in Minneapolis statt. Dieser einwöchige Computergrafikgipfel war eine einmalige Gelegenheit, zu erfahren, woran alle auf dem Gebiet arbeiteten, das eine Mal im Jahr, wo Wissenschaftler, Dozenten, Künstler, Hardwarehändler, Graduierte und Programmierer unter einem Dach zusammenkamen. Traditionell war der Dienstagabend auf der Konferenz der »Filmeabend«, an dem die interessantesten visuellen Arbeiten gezeigt wurden, die im vergangenen Jahr auf diesem Gebiet produziert wurden. Bis dahin waren das meist 15-Sekunden-Schnipsel mit wehenden Netzwerklogos (sich drehende Kugeln und sich kräuselnde Fahnen), wissenschaftlichen Visualisierungen (alles vom Voyager-2-Vorbeiflug der NASA am Saturn bis zu Illustrationen zu Contac-Erkältungskapseln mit verzögerter Wirkstofffreisetzung). Wally B. würde die erste am Computer erstellte Trickfilmfigur, die je auf der SIGGRAPH gezeigt wurde.

Als der Endtermin näher rückte, mussten wir jedoch erkennen, dass wir es nicht schaffen würden. Wir hatten so hart daran gearbeitet, bessere und deutlichere Bilder zu schaffen, und um es wirklich schwierig zu machen, hatten wir als Schauplatz einen Wald gewählt (dessen Blattwerk an die Grenzen unserer damaligen Leistungsfähigkeit ging). Wir hatten nicht bedacht, wie viel Rechenleistung die Darstellung dieser Computerbilder erfordern und wie lange der Vorgang dauern würde. Wir stellten eine Rohversion des Films fertig, doch Teile blieben unvollendet und waren nur als Drahtmodellbilder zu sehen – nur Schablonen aus Rasterpolygonen der Figuren – anstelle voll eingefärbter Bilder. Am Abend unserer Premiere schauten wir peinlich berührt diese Sequenzen auf dem Bildschirm an, doch etwas Erstaunliches geschah: Trotz unserer Bedenken sagte die Mehrheit der Leute, mit denen ich nach der Vorführung sprach, es sei ihnen nicht einmal aufgefallen, dass der Film von Farbe auf schwarz-weiße Drahtbilder gewechselt habe! Sie waren so gefesselt von der emotionalen Geschichte, dass sie die Fehler gar nicht bemerkt hatten.

Das war meine erste Begegnung mit einem Phänomen, das mir in meinem Berufsleben immer wieder begegnen sollte: Alle Mühe, die man für die künstlerische optische Gestaltung aufwendet, ist nicht so wichtig, wenn man die Geschichte richtig erzählt.

1983 trennten sich George und seine Frau Marcia, und ihre Einigung hatte einen wesentlichen Einfluss auf die finanzielle Situation von Lucasfilm. George hatte nichts von seinem Ehrgeiz eingebüßt, doch aufgrund der neuen finanziellen Situation musste er sein Unternehmen verkleinern. Gleichzeitig erkannte ich, dass wir in der Computerabteilung vor allem einen Trickfilm in Spielfilmlänge machen wollten, George aber nicht denselben Traum hatte. Ihn hatte immer interessiert, was Computer zur Aufwertung von Realfilmen beitragen konnten. Eine Zeit lang hatten sich unsere Ziele, wenn sie auch verschieden waren, überschnitten und sich gegenseitig befördert. Doch unter dem Druck, seine Investitionen zu konsolidieren, beschloss George, uns zu verkaufen. Das Kapital der Computerabteilung war das Unternehmen, das wir um den Pixar Image Computer gebildet hatten. Ursprünglich hatten wir ihn für die Bearbeitung von Einzelbildern für Filme entwickelt, doch er hatte sich für eine Vielzahl von Anwendungen als nützlich erwiesen, von medizinischen Darstellungen bis zur Entwicklung von Prototypen für die zahlreichen Regierungsbehörden rund um Washington D. C.

Das folgende Jahr wurde eines der stressigsten in meinem ganzen Leben.

Ein Führungsteam, das George zur Neustrukturierung von Lucasfilm geholt hatte, schien sich hauptsächlich für den Cashflow zu interessieren. Im Lauf der Zeit äußerte dieses Team öffentlich Zweifel, ob unsere Abteilung jemals einen Käufer finden würde. Dieses Team wurde von zwei Männern angeführt, die Alvy und ich »die

Schwachköpfe« nannten, weil sie überhaupt nichts von unserer Branche verstanden. Diese beiden Typen warfen mit Management-Consulting-Begriffen um sich (sie sprachen gern von »Unternehmensintuition« und drängten uns ständig, »strategische Allianzen« zu bilden), doch sie schienen keinerlei Verständnis dafür zu besitzen, wie man uns für Käufer attraktiv machte oder welche Käufer man ansprechen könnte. Einmal riefen sie uns in ihr Büro, boten uns Platz an und sagten uns, um unsere Kosten zu reduzieren, sollten wir alle unsere Angestellten entlassen, bis unsere Abteilung verkauft sei – dann könnten wir darüber sprechen, sie wieder einzustellen. Zusätzlich zur emotionalen Belastung, die das mit sich bringen würde, ärgerte uns an diesem Vorschlag die Tatsache, dass unser eigentliches Verkaufsargument – was potenzielle Käufer bislang angezogen hatte – die Talente waren, die wir versammelt hatten. Ohne sie hatten wir nichts.

Als unsere beiden gleichgesinnten Oberherren von uns eine Liste mit Leuten forderten, die entlassen werden sollten, gaben Alvy und ich ihnen nur zwei Namen: seinen und meinen. Das brachte das Vorhaben kurzfristig zum Stoppen, doch als es auf das Jahr 1985 zuging, wurde mir nur allzu klar, dass unsere Abteilung jeden Augenblick geschlossen werden könnte, wenn wir nicht verkauft würden.

Lucasfilm wollte uns für 15 Millionen Dollar verkaufen, doch es gab einen Haken: Zu unserem Bereich gehörte ein Geschäftsplan, der einen Zufluss von 15 Millionen Dollar vorsah, damit wir vom Prototyp zum Produkt kommen und sicher auf eigenen Füßen stehen konnten. Diese Struktur passte nicht gut zu den Risikokapitalgebern, die uns kaufen sollten und die normalerweise keine so bedeutenden finanziellen Verpflichtungen eingingen, wenn sie Unternehmen kauften. Wir wurden 20 potenziellen Käufern vorgestellt, doch keiner biss an. Als diese Liste abgearbeitet war, kamen einige Herstellerfirmen, um uns auf den Zahn zu fühlen, doch wir hatten wieder kein Glück.

Schließlich traf unsere Gruppe eine Übereinkunft mit General

Motors und Philips, dem holländischen Elektronik- und Maschinenbaukonglomerat. Philips war interessiert, weil wir mit unserem Pixar Image Computer die grundlegende Technologie für die Darstellung von Datenmengen wie Aufnahmen der Computertomografie oder Kernspin gelegt hatten. General Motors war fasziniert, weil wir den Weg bereiteten für die Modellierung von Objekten, was ihrer Meinung nach bei der Entwicklung neuer Modelle angewendet werden könnte. Eine Woche vor der Unterzeichnung wurde alles abgeblasen.

Ich erinnere mich, dass ich an diesem Punkt eine Mischung aus Verzweiflung und Erleichterung empfand. Uns war von Beginn an klar gewesen, dass die Verbindung mit GM und Philips unseren Träumen vom ersten computeranimierten Spielfilm wohl ein Ende setzen würde, doch das Risiko bestand immer, ganz gleich, mit wem wir uns zusammenschlossen. Jeder Investor würde seine eigene Agenda haben, das war der Preis für unser Überleben. Bis heute bin ich dankbar, dass dieser Deal platzte. Denn das ebnete uns den Weg zu Steve Jobs.

Ich traf Steve zum ersten Mal im Februar 1985, als er Leiter von Apple Computer Inc. war. Unser Treffen war vom wissenschaftlichen Leiter bei Apple, Alan Kay, initiiert worden, der von unserer Suche nach Investoren für unseren Grafikbereich wusste. Alan war mit mir an der University of Utah und mit Alvy bei Xerox PARC gewesen, und er sagte Steve, wenn er das Neueste in der Computergrafik sehen wollte, sollte er uns besuchen. Wir trafen uns in einem Konferenzraum mit einer weißen Tafel und einem großen Tisch mit Stühlen darum – doch Steve blieb nicht lange sitzen. Innerhalb weniger Minuten stand er an der Tafel und zeichnete uns ein Schaubild der Einkünfte von Apple.

Ich erinnere mich an seine Bestimmtheit. Es gab keinen Small Talk, stattdessen Fragen. Viele Fragen. »Was wollt ihr?«, fragte Steve. »Wohin steuert ihr? Was sind eure langfristigen Ziele?« Er gebrauchte die Formulierung »irre großartige Produkte«, um zu erklären, woran er glaubte. Er war eindeutig ein Mensch, der sich nicht einfach etwas präsentieren ließ, und schon bald sprach er von einer Vereinbarung.

Offen gesagt fühlte ich mich etwas unwohl wegen Steve. Er war eine energische Person und ich nicht, und ich fühlte mich bedroht von ihm. Trotz all meines Geredes, wie wichtig es ist, mich mit Menschen zu umgeben, die intelligenter sind als ich, seine Intensität hatte eine ganz andere Ebene, und ich konnte sie nicht so recht deuten. Mir fiel ein Bild aus der Werbung des Kassettenherstellers Maxell aus der Zeit ein, das Kult wurde: Ein Typ sitzt bequem in einem Leder-Chrom-Sessel von Le Corbusier, und von dem Ton aus dem Stereolautsprecher vor ihm wird sein langes Haar buchstäblich nach hinten geblasen. So war es, wenn man mit Steve zusammen war. Er war der Lautsprecher. Alle anderen waren der Typ.

Nach diesem ersten Treffen hörten wir fast zwei Monate lang nichts. Totales Schweigen.

Wir waren perplex, nachdem Steve bei unserem Meeting so entschlossen war. Den Grund dafür erfuhren wir Ende Mai aus der Zeitung: Steve hatte sich mit dem Apple-CEO John Sculley überworfen. Sculley hatte den Vorstand von Apple überzeugt, Steve von seinen Pflichten als Leiter der Division Macintosh zu entbinden, nachdem Gerüchte laut geworden waren, Steve versuchte einen Sturz der Führungsriege.

Als die Wogen sich etwas geglättet hatten, kam Steve wieder zu uns. Er suchte eine neue Herausforderung, und er dachte, das könnten vielleicht wir sein.

An einem Nachmittag kam er zu Lucasfilm und ließ sich durch unsere Hardwareentwicklungsabteilung führen. Wieder machte er Druck und stellte viele Fragen: »Was kann der Pixar Image Computer, was andere Maschinen auf dem Markt nicht können? Wer soll ihn eurer Vorstellung nach einsetzen? Wie sieht eure langfristige Planung aus?« Sein Ziel war offensichtlich nicht, Einzelheiten über unsere Technologie zu erfahren, sondern seine eigene Argumentation zu schärfen, indem er mit uns stritt. Steves Dominanz konnte einem den Atem rauben. An einem Punkt wandte er sich mir zu und sagte ruhig, er wollte meinen Job. Sobald er meine Position innehätte, würde ich von ihm so viel lernen, dass ich in nur zwei Jahren in der Lage sei, das Unternehmen allein zu führen. Natürlich führte ich das Unternehmen bereits allein, doch ich bewunderte seine Chuzpe. Er plante nicht nur, mich im Tagesgeschäft der Führung zu ersetzen, er erwartete auch noch, dass ich das für eine gute Idee hielt!

Steve ging aggressiv vor – und war unnachgiebig –, doch ein Gespräch mit ihm brachte einen an unerwartete Orte. Es zwang einen nicht nur, sich zu verteidigen, sondern auch, sich einzubringen. Und allmählich glaubte ich, das an sich hatte schon einen Wert.

Am nächsten Tag fuhren einige von uns zu Steve in seine Wohnung in Woodside, einer schönen Wohngegend in der Nähe von Menlo Park. Das Haus war fast leer, bis auf ein Motorrad, einen Flügel und zwei Personalchefs, die einmal bei Chez Panisse gearbeitet hatten. Steve saß im Gras, blickte über seinen fast 30 000 Quadratmeter großen Rasen, schlug offiziell vor, die Grafikgruppe von Lucasfilm abzukaufen, und zeigte uns ein Organigramm für das neue Unternehmen. Während er sprach, wurde uns klar, dass sein Ziel nicht der Aufbau eines Trickfilmstudios war; sein Ziel war es, die nächste Generation von Heimcomputern zu bauen, um mit Apple zu konkurrieren.

Das war nicht nur ein Umweg zu unserer Vision, es war die totale Aufgabe unseres Ziels, also lehnten wir höflich ab. Wir wandten uns wieder unserer Aufgabe zu, einen Käufer zu finden. Die Zeit wurde uns knapp.

Monate vergingen. Als wir uns allmählich dem Jahrestag unserer Uraufführung von *Die Abenteuer von André und Wally B.* näherten, stand uns die Angst ins Gesicht geschrieben – die Art von Angst, die sich aufbaut, wenn es ums Überleben geht und eine Rettung nicht in Sicht ist. Doch das Glück war auf unserer Seite – oder zumindest die Geografie. Die SIGGRAPH-Konferenz 1985 fand in San Francisco statt, ein Stück weiter auf dem Freeway 101 im Silicon Valley.

Wir hatten einen Stand auf der Messe, wo wir unseren Pixar Image Computer vorführten. Steve Jobs kam am ersten Nachmittag vorbei.

Sofort fiel mir eine Veränderung auf. Seit unserem letzten Treffen hatte Steve das Computerunternehmen NeXT gegründet. Ich glaube, deshalb konnte er uns mit einer anderen Einstellung gegenübertreten. Er musste weniger beweisen. Nun sah er sich an unserem Stand um und verkündete, unsere Maschine sei das Interessanteste im ganzen Raum. »Gehen wir eine Runde spazieren«, sagte er, und wir schlenderten durch die Halle. »Wie läuft's so?«

»Nicht besonders«, gab ich zu. Wir hofften immer noch auf einen Investor von außen, doch es gab fast keine Optionen mehr. Dann schlug Steve vor, wir sollten unsere Gespräche wieder aufnehmen. »Vielleicht finden wir eine Lösung«, sagte er.

Während unseres Gesprächs trafen wir Bill Joy, einen der Gründer von Sun Microsystems. Bill war wie Steve ein außerordentlich intelligenter, ehrgeiziger, sprachgewandter und von sich selbst überzeugter Mensch. Ich erinnere mich nicht, worüber sie sprachen, während wir dort standen, doch ich vergesse nicht, *wie* sie sprachen: Die Gesichter nah beieinander, die Arme hinter dem Rücken, sie schwankten von einer Seite auf die andere – völlig synchron – und hatten alles um sich herum vergessen. Das dauerte eine Weile, bis Steve Schluss machen musste, weil er noch einen anderen Termin hatte.

Nachdem Steve gegangen war, wandte sich Bill zu mir und sagte: »Junge, ist der arrogant.«

Später kam Steve wieder an unserem Stand vorbei, kam zu mir und sagte über Bill: »Junge, ist der arrogant.«

Ich erinnere mich, dass mich dieser Augenblick des Zusammentreffens der Titanen beeindruckte. Mich amüsierte die Tatsache, dass jeder den Egoismus beim anderen sah, aber nicht bei sich selbst.

Es dauerte wieder einige Monate, doch am 3. Januar 1986 sagte Steve, er sei bereit, das Geschäft abzuschließen, und sprach gleich den Punkt an, der mich am meisten beschäftigt hatte, dass er auf der Führung und dem Controlling für das Unternehmen bestand. Er sei bereit, davon abzurücken, sagte er, und nicht nur das, er war offen dafür, uns erforschen zu lassen, ob sich aus der Verbindung von Computern und Grafik ein Geschäft aufbauen ließ. Am Ende unseres Treffens hatten Alvy und ich ein gutes Gefühl bei seinem Vorschlag – und was seine Absichten betraf. Die einzige Unsicherheit war, wie er als Partner wäre. Wir wussten, dass er als schwierig galt. Nur die Zeit würde es zeigen, ob wir damit umgehen konnten.

Einmal in dieser Zeit traf ich mich mit Steve und fragte ihn vorsichtig, wie man mit Situationen umging, wenn man mit ihm nicht einer Meinung war. Er schien nicht zu verstehen, dass ich eigentlich gefragt hatte, wie wir die Dinge lösen, wenn wir zusammenarbeiteten und *ich* nicht mit ihm übereinstimmte, denn er gab eine allgemeinere Antwort.

Er sagte: »Wenn ich mit jemandem nicht einer Meinung bin, nehme ich mir die Zeit, es genauer zu erklären, damit er besser versteht, was richtig wäre.«

Als ich das später meinen Kollegen bei Lucasfilm erzählte, lachten sie. Nervös. Ich erinnere mich, einer von Steves Anwälten sagte, wenn wir von seinem Klienten aufgekauft würden, müssten wir bereit sein, »auf der Steve-Jobs-Achterbahn zu fahren«. Angesichts unserer sonst trüben Aussichten waren Alvy und ich bereit, einzusteigen.

Der Übernahmeprozess wurde erschwert durch die Tatsache, dass die Unterhändler von Lucasfilm nicht sehr gut waren. Insbesondere der Finanzchef unterschätzte Steve und hielt ihn nur für so einen reichen, überforderten Jungen. Dieser Finanzleiter sagte, man sichere seine Autorität, wenn man als Letzter käme. Er äußerte mir gegenüber laut seinen Gedanken, damit würde er sich als »der Stärkere« positionieren, denn er und nur er könne es sich leisten, alle anderen warten zu lassen.

Am Ende führte das jedoch nur zu der Erkenntnis, er habe noch nie einen Menschen wie Steve Jobs kennengelernt.

Am Morgen der großen Verhandlungssitzung waren alle pünktlich außer dem Finanzchef – Steve und sein Anwalt; Alvy, ich und unser Anwalt; die Anwälte von Lucasfilm; und ein Investmentbanker. Genau um zehn Uhr sah sich Steve um, sah, dass der Finanzleiter fehlte, und begann das Treffen ohne ihn! Mit einem flinken Schachzug hatte Steve nicht nur den Versuch des Finanzleiters vereitelt, sich in der Hackordnung nach vorn zu stellen, sondern er hatte auch noch die Kontrolle über das Treffen an sich gerissen. Diese aggressive Strategie sollte prägend sein für Steves Führung von Pixar in den folgenden Jahren – sobald wir uns zusammengetan hatten, wurde er unser Beschützer, und kämpfte für uns, wie er für sich gekämpft hatte. Am Ende zahlte Steve fünf Millionen Dollar für Pixar an Lucasfilm – und erklärte sich nach dem Kauf einverstanden, weitere fünf Millionen Dollar in das Unternehmen zu stecken, wobei 70 Prozent des Kapitals an Steve und 30 Prozent an die Angestellten gingen.

Der Abschluss fand an einem Montagmorgen im Februar 1986 statt, und die Stimmung im Raum war eindeutig gedämpft, weil alle so erschöpft waren von den Verhandlungen. Nachdem wir unterzeichnet hatten, zog Steve Alvy und mich beiseite, legte die Arme um uns und sagte: »Was auch geschieht, wir müssen loyal zueinander sein.« Ich nahm das als Ausdruck seiner noch verletzten Gefühle nach seiner »Amtsenthebung« bei Apple, doch ich vergaß das nie. Die Schwangerschaft war anstrengend gewesen, doch das muntere kleine Unternehmen Pixar war schließlich geboren.

# KAPITEL 3

## Ein richtungweisendes Ziel

Nichts zwingt so schnell zum Lernen wie Unwissenheit in Kombination mit der dringenden Notwendigkeit, Erfolg zu haben. Ich weiß das aus erster Hand. 1986 wurde ich Präsident eines neuen Hardwareunternehmens, dessen Hauptaufgabe der Verkauf des Pixar Image Computers war.

Das Problem war nur, ich hatte keine Ahnung davon.

Von außen sah Pixar wahrscheinlich aus wie ein typisches Start-up-Unternehmen im Silicon Valley. Innen war es jedoch keineswegs so. Steve Jobs hatte noch nie zuvor ein Highend-Gerät produziert oder vermarktet, also besaß er weder Erfahrung noch irgendeine Ahnung, wie man das macht. Wir hatten keine Vertriebsleute und wussten nicht, wo wir suchen sollten. Steve, Alvy Ray Smith, John Lasseter und ich – keiner von uns hatte auch nur die geringste Vorstellung, wie man so ein Unternehmen führt, das wir gerade gegründet hatten. Wir soffen ab.

Ich war es zwar gewohnt, innerhalb eines bestimmten Budgets zu arbeiten, war jedoch noch nie für eine Gewinn-und-Verlust-Aufstellung verantwortlich gewesen. Ich wusste nicht, wie man Warenbestände verwaltet, wie man Qualität sichert oder irgendetwas anderes, was ein Unternehmen können soll, das Produkte verkaufen will. Da mir sonst nichts einfiel, kaufte ich Dick Levins Buch *Buy Low, Sell High, Collect Early, and Pay Late: The Manager's Guide to Financial Survival,* ein damals beliebtes betriebswirtschaftliches Buch. Ich verschlang es in einem Zug.

Ich las viele solche Bücher, weil ich eine bessere, effizientere Führungskraft werden wollte. Die meisten handelten mit einer Art Einfachheit, die mir schädlich erschien, weil sie einem falsche Sicherheit bot. Sie waren gespickt mit eingängigen Phrasen wie »Wage zu scheitern!« oder »Folge den Menschen, und die Menschen werden dir folgen!« oder »Konzentration, Konzentration, Konzentration!«. (Besonders der letzte Rat war sinnlos. Wenn man das hört, nickt man zustimmend, als wäre eine große Wahrheit präsentiert worden, und bemerkt nicht, dass man von einem viel schwierigeren Problem abgelenkt wurde: der Entscheidung, worauf man sich konzentrieren sollte. Nichts an diesem Rat gibt einem auch nur einen Hinweis, wie man herausfindet, wo der Fokus liegen sollte oder wie man seine Energie darauf verwendet.) Diese Slogans wurden oft als Schlussfolgerungen, als Weisheiten dargeboten – und vielleicht waren sie das auch. Doch keiner gab mir auch nur eine Idee, was ich tun oder worauf ich mich konzentrieren sollte.

Was wir auch in den frühen Tagen von Pixar herausfinden mussten, war, wie man mit Steve zusammenarbeitete. Seine Entschlossenheit zum Erfolg und seine Bereitschaft zum Denken in großen Kategorien – »thinking big« – waren oft inspirierend. Er bestand zum Beispiel darauf, dass Alvy und ich landesweit Verkaufsbüros für den Pixar Image Computer eröffneten – eine gewagte Aktion, die wir nie gleich vorzuschlagen gewagt hätten. Alvy und ich hatten das Gefühl, wir verkauften ein sexy Produkt, doch es war ein hoch spezialisiertes sexy Produkt, was bedeutete, es gab eine natürliche Grenze für den entsprechenden Markt. Steve jedoch, der aus der Welt der Heimcomputer kam, drängte uns, darüber hinauszudenken. Wenn wir dieses Ding verkaufen wollten, so seine Argumentation, brauchten wir landesweite Präsenz. Alvy und ich waren zuerst unsicher, wie wir das anstellen sollten, doch uns gefiel Steves Vision.

Zu dieser Vision kam noch etwas anderes: eine ungewöhnliche Art, mit anderen zu interagieren. Steve war oft ungeduldig und kurz angebunden. Bei Treffen mit potenziellen Kunden zögerte er nicht, sie anzuschreien, wenn er Kleingeistigkeit oder mangelnde Vorbereitung witterte – kaum eine hilfreiche Taktik, wenn man versucht, einen Vertrag abzuschließen oder eine loyale Kundenbasis aufzubauen. Er war jung und ein Getriebener und wusste seinen Einfluss auf andere noch nicht wirklich einzuschätzen. In unseren ersten gemeinsamen Jahren »kapierte« er normale Menschen nicht – also Leute, die kein Unternehmen führten oder denen es an Selbstbewusstsein mangelte. Wenn er sich ein Urteil über die Anwesenden in einem Raum bilden wollte, sagte er mit Bestimmtheit etwas Empörendes wie etwa: »Diese Tabellen sind Mist!« oder: »Diese Vereinbarung ist Quatsch!«, und wartete dann auf die Reaktion der anderen. War man mutig genug, ihm entgegenzutreten, respektierte er das häufig – er stieß einen an und sah sich dann die Reaktion an, das war seine Art, herauszufinden, was man dachte, und ob man den Mut hatte, dafür einzustehen. Mich erinnerte dieses Vorgehen an ein Prinzip aus der Technik: Sendet man einen starken Impuls aus – so wie ein Delfin Echolot einsetzt, um die Position einer Delfinschule zu bestimmen –, kann man Wesentliches über seine Umgebung erfahren. Steve setzte seine aggressive Interaktion als eine Art biologisches Echolot ein. So lotete er die Welt aus.

Meine erste offizielle Aufgabe als Präsident von Pixar war es, gute Leute zu finden und einzustellen, ein Stammpersonal, das uns half, unsere Unzulänglichkeiten zu überwinden. Wenn wir mit dem Verkauf von Hardware erfolgreich sein wollten, mussten wir richtige Abteilungen für Herstellung, Vertrieb, Service und Marketing einrichten. Ich fragte Freunde, die im Silicon Valley eigene Unternehmen gegründet hatten, und bat sie um Informationen über alles, von Gewinnmargen und Preisen bis hin zu Kommissionen und Kundenbeziehungen. Sie gaben großzügig ihren Rat, doch am meisten lernte ich aus den Fehlern in diesen Ratschlägen.

Die erste Frage war recht grundlegend: Wie ermitteln wir, wie viel unser Gerät kosten soll? Die Geschäftsführer von Sun Microsystems und Silicon Graphics sagten, ich sollte mit einer großen

Zahl beginnen. Beginnt man mit einem hohen Preis, sagten sie, kann man immer noch mit dem Preis runtergehen; hält man den Ball niedrig und muss ihn später anheben, dann verärgert man seine Kunden nur. Ausgehend von den gewünschten Profitmargen entschieden wir uns für den Preis von 122 000 Dollar je Einheit. Großer Fehler. Bald hatte der Pixar Image Computer den Ruf, er sei leistungsstark, aber zu teuer. Als wir den Preis später senkten, stellten wir fest, dass alle sich nur daran erinnerten, wir seien überteuert. Ungeachtet unserer Versuche, das zu auszubügeln, blieb der erste Eindruck haften.

Der Rat, den ich, von erfahrenen, intelligenten und wohlmeinenden Menschen für die Preisgestaltung erhalten hatte, war nicht nur falsch, sondern hielt uns auch davon ab, die richtigen Fragen zu stellen. Anstatt zu überlegen, ob es leichter ist, einen Preis zu senken, als ihn zu erhöhen, hätten wir über wichtigere Fragen sprechen sollen, etwa wie wir die Erwartungen der Kunden erfüllen konnten und wie man weiter in die Softwareentwicklung investiert, sodass *die* Kunden, die unser Produkt kauften, es besser einsetzen konnten. Rückblickend muss ich sagen, ich wollte einfache Antworten auf komplexe Fragen – tu dies, nicht das –, als ich den Rat der erfahrenen Männer suchte, weil ich selbst unsicher und gestresst war von den Anforderungen meiner neuen Aufgabe. Doch einfache Antworten wie »mit hohem Preis einsteigen« – so verführerisch sie in ihrer Vernünftigkeit sind – hatten mich abgelenkt und mich davon abgehalten, grundlegendere Fragen zu stellen.

Wir waren damals ein Unternehmen, das Computer herstellte, also mussten wir schnell lernen, was es bedeutete, Computer zu produzieren. Zu dieser Zeit lernte ich zufällig etwas, das zu den wertvollsten Lektionen aus den frühen Tagen von Pixar zählt. Und die Lektion stammt aus einer unerwarteten Quelle – der Geschichte der Fertigung in Japan. Keiner glaubt, dass das Fließband die Kreativität fördert. Bis dahin hatte ich Produktion mehr mit Effizienz in Verbindung gebracht als mit Inspiration. Doch bald erfuhr ich, dass die Japaner einen Weg gefunden hatten, die Produktion zu einer kreativen Bemühung für die Arbeiter zu machen – eine damals völlig radikale und nicht eingängige Vorstellung. Die Japaner konnten mir in der Tat vieles über die Gestaltung einer kreativen Umgebung beibringen.

Nach dem Zweiten Weltkrieg, als für Amerika eine lange Periode des Wohlstands begann, hatte Japan gewaltig zu kämpfen, um seine Infrastruktur wieder aufzubauen. Seine Wirtschaft war in die Knie gezwungen, und seine Industrieproduktion war immer schon suboptimal, sie hatte den Ruf, dass sie extrem schlechte Qualität produzierte. Ich erinnere mich, in meiner Kindheit in den 1950er-Jahren galten japanische Güter als minderwertig – sogar als Schrott. (Heute gibt es kein vergleichbares Stigma. Wenn man »made in Mexico« oder »made in China« auf einem Etikett sieht, trägt das keinerlei Ähnlichkeit mit den Assoziationen, die »made in Japan« damals hervorrief.) Amerika dagegen war führend in der Produktion in jenen Jahren, und die Autoindustrie war Vorreiter. Die Ford Motor Company hatte zuerst das ruhig gleitende Fließband eingeführt, der Schlüssel für die Produktion großer Mengen zu niedrigem Preis, und hatte den Herstellungsprozess selbst revolutioniert. Bald übernahm jeder Automobilhersteller in Amerika die Vorgehensweise, das Produkt über eine Art von Fließband von einem Arbeiter zum nächsten zu transportieren, bis die Montage abgeschlossen war. Die Zeitersparnis erbrachte massive Profite, und viele andere Branchen, von Haushaltsgeräten, Möbeln bis hin zur Elektronik, folgten dem Beispiel von Ford.

Das Mantra der Massenproduktion lautete: Das Fließband muss laufen, um jeden Preis, denn so bleibt die Effizienz hoch, und die Kosten bleiben niedrig. Verlorene Zeit bedeutete verlorenes Geld. Wenn ein Produkt am Fließband fehlerhaft war, zog man es sofort ab, doch *das Band ließ man immer laufen*. Um sicherzustellen, dass die restlichen Produkte in Ordnung waren, hatte man Inspektoren für die Qualitätskontrolle. Nur höhere Führungskräfte besaßen das Recht, das Band anzuhalten.

Doch 1947 stellte ein Amerikaner, der in Japan arbeitete, diese

Denkweise auf den Kopf. Sein Name war W. Edwards Deming, und er war Statistiker, der bekannt war für sein Expertenwissen in der Qualitätskontrolle. Auf Anfrage der US-Armee war er nach Asien gereist, um bei der Vorbereitung der japanischen Volkszählung im Jahr 1951 zu helfen. Als er angekommen war, wurde er in den Wiederaufbau des Landes involviert und lehrte schließlich Hunderte japanischer Ingenieure, Führungskräfte und Wissenschaftler seine Theorien über die Verbesserung der Produktivität. Unter seinen Zuhörern war Akio Morita, der Mitbegründer von Sony, einem der zahlreichen japanischen Unternehmen, die seine Ideen anwenden und die Früchte dafür ernten würden. Um diese Zeit entwickelte auch Toyota radikale neue Ideen zum Thema Produktion, die mit Demings Denkweise übereinstimmten.

Später wurden verschiedene Begriffe geprägt, die diese revolutionären Ansätze beschrieben, Begriffe wie »Just-in-time-Produktion« oder »Total Quality Control« – doch die Essenz war folgende: Die Verantwortung für das Auffinden und Lösen von Problemen sollte *jedem* Angestellten übertragen werden, vom höchsten Manager bis zur einfachsten Person unten am Fließband. Wenn jemand auf einer beliebigen Ebene ein Problem im Herstellungsprozess erkannte, sollte er berechtigt sein (und das erwartete man), das Fließband anzuhalten. In den japanischen Firmen, die Demings Ideen umsetzten, machte man es den Arbeitern leicht, sich so zu verhalten: Man installierte eine Leine, die jeder ziehen konnte, um die Produktion anzuhalten. In kurzer Zeit kamen japanische Unternehmen in den Genuss noch nie da gewesener Qualität, Produktivität und großer Marktanteile.

Demings Ansatz – und der von Toyota – übertrug Teilhabe und Verantwortung für die Qualität eines Produkts den Menschen, die am meisten mit seiner Entstehung zu tun hatten. Anstatt nur eine Handlung zu wiederholen, konnten die Arbeiter Veränderungen vorschlagen, Probleme benennen und – dieses nächste Element schien mir besonders wichtig – Stolz empfinden, wenn sie geholfen hatten, etwas zu verbessern. Das führte zu kontinuierlicher Verbesserung, dem Ausmerzen von Fehlern und besserer Qualität. Mit anderen Worten, das japanische Fließband wurde ein Ort, wo der Einsatz der Arbeiter das Endprodukt verbesserte. Und das sollte schließlich die Produktion weltweit verändern.

Als wir bei Pixar mit den Startschwierigkeiten kämpften, war Deming wie ein Leuchtturm, der mir den Weg wies. Mich faszinierte die Tatsache, dass jahrelang so viele amerikanische Führungskräfte nicht in der Lage waren, die Weisheit dieser Denkweise auch nur zu begreifen. Nicht dass sie Demings Ideen ablehnten, sie waren eher völlig blind dafür. Ihre Überzeugung von den bestehenden Systemen machte es ihnen unmöglich, das zu sehen. Sie waren schließlich schon eine Weile an der Spitze. Warum sollten sie ihre Arbeitsweise ändern?

Es sollte Jahrzehnte dauern, ehe Demings Ideen in Amerika Fuß fassten. Erst in den 1980er-Jahren begannen ein paar Unternehmen im Silicon Valley wie Hewlett-Packard und Apple mit ihrer Umsetzung. Doch ich war höchst beeindruckt von Demings Arbeit, und mir half sie, meinen Ansatz zu entwickeln, wie Pixar in der Zukunft zu führen war. Zwar herrschte bei Toyota eine hierarchische Struktur, doch sie war geleitet von einer demokratischen Zielsetzung: Man muss nicht um Erlaubnis fragen, ehe man Verantwortung übernimmt.

Als Toyota vor einigen Jahren ins Straucheln geriet – anfänglich hatte man versäumt, die ernst zu nehmenden Probleme mit dem neuen Bremssystem einzuräumen, was öffentliche beispiellose Peinlichkeit zur Folge hatte –, war ich noch verwundert, dass ein so intelligentes Unternehmen wie Toyota sich so verhält, das widersprach so heftig einem seiner wichtigsten kulturellen Werte. Welche Kräfte es auch sein mögen, die Menschen dazu treiben, törichte Dinge zu tun, sie sind mächtig, und sie lauern sogar in den besten Umfeldern.

In der Aufbauphase von Pixar Ende der 1980er-Jahre verbrachte Steve Jobs die meiste Zeit mit dem Versuch, NeXT aufzubauen, das Unternehmen für Personal Computer, das er nach seinem Abgang bei Apple gegründet hatte. Er kam nur einmal im Jahr bei Pixar vorbei – so selten, dass er jedes Mal eine Anfahrtsbeschreibung brauchte, damit er sich nicht verfuhr. Doch ich war regelmäßig bei NeXT. Alle paar Wochen fuhr ich hinunter in Steves Büro in Redwood City, um ihm über unseren Fortschritt zu berichten. Mir gefielen die Treffen ehrlich gesagt nicht, denn sie waren oft frustrierend. Während wir nach Wegen suchten, mit Pixar profitabel zu arbeiten, brauchten wir häufig Finanzspritzen von Steve, um uns über Wasser zu halten. Oft versuchte er, Bedingungen an das Geld zu knüpfen, das war verständlich, doch es war auch kompliziert, weil die Bedingungen, die er uns auferlegte – ob im Marketing oder im technischen Bereich –, nicht immer mit unseren Realitäten übereinstimmten. Meine Erinnerung an diese Zeit: Wir suchten ständig nach einem Geschäftsmodell, das uns in die schwarzen Zahlen bringen würde. Immer gab es einen Grund zu der Annahme, unser nächster Versuch würde schließlich funktionieren.

In den ersten Jahren konnten wir bei Pixar ein paar Triumphe feiern – *Die kleine Lampe*, ein Kurzfilm unter der Regie von John, mit der Lampe als Hauptfigur, die heute das Pixar-Logo ziert, wurde 1987 für einen Oscar nominiert, und im folgenden Jahr gewann der Kurzfilm *Tin Toy* über eine One-Man-Band-Figur zum Aufziehen und ein sabberndes Baby, das die Figur quält, den ersten Oscar für Pixar. Doch meistens verloren wir Geld. Aus ersichtlichen Gründen verstärkte das die Spannungen mit Steve. Wir hatten das Gefühl, er verstand nicht, was wir brauchten, und er hatte das Gefühl, wir hatten keine Ahnung, wie man ein Unternehmen führt. Wir hatten beide recht. Steve hatte jeden Grund, sich wegen uns Sorgen zu machen. Als Pixar am Tiefpunkt war, wir ins Schwimmen kamen und keinen Profit erzielten, hatte Steve 54 Millionen Dollar seines eigenen Geldes im Unternehmen versenkt – ein beträchtlicher Teil seines Eigenkapitals, und mehr Geld, als jede Risikokapitalgesellschaft je zu investieren erwogen hätte angesichts unserer jämmerlichen Bilanz.

Warum waren wir so tief in den roten Zahlen? Weil unser anfänglich lebhafter Absatz fast augenblicklich wieder abflaute – nur 300 Pixar Image Computer wurden jemals verkauft –, und wir waren nicht groß genug, um schnell neue Produkte zu entwickeln. Wir waren auf über 70 Mitarbeiter angewachsen, und unsere Fixkosten drohten uns aufzufressen. Mit steigenden Verlusten wurde deutlich, dass es nur einen Weg nach vorn gab: Wir mussten den Verkauf von Hardware aufgeben. Nachdem wir alles Mögliche versucht hatten, um unseren Pixar Image Computer zu verkaufen, stellten wir uns schließlich der Tatsache, dass Hardware uns nicht ernähren konnte. Wie ein Forscher am Rande einer schmelzenden Eisscholle mussten wir auf festeren Boden springen. Natürlich konnten wir nicht wissen, ob das, worauf wir als Nächstes landeten, unser Gewicht tragen würde. Erleichtert wurde dieser Sprung nur durch unseren Beschluss, alles zu unternehmen, um das tun zu können, was wir uns von Anfang an ersehnt hatten: Computeranimation. Hier lag unsere wahre Leidenschaft, und die einzige verbleibende Option für uns war es, diese Leidenschaft mit allem uns noch zur Verfügung Stehenden zu verfolgen.

Ab 1990, etwa zu der Zeit, als wir in einen Betonkasten im Warenhausviertel von Point Richmond nördlich von Berkeley gezogen waren, konzentrierten wir unsere Energien auf die künstlerische Seite. Wir machten animierte Werbefilme für Trident-Kaugummi und Tropicana-Orangensaft und gewannen bald Preise für den künstlerischen Inhalt unserer Spots. Gleichzeitig feilten wir weiter an unseren technischen Fähigkeiten und der Drehbuchgestaltung. Das Problem war, wir nahmen immer noch bedeutend weniger ein, als wir ausgaben. 1991 entließen wir mehr als ein Drittel unserer Belegschaft.

Zwischen 1987 und 1991 versuchte ein entnervter Steve Jobs dreimal, Pixar zu verkaufen. Doch trotz seiner Frustration konnte er sich nie dazu durchringen, sich von uns zu trennen. Als ihm Microsoft 90 Millionen Dollar für uns anbot, ging er. Steve wollte 120 Millionen, und ihr Angebot empfand er nicht nur als Beleidigung, sondern auch als Beweis, dass sie uns nicht verdient hatten.

Dasselbe geschah mit Alias, dem Unternehmen für Industrie- und Automobildesignsoftware, und mit Silicon Graphics. Bei jedem Interessenten startete Steve mit einem hohen Preis und war nicht bereit, davon abzurücken. Ich gelangte zu der Überzeugung, dass er nicht wirklich einen Ausweg suchte, sondern nur eine Bewertung von außen wollte: Wenn Microsoft bereit ist, auf 90 Millionen Dollar zu gehen, dann musste es sich lohnen, uns zu behalten. Es war schwierig – und nervenaufreibend –, bei diesem Tanz zuzusehen.

Pixar hätte ohne Steve nicht überlebt, aber mehr als einmal fragte ich mich in diesen Jahren, ob wir *mit* ihm überleben könnten. Steve konnte brillant und inspirierend sein und konnte jedes unserer Probleme intelligent analysieren. Doch er konnte auch unmöglich sein: ablehnend, herablassend, bedrohlich, sogar schikanös. Am schlimmsten für seine Führungsaufgabe war jedoch sein Mangel an Einfühlungsvermögen. An diesem Punkt in seinem Leben war er schlicht nicht in der Lage, sich in andere hineinzuversetzen – und er hatte keinen Humor. Wir hatten bei Pixar immer ein paar Spaßvögel und waren prinzipiell der Ansicht, alles sollte Spaß machen, doch alle Versuche mit Steve scheiterten kläglich. Er war bekannt dafür, dass er in Meetings Reden schwang und andere nicht zu Wort kommen ließ, doch eine Gruppe von uns wies er einmal vor einem Treffen mit Führungskräften von Disney darauf hin, wie wichtig es sei, dass wir »zuhörten und nicht redeten«. Die Ironie war so offensichtlich, dass ich nicht widerstehen konnte und sagte: »Okay, Steve, ich werde versuchen, mich zurückzuhalten.« Alle Anwesenden lachten, doch er verzog keine Miene. Dann gingen wir zu dem Meeting, und Steve hielt eine geschlagene Stunde lang Hof und ließ die Leute von Disney kaum einen Satz vollenden.

Damals hatte ich bereits genügend Zeit mit Steve verbracht, um zu wissen, dass er nicht ganz unsensibel war – er hatte nur noch nicht herausgefunden, wie er das anderen mitteilen konnte. Einmal rief er mich in einem Wutanfall zu sich und sagte, er wollte die Gehaltsabrechnung nicht machen; er beruhigte sich erst, als ich ihn wütend anrief und ihm die Leviten las, dass Familien von dem Geld abhängig waren. In meiner gesamten Laufbahn war das vielleicht das einzige Mal, dass ich eine Tür frustriert zuknallte. Auch wenn Pixar seinen Wert verdoppelte, wären wir immer noch nichts wert, sagte Steve. Ich fühlte mich immer ausgebrannter. Ich dachte sogar an Kündigung.

Doch in dieser Stressphase geschah etwas Komisches: Allmählich fanden Steve und ich einen Weg zur Zusammenarbeit. Und dabei verstanden wir uns allmählich. Sie erinnern sich an die Frage, die ich Steve stellte, ehe er Pixar übernahm: Wie würden wir Konflikte lösen? Und seine Antwort, die ich damals auf eine komische Weise egoistisch fand, war, dass er einfach weiter erklären würde, warum er recht hatte, bis ich ihn verstand. Genau so ging ich ironischerweise bei Steve vor. Wenn wir uneinig waren, stellte ich meine Meinung dar, doch da Steve schneller denken konnte als ich, entkräftete er häufig meine Argumente. Dann wartete ich eine Woche, ordnete meine Gedanken, ging wieder zu ihm und erklärte alles noch einmal, bis eine der drei folgenden Möglichkeiten eintrat: Erstens, er sagte: »Okay, ich habe es verstanden«, und gab mir, was ich brauchte. Zweitens, ich sah ein, dass er recht hatte, und hörte auf, mein Anliegen zu vertreten. Drittens, unsere Debatte blieb ergebnislos, in dem Fall machte ich einfach so weiter, wie ich es anfänglich vorgeschlagen hatte. Jedes Ergebnis war gleich wahrscheinlich, doch im Falle dieser dritten Möglichkeit stellte Steve mich nie infrage. Trotz all seiner Beharrlichkeit respektierte er doch Leidenschaft. Er dachte wohl, wenn ich von etwas so sehr überzeugt war, konnte es nicht ganz falsch sein.

Jeffrey Katzenberg saß am Ende eines langen Konferenztischs aus dunklem Holz im Team Disney Building auf dem Gelände des Unternehmens in Burbank. Der Leiter der Filmsparte bei Disney umwarb uns – zumindest bis zu einem gewissen Punkt. »Es ist klar, dass das Talent hier John Lasseter heißt«, sagte er. John, Steve und ich saßen da, und ich versuchte, nicht beleidigt zu sein. »Und John, da du nicht zu uns kommen willst, müssen wir das wohl auf diese Weise realisieren.«

Katzenberg wollte, dass Pixar einen Spielfilm machte, und Disney sollte die Rechte daran haben und ihn vertreiben.

Dieses Angebot überraschte uns zwar, doch es kam nicht völlig unerwartet. Kurz nach der Gründung von Pixar hatten wir einen Vertrag mit Disney geschlossen, ein Grafiksystem für sie zu entwickeln – das Computer Animation Production System oder kurz CAPS genannt –, das zeichnen und Cels verwalten konnte, das sind die auf durchsichtige Folie gezeichneten Animationsphasen. Als CAPS entstand, produzierte Disney *Arielle, die Meerjungfrau* (Kinostart in Deutschland 1990), was 1989 ein großer Erfolg wurde und ganz von selbst ein zweites Goldenes Zeitalter des Trickfilms einläutete, zu dem auch *Die Schöne und das Biest*, *Aladdin* und *Der König der Löwen* gehörten. Diese Filme waren so erfolgreich, dass sich Disney Animation nach Partnern umsah, um seinen Film-Output zu erhöhen, und da wir bei Disney einen guten Ruf hatten, kamen sie auf uns.

Verhandeln mit Disney bedeutete, dass wir mit Katzenberg zu einer Einigung kommen mussten – der bekanntermaßen in Verhandlungen zäh und gerissen war. Steve nahm die Zügel in die Hand und widersprach Jeffreys Schlussfolgerung, dass Disney auch unsere Technologie gehörte, nur weil das Unternehmen in unseren ersten Film investierte. »Ihr gebt uns Geld für die *Produktion* des Films, nicht um uns unsere Betriebsgeheimnisse abzukaufen«, sagte Steve. Was die Disney-Leute an den Verhandlungstisch brachte, war ihr Gespür für Marketing und Vertrieb. Wir brachten unsere technischen Innovationen ein, und die standen nicht zum Verkauf. Steve machte dies zur Bedingung und blieb hart, bis Jeffrey schließlich darauf einging. Wenn es ums Ganze ging, konnte Steve auf das nächste Spiellevel wechseln.

1991 schlossen wir einen Vertrag über drei Filme, die Pixar produzieren und Disney größtenteils finanzieren sollte. Disney würde die Verwertung übernehmen und sollte auch die Rechte daran besitzen. Ich hatte das Gefühl, es hatte ein Leben lang gedauert, bis ich an diesen Punkt gelangte, und in gewissem Sinne war es auch so. Das Unternehmen Pixar war zwar erst fünf Jahre alt, doch mein Traum, einen computeranimierten Spielfilm zu machen, war schon fast 20 Jahre alt. Wieder einmal machten wir uns an etwas, über das wir kaum etwas wussten. Keiner von uns hatte je einen Film gemacht – zumindest keinen, der länger war als fünf Minuten –, und da wir mit Computeranimation arbeiteten, gab es auch niemanden, den wir um Hilfe bitten konnten. Es ging um Millionen, und eine zweite Chance würde es nicht geben, wenn wir dieses Projekt in den Sand setzten. Also mussten wir schnell herausfinden, wie es ging.

Glücklicherweise hatte John bereits eine Idee. In *Toy Story* sollte es um eine Gruppe von Spielsachen gehen und um einen Jungen – Andy –, der sie liebt. Das Besondere war, dass die Geschichte aus der Perspektive der Spielzeuge erzählt wurde. Die Handlung wurde in den folgenden Monaten noch viele Male verändert, und am Ende ging es um Andys Lieblingsspielzeug, einen Cowboy namens Woody, dessen Welt erschüttert wurde, als ein glänzender neuer Rivale, der Space Ranger mit dem Namen Buzz Lightyear, erscheint und Andys neues Lieblingsspielzeug wird. John stellte die Grundidee bei Disney vor, und nach vielen Überarbeitungen bekamen wir im Januar 1993 grünes Licht für das Drehbuch.

John hatte inzwischen ein Team talentierter und ehrgeiziger junger Leute um sich versammelt. Als wir noch Werbefilme machten, hatte er Andrew Stanton und Pete Docter eingestellt, die zwei sehr begabte Regisseure wurden. Andrew war so energisch, dass er oft einen roten Kopf bekam, wenn er etwas ihm Wichtiges verteidigte. Er war Drehbuchautor und Regisseur und verstand viel vom Aufbau einer Geschichte; seine Spezialität war es, eine Geschichte auf ihre emotional tragenden Sequenzen zu reduzieren und sie dann von Grund auf neu aufzubauen. Pete war ein äußerst talentierter Zeichner mit einer besonderen Begabung, Gefühle auf der Leinwand darzustellen. Im Herbst 1992 war Johns ehemaliger Kollege von Disney, Joe Ranft, zu uns gekommen, der gerade an *The Night-*

*mare Before Christmas* von Tim Burton gearbeitet hatte. Joe war ein Kerl wie ein Baum und hatte einen freundlichen und verschrobenen Sinn für Humor. Das machte es leichter, seine Kritik zu verdauen, wenn er einmal kritisierte. Unser Team war stark, aber ziemlich unerfahren. Wahrscheinlich haben Sie schon einmal die Weisheit gehört, es sei besser, seine Fallschirmtruppe vor dem Sprung aus dem Flugzeug zu versammeln. Nun, wir befanden uns bereits im freien Fall, und keiner von uns hatte je zuvor einen Fallschirm hergestellt.

Im ersten Jahr machten John und sein Team Storyboards von den Sequenzen. Dann flogen sie immer wieder ins Disney-Hauptquartier, kamen mit den Anmerkungen von Jeffrey Katzenberg und seinen beiden Top-Führungskräften Peter Schneider und Tom Schumacher zurück. Jeffrey verlangte immer wieder mehr »Biss«. Er fand Woody zu forsch, zu ernsthaft. Das harmonierte nicht unbedingt mit unserer Vorstellung von der Geschichte, doch als Neulinge beherzigten wir seinen Rat. Im Laufe einiger Monate wurde Woody – den wir uns ursprünglich freundlich und gelassen vorgestellt hatten – immer düsterer und gemeiner … und total unsympathisch. Woody war eifersüchtig. Er warf Buzz aus Groll aus dem Fenster. Er kommandierte die anderen Spielzeuge herum und beschimpfte sie. Kurz, er war ein Idiot geworden. Am 19. November 1993 gingen wir zu Disney und stellten den neuen, bissigeren Woody in einer Reihe von Story Reels vor, das sind jeweils Provisorien des Films, wie eine Comic-Version mit Stimmen, Musik und Zeichnungen der Geschichte. Das wird bei Pixar immer als der »Schwarze Freitag« in Erinnerung bleiben, denn die absolut vernünftige Reaktion bei Disney war, die Produktion einzustellen, bis ein vernünftiges Drehbuch vorlag.

Der Produktionsstopp war schrecklich. Auf einmal ging es um das Überleben unseres ersten Spielfilms. John versammelte schnell Andrew, Pete und Joe um sich, und in den nächsten Monaten verbrachten sie fast jede wache Minute miteinander. Sie versuchten, das Herz des Films wiederzuentdecken, das, was John zuerst vorschwebte: einen Spielzeugcowboy, der geliebt werden wollte. Sie lernten auch eine wichtige Lektion: ihrem eigenen Gefühl für die Story zu trauen.

Während wir uns mühten, *Toy Story* zum Abschluss zu bringen, gewann unsere bei Lucasfilm begonnene Arbeit allmählich nennenswerten Einfluss in Hollywood. Zwei der größten Kassenschlager des Jahres 1991, *Die Schöne und das Biest* und *Terminator 2*, setzten in erheblichem Ausmaß von Pixar entwickelte Technologie ein, und in Hollywood wurde man allmählich aufmerksam. Als *Jurassic Park* 1993 anlief, galten computergenerierte Spezialeffekte nicht mehr als abseitiges, schrulliges Experiment. Man erkannte inzwischen ihr wahres Potenzial: Es waren Werkzeuge für die Produktion von Mainstream-Unterhaltung. Die digitale Revolution – mit ihren Spezialeffekten, der kristallklaren Tonqualität und den Möglichkeiten von Schnittsoftware – war angekommen.

John beschrieb Steves Geschichte einmal als klassische Heldenreise. Wegen seiner Hybris wurde er aus der von ihm gegründeten Firma verbannt, wanderte durch die Wildnis und erlebte einige Abenteuer, die ihn am Ende besser machten. Ich kann viel über Steves Veränderung sagen und über die Rolle, die Pixar dabei spielte, doch an dieser Stelle will ich nur versichern, dass der Misserfolg ihn zu einem besseren, klügeren und freundlicheren Menschen machte. Wir waren alle angeschlagen von den Misserfolgen und Herausforderungen der ersten neun Jahre, doch wir gewannen auch etwas Wichtiges dabei. Wir halfen uns gegenseitig aus Schwierigkeiten, und so wuchsen unser Vertrauen und unsere gegenseitige Bindung.

Auf eines konnten wir uns natürlich verlassen, dass Steve uns irgendwann eine unangenehme Überraschung bereiten würde. Kurz vor dem Start von *Toy Story* wurde deutlich, dass Steve etwas viel Größeres vorhatte. Hier ging es nicht nur um einen Film – er glaubte, dieser Film würde den Trickfilm an sich verändern. Und ehe das geschah, wollte er an die Börse gehen.

»Schlechte Idee«, sagten John und ich zu Steve. »Machen wir erst noch ein paar Filme, dann haben wir etwas vorzuweisen, und unser Wert steigt.«

Steve war anderer Meinung: »Das ist unser Moment«, sagte er.

Er legte uns seine Überlegungen dar: Nehmen wir an, *Toy Story* wird ein Erfolg, sagte er. Nicht nur das, nehmen wir an, es wird ein *großer* Erfolg. Wenn das geschieht, wird der CEO von Disney Michael Eisner feststellen, dass er seinen schlimmsten Albtraum erschaffen hat: einen lebensfähigen Konkurrenten von Disney. (Wir schuldeten Disney laut Vertrag nur zwei weitere Filme, dann konnten wir für uns selbst produzieren.) Steve sagte voraus, sobald *Toy Story* veröffentlicht sei, würde Eisner versuchen, unseren Vertrag neu zu verhandeln und uns als enge Partner zu behalten. In diesem Fall wollte er in der Lage sein, bessere Bedingungen auszuhandeln, sagte er. Insbesondere wollte er eine Fifty-fifty-Aufteilung der Gewinne mit Disney – wofür es moralisch gute Gründe gab, sagte er. Um diese Bedingungen zu erfüllen, müssten wir jedoch die Hälfte des Kapitals für unsere Produktionsbudgets selbst aufbringen – und das sei eine ganz beträchtliche Summe. Und deshalb müssten wir an die Börse gehen.

Wie so oft war seine Logik überzeugend.

Bald reiste ich mit Steve kreuz und quer durch das ganze Land – wir nannten es unseren »Wanderzirkus«. Wir versuchten, Interesse für unser öffentliches Zeichnungsangebot zu wecken. Auf unserem Weg von einem Investmentunternehmen zum nächsten bemühten wir uns um frühzeitige Verpflichtungen. Steve war in Anzug und Krawatte unterwegs, einer für ihn ungewöhnlichen Kleidung. Ich trug auf Steves Betreiben den Professorenlook: Tweedsakko mit Flicken am Ellenbogen. Ich sollte das Bild des »technischen Genies« verkörpern – doch ehrlich gesagt kenne ich niemanden aus der Computerwissenschaft, der sich so kleidet. Steve war als Verkäufer ganz feurig. Er sagte, ein Filmstudio wie Pixar hatte es noch nie gegeben, das auf allerneuester Technologie und originellen Geschichten gründete. Wir wollten eine Woche nach dem Start von

*Toy Story* an die Börse gehen, wenn keiner mehr die Existenz von Pixar infrage stellen konnte.

Es stellte sich heraus, dass Steve recht behielt. Als unser erster Film die Rekorde an den Kinokassen brach und alle unsere Träume wahr zu werden schienen, brachte unser erstes öffentliches Zeichenangebot fast 140 Millionen Dollar für das Unternehmen, das größte des Jahres 1995. Und einige Monate später rief auch Eisner wie auf ein Stichwort an, wollte den Vertrag neu verhandeln und uns als Partner behalten. Er akzeptierte Steves Angebot einer Fifty-fifty-Aufteilung. Ich war erstaunt; Steve hatte das genau richtig vorhergesehen. Seine gedankliche Klarheit und seine Umsetzung waren verblüffend.

Für mich war dieser Augenblick der Gipfel einer langen Serie von Bemühungen, es war fast unbegreiflich. 20 Jahre lang hatte ich laufend neue technologische Werkzeuge entwickelt, zur Gründung einer Firma beigetragen und hart gearbeitet, um alle Facetten dieses Unternehmens zu einer guten Kommunikation und Zusammenarbeit zu bringen. All das diente einem einzigen Ziel: einen computeranimierten Spielfilm zu machen. Und jetzt hatten wir nicht nur das geschafft; dank Steve waren wir finanziell besser aufgestellt als je zuvor. Zum ersten Mal seit unserer Gründung waren unsere Arbeitsplätze sicher.

Ich wünschte, ich könnte das Gefühl in Flaschen aufbewahren, wie es war, in diesen ersten Tagen nach dem Start von *Toy Story* zur Arbeit zu kommen. Alle schienen ein Stück gewachsen zu sein, so stolz waren sie auf das Geleistete. Wir hatten als Erste einen Film mit dem Computer gemacht und – noch besser – das Publikum berührt, tief berührt mit unserer Geschichte. Meine Kollegen machten ihre Arbeit – und wir hatten viel zu tun, weitere Filme waren zu produzieren, und unsere Verhandlungen mit Disney waren abzuschließen –, doch wir taten alles mit einem gewissen Stolz auf unsere Leistung. Wir hatten Erfolg, weil wir unseren Idealen treu geblieben waren; das war unschlagbar. Das Kernteam aus John, Andrew, Pete, Joe und Lee Unkrich, der 1994 zu uns gekommen war, machte sich sofort an unseren Film über die Insektenwelt, *Das große Krabbeln*. Es lag Spannung in der Luft.

Ich *spürte* zwar die Euphorie, war jedoch seltsamerweise nicht in der Lage, daran teilzuhaben.

20 Jahre lang hatte das Ziel, den ersten Film mit Computergrafik zu machen, mein Leben bestimmt. Nun, da das Ziel erreicht war, breitete sich ein Gefühl in mir aus, das ich nur als Leere und Verlorenheit beschreiben kann. Als Führungskraft fehlte mir die Zielsetzung. *Was jetzt?* Der Ersatz für das ursprüngliche Ziel schien die Führung eines Unternehmens, was mich mehr als genug beschäftigte, aber das war nichts *Besonderes*. Pixar war nun an der Börse notiert und war erfolgreich, doch die Aussicht, das Unternehmen nur weiter zu führen war irgendwie unbefriedigend.

Es musste erst unerwartet ein ernsthaftes Problem auftreten, um mir ein neues Selbstverständnis zu verleihen.

Ich entdeckte, dass ich trotz all meiner Reden über die törichten Handlungsweisen unaufmerksamer Führungskräfte erfolgreicher Unternehmen bei der Produktion von *Toy Story* etwas völlig übersehen hatte, das nun eine ernsthafte Bedrohung für uns darstellte. Und es war mir entgangen, obwohl ich *dachte*, ich wäre aufmerksam gewesen.

Während der Produktion des Films hatte ich meine Aufgabe größtenteils darin gesehen, mich um interne und externe Kräfte zu kümmern, die uns von unserem Ziel ablenken könnten. Ich war entschlossen, bei Pixar nicht dieselben Fehler zu machen, die ich bei anderen Unternehmen im Silicon Valley beobachtet hatte. Aus diesem Grund war es mir wichtig, immer für alle Angestellten von Pixar ansprechbar zu sein, ging durch die Büros der Mitarbeiter und sah nach, was vor sich ging. John und ich hatten ganz bewusst versucht, dafür zu sorgen, dass bei Pixar jeder zu Wort kommen konnte, dass jede Tätigkeit und jeder Angestellte mit Respekt behandelt wurde. Ich glaubte wirklich, dass es auf allen Ebenen Selbstbewertungen und konstruktive Kritik geben sollte, und tat mein Bestes, das auch umzusetzen.

Doch als wir nun die Mannschaft für unseren zweiten Film, *Das große Krabbeln,* versammelten und vor allem die Leute ansprachen, die eine zentrale Rolle bei der Entwicklung von *Toy Story* gespielt hatten, stellte ich fest, dass wir eine ernst zu nehmende Kluft zwischen unserer künstlerischen Abteilung und der Produktion nicht erkannt hatten. Kurz, die Produktionsleiter sagten mir, die Arbeit an *Toy Story* sei ein Albtraum gewesen. Sie fühlten sich nicht ernst genommen und an den Rand gedrängt – wie Bürger zweiter Klasse. Sie waren zwar befriedigt über den Erfolg von *Toy Story,* zögerten jedoch, sich für einen weiteren Film bei Pixar zu verpflichten.

Ich war am Boden zerstört. Wie hatte uns das entgehen können?

Die Antwort lag, zumindest zum Teil, in der Rolle der Produktionsleiter bei der Entstehung unserer Filme. Produktionsleiter sind diejenigen, die sich um die endlosen Details kümmern, die für die rechtzeitige Fertigstellung eines Films im Rahmen des Budgets nötig sind. Sie überwachen den Gesamtfortschritt im Team; sie behalten den Überblick über Tausende Aufnahmen; sie halten den Einsatz von Ressourcen fest; sie leisten Überzeugungsarbeit, reden gut zu, geben Anstöße und sagen auch Nein, wenn es sein muss. Mit anderen Worten, sie leisten Wesentliches für ein Unternehmen, dessen Erfolg vom Einhalten bestimmter Termine und Budgets abhängt: Sie führen Menschen und sichern den Prozess.

Wir waren bei Pixar besonders stolz darauf, dass wir dafür sorgten, dass die Künstler und das technische Personal sich alle fair behandelten, und ich hatte angenommen, dass der Produktionsleitung derselbe Respekt entgegengebracht wurde. Da lag ich falsch. Denn als ich bei den Künstlern und dem technischen Personal nachfragte, äußerten sie tatsächlich die Ansicht, die Produktionsleitung *seien* Mitarbeiter zweiter Klasse und förderten nicht etwa, sondern behinderten gute Arbeit am Film, indem sie den Prozess zu stark kontrollierten und zu detaillierte Vorgaben machten. Die Leute, die ich fragte, sagten, die Produktionsleiter seien nur Sand im Getriebe.

Ich war überrascht, dass ich von diesen Vorgängen überhaupt nichts wusste. Meine Tür war immer offen gewesen! Ich hatte angenommen, dass mir das einen guten Überblick garantierte, wenigstens für so wichtige Quellen für Spannungen wie diese. In den fünf Jahren der Arbeit an *Toy Story* kam kein einziger Produktionsleiter je bei mir vorbei, um seinen Frust loszuwerden oder Verbesserungen vorzuschlagen. Wie kam das? Ich musste einige Nachforschungen anstellen, um das herauszufinden.

Erstens: Da wir zu Beginn unserer Arbeit an *Toy Story* nicht wussten, was wir tun sollten, heuerten wir erfahrene Produktionsleiter aus Los Angeles an, um uns bei der Organisation zu unterstützen. Sie hatten das Gefühl, sie seien nur für eine begrenzte Zeitspanne eingestellt und ihre Beschwerden wären deshalb nicht willkommen. In ihrer Welt – den traditionellen Hollywoodproduktionen – kamen Selbständige zusammen, um einen Film zu machen, arbeiteten mehrere Monate Seite an Seite und verstreuten sich dann wieder in alle Winde. Wer sich beschwerte, schmälerte in der Regel seine Chancen für weitere Beschäftigungsmöglichkeiten in der Zukunft, deshalb hielten sie den Mund. Erst als ich sie bat, bei Pixar zu bleiben, äußerten sie ihre Beschwerden.

Zweitens hatten die Produktionsleiter trotz ihrer Frustration das Gefühl, dass sie Geschichte schrieben, und fanden, John sei eine begabte Führungskraft. *Toy Story* war ein bedeutungsvolles Projekt für sie. Da es ihnen so wichtig war, konnten sie auch die weniger angenehmen Aspekte ihrer Aufgabe hinnehmen. Das war eine Offenbarung für mich: Das Gute verhüllte das Böse. Ich erkannte, das war etwas, worauf ich achten musste: Wenn gleichzeitig Nachteile und Vorteile existieren, wie es oft der Fall ist, dann erforschen die Leute ungern, was ihnen auf die Nerven geht, denn sie wollen nicht als Nörgler abgestempelt werden. Ich erkannte auch, dass so ein Vorgang gären und Pixar zugrunde richten konnte, wenn man sich nicht darum kümmerte.

Für mich war diese Entdeckung belebend. Auch wenn man ständig nach Problemen suchte, bedeutete das nicht, dass man sie auch *sah*. Aus dieser Erkenntnis – dieser Herausforderung – würde sich meine neue Sinnfindung ergeben.

Zwar hatte ich nun verstanden, *warum* wir dieses Problem nicht entdeckt hatten, doch wir mussten immer noch herausfinden, worüber die Mitarbeiter verärgert waren. Dazu ging ich in die Büros, setzte mich zu ihnen und fragte sie, was ihrer Meinung nach bei Pixar gut war und was schlecht lief. Diese Unterhaltungen waren absichtlich offen gehalten. Ich bat nicht um eine spezielle Beschwerdenliste. Stück für Stück verstand ich mit jeder Unterhaltung ein bisschen besser, wie wir in dieses Dickicht geraten waren.

Es wurde viel über *Toy Story* gesprochen, und da die Produktion eines Films ein überaus kompliziertes Vorhaben ist, hatten unsere Produktionsleiter sich sehr unter Druck gefühlt, den Prozess zu kontrollieren – nicht nur das Budget und den Zeitplan, sondern auch den Informationsfluss. Sie fürchteten, das ganze Projekt könne außer Kontrolle geraten, wenn alle mit ihren Anliegen planlos zu irgendjemandem gingen. Um den Überblick zu behalten, wurde allen gesagt, sie müssten über ihre direkten Vorgesetzten kommunizieren. Wenn ein Zeichner mit einem Modellierer sprechen wollte, musste er das über die »richtigen Kanäle« tun. Die Künstler und das technische Personal empfanden diese »Nur über mich«-Mentalität als ärgerlich und hinderlich. Ich halte das für gut gemeintes Micromanaging.

An einer Filmproduktion sind Hunderte Menschen beteiligt, da ist ein hierarchisches System unerlässlich. Doch in diesem Fall hatten wir den Fehler gemacht und die Kommunikationsstruktur mit der Organisationsstruktur verwechselt. Natürlich sollte ein Zeichner direkt mit einem Modellierer sprechen können, ohne zuerst zu seinem Vorgesetzten zu gehen. Also versammelten wir das ganze Unternehmen und sagten: Von jetzt an sollte jeder mit jedem auf jeder Ebene jederzeit sprechen können, ohne einen Vorwurf fürchten zu müssen. Kommunikation sollte nicht mehr über hierarchische Kanäle gehen. Der Informationsaustausch war natürlich von entscheidender Bedeutung für unser Unternehmen, doch ich fand, das konnte – und sollte – häufig informell geschehen, ohne dass sich die Menschen verbiegen müssen. Sie sollten direkt miteinander sprechen und später die Vorgesetzten informieren, das war effizienter, als immer darauf zu achten, alles in der »richtigen« Reihenfolge über die »richtigen« Kanäle zu tun.

Verbesserungen kamen nicht über Nacht. Doch als *Das große Krabbeln* fertig war, galten die Produktionsleiter nicht mehr als Hindernis für den kreativen Prozess, sondern als Gleichwertige – als Mitarbeiter der ersten Klasse. Wir waren besser geworden.

Das war für sich gesehen schon ein Erfolg, doch es gab noch einen unerwarteten Zusatzvorteil: Das Nachdenken über das Problem und die Reaktion darauf hatten eine belebende Wirkung. Wir erkannten, dass es nicht nur darum ging, ein Studio aufzubauen, das Filmhits produziert, sondern auch eine kreative Kultur zu pflegen, die fortwährend Fragen stellt. Fragen wie: Wenn wir einiges richtig gemacht haben und Erfolg hatten, wie konnten wir herausfinden, was das war? Konnten wir das bei unseren nächsten Projekten wiederholen? Vielleicht war es ebenso wichtig, zu fragen, ob eine Wiederholung des Erfolgs überhaupt das Richtige war? Wie viele ernst zu nehmende, potenziell katastrophale Probleme lauerten im Verborgenen und drohten uns zu schaden? Was konnten wir tun, um sie ans Licht zu bringen? Wie groß war der Anteil an Glück bei unserem Erfolg? Was würde mit unserem Selbstbewusstsein geschehen, wenn wir weiterhin Erfolg hätten? Würde es so wachsen, dass es uns schaden könnte, und wenn ja, was konnten wir gegen übersteigertes Selbstvertrauen tun? Welche Dynamik war zu erwarten, wenn wir jetzt neue Mitarbeiter in ein erfolgreiches Unternehmen brachten und nicht in eine Neugründung im Existenzkampf?

Was mich vor so vielen Jahren zur Wissenschaft brachte, war der Wunsch, zu verstehen. Die menschliche Interaktion ist natürlich viel komplizierter als die Relativitäts- oder die Stringtheorie, doch das machte sie umso interessanter und wichtiger; sie forderte laufend meine Vorannahmen heraus. Als wir weitere Filme machten, erfuhr ich, dass einige meiner Überzeugungen, warum und wie Pixar zu Erfolg gelangt war, falsch waren. Doch eines konnte nicht klarer zutage treten: Zu erforschen, wie man eine nachhaltige kreative Kultur aufbaut – eine, die nicht nur aus Lippenbekenntnissen zu Begriffen wie Ehrlichkeit, Exzellenz, Kommunikation, Originalität und Selbsteinschätzung bestand, sondern die sich ihnen wirklich verpflichtete, ganz gleich, wie unbequem das war –, das war nicht nur eine Aufgabe. Es war eine tägliche Vollzeitbeschäftigung. Und eine, die ich übernehmen wollte.

Meiner Ansicht nach war es unser Auftrag, eine Kultur zu pflegen, die unsere Sichtlinie frei hielt, auch wenn wir uns oft mit etwas beschäftigten und etwas in Ordnung zu bringen versuchten, was für uns nicht sichtbar war. Meine Hoffnung war es, diese Kultur so lebensfähig zu machen, dass sie noch überleben würde, wenn die Gründer von Pixar schon lange weg waren, sodass das Unternehmen weiterhin originelle Filme machen konnte, die natürlich Geld einspielten, ja, die aber auch der Welt etwas Positives gaben. Das klingt wie ein erhabenes Ziel, doch das galt für uns alle schon von Anfang an. Wir hatten das Glück, dass wir eine bemerkenswerte Gruppe von Mitarbeitern hatten, die Veränderung, Risiken und das Unbekannte schätzten und die neu darüber nachdenken wollten, wie wir etwas schaffen. Wie konnten wir das Talent und gleichzeitig die Zufriedenheit dieser Menschen fördern und nicht zulassen, dass die unvermeidlichen Schwierigkeiten, die bei jeder kollektiven Bemühung auftreten, uns dabei zerstören? Das war die Aufgabe, die ich mir selbst stellte, und die mich bis zu diesem Tag beschäftigt.

# KAPITEL 4

## Der Aufbau einer Identität von Pixar

Zwei wichtige Grundsätze für die kreative Arbeit ergaben sich für uns aus der Arbeit an *Toy Story*. Wir klammerten uns an diese Sätze und wiederholten sie endlos in den Meetings. Wir waren überzeugt, dass sie uns durch die Feuerprobe von *Toy Story* und das Frühstadium von *Das große Krabbeln* getragen hatten, und deshalb schöpften wir Mut aus ihnen.

Das erste Prinzip hieß: »Die Story ist König.« Das bedeutete, wir würden nicht zulassen, dass etwas – sei es Technologie oder Verwertungsmöglichkeiten – unsere Story behinderte. Wir waren stolz darauf, dass die Kritiker hauptsächlich über die *Gefühle* sprachen, die *Toy Story* bei ihnen weckte, und nicht über die Computertricks, mit denen wir sie auf den Bildschirm brachten. Wir sahen darin das direkte Ergebnis dieses Grundsatzes, dass die Story immer unsere Leitlinie sein sollte.

Das andere Prinzip hieß: »Vertraue auf den Prozess.« Das gefiel uns, weil es so ermutigend war: Es wird bei jedem kreativen Prozess unvermeidlich zu Schwierigkeiten und Fehlern kommen, aber man kann darauf vertrauen, dass »der Prozess« zum Erfolg führen wird. In gewisser Hinsicht unterschied sich das nicht von anderen optimistischen Redewendungen (»Halte durch!«), doch weil unser Prozess sich so sehr von dem in anderen Filmstudios unterschied, fanden wir den Satz wirklich überzeugend. Bei Pixar ließ man den Künstlern Spielraum, gab den Regisseuren Macht und vertraute darauf, dass die Mitarbeiter Probleme lösten. Ich bin immer vorsichtig bei Maximen oder Regeln, denn allzu oft erweisen sie sich als leere Plattitüden, die der Aufmerksamkeit im Wege stehen, doch diese beiden Prinzipien schienen wirklich hilfreich für unsere Leute.

Und das war gut, denn bald würden wir alle Hilfe brauchen, die wir kriegen konnten.

1997 kamen Führungskräfte von Disney mit einer Bitte zu uns: Könnten wir *Toy Story 2* als Direct-to-Video-Produktion machen, das heißt, es nicht im Kino herausbringen? Damals schien die Anfrage von Disney sehr sinnvoll. Das Studio hatte in seiner Geschichte erst einmal einen Nachfolgefilm im Trickfilm herausgebracht, *Bernard und Bianca im Känguruhland* im Jahr 1990, und der war ein Flop geworden. Seitdem war der Direct-to-Video-Markt höchst lukrativ geworden. Als Disney also *Toy Story 2* nur für den Heimvideomarkt vorschlug – ein Nischenprodukt mit niedrigerem künstlerischen Anspruch –, sagten wir Ja. Wir sahen zwar die meisten Folgefilme für den Videomarkt kritisch, waren aber der Meinung, wir könnten das besser.

Gleich darauf bemerkten wir, dass wir einen schrecklichen Fehler gemacht hatten. Alles in diesem Projekt lief unseren Glaubenssätzen entgegen. Wir wussten nicht, wie man ein niedrigeres Ziel ansteuert. Theoretisch hatten wir nichts gegen das Direct-to-Video-Modell. Disney machte es und verdiente eine Menge Geld damit. Wir fanden einfach nicht heraus, wie man das ohne Qualitätseinbußen machen sollte. Außerdem wurde bald klar, dass zurückgeschraubte Erwartungen beim Direct-to-Video-Produkt unsere Unternehmenskultur negativ beeinflussten, denn so entstanden ein A-Team *(Das große Krabbeln)* und ein B-Team *(Toy Story 2)*. Die Mannschaft an *Toy Story 2* war nicht daran interessiert, zweitklassige Arbeit zu leisten, und nicht wenige kamen in mein Büro und sagten mir das. Es wäre töricht gewesen, ihre Leidenschaft zu ignorieren.

Einige Monate nach Projektstart setzten wir ein Meeting mit den Disney-Chefs an, um ihnen klarzumachen, dass das Direct-to-

Video-Modell für uns nicht taugte. Darum ging es nicht bei Pixar. Wir schlugen einen Kurswechsel vor und wollten *Toy Story 2* für den Kinostart produzieren. Zu unserer Überraschung waren sie gleich einverstanden. Plötzlich produzierten wir nun zwei ehrgeizige Spielfilme gleichzeitig – wir hatten unsere Kinoproduktion über Nacht verdoppelt. Das war ein bisschen unheimlich, doch es war auch eine Bestätigung unserer zentralen Werte. Wir stellten mehr Personal ein, und ich war stolz darauf, dass wir auf Qualität bestanden hatten. Solche Entscheidungen würden unseren zukünftigen Erfolg sichern, glaubte ich.

Eine Reihe falscher Annahmen von unserer Seite behinderte jedoch die Produktion von *Toy Story 2* ernsthaft. Da dies »nur« ein Nachfolgefilm war, sagten wir uns, würde die Produktion nicht so mühsam wie beim Original. Das künstlerische Team, das bei *Toy Story* die Führung hatte, konzentrierte sich auf *Das große Krabbeln,* und wir suchten uns zwei talentierte Zeichner (die zum ersten Mal Regie führten) als Führungsmannschaft für *Toy Story 2.* Wir gingen alle davon aus, dass ein Team ohne Erfahrung – mit einem erfahrenen Team zur Unterstützung im Hintergrund – in der Lage sei, den Erfolg unseres ersten Films einfach zu wiederholen. Zuversichtlich waren wir auch, weil die Geschichte für *Toy Story 2* in Grundzügen schon von John Lasseter und dem ursprünglichen *Toy Story*-Team ausgearbeitet worden war: Woody wird aus Versehen bei einem Flohmarkt an einen Spielzeugsammler verkauft, der Spielsachen wegschließt, um ihren Wert zu erhalten. Nie wieder würde jemand mit ihnen spielen, sie sollten an ein Museum in Japan verkauft werden. Die Figuren waren bekannt. Ihr Aussehen stand fest, und die technischen Mitarbeiter waren geschickt und erfahren, und unser Unternehmen hatte insgesamt mehr Erfahrung mit dem Prozess der Filmproduktion.

Wir lagen falsch.

Ein Jahr nach Beginn der Produktion bemerkte ich Anzeichen für Schwierigkeiten. Die Regisseure forderten laufend mehr »John-Zeit« – sie wollten Termine mit ihm und ihn ausfragen. Das war besorgniserregend. Für mich war das ein Signal, dass die Regisseure von *Toy Story 2,* so talentiert sie persönlich auch waren, zu wenig Selbstvertrauen besaßen und als Team nicht funktionierten.

Und dann die Reels. Unsere Regisseure bei Pixar versammeln sich alle paar Monate und zeigen Reels von ihren Filmen – zusammengeklebte Zeichnungen, zusammen mit »vorläufiger« Musik- und Tonspur. Die ersten Reels sind eine sehr grobe Annäherung an das letztendliche Produkt; sie sind fehlerhaft und chaotisch, ganz gleich, wie gut das Team ist, das daran arbeitet. Doch sie anzusehen ist die einzige Möglichkeit, herauszufinden, wo etwas verbessert werden muss. Man kann ein Team nicht nach den ersten Reels beurteilen. Man hofft jedoch, dass die Reels im Lauf der Zeit besser werden. In diesem Fall wurden sie nicht besser – es vergingen Monate, und die Reels waren immer noch schlecht in unterschiedlichen Abstufungen. Manche waren alarmiert und teilten ihre Besorgnis John und dem ursprünglichen künstlerischen Team von *Toy Story* mit. Sie rieten uns, der Sache mehr Zeit zu geben und auf den Prozess zu vertrauen.

Erst nach dem Start von *Das große Krabbeln* 1998 hatte John schließlich Zeit, sich hinzusetzen und sich genau anzuschauen, was die Regisseure von *Toy Story 2* bis dahin produziert hatten. Einige Stunden später kam er direkt in mein Büro und schloss die Tür. *Katastrophe* ist das Wort, das er gebrauchte. Die Geschichte war hohl, vorhersehbar, ohne Spannung; der Humor kam nicht an. Wir waren zu Disney marschiert und hatten großspurig verkündet, wir wollten kein zweitklassiges Produkt machen. Jetzt fragten wir uns: Machten wir genau das? Es war keine Frage, dass wir den Film so, wie er war, nicht weitermachen konnten. Das war eine ernsthafte Krise.

Ehe wir einen Plan zur Lösung des Problems entwickeln konnten, stand jedoch ein weiteres Treffen mit Disney an – eine schon vorher vereinbarte Vorführung, um die Disney-Chefs über *Toy Story 2* auf dem Laufenden zu halten. Im Dezember nahm Andrew (der oft als rechte Hand von John fungierte) die höchst mangelhafte Version des Films mit nach Burbank. Eine Gruppe Führungskräfte versammelte sich in einem Vorführraum, das Licht ging aus, und Andrew wartete zähneknirschend auf das Ende. Als das Licht wieder anging, sprang er gleich auf.

»Wir wissen, dass der Film noch größere Veränderungen braucht«, sagte er, »und wir sind dabei, diese auszuarbeiten.«

Zu seiner Überraschung waren die Disney-Chefs anderer Ansicht – der Film sei gut genug, und im Übrigen sei nicht mehr genügend Zeit für eine Überarbeitung. *Es sei nur ein Folgefilm.* Höflich, aber bestimmt lehnte Andrew ab. »Wir werden ihn überarbeiten«, sagte er.

Als Andrew wieder bei Pixar war, sagte er allen, sie sollten sich über die Feiertage erholen, denn am 2. Januar würden wir den ganzen Film neu machen. Gemeinsam wollten wir schnell die klare Botschaft aussenden: Um das Schiff wieder auf Kurs zu bringen, brauchten wir die gesamte Mannschaft an Deck.

Doch zuerst mussten wir eine schwierige Entscheidung treffen. Es war offensichtlich, dass eine Veränderung an der Spitze notwendig war, um den Film zu retten. Das war das erste Mal, dass wir den Regisseuren eines Films sagen mussten, dass sie ersetzt werden, und das war keineswegs einfach. Weder John noch mir gefiel es, ihnen mitzuteilen, dass sie raus waren und dass John und ich nun *Toy Story 2* übernehmen würden. Doch es musste sein. Wir konnten nicht bei Disney für einen Kinostart streiten und unsere Exzellenz betonen und dann etwas Zweitklassiges abliefern.

Die Regisseure waren erschüttert und wir auch. In gewisser Weise hatten wir versagt. Wir hatten ihnen Leid zugefügt, indem wir sie an eine Position gesetzt hatten, für die sie nicht bereit waren. Unsere Rolle bei diesem Versagen mussten wir noch weiter hinterfragen. Was hatten wir übersehen? Was brachte uns zu so fehlerhaften Annahmen, und warum schritten wir nicht ein, als die Hinweise auf Schwierigkeiten mit dem Film sich mehrten? Es war das erste Mal, dass wir Positionen vergeben hatten in dem Glauben, die Betreffenden könnten das, und dann feststellen mussten, dass sie es nicht konnten. Ich wollte wissen, warum. Während ich darüber nachdachte, zwang uns der Termindruck, zu handeln. Wir hatten noch neun Monate, um den Film abzuliefern – nicht einmal annähernd genug Zeit, auch für die erfahrenste Mannschaft. Doch wir waren entschlossen. Es war unvorstellbar, dass wir nicht unser Bestes gaben.

Unsere erste Aufgabe war es, die Story in Ordnung zu bringen. Mit ihren Fehlern sollte sich eine Gruppe beschäftigen, die sich organisch bei der Entstehung von *Toy Story* gebildet hatte. Die Mitglieder dieser Gruppe, die wir inzwischen als Braintrust bezeichneten, waren bewährte Problemlöser, die gemeinsam hervorragend Szenen auseinandernahmen, die nicht funktionierten. Im nächsten Kapitel werde ich mehr zu Braintrust sagen und wie die Gruppe funktioniert, doch ihre wichtigste Eigenschaft war die Fähigkeit, den emotionalen Pulsschlag einer Geschichte zu analysieren, ohne dass eines der Mitglieder selbst emotional wurde oder in Verteidigungsstellung ging. Um es noch einmal deutlich zu machen, das war keine Gruppe, die wir formell gegründet hatten. Doch sie war eine enorme Hilfe für das Unternehmen. Später würde die Gruppe sich noch erweitern, aber zu diesem Zeitpunkt bestand sie nur aus fünf Mitgliedern: John, Andrew Stanton, Pete Docter, Joe Ranft und Lee Unkrich, ein virtuoser Cutter aus einer Kleinstadt in Ohio mit einem Namen, der aus einem Pixar-Film stammen könnte: Chagrin Falls, was auf Deutsch so viel bedeutet wie Kummer-Fälle. Lee war 1994 zu uns gekommen und war schnell für sein außerordentliches Gespür für Timing bekannt. Jetzt setzte ihn John als Co-Regisseur von *Toy Story 2* ein. Die folgenden neun Monate arbeiteten wir unter dem grausamsten Zeitplan, den wir je hatten – die Feuerprobe, in der Pixars wahre Identität geschmiedet wurde.

**Al**s sich John und sein künstlerisches Team an die Arbeit machten, betrachtete ich mir die nackte Wahrheit, vor der wir standen. Wir baten unsere Mitarbeiter um das filmische Äquivalent einer Herztransplantation. Wir hatten weniger als ein Jahr Zeit, um *Toy Story 2* in die Kinos zu bringen. Das rechtzeitig zu schaffen, würde unsere Belegschaft auf die Zerreißprobe stellen, und das würde sicher seinen Preis kosten. Ich war aber auch überzeugt, dass die Alternative – das Mittelmaß zu akzeptieren – weitaus schlimmere Konsequenzen hätte.

John rief sein Team zusammen. Das größte Problem an dem Film war: Es war eine Ausreißergeschichte mit einem vorhersehbaren und nicht sehr emotionalen Handlungsbogen. In der Geschichte, die etwa drei Jahre nach den Ereignissen von *Toy Story* spielte, ging es darum, ob Woody sich entscheiden würde, aus der wohlbehüteten und bequemen (aber isolierten) Existenz zu fliehen – das Leben eines »Sammlerstücks«, zu dem ihn der Sammler Al verdammt hatte. Würde er dafür kämpfen, nach Hause zu seinem ursprünglichen Besitzer Andy zurückzukehren? Damit der Film überzeugte, mussten Woodys Wahlmöglichkeiten für die Zuschauer nachvollziehbar sein – zurückzukehren in eine Welt, in der Andy eines Tages erwachsen sein und ihn nicht mehr brauchen würde, oder an einem sicheren Platz zu bleiben, an dem ihn keiner lieben würde. Doch da die Zuschauer wussten, dass dieser Film von Pixar und Disney kam, würden sie einfach von einem Happy End ausgehen – dass Woody sich für eine Rückkehr nach Hause zu Andy entscheiden würde. Dem Film fehlten also Gründe, warum man annehmen sollte, dass Woody vor einem echten Dilemma stand, und zwar einem, das die Zuschauer nachvollziehen konnten. Mit anderen Worten, dem Film fehlte die Dramatik.

Der Film begann damit, dass Woody sich darauf vorbereitete, mit Andy zum Cowboycamp zu gehen. Doch dann wird sein Arm beschädigt und deshalb lässt Andy ihn zurück (und Andys Mutter legt ihn auf ein Regal). An diesem Punkt nahm die Braintrust-Gruppe die ersten entscheidenden Veränderungen vor: Sie bringen den Pinguin namens Wheezy ins Spiel, der Woody erzählt, er sei monatelang auf demselben Regal gelegen, weil sein Quietscher kaputt war. Wheezy führt früh die Vorstellung ein, dass ein Spielzeug, ganz gleich, wie sehr es geliebt wird, auf einem Regal landen kann, wenn es beschädigt wird, zur Seite geschoben – vielleicht für immer. So steckt Wheezy die emotionale Thematik der Geschichte ab.

Als zweite grundlegende Veränderung peppte die Braintrust-Gruppe die Geschichte von Woody mit der Geschichte der Cowgirlpuppe Jessie auf. Jessie liebte ihre kleine Besitzerin ebenso, wie Woody Andy liebte, doch sie wurde verlassen, als das Mädchen älter wurde. Jessies Botschaft an Woody war – nun erzählt in einer herzzerreißenden Montage, begleitet vom Song »When She Loved Me« von Sarah McLachlan –, dass Andy seine Kindersachen eines Tages weglegen würde, unabhängig davon, was Woody wollte oder wie wichtig es ihm wäre. Jessie nimmt das von Wheezy angestoßene Thema auf, und ihre frechen Interaktionen mit Woody machen es möglich, dass das zuvor nur implizit genannte Thema offen angesprochen werden kann.

Mit den neuen Charakteren Wheezy und Jessie wurde Woodys Wahl gewichtiger: Er konnte bei jemandem bleiben, den er liebte, und wissen, dass er eines Tages ausgemustert würde, oder er konnte in eine Welt fliehen, wo er für immer gehegt und verwöhnt würde, doch ohne die Liebe, für die er gemacht war. Das ist eine echte Wahl, eine echte Frage. Die Frage des künstlerischen Teams lautete: Würdest *du* dich für ein Leben ohne Liebe entscheiden? Wenn man den Schmerz dieser Entscheidung fühlt, dann ist das ein Film.

Wenn Woody sich schließlich für Andy entscheidet, dann in dem Bewusstsein, dass ihm diese Entscheidung Schmerz bringen wird.

»Ich kann nicht verhindern, dass Andy erwachsen wird«, erzählt er Stinke-Piet. »Doch um nichts in der Welt möchte ich das versäumen.«

Nachdem die Geschichte überarbeitet war, versammelten sich alle Mitarbeiter des Unternehmens eines Morgens in der Kantine auf der anderen Seite der Straße gegenüber unserem ursprünglichen Gebäude in Point Richmond. Dieses Nebengebäude hatten wir übernommen, als das Unternehmen wuchs. Wir nannten es Frogtown, weil es auf Sumpfland erbaut war. John ging nach vorn und stellte die neue, ergreifendere Handlung von *Toy Story 2* unseren Kollegen vor, die applaudierten, als er geendet hatte. Bei einem Treffen im kleineren Rahmen nur mit den Mitarbeitern von *Toy Story 2* sprach uns auch Steve Jobs seine Anerkennung aus. »Die bei Disney glauben nicht, dass wir das schaffen«, sagte er. »Beweisen wir ihnen, dass sie unrecht haben.«

Dann begann die Schwerarbeit.

Die nächsten sechs Monate sahen unsere Angestellten ihre Familien kaum. Wir arbeiteten bis spät am Abend, sieben Tage in der Woche. Trotz zweier erfolgreicher Filme hatten wir das Gefühl, wir mussten etwas beweisen, und jeder gab alles. Es waren immer noch einige Monate bis zum Abschluss, und unser Personal war bereits erschöpft und begann sich aufzureiben.

An einem Morgen im Juni fuhr ein übermüdeter Künstler mit seinem auf dem Rücksitz angeschnallten Kleinkind zur Arbeit und wollte es auf dem Weg dorthin in die Tagesstätte bringen. Etwas später, als er schon einige Stunden gearbeitet hatte, rief seine Frau (die ebenfalls bei Pixar arbeitete) ihn an und fragte, ob er das Kind gut abgeliefert hätte – dann erst fiel ihm ein, dass er das Kind in der brütenden Hitze im Auto auf dem Pixar-Parkplatz gelassen hatte. Sie stürzten hinaus, und das Kind war bereits bewusstlos. Sie schütteten gleich kaltes Wasser über das Kind, und glücklicherweise ging es ihm dann wieder gut, doch der Schrecken dieses Augenblicks – was hätte geschehen können – grub sich tief in mein Gehirn ein. Es war nicht akzeptabel, so viel von unseren Mitarbeitern zu verlangen, auch wenn sie bereit waren, es zu geben. Ich hatte erwartet, dass es schwierig werden würde, doch ich musste zugeben, dass wir daran zerbrachen. Bis der Film fertig war, litt ein Drittel der Mitarbeiter unter Stresssymptomen.

Am Ende wurden wir zum Termin fertig – und brachten unseren dritten erfolgreichen Film heraus. Kritiker lobten, *Toy Story 2* sei einer der wenigen Folgefilme, die das Original übertreffen, und das Gesamteinspielergebnis lag schließlich über 500 Millionen Dollar. Alle waren völlig erledigt, doch trotz allem Leiden war da das Gefühl, dass wir etwas Bedeutendes geleistet hatten, etwas, das für die kommenden Jahre Pixar bestimmen würde.

Lee Unkrich sagt: »Wir hatten das Unmögliche geschafft. Wir hatten etwas getan, von dem uns jeder gesagt hatte, wir würden es nicht schaffen. Und wir hatten es spektakulär gut gemacht. Das war die Kraft, die in uns allen brannte.«

Aus der Entstehung von *Toy Story 2* konnten wir einige bedeutende Lehren für die Entwicklung bei Pixar ziehen. Wir erinnern uns, dass die Haupthandlung der Geschichte – Woodys Dilemma, ob er bleiben oder gehen soll – vor und nach der Überarbeitung durch die Braintrust-Gruppe dieselbe war. Eine Version funktionierte überhaupt nicht, die andere war sehr ergreifend. Warum? Talentierte Erzähler hatten einen Weg gefunden, die Zuschauer anzusprechen, und die Entwicklung dieser Handlung machte mir klar: Gibt man eine gute Idee einem mittelmäßigen Team, dann wird es versagen. Gibt man eine mittelmäßige Idee einem brillanten Team, wird es sie entweder verbessern oder sie aufgeben und etwas Besseres abliefern.

Diese Erkenntnis ist es wert, wiederholt zu werden: Das richtige Team ist die notwendige Voraussetzung für die richtigen Ideen. Es ist leicht gesagt, man sucht talentierte Leute, und man bekommt sie auch, doch wirklich entscheidend ist, wie diese Leute miteinander interagieren. Auch die intelligentesten Menschen können ein ineffizientes Team bilden, wenn sie nicht zusammenpassen. Das bedeutet, es ist besser, sich auf die Teamleistung zu konzentrieren und nicht auf die Fähigkeiten der Einzelnen. In einem guten Team ergänzen sich die Mitglieder. Das mag offensichtlich erscheinen, ist es meiner Erfahrung nach aber überhaupt nicht: Die richtigen Leute und die richtige Chemie sind wichtiger als die richtige Idee.

Über diesen Punkt habe ich im Lauf der Jahre viel nachgedacht. Einmal aß ich mit dem Chef eines anderen Filmstudios zu Mittag. Er sagte, sein größtes Problem sei nicht, gute Leute, sondern gute Ideen zu finden. Ich erinnere mich, dass ich verblüfft war – es schien mir schlicht und einfach falsch, weil ich bei *Toy Story 2* genau die gegenteilige Erkenntnis gewonnen hatte. Ich wollte nun prüfen, ob das mir offensichtlich Erscheinende vielleicht eine generell verbreitete Ansicht war, und stellte in den folgenden Jahren bei Vorträgen meinem Publikum immer die Frage: Was ist wertvoller, gute Ideen oder gute Mitarbeiter? Ganz gleich, ob ich vor Führungskräften im Ruhestand, vor Schuldirektoren oder Künstlern sprach, wenn ich um Handzeichen bat, war das Publikum immer fifty-fifty gespalten. (Statistiker werden sagen, wenn man wie hier genau die Hälfte als Ergebnis bekommt, bedeutet das, dass alle ganz beliebig raten. Es ist, als würde man eine Münze werfen.)

Man denkt so wenig darüber nach, dass in all diesen Jahren nur eine Person im Publikum aufgezeigt hat, dass dies die falsche Fragestellung ist. Für mich liegt die Lösung auf der Hand: Ideen stammen von Menschen. Daher sind Menschen wichtiger als Ideen.

Warum besteht hier Verwirrung? Weil man oft Ideen für singulär hält, als ob sie im Äther schwebten, voll ausgebildet und unabhängig von den Menschen, die um sie ringen. Doch Ideen sind nicht singulär. Sie werden durch Zehntausende Entscheidungen entwickelt, oft von Dutzenden Menschen. Jede Dialogzeile, jeder Lichtstrahl oder Schattenfleck in jedem Pixar-Film ist da, weil er zum großen Ganzen beiträgt. Wenn man es richtig macht, kommen die Menschen am Ende aus dem Kino und sagen: »Ein Film über sprechende Spielzeuge – eine super Idee!« Doch ein Film ist nicht eine Idee, er besteht aus einer Vielzahl von Ideen. Und hinter diesen Ideen stehen Menschen. Das gilt für Produkte allgemein; das iPhone zum Beispiel ist nicht eine singuläre Idee – die Hardware und Software dahinter besitzen eine verwirrende Tiefe. Doch nur allzu oft sehen wir ein einzelnes Objekt wie eine Insel, die losgelöst nur für sich selbst existiert.

Der Schwerpunkt liegt also auf den Mitarbeitern – ihrer Arbeitsweise, ihren Fähigkeiten, ihren Wertvorstellungen –, das ist für jedes kreative Unterfangen von absolut zentraler Bedeutung. Und in der Zeit nach *Toy Story 2* sah ich das klarer denn je. Diese Klarheit führte dazu, dass ich einiges veränderte. Ich sah mich um und erkannte, dass wir einige Abläufe hatten, bei denen die Menschen nicht an erster Stelle standen. Wir hatten zum Beispiel wie jedes Filmstudio eine Entwicklungsabteilung mit der Aufgabe, Ideen zu suchen und sie zu Filmen weiterzuentwickeln. Nun sah ich, dass das keinen Sinn machte. Danach war die Aufgabe der Abteilung nicht mehr die Entwicklung von Drehbüchern, sondern die Einstellung guter Mitarbeiter, herauszufinden, was sie brauchten, ihnen Projekte zuzuteilen, die ihren Fähigkeiten entsprachen, und sicherzustellen, dass die Zusammenarbeit gut funktionierte. Bis zum heutigen Tag passen wir dieses Modell immer wieder an, doch die Ziele bleiben dieselben. Gute Leute suchen, entwickeln und unterstützen, und sie werden dafür gute Ideen suchen, entwickeln und die Verantwortung dafür übernehmen.

In gewissem Sinn hatte das mit meinen Gedanken zu W. Edward Demings Arbeit in Japan zu tun. Zwar gab es bei Pixar keine Fertigungsstraße – mit Fließbändern zwischen den Arbeitsschritten –, doch ein Film entstand in einer bestimmten Abfolge. Jedes Team gab das Produkt oder die Idee jeweils an das nächste weiter. Ich war der Ansicht, um die Qualität sicherzustellen, müsse jede Person in jedem Team in der Lage sein, ein Problem zu erkennen und an der Leine zu ziehen, um das Band anzuhalten. Um eine Kultur zu schaffen, in der das möglich war, brauchte man mehr als eine Leine in erreichbarer Nähe. Man musste seinen Leuten zeigen, dass man es ernst meinte, wenn man sagte, Effizienz sei *ein* Ziel, aber Qualität sei *das* Ziel. Ich erkannte immer deutlicher, dass wir die Menschen an die erste Stelle setzen mussten, um diese Kultur zu pflegen – und es reichte nicht, es zu *sagen*, wir mussten entsprechend *handeln*.

Im Grunde war *Toy Story 2* ein Weckruf. Danach konnten nie mehr die Erfordernisse eines Films über den Bedürfnissen unserer Leute stehen. Wir mussten mehr für ihre Gesundheit tun. Sobald wir den Film in trockenen Tüchern hatten, kümmerten wir uns um unsere kranken, gestressten Angestellten und entwickelten Strategien, damit drängender Termindruck in Zukunft unseren Mitarbeitern nicht mehr schaden konnte. Dabei ging es nicht nur um ergonomisch gestaltete Arbeitsplätze, Yogakurse und Physiotherapie. *Toy Story 2* war ein Beispiel dafür, wie eine normalerweise vorteilhafte Sache – motivierte, arbeitswütige Mitarbeiter, die gemeinsam versuchen, einen Termin einzuhalten – selbstzerstörerisch werden kann, wenn man nicht aufpasst. Obwohl ich enorm stolz auf das Geleistete war, schwor ich, wir würden nie wieder auf diese Weise einen Film machen. Es war Aufgabe der Führung, langfristig zu planen und auch einzuschreiten und die Mitarbeiter vor ihrer Bereitschaft zu schützen, Vollkommenheit um jeden Preis zu erreichen. Das nicht zu tun, wäre verantwortungslos.

Doch das ist schwieriger, als man denkt. Die Mitarbeiter von Pixar sind stolz auf ihre Arbeit als Gruppe. Es sind ehrgeizige Überflieger, die ihr Bestes geben wollen und noch etwas mehr. Wir in der Führung wollen, dass das nächste Produkt besser ist als das letzte. Gleichzeitig wollen wir das Budget und den Zeitplan einhalten. Inspirierende Führungskräfte treiben ihre Mitarbeiter zu außerordentlichen Leistungen, das wird erwartet. Doch wenn die starken Kräfte, die diese positive Dynamik schaffen, sich ins Negative wenden, ist es schwierig, dem entgegenzuwirken. Es ist eine Gratwanderung. Bei jedem Film gibt es unweigerlich Zeiten mit extremem Druck und Stress, die gesund sein können, wenn sie nicht zu lange andauern. Doch das Bestreben sowohl der Führungskräfte als auch ihrer Mitarbeiter kann sich wechselseitig hochschaukeln und ungesund werden. Es liegt in der Verantwortung der Führung, das zu erkennen und nicht auszubeuten, sondern zu regulieren.

Wenn wir das langfristig tun wollen, müssen wir auf uns achten, gesunde Gewohnheiten fördern und unsere Angestellten anregen, außerhalb der Arbeit ein erfüllendes Leben zu führen. Ihre private Situation verändert sich im Lauf des Lebens, während sie – und ihre Kinder, wenn sie welche haben – älter werden. Das bedeutet, man sollte eine Kultur schaffen, in der der Elternurlaub für Mann oder Frau nicht als Karrierehindernis gesehen wird. Das mag nicht gerade revolutionär sein, doch bei vielen Unternehmen wissen Eltern, dass eine Auszeit ihren Preis hat; ein wirklich engagierter Mitarbeiter, das lässt man sie ohne Worte wissen, *will* arbeiten. Bei Pixar ist das nicht so.

Die Mitarbeiter zu unterstützen bedeutet, ihnen zu helfen, ihre Balance zu finden. Das geschieht nicht einfach, indem man sie dazu auffordert. Man muss es ihnen auch ermöglichen. (Wenn es ein Schwimmbecken, ein Volleyball- und ein Fußballfeld gibt, sagt das den Mitarbeitern, wir legen Wert auf sportliche Betätigung und ein Leben jenseits des Schreibtischs.) Doch Führung bedeutet auch, die ständigen Veränderungen am Arbeitsplatz genau im Auge zu behalten. Wenn zum Beispiel unsere jüngeren Mitarbeiter – die ohne Familie – länger arbeiten als die mit Kindern, dann müssen wir darauf achten, dass wir die Leistung dieser beiden Gruppen nicht vergleichen, ohne den Kontext zu beachten. Ich spreche hier nicht nur von der Gesundheit der Mitarbeiter; ich spreche von ihrer langfristigen Produktivität und ihrer Zufriedenheit. Eine Investition in diese Punkte zahlt sich langfristig aus.

Ich kenne ein Glücksspielunternehmen in Los Angeles, dessen erklärtes Ziel es ist, jedes Jahr 15 Prozent der Belegschaft auszuwechseln. Der Gedanke hinter diesem Vorgehen ist, dass die Produktivität sprunghaft ansteigt, wenn man junge, hungrige, frisch Ausgebildete einstellt und sie sich zu Tode arbeiten lässt. Unter solchen Umständen war Fluktuation unvermeidlich, doch das war in Ordnung, weil man die Bedürfnisse des Unternehmens über die der Mitarbeiter stellte. Funktionierte das? Ja, vielleicht, bis zu einem gewissen Grad. Doch wenn Sie mich fragen, ist diese Denkart nicht nur verfehlt, sondern unmoralisch. Ich vertrete bei Pixar die Ansicht, wir müssen immer flexibel genug sein, um die Notwendigkeit der Balance im Leben jedes Mitarbeiters anzuerkennen. Wir glaubten alle an diesen Grundsatz – von Anfang an –, doch bei *Toy Story 2* erlebte ich, wie alle diese Grundsätze angesichts des damals herrschenden Drucks beiseitegeschoben wurden.

Zu Beginn dieses Kapitels sprach ich über zwei Sätze, die bei Pixar in den Anfängen sowohl hilfreich als auch trügerisch waren. Nach

*Toy Story* glaubten wir, »Die Story ist König« und »Vertraue auf den Prozess« seien die Grundprinzipien, die uns voranbringen und immer wieder zu unseren Schwerpunkten zurückführen würden, dass die Sätze allein schon die Macht besäßen, uns zu besserer Arbeit anzuspornen. Übrigens glauben das nicht nur die Mitarbeiter von Pixar. Versuchen Sie es selbst. Sagen Sie zu jemandem aus der kreativen Branche: »Die Story ist König«, und er wird eifrig nicken. Natürlich! Es klingt einfach richtig. Jeder weiß, wie wichtig eine gute, emotional ergreifende Handlung für jeden Film ist.

»Die Story ist König« unterschied uns von anderen, so dachten wir, nicht nur weil wir es sagten, sondern auch weil wir daran glaubten und entsprechend handelten. Je mehr ich mit anderen aus der Branche sprach und je mehr ich über andere Studios erfuhr, desto deutlicher erkannte ich, dass *jeder* dieses Mantra in einer ähnlichen Version wiederholte – ganz gleich, ob sie echte Kunstwerke oder totalen Mist produzierten, *alle* sagten, die Handlung sei das Wichtigste. Aber: Die reine Wiederholung einer Idee bedeutet nichts. Man muss entsprechend handeln – und denken. Dass man bei Pixar den Satz »Die Story ist König« wie ein Papagei nachplapperte, half den unerfahrenen Regisseuren bei *Toy Story 2* kein bisschen. Dieses Leitprinzip lässt sich zwar leicht festlegen und wiederholen, doch es bewahrte uns nicht davor, dass alles schieflief. Es wiegte uns in falscher Sicherheit, alles würde gut werden.

Ebenso »vertrauten wir dem Prozess«, doch der Prozess rettete *Toy Story 2* auch nicht. »Vertraue auf den Prozess« hatte sich gewandelt zu »Geh davon aus, dass der Prozess das für uns in Ordnung bringt«. Das gab uns den Trost, den wir so dringend brauchten. Doch dieser Satz verführte uns, nicht mehr wachsam zu sein, und machte uns passiv. Schlimmer noch, er machte uns nachlässig.

Als ich das erkannte, sagte ich allen, der Satz sei bedeutungslos. Ich sagte unseren Mitarbeitern, er sei zu einer Krücke geworden, die uns davon ablenkte, uns auf eine sinnvolle Weise mit unseren Problemen auseinanderzusetzen. Wir sollten *den Menschen* vertrauen, sagte ich ihnen, nicht den Abläufen. Unser Fehler war gewesen, zu vergessen, dass »der Prozess« keinen Plan und keinen Geschmack hat: Er ist nur ein Werkzeug – ein Rahmen. Wir mussten mehr Verantwortung und Verbindlichkeit für unsere eigene Arbeit übernehmen, für die nötige Selbstdisziplin und unsere Ziele.

Man stelle sich einen alten, schweren Koffer vor, dessen abgenutzte Griffe an wenigen Fäden hängen. Der Griff ist ein markiger Satz wie »Vertraue auf den Prozess« oder »Die Story ist König« – der oberflächlich betrachtet für so viel mehr zu stehen scheint. Der Koffer steht für alles, was in die Formulierung dieses Satzes eingeflossen ist: die Erfahrung, die tiefe Weisheit, die hart erkämpfte Wahrheit. Nur allzu oft ergreifen wir den Griff und gehen ohne den Koffer los – ohne es zu bemerken. Und dann denken wir nicht einmal darüber nach, was wir zurückgelassen haben. Schließlich lässt sich der Griff so viel leichter herumtragen als der Koffer.

Sobald man das Koffer-Griff-Problem erkannt hat, sieht man es überall. Man hängt sich an Wörter und Geschichten, die oft nur ein Double für echte Handlung und Bedeutung sind. Werbetreibende suchen nach Wörtern, die den Wert eines Produktes beinhalten als Ersatz für den Wert selbst. Unternehmen sprechen ständig von ihrer Verpflichtung zur Spitzenleistung und wollen damit andeuten, dass sie nur Spitzenprodukte herstellen. Wörter wie *Qualität* und *Spitzenleistung* werden laufend so missbraucht, dass sie fast bedeutungslos geworden sind. Führungskräfte durchforsten Bücher und Zeitschriften auf der Suche nach neuen Erkenntnissen, doch stattdessen übernehmen sie einfach nur eine neue Terminologie und glauben, ihrem Ziel durch die Verwendung neuer Wörter näher zu kommen. Wenn jemand einen neuen Satz prägt, der bleibt, dann wird er zum Mem, das sich verbreitet, auch wenn es sich von seiner ursprünglichen Bedeutung entfernt.

Das Wort »Spitzenleistung« muss *verdient* sein, es muss uns von anderen attestiert werden, wir dürfen das nicht über uns selbst aussagen. Es liegt in der Verantwortung guter Führungskräfte, dafür zu sorgen, dass die Worte mit ihrer Bedeutung und den Idealen, für die sie stehen, in Verbindung bleiben.

Doch obwohl ich gegen den Satz »Vertraue auf den Prozess« als mangelhaftes Werkzeug zur Motivation argumentiere, verstehe ich doch den Wunsch nach Vertrauen in einem kreativen Kontext. Weil wir oft in unserer Arbeit etwas erfinden, was es noch nicht gibt, kann die Arbeit uns Angst machen. Im frühen Stadium der Arbeit an einem Film regiert das Chaos. Was die Regisseure und ihre Teams tun, passt größtenteils nicht zusammen, und die Verantwortlichkeiten, der Druck und die Erwartungen sind immens. Wie kommt man dann voran, wenn so wenig Konkretes vorliegt und so vieles unbekannt ist?

Ich habe schon Regisseure und Autoren erlebt, die blockiert waren, weil sie nicht wussten, wie der nächste Schritt aussah. Hier sagen einige Kollegen, ich hätte unrecht, und der Satz »Vertraue auf den Prozess« hätte seine Berechtigung – für sie bedeutet er: »Mach weiter, auch wenn es düster aussieht.« Sie sagen, wenn wir dem Prozess vertrauen, können wir uns entspannen, loslassen und uns auf etwas Radikales einlassen. Wir können akzeptieren, dass jede beliebige Idee auch nicht funktionieren könnte, und gleichzeitig unsere Versagensängste minimieren, weil wir glauben, dass wir am Ende unser Ziel erreichen werden. Wenn wir dem Prozess vertrauen, erinnern wir uns daran, dass wir widerstandsfähig sind, dass wir auch zuvor schon einmal entmutigt waren und doch unser Ziel erreichten. Wenn wir dem Prozess vertrauen – oder genauer gesagt, den Menschen vertrauen, die den Prozess *nutzen* –, dann sind wir optimistisch, aber realistisch. Das Vertrauen rührt von dem Wissen, dass wir in Sicherheit sind, dass unsere Kollegen uns nicht für unser Versagen verurteilen werden, sondern uns ermutigen werden, unsere Grenzen auszutesten. Doch für mich ist hier wichtig, dass wir uns von diesem Vertrauen, diesem Glauben nicht so einlullen lassen, dass wir uns aus der persönlichen Verantwortung stehlen. Wenn das geschieht, dann produzieren wir platte Wiederholungen, leere Versionen des bereits Existierenden.

Brad Bird, der 2000 als Regisseur zu Pixar kam, sagt immer: »Entweder der Prozess hilft dir, oder er macht dich fertig.« Mir gefällt diese Sichtweise, denn sie verleiht dem Prozess Macht, und sie impliziert, dass auch wir eine aktive Rolle dabei spielen. Katherine Sarafian, die als Producerin seit *Toy Story* bei Pixar arbeitet, sagt, sie stellt sich lieber vor, den Prozess *anzustoßen*, anstatt auf ihn zu *vertrauen* – zu beobachten, wo er ins Stocken gerät, und ihn dann ein bisschen zu treten, damit er wach bleibt. Wieder spielt der Einzelne eine aktive Rolle, nicht der Prozess selbst. Anders gesagt, es ist Aufgabe des Einzelnen, zu bedenken, es ist in Ordnung, mit dem Griff herumzulaufen, solange man den Koffer nicht vergisst.

*Toy Story 2* lehrte uns bei Pixar diese Lektion – dass wir immer auf Veränderungen in der Dynamik achten müssen, weil unsere Zukunft davon abhängt – ein für alle Mal. Das Projekt begann als Direct-to-Video-Produktion und bewies nicht nur, dass es jedem wichtig war, keine zweitklassigen Filme zuzulassen, sondern dass *alles*, was mit unserem Namen in Verbindung stand, gut sein musste. Dabei ging es nicht nur um die Arbeitsmoral; es war ein Signal für jeden Mitarbeiter bei Pixar, dass er Miteigentümer des größten Firmenvermögens war – der Qualität.

Etwa zu dieser Zeit prägte John einen neuen Satz: »Qualität ist das beste Unternehmenskonzept.« Er meinte damit, Qualität ist nicht eine Folge bestimmter Verhaltensweisen. Eher handelt es sich dabei um eine Voraussetzung und eine Einstellung, die man *vor* der Entscheidung braucht, was man tun wird. Alle sagen, Qualität sei wichtig, doch sie dürfen es nicht nur sagen. Sie müssen es leben, denken und atmen. Als unsere Leute versicherten, sie wollten nur Filme höchster Qualität machen, und als wir an unsere Grenzen gingen, um unsere Verpflichtung diesem Ideal gegenüber zu beweisen, festigten wir damit die Identität des Unternehmens Pixar. Wir wurden ein Unternehmen, das nie zufrieden ist. Das bedeutete nicht, dass wir keine Fehler machen würden. Fehler gehören zur Kreativität. Doch wenn wir Fehler machten, würden wir uns bemühen, ihnen ohne Abwehrhaltung und mit einer Bereitschaft zur Veränderung gegenüberzutreten. Der Kampf durch die Produktion von *Toy Story 2* veränderte unser Einstellung und zwang uns, selbstkritisch nach innen zu schauen und unser Selbstbild zu verändern. Wenn ich sage, das war ein entscheidender Moment für den Aufbau von Pixar, dann meine ich das in einem sehr dynamischen Sinn. Die Selbstprüfung hatte gerade erst begonnen.

Im folgenden Teil des Buches will ich untersuchen, wie sich diese Prüfung entwickelte. Es geht um Fragen, die uns als Firma angingen: Was ist das Wesentliche an der Ehrlichkeit? Wenn alle sich über ihre Bedeutung einig sind, warum fällt es uns dann so schwer, offen zu sein? Wie denken wir über unsere eigenen Misserfolge und Ängste? Gibt es eine Möglichkeit, unseren Führungskräften den Umgang mit unerwarteten Ergebnissen zu erleichtern – den unvermeidlichen Überraschungen, die immer wieder auftauchen, ganz gleich, wie sorgfältig man plante? Wie gehen wir mit der Tendenz vieler Führungskräfte um, die den Prozess zu stark kontrollieren wollen? Wie kann der Ablauf mit allem bislang Gelernten schließlich gelingen? Wo machen wir uns immer noch etwas vor?

Diese Fragen sollten uns noch jahrelang weiter beschäftigen – und beschäftigen uns noch heute.

# TEIL 2

# Der Schutz des Neuen

# KAPITEL 5

## Ehrlichkeit und Offenheit

Sollten Menschen ehrlich sein?« Auf diese Frage wird jeder sofort »Ja!« antworten. Man kann gar nicht anders. Mit einem Nein würde man ja Unehrlichkeit befürworten, und das wäre so, als würde man sich gegen Lese- und Schreibunterricht oder gute Kinderernährung aussprechen. Man hätte das Gefühl, eine moralische Grenze zu übertreten. Doch tatsächlich gibt es oft gute Gründe, *nicht* ehrlich zu sein. Wenn man mit anderen Menschen zusammenarbeitet, entscheidet man sich manchmal dafür, nicht zu sagen, was man wirklich denkt.

Das führt uns in ein Dilemma. Auf der einen Seite müssen wir umfassend und offen miteinander kommunizieren, und dürfen *nichts* zurückhalten oder vortäuschen, wenn wir die Fakten, Themen und feinen Unterschiede erfassen wollen, die wir brauchen, um Probleme zu lösen und effektiv zusammenzuarbeiten. Bei der Entscheidungsfindung profitieren wir zweifellos vom kollektiven Wissen und den unverblümten Meinungen der Gruppe. Aber so wertvoll die Informationen, die man durch diese Offenheit erhält, auch sein mögen, und so sehr wir auch auf ihre Bedeutung hinweisen, halten wir doch immer wieder Informationen wegen persönlicher Ängste oder aus Selbsterhaltungstrieb zurück. Wenn wir das ändern wollen, müssen wir uns von den Altlasten befreien, die der *Ehrlichkeit* anhängen.

Man könnte das Wort *Ehrlichkeit* durch ein anderes Wort mit einer ähnlichen Bedeutung, aber weniger moralischen Untertönen ersetzen: *Offenheit.* Offenheit steht für Direktheit und Aufrichtigkeit – und unterscheidet sich gar nicht so sehr von Ehrlichkeit. Doch im allgemeinen Sprachgebrauch bedeutet es nicht nur, dass man die Wahrheit sagt, sondern auch einen Mangel an Zurückhaltung. Manchmal ist eine gewisse Zurückhaltung sehr gesund oder sogar lebensnotwendig. Niemand gilt als schlechter Mensch, nur weil er kein offener Mensch ist (wohingegen niemand unehrlich genannt werden will). Es ist einfacher darüber zu sprechen, wie offen man ist, weil man keine Strafen befürchten muss, wenn man zugibt, dass man manchmal den Mund hält. Das ist entscheidend. Man kann der Offenheit erst einen Weg ebnen, wenn Menschen frei darüber sprechen können, dass es Hindernisse auf diesem Weg gibt (und die Verwendung des Wortes *Ehrlichkeit* erschwert das Sprechen über diese Hürden zusätzlich).

Selbstverständlich gibt es manchmal gute Gründe, nicht offen zu sein. Politiker bezahlen manchmal einen hohen Preis, wenn sie sich zu deutlich zu einem kontroversen Thema äußern. Geschäftsführer können ganz schön Ärger bekommen, wenn sie der Presse oder den Aktionären gegenüber zu offen sind, und natürlich wollen sie auf keinen Fall, dass die Konkurrenz von ihren Plänen erfährt. Bei der Arbeit bin ich nicht offen, wenn ich sonst jemanden bloßstellen oder beleidigen würde, oder wenn ich einfach das Gefühl habe, ich sollte meine Worte sorgfältig wählen. Das bedeutet aber keinesfalls, dass ein Mangel an Offenheit begrüßenswert wäre. Eine gesunde Kreativkultur zeichnet sich dadurch aus, dass Ideen, Meinungen und Kritik offen ausgetauscht werden können. Mangelnde Offenheit kann die Funktionsfähigkeit einer Umgebung empfindlich stören.

Wie können Leiter einer Arbeitsgruppe, Abteilung oder Firma Offenheit fördern? Ich institutionalisiere Offenheit, wo immer möglich, durch die Einführung von Mechanismen, die ihre Bedeutung verdeutlichen. In diesem Kapitel stelle ich einen der wichtigsten Mechanismen bei Pixar vor: den Braintrust. Er ist wichtig für uns, weil er uns zu Höchstleistungen antreibt und Mittelmäßigkeit ausmerzt. Der Braintrust trifft sich alle paar Monate, um jeden Film, den wir gerade produzieren, zu beurteilen. Klartext wird bei uns vor allem über den Braintrust gesprochen. Dahinter steckt ein einfaches Prinzip: Man setzt schlaue, leidenschaftliche Menschen gemeinsam in einen Raum, gibt ihnen den Auftrag, Probleme zu identifizieren und zu lösen, und ermutigt sie, offen miteinander zu sein. Wenn Menschen sich zu Ehrlichkeit miteinander verpflichtet fühlen, fühlen sie sich irgendwie freier, wenn man sie zur Offenheit auffordert; sie haben die Wahl, ob sie ihre Meinung sagen wollen, und daher ist es auch tatsächlich ihre echte Meinung, wenn sie sie sagen. Der Braintrust ist eine der wichtigsten Traditionen bei Pixar. Er hat seine Schwächen – manchmal beweist er auch nur, wie schwierig Offenheit ist –, aber er kann zu phänomenalen Ergebnissen führen, wenn wir ihn richtig nutzen. Der Braintrust gibt den Ton vor für alles, was wir tun.

In vielerlei Hinsicht unterscheidet sich der Braintrust nicht von anderen kreativen Gruppen – man findet dort Bescheidenheit und Stolz, Offenheit und Großzügigkeit. Er wird in Größe und Zweck dem jeweiligen Vorhaben angepasst. Doch der wichtigste Bestandteil ist immer die Offenheit. Das ist keine rein abstrakte Fantasie, denn ohne Offenheit kann kein Vertrauen entstehen. Und Vertrauen ist für eine kreative Zusammenarbeit unverzichtbar.

Mit den Jahren entwickelte sich der Braintrust und mit ihm die Dynamik in der Gruppe weiter. Dies erforderte unsere ständige Aufmerksamkeit. Ich nehme an fast allen Braintrust-Meetings teil und diskutiere gern über Handlung und Figuren, doch ich sehe meine Aufgabe (und die meines Kollegen Jim Morris, dem Geschäftsführer von Pixar) darin, die Vereinbarungen, auf denen diese Meetings basieren, zu sichern und aufrechtzuerhalten. Dieser Teil unserer Arbeit ist nie beendet, denn, wie sich herausstellte, lassen sich die Hürden, die Offenheit verhindern, nie ein für alle Mal beseitigen. Die Angst, etwas Dummes zu sagen oder sich zu blamieren, jemanden zu beleidigen oder eingeschüchtert zu werden, die Angst vor Vergeltung – all das tritt immer wieder in Erscheinung, selbst wenn man glaubt, man hätte es ausgemerzt. Und wenn das geschieht, muss man sofort handeln.

Wie genau der Braintrust entstand, ist umstritten. Das liegt daran, dass er sich organisch entwickelte, aus der einzigartigen Zusammenarbeit von fünf Männern, die die Produktion von *Toy Story* leiteten und überarbeiteten – John Lasseter, Andrew Stanton, Pete Docter, Lee Unkrich und Joe Ranft. Dieses Quintett diente bei Pixar von Anfang an als leuchtendes Beispiel einer äußerst funktionalen Arbeitsgruppe. Sie waren witzig, zielorientiert, clever und schonungslos offen miteinander. Vor allem aber ließen sie sich niemals durch strukturelle oder persönliche Probleme behindern, die eine sinnvolle Kommunikation in einer Gruppe unmöglich machen können. Erst als wir uns zusammenraufen mussten, um eine Krise zu bewältigen und *Toy Story 2* zu retten, wurde der Begriff »Braintrust« offiziell ins Pixar-Lexikon aufgenommen.

In jenen neun Monaten im Jahr 1999, als wir eiligst den Neustart dieses schwierigen Films vorbereiteten, entwickelte sich der Braintrust zu einer enorm nützlichen und effizienten Einheit. Schon bei den ersten Meetings war mir aufgefallen, wie konstruktiv die Rückmeldungen waren. Jeder Teilnehmer hatte das aktuelle Filmprojekt im Blick, nicht den eigenen Vorteil. Es gab Streit – der manchmal hitzig geführt wurde –, aber es ging immer um das Projekt. Bei beruflichen Zusammenarbeiten geht es unter der Oberfläche oft um ganz andere Dinge – man will Anerkennung für eine Idee, den Vorgesetzten beeindrucken oder einfach nur einen Streit gewinnen, damit man ihn gewonnen hat. Im Braintrust war das anders. Die Mitglieder begegneten sich auf Augenhöhe. Niemand nahm die Leidenschaft, die bei Braintrust-Meetings zum Ausdruck kam, persönlich, weil jeder wusste, dass sie nur der Problemlösung diente. Dieses Vertrauen und der gegenseitige Respekt trugen maßgeblich dazu bei, dass sich im Braintrust so hervorragend Probleme lösen ließen.

Nach der Veröffentlichung von *Toy Story 2* stieg die Anzahl unserer Produktionen rasch an. Plötzlich bearbeiteten wir mehrere Projekte gleichzeitig. Das bedeutete jedoch, dass nicht mehr dieselben fünf Menschen ausschließlich an jedem Film arbeiten konnten. Wir waren kein kleines Start-up-Unternehmen mehr. Pete war mit *Die Monster AG* beschäftigt, Andrew hatte mit der Arbeit an *Findet Nemo* begonnen, und für *Die Unglaublichen – The Incredibles* war Brad Bird zu uns gestoßen. Der Braintrust hatte sich von einer kleinen, genau abgegrenzten Gruppe, die bis zum Ende an einem Film zusammenarbeitete, zu einer flexiblen Gruppe weiterentwickelt, die sich nach Bedarf traf, um Probleme bei all unseren Filmen zu lösen. Wir nannten sie immer noch den Braintrust, aber es gab keine verbindliche Mitgliederliste mehr. Im Lauf der Jahre nahmen viele verschiedene Menschen daran teil – Regisseure, Autoren und Redakteure –, die sich dadurch qualifizierten, dass sie gut Geschichten erzählen konnten. (Zu diesen talentierten Verstärkungen gehörten: Mary Coleman, Leiterin des Story-Departments von Pixar, die Stoffentwickler Kiel Murray und Karen Paik sowie die Autoren Michael Arndt, Meg LeFauve und Victoria Strouse.) Doch Offenheit – die deutlich schwerer zu erreichen ist, als man angesichts ihrer offensichtlichen Vorteile denken sollte – ist im Braintrust nach wie vor gefragt.

Man stelle sich vor, man nehme zum ersten Mal an einem Braintrust-Meeting teil und säße in einem Raum voller guter und erfahrener Leute, um einen Film zu besprechen, der gerade gezeigt wurde. Da gäbe es doch sicher jede Menge gute Gründe, darauf zu achten, was man sagt, oder? Man will höflich sein, andere respektieren oder sich unterordnen, und man will sich auf keinen Fall blamieren oder wie ein Besserwisser wirken. Bevor man den Mund aufmacht, egal, wie selbstsicher man ist, wird man sich fragen: Ist das eine gute Idee oder eine blöde? Wie oft darf ich etwas Dummes sagen, bevor die anderen anfangen, an mir zu zweifeln? Kann ich dem Regisseur wirklich sagen, dass sein Protagonist unsympathisch ist oder sein zweiter Akt unverständlich? Man will nicht unehrlich sein oder anderen etwas verschweigen. An diesem Punkt verschwendet man keinen Gedanken an Offenheit. Man will einfach nur nicht als Idiot dastehen.

Außerdem ist man nicht der Einzige, der mit derlei Zweifeln zu kämpfen hat. Jeder hat sie. Wir sind sozial darauf konditioniert, höhergestellten Personen eher nicht die Wahrheit zu sagen. Auch die menschliche Natur spielt eine Rolle. Je mehr Menschen sich in einem Raum aufhalten, umso höher ist der Druck, gute Leistungen zu erbringen. Starke und selbstbewusste Menschen können ihre Kollegen einschüchtern, weil sie unterbewusst signalisieren, dass sie an negativem Feedback oder Kritik, die ihr Denken infrage stellt, nicht interessiert sind. Wenn viel auf dem Spiel steht und der Regisseur das Gefühl hat, dass die Anwesenden sein Projekt nicht verstehen, hat der Regisseur womöglich den Eindruck, seine ganze harte Arbeit sei in Gefahr und werde angegriffen. Dann fangen die Gedanken an zu rasen, der Regisseur sucht nach Subtexten und kämpft gegen die scheinbare Bedrohung für sein Werk. Wenn so viel auf dem Spiel steht, sind die Hürden auf dem Weg zu echter Offenheit enorm.

Dennoch ist Offenheit für unsere kreativen Prozesse entscheidend. Warum? Weil am Anfang *all* unsere Filme Schrott sind. Das ist eine sehr schonungslose Einschätzung, die ich dennoch häufig wiederhole, und ich formuliere sie so deutlich, weil eine harmlosere Formulierung nicht deutlich genug vermittelt, wie schlecht die ersten Versionen unserer Filme tatsächlich sind. Ich sage das nicht, weil ich bescheiden wirken will. Pixar-Filme sind am Anfang schlecht, und unser Job besteht darin, sie zu guten Filmen zu machen – aus »Schrott Nicht-Schrott« zu machen. Die Vorstellung – dass alle Filme, die wir inzwischen für brillant halten, irgendwann einmal furchtbar waren – fällt vielen Menschen schwer. Aber wie schnell könnte ein Film über sprechendes Spielzeug abgekupfert, albern oder gar wie ein Werbefilm wirken? Wie abstoßend könnte ein Film über Ratten beim Essenkochen sein, oder wie wagemutig war es, in den ersten 39 Minuten von *WALL-E* keine einzige Textzeile zu haben? Wir wagen uns an diese Geschichten, aber wir kriegen sie nicht gleich beim ersten Versuch richtig hin. Und genau so sollte es auch sein. Kreativität muss irgendwo beginnen, und wir alle verlassen uns auf die Kraft von lebendigem, offenem Feedback und ständiger Weiterentwicklung – eine Geschichte wird immer und immer wieder überarbeitet, bis der rote Faden gefunden ist und die Fehler beseitigt sind oder eine flache Figur ihre Seele gefunden hat.

Wie bereits beschrieben, zeichnen wir auf Grundlage des Drehbuchs zunächst einmal Storyboards und stellen mit vorläufigen Sprechern eine Demoversion des Films zusammen, die sogenannten Reels. Dann sieht sich der Braintrust diese Version des Films an und bespricht, was nicht so gut passt, was besser sein könnte und was gar nicht geht. Aber der Braintrust schreibt keine Lösungen für die Probleme vor, die er findet. Die Mitglieder klopfen die Schwachstellen ab und machen Vorschläge, aber die Entscheidung über das weitere Vorgehen liegt beim Regisseur. Alle drei bis sechs Monate wird eine neue Filmversion erstellt und der Vorgang wiederholt. (Ein 90-Minuten-Reel besteht aus etwa 12 000 Storyboard-Zeichnungen, und wegen der beschriebenen ständigen Weiterentwicklungen hat das Team bis zum Ende des Projekts oft zehnmal so viele Zeichnungen angefertigt.) In der Regel wird der Film mit jedem Durchgang immer besser, aber manchmal kommt der Regisseur nicht weiter und kann das erhaltene Feedback nicht umsetzen. Glücklicherweise dauert es meistens nicht lange bis zum nächsten Braintrust-Meeting.

Die Funktion und die zentrale Bedeutung des Braintrusts für Pixar liegt in einer einfachen Wahrheit begründet: Bei kreativen Projekten verliert man immer irgendwann die Orientierung. Das ist einfach so – wenn man etwas erschaffen will, muss man eine Zeit lang fast zu dem Projekt werden, und nur durch diese Beinahe-Verschmelzung kann ein Projekt Form annehmen. Doch dieser Zustand ist auch verwirrend. Der Autor/Regisseur eines Films verliert den Überblick und sieht den Wald vor lauter Bäumen nicht mehr. Die Details überlagern das Ganze und erschweren das weitere Vorangehen in jeder Richtung. Diese Erfahrung kann überwältigend sein.

Alle Regisseure, egal, wie talentiert oder gut organisiert sie sind, und egal, welch klare Vorstellungen sie anfangs haben, verlieren irgendwann die Orientierung. Das stellt jene, die ihnen hilfreiche Rückmeldung geben wollen, vor ein Problem. Wie bringt man einen Regisseur dazu, ein Problem zu beheben, das er gar nicht sieht? Die Antwort hängt natürlich von der Situation ab. Möglicherweise hat der Regisseur mit der potenziellen Wirkung seiner Kernidee sogar recht, aber er hat sie noch nicht so umgesetzt, dass der Braintrust das auch sieht. Vielleicht ist ihm auch nicht klar, dass das, von dem er glaubt, es sei auf der Leinwand zu sehen, in Wirklichkeit nur in seinem Kopf sichtbar ist. Oder vielleicht funktionieren die Ideen, die in den Videos präsentiert werden, einfach nicht und werden es auch nie, und die einzig mögliche Vorgehensweise besteht darin, teilweise oder komplett von vorn zu beginnen. Doch in jedem Fall führt der Weg zur Klarheit immer über Geduld und Offenheit.

In Hollywood überreichen die Studiobosse ihre Kritiken an frühen Versionen eines Films üblicherweise in Form von ausführlichen »Anmerkungen« an den Regisseur. Der Film wird vorgeführt, Vorschläge werden zusammengestellt und wenige Tage später ausgeliefert. Leider wollen die Regisseure diese Anmerkungen oft gar nicht, weil sie meistens von Menschen kommen, die keine Filmemacher sind, sodass ihre Vorschläge als ignorante Einmischung empfunden werden. Zwischen Regisseuren und den sie beauftragenden Filmstudios herrscht immer eine gewisse Spannung; oder deutlich gesagt: Die Studios geben das Geld und wollen dafür kommerziell erfolgreiche Filme, während die Regisseure ihre künstlerische Vision erhalten wollen. Allerdings sind die Anmerkungen der Studiobosse manchmal durchaus berechtigt – oft sehen Menschen, die nichts mit der Produktion zu tun haben, Dinge deutlicher. Doch der Job eines Regisseurs – ein Projekt zu leiten, das möglicherweise monatelang Schrott ist, bevor es gut wird – ist ohnehin schon schwierig. Wenn dann noch die häufigen Vorurteile gegenüber Anmerkungen von »Nicht-Kreativen« hinzukommen, macht diese Spannung eine Verbindung von Kunst und Kommerz kompliziert.

Aus diesem Grund geben wir bei Pixar unsere Anmerkungen nicht auf diese Weise weiter. Wir haben unser eigenes Modell entwickelt, das auf unserem Selbstbild als von Filmemachern geführtes Studio basiert. Das bedeutet jedoch nicht, dass es bei uns keine Hierarchie gibt. Es bedeutet nur, dass wir eine Umgebung zu schaffen versuchen, in der Menschen die Anmerkungen der anderen hören wollen, selbst wenn sie schwierig sind, und in der jeder am Erfolg des anderen persönlich interessiert ist. Wir geben unseren Filmemachern sowohl Freiheiten als auch Verantwortung. Wir glauben, dass die vielversprechendsten Geschichten Filmemachern nicht zugeteilt werden, sondern aus ihnen selbst kommen. Daher machen unsere Regisseure, bis auf wenige Ausnahmen, Filme, die sie selbst konzipiert haben und auf deren Umsetzung sie brennen. Dann bieten wir ihnen den Rat des Braintrusts an, weil wir wissen, dass diese Leidenschaft für das Projekt sie an irgendeinem Punkt für die unausweichlichen Probleme ihres Films blind machen wird.

*Wie unterscheidet sich der Braintrust von anderen Feedback-Mechanismen?*

Ich sehe vor allem zwei Hauptunterschiede. Zunächst einmal besteht der Braintrust aus Menschen, die sich hervorragend mit dem Geschichtenerzählen auskennen, und normalerweise auch aus Menschen, die den kreativen Prozess selbst durchlaufen haben. Im Verlauf eines Projekts nehmen Regisseure gern Kritiken von vielen Seiten an (tatsächlich werden bei internen Filmvorführungen alle Pixar-Mitarbeiter aufgefordert, Anmerkungen zu schicken), aber am wichtigsten ist ihnen das Feedback von anderen Regisseuren und Geschichtenerzählern.

Der zweite Unterschied besteht darin, dass der Braintrust keine Weisungsbefugnis hat. Das ist entscheidend. Der Regisseur muss sich an keine spezifischen Vorschläge halten. Nach einem Braintrust-Meeting entscheidet er selbst, wie mit dem Feedback umgegangen wird. Bei Braintrust-Meetings wird nichts von oben diktiert, und es werden auch keine Konsequenzen angedroht. Die Entscheidung, den Braintrust keine Lösungen vorschreiben zu lassen, hat die Dynamik in der Gruppe entscheidend geprägt.

Probleme in einem Film sind recht leicht zu identifizieren, aber die Ursachen für diese Probleme sind oft ungewöhnlich schwierig zu bestimmen. Oft verursachen unauffällige, tiefer liegende Probleme an einem völlig anderen Punkt in der Geschichte eine verwirrende Wendung der Handlung oder einen unglaubwürdigen Sinneswandel der Hauptfiguren. Das ist wie bei einem Patienten, der Knieschmerzen wegen eines Senkfußes hat. Wenn man ihn am Knie operiert, wird er weiterhin Schmerzen haben, vielleicht sogar noch stärkere als vorher. Wenn man die Schmerzen beseitigen will, muss man erst einmal die Wurzel des Problems identifizieren und behandeln. Die Anmerkungen des Braintrusts sollen die wahren Ursachen eines Problems zutage fördern – aber keine bestimmte Lösung fordern.

Wir *wollen* gar nicht, dass der Braintrust Probleme für einen Regisseur löst, weil wir glauben, dass unsere Lösung aller Wahrscheinlichkeit nach nicht so gut sein wird wie die des Regisseurs und seines Kreativteams. Wir glauben, dass Ideen – und damit auch Filme – nur großartig werden können, wenn sie infrage gestellt und getestet werden. In der Wissenschaft beurteilen sich Professoren eines Fachgebiets gegenseitig. Der Braintrust ist die Pixar-Version dieser gegenseitigen Beurteilung durch Kollegen, ein Forum, das sicherstellt, dass wir uns ständig weiter verbessern – nicht durch Vorschriften, sondern durch Offenheit und gründliche Analyse.

Natürlich wird es trotzdem manchmal schwierig. Jeder Regisseur möchte lieber hören, dass sein Film ein Meisterwerk ist. Aber durch die Struktur des Braintrusts tut es weniger weh, von offensichtlichen Fehlern oder notwendigen Überarbeitungen zu hören. In die Defensive gedrängt werden Regisseure bei uns nur selten, weil sich hier niemand als Chef aufspielt oder dem Filmemacher sagt, was er tun soll. Hier ist der Film auf dem Prüfstand – nicht der Filmemacher. Viele Menschen verstehen diesen Unterschied nicht, aber er ist von entscheidender Bedeutung: Eine Person und ihre Idee sind nicht dasselbe, und wenn man sich zu sehr mit einer Idee identifiziert, fühlt man sich angegriffen, wenn sie infrage gestellt wird. Bei einem guten Feedback-System darf Macht keine Rolle spielen – man muss sich nur auf das Problem konzentrieren können, nicht auf die Person.

Und so funktioniert es: An einem vorher festgelegten Morgen trifft sich der Braintrust zu einer Vorführung des betreffenden Films. Nach der Vorführung treffen wir uns in einem Besprechungsraum zum Mittagessen, sammeln unsere ersten Eindrücke und setzen uns dann zu einem Gespräch zusammen. Der Regisseur und der Producer des Films geben uns einen Überblick über den Stand ihrer Arbeit. »Den ersten Akt haben wir, aber beim zweiten sind wir noch nicht ganz so weit«, sagen sie dann vielleicht. Oder: »Das Ende passt noch nicht so, wie wir es uns vorstellen.« Normalerweise startet dann John mit der Feedback-Runde. Zwar sind bei einem Braintrust-Meeting alle gleichberechtigt, doch John gibt die Richtung vor, beschreibt, welche Sequenzen ihm am besten gefielen, und erwähnt einige Themen und Ideen, die seiner Meinung nach verbessert werden könnten. Damit beginnt die Diskussion. Jeder trägt seine Beobachtungen über die Stärken und Schwächen des Films bei.

Bevor ich näher auf die Einflüsse eingehe, die diese Diskussion prägen, möchte ich die Situation zunächst aus der Sicht der Filmemacher beschreiben. Sie alle halten diese Sitzungen für unentbehrlich. Michael Arndt, der *Toy Story 3* schrieb, meint, um einen großartigen Film zu machen, müssen die Macher ab einem bestimmten Punkt umdenken und die Geschichten nicht mehr für sich selbst, sondern für andere machen. Der Braintrust stößt seiner Meinung nach dieses Umdenken an, das immer schmerzhaft ist. »Schmerzhaft daran ist, dass man die Kontrolle abgeben muss«, erklärt er. »Ich kann etwas für den witzigsten Gag der Welt halten, aber wenn in diesem Raum niemand lacht, muss ich ihn rausnehmen. Es tut weh, dass sie etwas sehen, was einem selbst entgeht.«

Rich Moore, der als ersten Film für Disney *Ralph reichts* animierte, vergleicht den Braintrust mit einem Haufen Leute, die jeweils an eigenen Knobelspielen sitzen. (Seit John und ich die Leitung von Disney Animation übernahmen, haben wir auch dort die Tradition der Offenheit eingeführt.) Aus irgendeinem Grund sieht ein Regisseur, der mit eigenen Dilemmas kämpft, die Schwierigkeiten eines anderen Regisseurs deutlicher als seine eigenen. Vielleicht liegt es daran, dass er oder sie nicht so viel in das andere Projekt investiert hat. Oder wie Moore es ausdrückt: »Das ist, als würde ich mein Kreuzworträtsel weglegen, um dir ein bisschen bei deinem Zauberwürfel zu helfen.«

Bob Peterson, ein Mitglied des Braintrusts, der an elf Pixar-Filmen mitschrieb (und sie teilweise sprach), bedient sich einer anderen Analogie, um den Braintrust zu beschreiben. Er nennt ihn »das große Auge Saurons« – ein Verweis auf das lidlose, alles sehende Auge aus der *Herr der Ringe*-Trilogie –, weil man ihm nicht entkommen kann, wenn man einmal in seinen Blick geraten ist.

Aber der Blick des Braintrusts ist wohlwollend. Er will helfen. Und er hat keine egoistischen Absichten.

Andrew Stanton, der bei fast jedem Braintrust-Meeting, das wir je hatten, auf der einen oder anderen Seite stand, meint, wenn Pixar ein Krankenhaus wäre und die Filme die Patienten, dann bestünde der Braintrust aus vertrauenswürdigen Ärzten. Bei diesem Vergleich darf man jedoch nicht vergessen, dass auch der Regisseur und der Producer des Films zu den Ärzten gehören. Es ist, als hätten sie Experten als Berater herangezogen, um eine exakte Diagnose für einen extrem verwirrenden Fall zu finden. Doch die letztendliche Entscheidung über die beste Behandlungsweise treffen die Filmemacher und niemand anders.

Jonas Rivera, der als Sekretär bei *Toy Story* anfing und inzwischen zwei Filme für uns produziert hat, wandelt Andrews Krankenhausvergleich leicht ab und meint, wenn die Filme Patienten sind, dann sind sie bei der ersten Bewertung durch den Braintrust noch im Bauch der Mutter. »Die Filme«, sagt er, »werden bei den Braintrust-Meetings erst geboren.«

Wie bei Pixar Offenheit praktiziert wird, zeigt sich am besten bei einem Blick in ein Braintrust-Meeting. Bei diesem Meeting ging es um ein frühes Screening eines Pete-Docter-Films mit dem Arbeitstitel *The Untitled Pixar Movie That Takes You Inside the Mind* (Der Pixar-Film ohne Titel, der in einem Kopf spielt). Die Grundidee zu diesem Film war direkt Petes Schädel entsprungen. Pete und sein Team hatten sich bereits mehrere Monate darüber den Kopf zerbrochen, in wessen Kopf genau sie die Zuschauer entführen wollten und was diese Zuschauer dort letztendlich finden würden. Für Braintrust-Verhältnisse war es an dem Tag sehr voll, etwa 20 Leute saßen am Tisch, und an den Wänden standen 15 weitere Stühle. Auf dem Weg hinein schnappte sich jeder einen Teller mit Essen, und nach ein wenig Small Talk machten wir uns an die Arbeit.

Vor dem Screening hatte Pete das bisherige Gesamtkonzept für den Film und die wichtigsten Eckpunkte der Handlung beschrieben, von denen er hoffte, dass sie beim Publikum gut ankämen. »Was geht in einem Kopf vor?«, fragte er seine Kollegen. »Dort sitzen die Emotionen – und wir haben wirklich hart daran gearbeitet, die Figuren so aussehen zu lassen, wie sich diese Emotionen anfühlen. Die Hauptfigur, mit dem Namen Joy (Freude), sprudelt über vor Temperament. Wenn sie begeistert ist, leuchtet sie tatsächlich. Fear (Angst), eine weitere Figur, hält sich für selbstbewusst und ausgeglichen, aber bei ihr liegen die Nerven immer blank und sie flippt schnell aus. Weitere Figuren sind Anger (Wut), Sadness (Traurigkeit) – deren Aussehen an Tränen erinnert – und Disgust (Abscheu), der nichts gut genug ist. Und all diese Typen arbeiten im sogenannten Hauptquartier.«

Das sorgte für einen Lacher – ebenso wie viele weitere Szenen in der folgenden zehnminütigen Vorschau, und alle waren sich einig, dass der Film das Potenzial hatte, wie Petes vorheriger Film *Oben,* zu einem unserer besten und berührendsten zu werden. Wie bereits erwähnt, kann Pete ganz hervorragend kleine Momente herausarbeiten, die sowohl witzig als auch emotional authentisch sind, und diese Idee, die verschiedenen Emotionen eines Menschen zum

Leben zu erwecken, war genial und hatte großes Potenzial. Dennoch war sich der Braintrust einig, dass eine zentrale Szene des Films – ein Streit zwischen zwei Figuren über die Frage, warum manche Erinnerungen verblassen und andere ewig in den hellsten Farben leuchten – zu unbedeutend war, um dem Publikum die Grundidee des Films zu vermitteln.

Pete ist ein Hüne – 1,95 Meter groß –, strahlt aber trotz seiner Größe unermüdliche Sanftmut aus. Das zeigte sich jetzt in jenem Konferenzraum, als er uns zuhörte, wie wir diese entscheidende Szene zerpflückten. Er sah uns offen an, nicht verletzt. Er hatte diesen Prozess schon oft durchlaufen und glaubte daran, dass er ihm helfen würde, an sein Ziel zu gelangen.

In der Mitte des Tisches rutschte Brad Bird auf seinem Stuhl herum. Brad war im Jahr 2000 zu Pixar gekommen, war vorher Autor und Regisseur bei dem Warner-Bros.-Film *Der Gigant aus dem All* gewesen, und sein erster Film für uns war *Die Unglaublichen – The Incredibles,* der im Jahr 2004 in die Kinos kam. Brad ist der geborene Rebell und kämpft gegen kreative Konformität in jeder Form. Seine Droge ist der Duft des künstlerischen Sieges, und mit seinen schnellen, hochenergetischen Beiträgen macht er aus fast allem einen Kampf um den Sieg der Kreativität (selbst wenn gar niemand mit ihm kämpfen will). Daher kam es nicht überraschend, dass er als Erster seine Bedenken äußerte, der Kern der Geschichte käme nicht stark genug zur Wirkung. »Ich verstehe ja, dass ihr das möglichst einfach und zugänglich halten wollt«, sagte er zu Pete, »aber ich glaube, wir brauchen etwas, das euer Publikum mehr *hineinzieht.*«

Andrew Stanton sprach als Nächster. Andrew weist immer wieder darauf hin, dass man einen Fehler so schnell wie möglich machen sollte. Wenn man in einer Schlacht zwischen zwei Hügeln nicht weiß, welchen davon man angreifen soll, so sagt er, ist es am besten, wenn man sich schnell entscheidet. Wenn man sich für den falschen Hügel entschieden hat, dreht man einfach um und greift den anderen an. In diesem Szenario gibt es nur eine inakzeptable

Vorgehensweise, nämlich *zwischen* die Hügel zu rennen. Nun klang es bei ihm so, als hätten Pete und sein Team den falschen Hügel gestürmt. »Ich finde, ihr solltet noch mehr Zeit darauf verwenden, die Regeln eurer Fantasiewelt festzulegen«, meinte er.

Bei jedem Pixar-Film gelten eigene Regeln, die die Zuschauer akzeptieren und verstehen müssen, und bei alldem auch noch Spaß haben sollen. Die Stimmen der Spielzeuge in den *Toy Story*-Filmen, zum Beispiel, können Menschen nicht hören. Die Ratten in *Ratatouille* laufen auf vier Pfoten, wie echtes Ungeziefer, außer Remy, dem Helden, der sich durch seinen aufrechten Gang von den anderen abhebt. In Petes Film lautete eine der – bisherigen – Regeln, dass Erinnerungen (dargestellt als leuchtende Glaskugeln) durch ein Wirrwarr aus Röhren in ein Archiv rollen, und so im Gehirn gespeichert werden. Wenn sie wieder abgerufen oder erinnert werden, rollen sie durch ein anderes Röhrennetz, wie Bowlingkugeln, die zu den Bowlern am Anfang der Bahn zurückgeführt werden.

Diese spezielle Konstruktion war elegant und effektiv, doch Andrew meinte, dass eine andere Regel betont und verdeutlicht werden sollte: Wie Erinnerungen und Emotionen sich mit der Zeit verändern, wenn das Gehirn altert. Dies sei der richtige Zeitpunkt im Film, meinte Andrew, um einige Hauptthemen einzuführen. Beim Zuhören erinnerte ich mich daran, wie bei *Toy Story 2* durch die neue Figur Wheezy ganz einfach die Vorstellung eingeführt wurde, dass beschädigtes Spielzeug ausrangiert werden und ungeliebt im Regal liegen bleiben konnte. Andrew glaubte, hier ergebe sich eine ähnlich bedeutende Gelegenheit, die nicht genutzt wurde – und so verhinderte, dass der Film funktionierte –, und er sagte es ganz offen: »Pete, in diesem Film geht es um die Unvermeidbarkeit von Veränderungen«, sagte er. »Und ums Erwachsenwerden.«

Das brachte Brad auf den Plan. »Viele von uns in diesem Raum sind nie erwachsen geworden – und ich meine das im besten Sinn«, sagte er. »Das Geheimnis liegt darin, wie man reifer werden kann, Verantwortung übernehmen und verlässlich werden und sich gleichzeitig ein kindliches Staunen bewahren kann. Ich habe schon von vielen gehört: ›Mann, ich wäre so gerne so kreativ wie du. Das wäre was, wenn ich so zeichnen könnte.‹ Und ich bin mir sicher, dass viele hier im Raum das auch schon so gesagt bekamen. Aber ich glaube, dass *jeder* mit der Fähigkeit zum Zeichnen geboren wird. Kinder schaffen das ganz instinktiv. Aber viele von ihnen verlernen es später. Oder jemand sagt ihnen, dass sie es nicht können oder dass es zu nichts nütze ist. Ja, Kinder müssen erwachsen werden, aber vielleicht kann man irgendwie andeuten, dass es besser für sie wäre, wenn sie einige ihrer kindlichen Vorstellungen behielten.«

»Pete, wegen einem Punkt ziehe ich auf jeden Fall den Hut vor dir: Das ist eine verdammt *große* Idee, die ihr da umsetzen wollt«, fuhr Brad mit warmer Stimme fort. »Ich habe dir das schon bei früheren Filmen gesagt: ›Du springst einen dreifachen Rückwärtssalto in eine Orkanbö und bist dann wütend auf dich selbst, weil du nicht im Stand gelandet bist. Dabei ist es ein Wunder, dass du es *überlebst.*‹ Bei diesem Film ist es genauso – und er ist die Art von Film, die kein anderer im Filmbusiness mit einem anständigen Budget macht. Also, Hut ab.« Brad schwieg, und alle applaudierten Pete. Dann grinste Brad Pete an, und er grinste zurück. »Und jetzt wird's richtig wehtun«, kündigte Brad an.

Eine wichtige logische Folge aus dem Angebot von Offenheit durch den Braintrust besteht darin, dass die Filmemacher auch bereit sein müssen, sich die Wahrheit anzuhören; Offenheit hat nur einen Wert, wenn die Person, die sie erfährt, auch offen und bereit ist, wenn nötig, etwas aufzugeben, das nicht funktioniert. Jonas Rivera, der Producer von Petes Film, versucht, den schmerzhaften Prozess durch »Headlining« etwas zu erleichtern. Dabei fasst er die Hauptpunkte der Braintrust-Sitzung für den von ihm betreuten Regisseur zusammen und reduziert die vielen Bemerkungen zu einer gut verdaulichen Mahlzeit, die er dann mitbringt. Genau das tat er, sobald das Braintrust-Meeting beendet war, für Pete, kreuzte die problematischsten Punkte an und erinnerte ihn an die Szenen, die besonderen Anklang gefunden hatten. »Also, was schmeißen wir raus?«, fragte Jonas. »Wobei legen wir den Rückwärtsgang ein? Was gefällt dir besonders? Gefällt dir jetzt etwas anderes besonders gut an dem Film als vor dem Meeting?«

»Den Anfangsteil«, antwortete Pete. »Den finde ich toll.«

Jonas hob die Hand zum Salut. »Okay, das ist also der Film«, sagte er. »Die Geschichte muss dann zu diesem Teil passen.«

»Das sehe ich genauso«, stimmte Pete ihm zu.

Und sie machten sich an die Arbeit.

Offene Gespräche, lebendige Debatten, Gelächter und Liebe. Wenn ich die vier grundlegenden Zutaten für ein Braintrust-Meeting beschreiben müsste, dann wären diese vier Dinge auf jeden Fall dabei. Doch Neulingen fällt meist zuerst etwas anderes auf: der Lärmpegel. Bei einem Braintrust-Meeting ist es völlig normal, dass die Teilnehmer sich so er- und aufregen, dass sie gegeneinander anreden und die Stimme heben. Manchmal können Außenseiter schon den Eindruck bekommen, es handle sich dabei um einen hitzigen Streit oder eine Intervention. Doch das ist nicht der Fall – auch wenn ich die Verwirrung verstehen kann, die entsteht, weil diese Leute (nach einem kurzen Besuch) die *Zielsetzung* des Braintrusts nicht verstehen. Bei einer lebendigen Debatte in einem Braintrust-Meeting geht es nicht darum, dass einer gegen den anderen gewinnt. Wenn es »Streit« gibt, dann geht es dabei nur darum, die Wahrheit ans Licht zu bringen.

Das ist ein Grund, weswegen Steve Jobs nicht an Braintrust-Meetings bei Pixar teilnahm – im gegenseitigen Einverständnis, weil ich glaubte, dass seine überlebensgroße Persönlichkeit Offenheit sehr viel schwieriger machen würde. Darauf hatten wir uns bereits im Jahr 1993 geeinigt, als ich Microsoft besuchte und Steve mich anrief, weil er Angst hatte, Microsoft könne mich abwerben. Ich hatte nicht die Absicht, bei Microsoft zu arbeiten, und das war auch nicht der Grund für meinen Besuch, aber ich wusste, dass er nervös war, und nutzte die Gelegenheit und den Verhandlungsspielraum, den ich dadurch hatte. »Diese Gruppe arbeitet gut zusammen«, sagte ich ihm über den Braintrust. »Aber wenn du zu den Meetings kommst, verändert sie sich.« Er stimmte mir zu, weil er glaubte, dass John und die Storytelling-Leute mehr von Erzähltechnik verstanden als er, und daher überließ er ihnen das Feld. Bei Apple hatte er den Ruf, sich auch mit den kleinsten Details jedes Produkts zu beschäftigen, aber bei Pixar war er nicht der Meinung, dass seine Instinkte besser seien als die der anderen Mitarbeiter dort, und daher hielt er sich raus. Offenheit ist bei Pixar so wichtig, dass sie sogar die Hierarchie außer Kraft setzt.

Ohne offene Gespräche ist ein Braintrust-Meeting nicht möglich, aber bei diesen Meetings geschieht noch sehr viel mehr. Bei den produktivsten Kreativsitzungen werden unzählige Gedankengänge erforscht. Ein gutes Beispiel ist der Film *WALL-E,* der anfangs den Arbeitstitel *Trash Planet* hatte. Lange Zeit endete der Film damit, dass der brillenäugige Müllroboter seinen geliebten Androiden EVE vor der Zerstörung in einer Müllpresse rettet. Aber irgendetwas an dem Ende stimmte nicht, fühlte sich nicht richtig an. Wir diskutierten das endlos, aber Andrew Stanton, der Regisseur, kam einfach nicht darauf, was nicht stimmte, und so konnte er auch keine Lösung finden. Das Verwirrende daran war, dass die romantische Handlung richtig zu sein *schien.* Natürlich würde WALL-E EVE retten – er hatte sich auf den ersten Blick in sie verliebt. Und genau darin lag das Problem. Brad Bird brachte Andrew schließlich in einem Braintrust-Meeting darauf. »Du hast den Zuschauern den Moment vorenthalten, auf den sie alle gewartet haben«, sagte er. »Den Moment, in dem EVE ihre gesamte Programmierung in den Wind schießt und alles tut, um WALL-E zu retten. Das Publikum will diesen Moment. Und du musst ihn ihm geben.« Kaum hatte Brad das gesagt, machte es bei uns allen: *Bing!* Nach dem Meeting schrieb Andrew ein komplett neues Ende, in dem EVE WALL-E rettet, und beim nächsten Screening blieb kein Auge mehr trocken.

Michael Arndt erinnert sich, dass Andrew im Gegenzug einen Kommentar im Braintrust abgab, der das Ende des zweiten Aktes von *Toy Story 3* grundlegend veränderte. An dieser Stelle wird im

Film Lotso – der pinkfarbene Teddybär und bösartige Anführer der Spielzeuge im Kinderhort – nach einem Aufstand der Spielzeuge gestürzt. Doch leider war der Aufstand nicht glaubwürdig, weil der Anstoß zu diesem Aufstand nicht glaubhaft war. »In dieser Entwurfsversion«, erzählte Michael mir, »hielt Woody seine große Heldenrede darüber, was für ein übler Kerl Lotso war, und plötzlich änderten alle ihre Meinung über Lotso. Aber Andrew sagte im Braintrust: ›Ne, das nehme ich denen nicht ab. Diese Spielzeuge sind doch nicht doof. Sie *wissen,* dass Lotso kein guter Kerl ist. Sie haben sich nur mit ihm verbündet, weil er die meiste Macht hat.‹« Daraufhin entbrannte im Raum eine heftige Diskussion, bis Michael schließlich eine Analogie ins Spiel brachte: Nehmen wir mal an, Lotso wäre Stalin und die anderen Spielzeuge seine eingeschüchterten Untertanen, dann wäre Big Baby – die kahlköpfige Puppe mit dem kaputten Auge, die als Lotsos Vollstrecker auftritt – Stalins Armee. An diesem Punkt zeichnete sich endlich eine Lösung ab. »Wenn man die Armee auf die eigene Seite zieht, kann man Stalin loswerden«, schlug Michael vor. »Aber was konnte Woody tun, um Big Baby gegen Lotso aufzubringen? Vor diesem Problem stand ich nun.«

Die Lösung – die Offenlegung einer früheren Ungerechtigkeit: dass Big Baby von seiner kleinen Vorbesitzerin wegen Lotsos Verschlagenheit verlassen wurde – war ganz allein Michaels Idee, aber ohne den Braintrust wäre er nie darauf gekommen.

Es ist ganz normal, dass man eine grundsätzlich kritische Umgebung zunächst einmal als bedrohlich und unangenehm empfindet, wie einen Zahnarztbesuch. Das ändert sich, wenn man die im Braintrust vorgebrachten Meinungen, wie bei jeder guten Feedback-Gruppe, als Unterstützung und nicht als Wettbewerb betrachtet. Bei einem Wettbewerbsansatz werden die eigenen Ideen mit anderen verglichen, und aus der Diskussion wird eine Debatte, die man gewinnt oder verliert. Beim Unterstützungsansatz steht am Anfang die Übereinkunft, dass jeder Teilnehmer etwas beiträgt (selbst wenn es nur eine Idee ist, die die Diskussion anheizt – und letzten Endes nicht funktioniert). Der Wert des Braintrusts liegt in der Erweiterung der Perspektive, die – wenn auch nur kurz – den Blick aus der Sicht der anderen erlaubt.

Brad Bird hat ein tolles Beispiel dafür, wie der Braintrust ihm dabei half, ein Problem zu lösen, das er noch gar nicht bemerkt hatte. Bei der Produktion von *Die Unglaublichen – The Incredibles* hatten einige im Braintrust Bedenken wegen einer Szene, in der sich Helen und Bob Parr (alias Elastigirl und Mr. Incredible) streiten. Die Szene, in der Bob spät nachts nach einem heimlichen Superheldeneinsatz ins Haus schleicht und erwischt wird, fühlte sich völlig falsch an. Am besten gefällt Brad an diesem Beispiel, dass der Braintrust ihm half, eine Lösung zu finden, obwohl die Teilnehmer gar nicht herausfanden, was eigentlich nicht stimmte. Die in der Sitzung vorgeschlagene Lösung war nicht die richtige – doch Brad meint, sie habe ihm enorm geholfen.

»Manchmal merkt der Braintrust, dass etwas nicht stimmt, identifiziert aber das falsche Symptom«, erzählte er mir. »Ich wusste, welche Stimmung der Film haben sollte – ich hatte diese Stimmung gepitcht, und sie hatte für alle gepasst. Doch dies war eine der ersten Szenen, die der Braintrust illustriert sah, mit Stimmen. Und ich glaube, sie fragten sich, ob sie da einen Bergman-Film besprechen sollten. Bob brüllte Helen an, und ich bekam folgende Anmerkung zugesteckt: ›Oh Gott, das sieht aus, als versuche er, sie zu tyrannisieren. Ich mag ihn gar nicht. Das musst du umschreiben.‹ Also setzte ich mich an die Überarbeitung, sah mir die Szene an und dachte: ›Nein, genau *das* würde er sagen. Und genau *so* würde sie antworten.‹ Ich will da gar nichts dran verändern – aber ich muss es, weil es so nicht funktioniert. Und dann wurde mir klar, worin das Problem lag: Bob war ein Schrank von einem Kerl, und Helen ist dieses winzige kleine Ding. Helen ist ihm zwar absolut ebenbürtig, aber auf der Leinwand sieht man diesen riesigen, bedrohlich wirkenden Kerl brüllen und hatte einfach das Gefühl, er würde sie misshandeln. Nach dieser Einsicht streckte ich Helen einfach ein bisschen, als sie sich wehrt und sagt: ›Hier geht es nicht um dich.‹ Am Dialog änderte ich gar nichts. Ich zeichnete sie körperlich einfach größer, als wolle sie damit sagen: ›Ich bin dir gewachsen.‹ Danach führte ich die Szene dem Braintrust noch einmal vor, und die Leute sagten: ›Das ist *viel* besser. Welche Zeilen hast du geändert?‹ Und ich antwortete: ›Ich habe nicht einmal ein Komma geändert.‹ In diesem Beispiel erkannte die Gruppe, dass etwas verkehrt war, hatte aber keine Lösung. Ich musste dann weiter in die Tiefe gehen und mich fragen: ›Wenn es nicht am Dialog liegt, was stimmt dann nicht?‹ Und dann sah ich es: Oh, *das*.«

In den Anfangstagen von Pixar gaben sich John, Andrew, Pete, Lee und Joe ein Versprechen: Sie würden sich immer die Wahrheit sagen, ganz gleich, was geschah. Sie hatten erkannt, wie wichtig und selten offenes Feedback ist, und wie unsere Filme unter einem Mangel an Offenheit litten. Damals wie heute benutzen wir für diese Art der konstruktiven Kritik die Bezeichnung »Good Notes«, gute Anmerkungen.

In einer Good Note steht, was nicht stimmt, was fehlt, was unklar ist, was keinen Sinn macht. Eine Good Note wird rechtzeitig abgegeben, nicht erst, wenn es zu spät ist, das Problem zu lösen. In einer Good Note werden keine Forderungen gestellt, sie muss noch nicht einmal einen Lösungsvorschlag enthalten. Aber wenn ein Lösungsvorschlag drinsteht, dann ist das nur eine mögliche Lösung, keine Anweisung. Vor allem aber muss eine Good Note konkret sein. »Ich schlafe ein vor Langeweile«, ist keine gute Anmerkung.

Andrew Stanton sagt immer: »Zwischen Kritik und konstruktiver Kritik besteht ein Unterschied. Bei der letzteren baut man mit der Kritik gleichzeitig auf. Man baut beim Einreißen gleich wieder auf, macht aus den Einzelteilen dessen, was man gerade auseinandergenommen hat, wieder neue Bausteine. Das ist eine besondere Kunst. Ich finde, jede Anmerkung sollte den Empfänger inspirieren – etwa wie: ›Wie bringe ich das Kind dazu, dass es die Hausaufgaben noch mal überarbeitet?‹ In dem Fall muss man sich verhalten wie ein Lehrer. Manchmal bespricht man die Probleme auf 50 unterschiedliche Arten, bis man den einen Satz findet, bei dem der Empfänger große Augen bekommt, als würde er denken: ›Oh ja, das will ich machen.‹ Anstatt zu sagen: ›Die Szene ist nicht gut genug geschrieben‹, sagt man: ›Willst du nicht, dass die Leute diese Zeilen zitieren, wenn sie aus dem Kino kommen?‹ Es ist eine größere Herausforderung. ›Willst du das nicht? Ich will das auch!‹«

Die Wahrheit zu sagen, ist schwer, aber nur so können in einem kreativen Unternehmen hervorragende Leistungen sichergestellt werden. Es ist die Aufgabe des Managers, auf die Dynamik im Raum zu achten. Allerdings kommt manchmal auch ein Regisseur nach dem Meeting her und sagt, manche Teilnehmer hätten sich zurückgehalten. In diesen Fällen hilft es oft, wenn man sich in kleinerer Runde trifft – in einem Mini-Braintrust. Die geringere Anzahl an Teilnehmern fördert eine direkte Kommunikation. Andere Probleme erfordern besondere Aufmerksamkeit, nämlich wenn Teilnehmer ausweichen und um den heißen Brei herumreden, ohne es selbst zu merken. Meiner Erfahrung nach macht das niemand absichtlich, und meistens genügt ein sanfter Hinweis, um die Leute wieder auf den richtigen Weg zu bringen.

Offenheit ist nicht grausam. Sie zerstört nicht. Ganz im Gegenteil. Jedes erfolgreiche Feedback-System basiert auf Empathie, auf der Vorstellung, dass wir alle an einem Strang ziehen, dass wir den Schmerz des anderen verstehen, weil wir ihn selbst erlebt haben. Das eigene Ego und das Verlangen nach Anerkennung, die wir unserer Meinung nach verdienen, lassen wir möglichst vor der Tür. Der Braintrust lebt von der Vorstellung, dass jede abgegebene Anmerkung einem gemeinsamen Zweck dient: sich gegenseitig dabei zu unterstützen und zu helfen, immer bessere Filme zu machen.

Man darf aber nicht glauben, dass alle Probleme eines Unternehmens automatisch gelöst werden, wenn man alle zwei Monate einen Haufen Leute in einem Raum zu einer offenen Diskussion versammelt. Es dauert seine Zeit, bis eine Gruppe genug Vertrauen zueinander entwickelt hat, um wirklich offen zu sein, um Bedenken und Kritik ohne Furcht vor Vergeltung vorzubringen und die Sprache der Good Notes zu erlernen. Außerdem kann auch der erfahrenste Braintrust niemandem helfen, der seine Philosophien nicht verstanden hat, jede Kritik abwehrt oder nicht das Talent dazu hat, Feedback zu verdauen, alles auf null zu stellen und wieder von vorn anzufangen. Und drittens, und darauf komme ich in späteren Kapiteln zurück, entwickelt sich der Braintrust mit der Zeit. Einen Braintrust richtet man nicht einfach schnell mal ein. Selbst wenn nur talentierte und großzügige Menschen daran teilnehmen, kann noch jede Menge schiefgehen. Die Dynamik verändert sich – zwischen Menschen oder Abteilungen –, und daher kann man nur sicherstellen, dass der Braintrust seine Aufgabe erfüllt, indem man ihn ständig beobachtet und beschützt und Anpassungen vornimmt, wenn nötig.

Man muss nicht bei Pixar arbeiten, um einen Braintrust ins Leben zu rufen. Jeder kreative Mensch, auf jedem Gebiet, kann jene Menschen dazu einberufen, welche die richtige Mischung aus Intelligenz, Verständnis und Großherzigkeit aufweisen. »Jeder kann und sollte seine eigene Lösungsgruppe gründen«, sagt Andrew Stanton und fügt hinzu, dass er das in kleinerem Maßstab, unabhängig vom offiziellen Braintrust, bei jedem seiner Filme getan hat. »Folgende Qualifikationen sollten diese Menschen mitbringen: Sie sollten (a) dich dazu bringen, dass du besser denken kannst, und (b) in kurzer Zeit jede Menge Lösungen auf den Tisch legen. Es ist völlig egal, wer es ist, der Hausmeister oder ein Praktikant oder ein langjähriger Mitarbeiter: Wenn sie dir dabei helfen können, sollten sie am Tisch sitzen.«

Wenn in einem Unternehmen mehr Offenheit auf den Gängen praktiziert wird als in den Räumen, in denen grundlegende Ideen und Firmenpolitik ausgehandelt werden, ist das ein schlechtes Zeichen. Wie man sich am besten dagegen wappnet? Indem man sich Leute sucht, die bereit sind, auf Augenhöhe miteinander zu sprechen, und sie, wenn man sie gefunden hat, in der Nähe behält.

# KAPITEL 6

## Angst und Fehlschläge

Aus der Produktionsgeschichte von *Toy Story 3* könnte man einen Kurs für Fortgeschrittene über das Filmemachen erstellen. Zu Beginn der Produktion, im Jahr 2007, traf sich das Team, das den originalen *Toy Story*-Film gemacht hatte, für zwei Tage in einer Hütte 80 Kilometer nördlich von San Francisco, die wir oft als Rückzugsort nutzen. Das Gebäude, Poet's Loft, besteht nur aus Redwood-Holz und Glas und ragt auf Stelzen über der Tomales Bay auf. Der perfekte Ort zum Nachdenken. An jenem Tag sollte das Team grob einen Film entwerfen, bei dem es Geld bezahlen würde, um ihn zu sehen.

Die Teilnehmer saßen auf Sofas, in der Mitte des Raums stand ein Whiteboard, und sie stellten zunächst einmal einige grundsätzliche Fragen: Warum sollten sie überhaupt einen dritten Teil machen? Was konnte man noch erzählen? Was wollten wir noch wissen? Das *Toy Story*-Team kannte und vertraute sich – im Lauf der Jahre hatten wir gemeinsam blöde Fehler gemacht und scheinbar unlösbare Probleme gelöst. Wir durften uns nicht so sehr auf das Endziel konzentrieren, sondern darauf, was uns an den Figuren noch interessierte, die inzwischen wie alte Bekannte für uns waren. Immer wieder stand jemand auf und fasste das, was ihm eingefallen war, kurz zusammen – als schrieben sie den Klappentext für ein DVD-Cover einer dreiteiligen Geschichte. Dann gab es eine Feedback-Runde, und alle gingen – im wörtlichen Sinn – zurück ans Zeichenbrett.

Dann stellte jemand die eine entscheidende Frage. *Wir haben im Lauf der Jahre auf so viele verschiedene Weisen davon gesprochen, was passieren würde, wenn Andy zu alt für seine Spielsachen würde. Wie wäre es, wenn wir genau diese Idee aufgreifen? Wie würden sich die Spielsachen fühlen, wenn Andy von zu Hause fort aufs College ginge?* Niemand hatte eine genaue Antwort auf diese Frage, aber alle Anwesenden wussten, dass wir die Grundidee – den roten Faden – für *Toy Story 3* gefunden hatten.

Von diesem Moment an fügte sich der Film fast von selbst zusammen. Andrew Stanton schrieb ein Treatment, Michael Arndt schrieb ein Drehbuch, Lee Unkrich und Darla Anderson, der Regisseur und die Producerin, stemmten die Produktion, und wir hielten uns an unsere Abgabetermine. Nicht einmal der Braintrust hatte viel auszusetzen. Seit der Gründung von Pixar hatten wir keine derart reibungslose Produktion geschafft, und das ist nicht übertrieben – auch wenn es ein paar Probleme gab. Zwischendurch rief Steve Jobs an, weil er wissen wollte, wie wir vorankamen.

»Das ist echt seltsam«, sagte ich zu ihm. »Wir haben bisher kein einziges großes Problem bei diesem Film gehabt.«

Viele hätten sich über eine solche Nachricht gefreut. Steve nicht. »Das ist gefährlich«, warnte er. »Passt bloß auf.«

»Ich würde mir keine allzu großen Sorgen machen«, beruhigte ich ihn. »Das ist der erste von elf Filmen ohne große Krise. Außerdem stehen uns noch ein paar weitere Debakel unmittelbar bevor.«

Das war kein leerer Spruch von mir. In den nächsten beiden Jahren produzierten wir gleich mehrere kostspielige Fehlschüsse. Zwei dieser Krisenfälle – *Cars 2* und *Die Monster Uni* – lösten wir, indem wir die ursprünglichen Regisseure ersetzten. Ein anderer Film, an dem wir drei Jahre lang arbeiteten, war nicht mehr zu retten, und wir mussten das Projekt aufgeben.

Auf unsere Fehlschüsse komme ich später noch zurück, aber ich kann mit Befriedigung sagen, dass wir viel aus ihnen lernten, weil wir sie noch rechtzeitig abgefangen haben, bevor die Filme fertiggestellt waren und veröffentlicht wurden. Ja, sie haben uns Geld gekostet, aber die Verluste waren nicht so umfangreich, wie sie gewesen wären, wären wir nicht eingeschritten. Und ja, sie waren schmerzhaft, aber wir gingen besser und stärker aus dieser Erfahrung hervor. Inzwischen halte ich unsere Debakel für einen notwendigen Teil unserer Arbeit, wie Investitionen in Forschung und Entwicklung, und ich warb für diese Sichtweise bei allen Mitarbeitern von Pixar.

Die meisten von uns verbinden Fehlschläge mit schmerzhaften Erinnerungen – sehr schmerzhaften Erinnerungen –, die sich direkt auf die Schulzeit zurückführen lassen. Von klein auf wird uns eingetrichtert: Fehlschläge sind schlecht; ein Fehlschlag bedeutet, dass du nicht gelernt oder dich nicht vorbereitet hast; ein Fehlschlag bedeutet, dass du nachgelassen hast oder – noch schlimmer! – von Anfang an zu dumm warst. Fehlschläge sind etwas, für das man sich schämen muss. Diese Wahrnehmung überdauert bis weit ins Erwachsenenalter hinein, sogar bei Menschen, die inzwischen die häufig vorgebrachten Argumente für die Vorteile von Fehlschlägen herbeten können. Jeder Mensch hat wahrscheinlich schon zahllose Artikel zu diesem Thema gelesen. Und doch werden viele Leser dieser Artikel zwar zustimmend nicken, aber trotzdem immer noch genauso emotional auf Fehlschläge reagieren wie als Kind. Sie können es nicht verhindern: Diese frühen Erfahrungen mit Scham sitzen einfach zu tief, als dass man sie löschen könnte. Bei meiner Arbeit sehe ich immer wieder, wie Menschen sich gegen Fehlschläge wehren, sie ablehnen und alles daransetzen, sie zu vermeiden, weil sie sich für Fehler schämen, egal, was wir sagen. Es gibt eine instinktive Reaktion auf Fehlschläge: Sie tun weh.

Wir müssen lernen, Fehlschläge anders zu betrachten. Ich bin nicht der Erste, der sagt, dass man an Fehlschlägen wachsen kann, wenn man sie richtig nutzt. Doch die meisten Menschen sehen Fehler auf diese Aussage hin als notwendiges Übel. Fehler sind kein notwendiges Übel. Sie sind gar kein Übel. Sie sind die unvermeidbare Konsequenz, wenn man etwas Neues tut (und sollten daher als wertvoll betrachtet werden; ohne sie gäbe es keine Originalität). Doch obwohl ich sage, dass die Annahme von Fehlschlägen ein wichtiger Teil des Lernprozesses ist, ist mir durchaus klar, dass es nicht ausreicht, die Wahrheit anzunehmen. Fehlschläge sind schmerzhaft, und unsere Gefühle bezüglich dieses Schmerzes verzerren unsere Sicht auf den Wert der Fehlschläge. Daher muss man, wenn man bei Fehlschlägen die guten von den schlechten Seiten trennen will, sowohl die Existenz dieses Schmerzes als auch die Vorteile des daraus resultierenden Wachstums anerkennen.

Freiwillig wollen die wenigsten Menschen Fehlschläge erleben. Andrew Stanton gehört zu diesen wenigen Menschen. Wie bereits erwähnt, ist er bei Pixar bekannt dafür, dass er immer wieder sagt, man solle „früh und schnell scheitern" und „sich so schnell wie möglich irren". Er vergleicht Fehlschläge gern mit dem Radfahren; das Radfahren zu lernen ist ohne Fehler nicht denkbar – ohne dass man ein paarmal umfällt. »Nimm ein möglichst niedriges Fahrrad, lege Ellbogen- und Knieschützer an, damit du keine Angst vor dem Hinfallen hast, und fahr los«, sagt er. Wenn man diese Denkweise auf alles anwendet, das man neu versucht, kann man die negativen Konnotationen des Fehlermachens abbauen. Andrew sagt: »Jemandem, der das Gitarrespielen lernt, würde niemand sagen: ›Du musst dir wirklich genau überlegen, wohin auf dem Gitarrenhals du deine Finger legst, bevor du die Saiten anschlägst, weil du nur einen einzigen Versuch hast. Wenn du das falsch machst, machen wir einfach weiter.‹ So lernt man es doch gar nicht.«

Das heißt nicht, dass Andrew es mag, wenn er seine Arbeit anderen zur Beurteilung vorlegt und sie nicht zufrieden damit sind. Aber er geht mit der Möglichkeit eines Fehlschlags offensiv um und sucht nach Mechanismen, die Schmerz in Fortschritt verwandeln. Wenn man möglichst schnell Fehler macht, provoziert man schnelle Lernerfahrungen. Andrew zögert dabei nicht.

Viele Kollegen bei Pixar haben es immer noch nicht ganz verstanden, obwohl sie es schon oft von Andrew gehört haben. Sie glauben, es bedeutet, man solle Fehlschläge würdevoll akzeptieren und abhaken. Fehlschläge als Form des Lernens und Erforschens zu betrachten, ist jedoch die bessere, genauere Interpretation. Wer keine Fehlschläge erlebt, macht einen weit schlimmeren Fehler: Er vermeidet sie um jeden Preis. Vor allem Führungskräfte sind mit dieser Strategie – das Vermeiden von Fehlschlägen durch Nachdenken – zum Scheitern verurteilt. Andrew drückt es so aus: »Wenn man Dinge vorantreibt, hat das Team, das man leitet, den Eindruck: ›Oh, ich sitze in einem Boot, das sich tatsächlich Richtung Land bewegt.‹ Wenn der Teamleiter aber sagt: ›Ich bin mir nicht sicher. Ich schau mir die Karte lieber noch ein Weilchen an, und wir lassen uns solange einfach treiben, und ihr alle hört auf zu rudern, bis ich es herausgefunden habe.‹ Dann vergehen die Wochen, die Arbeitsmoral sinkt, und der befürchtete Fehlschlag tritt ein. Die Mitarbeiter begegnen ihrem Teamleiter mit Zweifeln und Beklemmung. Selbst wenn ihre Zweifel unbegründet sind, macht die Bewegungsunfähigkeit des Teamleiters ihn zu dem, den sein Team in ihm sieht.«

Das Ablehnen von Fehlschlägen und die Vermeidung von Fehlern sind scheinbar hochgesteckte Ziele, doch es sind tatsächlich grundsätzlich falsche Ansätze. Ein Beispiel: Die Golden Fleece Awards wurden 1975 ins Leben gerufen, um auf staatlich finanzierte Projekte aufmerksam zu machen, die besonders verschwenderisch mit den Steuergeldern umgingen. (Zu den Gewinnern gehörte etwa eine 84 000-US-Dollar-Studie über Liebe der National Science Foundation und eine 3000-US-Dollar-Studie des US-Verteidigungsministeriums, bei der untersucht wurde, ob Angehörige des Militärs Schirme bei sich tragen sollten.) Zu jener Zeit hielt man eine derartige Überprüfung wahrscheinlich für sinnvoll, aber sie hatte einen abschreckenden Effekt auf die Forschung. Niemand wollte einen Golden Fleece Award »gewinnen«, weil die Organisatoren unter dem Vorwand, Verschwendung zu verhindern, dafür gesorgt hatten, dass es peinlich und gefährlich wurde, Fehler zu machen.

Bei Tausenden von finanzierten Forschungsprojekten pro Jahr führen einige zu offensichtlichen, messbaren, positiven Ergebnissen, und andere bringen nichts. Das ist einfach so. Die Zukunft vorherzusagen, ist schwierig – so viel steht fest –, und dennoch forderten die Golden Fleece Awards indirekt, dass Forscher *vor* der Forschungsarbeit wissen sollten, ob die Forschungsergebnisse von Wert waren oder nicht. Fehlschläge wurden als Waffen eingesetzt statt als Lernhilfe. Und das hatte Folgen: Allein die Tatsache, dass man für Fehlschläge öffentlich an den Pranger gestellt werden konnte, beeinflusste die Forscher bei der Auswahl ihrer Projekte. Die Politik des Scheiterns verhinderte den Fortschritt.

Ob ein Unternehmen mit der negativen Definition von Fehlschlägen arbeitet, lässt sich schnell feststellen. Man muss sich nur fragen, was geschieht, wenn ein Fehler entdeckt wird. Ziehen sich die Mitarbeiter zurück, statt sich zusammenzusetzen und die Ursachen für die Probleme zu entwirren, damit man sie in Zukunft vermeiden kann? Wird gefragt: Wessen Schuld war das? Wenn ja, dann verteufelt die Firmenkultur Fehlschläge. Fehlschläge sind schon schwierig genug, ohne dass man sie auf die Suche nach einem Sündenbock reduziert.

In einer Umgebung, die auf Angst basiert und eine negative Einstellung zu Fehlschlägen vorgibt, vermeiden die Mitarbeiter Risiken, bewusst oder unbewusst. Sie gehen stattdessen auf Nummer sicher und wiederholen etwas, das sich in der Vergangenheit als gut genug erwiesen hat. Sie kopieren, statt innovativ zu sein. Wenn man jedoch eine positive Sicht auf Fehlschläge kultiviert, wird das Gegenteil geschehen.

Doch wie macht man aus Fehlschlägen etwas, dem sich Menschen angstfrei stellen können?

Die Antwort ist teilweise sehr einfach: Wenn wir als Vorgesetzte über unsere Fehler und unseren Anteil daran offen sprechen, geben wir anderen mehr Sicherheit, dasselbe zu tun. Man darf nicht davor weglaufen und so tun, als existierten Fehler nicht. Darum ist es mir so wichtig, dass wir bei Pixar offen über Krisen sprechen, weil ich glaube, dass wir etwas Wichtiges daraus lernen können: Offenheit bei Problemen ist der erste Schritt, um etwas aus ihnen zu lernen. Ich will die Angst nicht völlig ausmerzen, weil Angst unvermeidbar ist, wenn viel auf dem Spiel steht. Ich will nur den Klammergriff der Angst etwas lockern. Wir wollen nicht zu viele Fehlschläge erleben, aber wir sollten die Kosten der Fehlschläge als Investitionen in die Zukunft betrachten.

Wenn man ein angstfreies Umfeld erschafft (oder so angstfrei, wie die menschliche Natur es zulässt), trauen sich die Leute sehr viel eher, neue Gebiete zu erforschen, neue Wege zu finden und sie zu gehen. Sie werden auch die Vorteile der Entschlossenheit erkennen: Die Zeit, die man spart, wenn man nicht zähneknirschend darüber nachgrübelt, ob man auf dem richtigen Weg ist, kann man gut gebrauchen, wenn man in eine Sackgasse gerät und wieder neu anfangen muss.

Es reicht nicht, sich nur für einen Weg zu entscheiden – man muss ihn auch gehen. Nur so erkennt man Dinge, die man unmöglich von Anfang an voraussehen konnte. Vielleicht gefällt einem nicht, was man sieht, manches mag verwirrend sein, aber zumindest hat man, wie wir es ausdrücken, »die Nachbarschaft erkundet«. Entscheidend ist hierbei, dass man immer noch genug Zeit hat, um sich auf das *richtige* Ziel zuzubewegen. Und all die Denkarbeit, die einen diesen Weg entlanggeführt hat, ist nicht verschwendet. Selbst wenn das meiste, was man sieht, nicht das ist, was man braucht, sind immer ein paar Ideen dabei, die sich als nützlich erweisen. Und selbst an jene Teile der Nachbarschaft, die einem zwar gefallen, die aber bei der aktuellen Suche nicht weiterhelfen, wird man sich später vielleicht erinnern und sie dann benutzen.

Was meine ich, wenn ich davon spreche, die Nachbarschaft zu erkunden? Lange bevor *Die Monster AG* sich zu der witzigen, rührenden Geschichte eines zottigen Kolosses (Sulley) und seiner unwahrscheinlichen Freundschaft zu dem kleinen Mädchen (Buh), das er eigentlich erschrecken soll, entwickelte, ging es in dem Film um etwas ganz anderes. In der ersten Fassung von Pete Docter handelte die Geschichte von einem 30-jährigen Mann und mehreren furchterregenden Figuren, die nur er sehen konnte. Pete beschrieb damals, der Mann »ist Buchhalter oder so etwas und hasst seinen Job, und eines Tages gibt ihm seine Mutter ein Buch mit einigen Zeichnungen, die er als Kind angefertigt hatte. Er denkt sich nichts weiter dabei, stellt es ins Regal, und in dieser Nacht tauchen Monster auf. Nur er kann sie sehen. Er glaubt, er wird verrückt. Sie folgen ihm zur Arbeit, zu seinen Verabredungen, und wie sich herausstellt, sind diese Monster alle jene Ängste, denen er sich als Kind nie gestellt hatte. Schließlich freundet er sich mit ihnen an, überwindet seine Ängste, und sie verschwinden langsam wieder.«

Wer den Film gesehen hat, weiß, dass das Endprodukt keinerlei Ähnlichkeit mit dieser Beschreibung hat. Aber niemand ahnt, wie oft die Geschichte im Lauf der Jahre eine falsche Richtung nahm, bis sie endlich die richtige fand. Während der ganzen Zeit lastete ein enormer Druck auf Pete – *Die Monster AG* war der erste Pixar-Film, bei dem John Lasseter nicht Regie führte, und daher wurden Pete und sein Team besonders genau beobachtet. Der Druck erhöhte sich mit jeder Version der Geschichte, die immer noch nicht passte.

Glücklicherweise behielt Pete die ganze Zeit über ein Grundkonzept bei: »Monster sind real, und sie verdienen ihr Geld damit, Kinder zu erschrecken.« Aber wie ließ sich diese Idee am besten umsetzen? Das konnte er nur herausfinden, indem er einige Möglichkeiten ausprobierte. Zunächst war der menschliche Protagonist ein sechsjähriges Mädchen namens Mary. Dann wurde daraus ein kleiner Junge. Dann wieder ein sechsjähriges Mädchen. Dann war es eine herrische – ja sogar tyrannische – Siebenjährige namens Buh. Und am Ende war Buh ein furchtloses Kleinkind, das noch nicht sprechen konnte. Sulleys Kumpel – der runde, einäugige Mike, der im Original von Billy Crystal gesprochen wurde – kam erst über ein Jahr nach der ersten Fassung dazu. Auch beim Aufstellen der Regeln für seine unglaublich komplexe Welt geriet Pete in zahllose Sackgassen – bis sich diese Sackgassen schließlich zu einem gemeinsamen Weg öffneten, der die Geschichte dahin führte, wo sie hingehörte.

»Wenn man eine Geschichte entwickelt, geht man auf Entdeckungsreise«, sagt Pete. »Doch es gibt immer einen Leitgedanken, der einen auf den verschiedenen Wegen weiterführt. Bei *Die Monster AG* lag all unseren verschiedenen Handlungen dasselbe Gefühl zugrunde: der bittersüße Abschied, wenn ein Problem – in dem Fall Buhs Rückkehr in ihre Welt mithilfe von Sulley – gelöst ist. Man leidet, solange man sich um eine Lösung bemüht, aber am Ende ist es einem doch irgendwie ans Herz gewachsen, und man vermisst es, wenn es nicht mehr da ist. Das wollte ich darstellen und am Ende brachte ich es in den Film.«

Der Prozess war schwierig und zeitaufwendig, doch Pete und sein Team hatten nie das Gefühl, *sie* hätten versagt, wenn ein Ansatz sich als falsch erwies. Sie erkannten, dass jede Idee sie einer besseren Möglichkeit ein bisschen näher brachte. Wegen dieser Einstellung kamen sie jeden Tag aufs Neue motiviert und aufgeregt zur Arbeit, egal, wie verworren eine Situation war. Der Grund dafür ist, dass Menschen Spaß an ihrer Arbeit haben, wenn Experimente als notwendig und produktiv betrachtet werden und nicht als frustrierende Zeitverschwendung – selbst wenn diese Arbeit sie irritiert.

Das Prinzip, das ich hier beschreibe – wiederholtes Ausprobieren –, wird in der Wissenschaft schon lange geschätzt. Wenn Wissenschaftler vor einem Problem stehen, stellen sie Hypothesen auf, testen sie, analysieren sie und ziehen Schlussfolgerungen – und dann fangen sie noch einmal von vorn an. Die Begründung dafür ist einfach: Experimente sind Forschungsmissionen nach Fakten, durch die Wissenschaftler mit der Zeit immer mehr Erkenntnisse gewinnen. Das bedeutet, dass *jedes* Ergebnis ein gutes Ergebnis ist, weil es neue Informationen liefert. Wenn das Experiment ergibt, dass die Ausgangshypothese falsch ist, ist es am besten, das so früh wie möglich zu wissen. Anhand der neuen Fakten kann man die Fragestellung, die man untersucht, neu formulieren.

Im Labor ist dies meist leichter zu akzeptieren als in der Wirtschaft. Die Erschaffung von Kunstwerken oder die Entwicklung neuer Produkte, die profitabel sein sollen, ist kompliziert und teuer.

Wir wollen die bestmöglichen Geschichten erzählen. Aber wie werten wir dabei unsere Versuche aus und ziehen unsere Schlussfolgerungen? Wie stellen wir fest, was am besten funktioniert? Und wie verbannen wir den Erfolgsdruck lange genug aus unseren Köpfen, bis wir eine Handlung gefunden haben, die sich echt anfühlt und einen Film trägt?

Es gibt eine Alternative zum Ansatz, dass man Fehler so schnell wie möglich machen sollte. Man kann auch alles sorgfältig durchdenken, und wenn man ganz penibel ist und alles gut plant und alle möglichen Ergebnisse berücksichtigt, wird man wahrscheinlich ein dauerhaftes Produkt erhalten. Aber wer glaubt, er könne alle Schritte vorausplanen, bevor man sie macht – und daran glaubt, dass langsame, gut beratene Planung spätere Fehlschläge erspart –, der macht sich ganz einfach etwas vor. Zum einen sind abgeleitete Arbeiten einfacher zu planen – wenn man etwas bereits Existierendes kopiert oder wiederholt. Wenn man also vor allem einen umfassenden, unveränderlichen Plan haben will, erhöht sich die Wahrscheinlichkeit, dass das Endergebnis kein Original ist. Außerdem kann man keine Auswege aus Problemen planen. Planung ist sehr wichtig, und wir planen jede Menge, aber in einer kreativen Umgebung lässt sich nicht alles kontrollieren. Meiner Erfahrung nach machen Menschen, die ihre ganze Energie darauf verwenden, über einen Ansatz nachzudenken, und darauf beharren, es sei zu früh zum Handeln, genauso häufig Fehler wie Menschen, die sich hineinstürzen und schnell arbeiten. Die Überplaner brauchen einfach länger für ihre Fehler (und haben dann das überwältigende Gefühl, versagt zu haben, wenn etwas richtig schiefgeht). Die logische Folge daraus ist: Je mehr Zeit man mit der Planung eines Vorgehens verbringt, umso mehr hängt man daran. Die nicht funktionierende Idee prägt sich ins Gehirn ein, als stecke man im Schlamm fest. Sich wieder davon zu befreien und eine neue Richtung einzuschlagen, kann dann schwierig werden. Doch genau das muss man häufig tun.

Es gibt natürlich Bereiche, in denen man sich keinerlei Fehlschläge erlauben kann. Die kommerzielle Fliegerei ist so phänomenal sicher, weil dort sehr darauf geachtet wird, auf allen Ebenen Fehlerquellen auszuschalten, von der Produktion der Motoren über die Montage und Wartung der Flugzeuge bis zu der Einhaltung von Sicherheitschecks und Regeln für den Flugverkehr. Auch in Krankenhäusern stellen ausgeklügelte Sicherheitsvorkehrungen sicher, dass der richtige Patient auf der richtigen Körperseite am richtigen Organ und so weiter operiert wird. Banken haben Protokolle, die Fehler verhindern sollen; Industrieunternehmen streben danach, Fehler in der Produktionslinie auszumerzen; in vielen Branchen gibt es die Vorgabe, jede Art von Verletzungen zu vermeiden.

Zwar ist ein »störungsfreier Ablauf« in vielen Branchen wichtig, aber deswegen muss das nicht das Ziel in allen Branchen sein. Bei kreativen Unternehmungen ist das Prinzip der Null-Fehler-Toleranz mehr als nutzlos. Es ist kontraproduktiv.

Fehler können teuer sein. Ein schlechtes Produkt oder ein öffentlicher Rückschlag schaden dem Ruf eines Unternehmens und häufig auch der Motivation der Mitarbeiter. Daher versuchen wir, Fehler weniger kostspielig zu machen, um so die Last zu verringern. Bei uns dürfen Regisseure mehrere Jahre auf die Entwicklungsphase eines Films verwenden, in der die Kosten von Überarbeitungen und Experimenten relativ niedrig sind. (Wir bezahlen in dieser Zeit die Gehälter des Regisseurs und der Storyboard-Zeichner, stecken aber kein Geld in die Produktion, weil dort die Kosten explodieren.)

Der Wert kleiner Fehlschläge auf dem Weg zur Erkenntnis ist eine Sache, aber wie sieht es bei großen, katastrophalen Fehlschlägen aus? Wenn man Millionen von Dollar in ein Projekt steckt, öffentlich dafür wirbt und es dann aufgeben muss? Das geschah bei einem Film, den wir vor ein paar Jahren entwickelten und der auf einer tollen Idee eines besonders kreativen und verlässlichen Kollegen basierte (der allerdings noch nie zuvor bei einem Spielfilm Regie geführt hatte). Er wollte die Geschichte des letzten Blaufußmolch-Pärchens der Erde erzählen, das von Wissenschaftlern zusammengebracht wird, um die Art zu retten – und sich nicht ausstehen kann. Als er die Idee pitchte, waren wir hin und weg. Die Story stellte uns, wie bei *Ratatouille,* vor einige Herausforderungen, aber mit der richtigen Herangehensweise, das erkannten wir, konnte daraus ein phänomenaler Film werden.

Der Pitch kam zu einer Zeit, als Jim Morris und ich uns fragten, ob wir durch den Erfolg von Pixar zu selbstgefällig geworden waren. Wir fragten uns selbst und andere: Hatten wir unnötige Gewohnheiten und Regeln geschaffen, nur um die Produktion steuerbar und effizient zu machen? Bestand die Gefahr, dass wir lethargisch und unbeweglich wurden? Wurden unsere Budgets völlig grundlos immer größer? Wir suchten nach einer Gelegenheit für einige Veränderungen, um unser eigenes kleines Start-up zu gründen, innerhalb von Pixar, und doch getrennt davon. Wir wollten wieder auf jene Energie zurückgreifen, die unsere Firma durchdrungen hatte, als wir jung und klein und ehrgeizig waren. Dieses Projekt schien dafür geeignet. Zu Beginn der Produktion beschlossen wir, es als Experiment zu behandeln: Was würde geschehen, wenn wir neue Leute von außen mit frischen Ideen hereinbrachten, ihnen den Auftrag gaben, den gesamten Produktionsprozess zu überdenken (und ihnen erfahrene Teammitglieder zur Seite stellten für die Ausführung), und sie dann zwei Häuserblocks von unserem Hauptsitz entfernt einquartierten, um den Kontakt zu Menschen zu minimieren, die sie dazu ermutigen konnten, den Status quo zu akzeptieren? Wir wollten nicht nur einen denkwürdigen Film machen, sondern wir wollten auch unsere Arbeitsprozesse infrage stellen und verbessern. Wir nannten unser Experiment das Brutkastenprojekt.

Einige bei Pixar hatten Zweifel an unserer Herangehensweise, aber die Einstellung, die dahinter stand – dass wir uns nicht auf unseren Lorbeeren ausruhen wollten –, fand bei allen Anklang. Andrew Stanton erzählte mir später, er habe von Anfang an Bedenken gehabt, weil das Projektteam so isoliert war, auch wenn das absichtlich geschah. Er glaubte, wir seien so verliebt in die Vorstellung, wir könnten das Rad neu erfinden, dass wir die Auswirkungen unterschätzten, wenn wir so vieles auf einmal veränderten. Das sei, als hätten wir vier talentierte Musiker ausgewählt, sie sich selbst überlassen und gehofft, sie würden irgendwie zu den Beatles werden.

Aber wir haben das damals offensichtlich nicht gesehen. Der Film hatte eine starke Grundidee, und das bestätigte sich, als wir ihn bei einer Medienpräsentation der kommenden Pixar- und Disney-Filme vorstellten. Die Website *Ain't It Cool News* berichtete begeistert, der Held des Films habe in einem Käfig in einem Labor gewohnt, seit er eine Kaulquappe gewesen war. Dort habe er ein Diagramm des Paarungsrituals seiner Art gesehen. Er war einsam und übte daher jeden Tag die einzelnen Schritte, um auf die Freundin vorbereitet zu sein, wenn die Wissenschaftler sie für ihn fingen. Leider war der neunte und letzte Schritt des Paarungsrituals von der Kaffeemaschine des Labors verdeckt, sodass er ihn nicht sehen konnte. Darin lag das Geheimnis.

Die Präsentation bekam donnernden Applaus. Der Film sei ein Pixar-Klassiker, schwärmten jene, die ihn sahen – originell, witzig, und dennoch transportierte er bedeutsame Ideen, die die Menschen ansprachen. Doch bei der Produktion geriet die Geschichte in Schwierigkeiten, ohne dass wir es bemerkten. Der Beginn der Handlung stand – der Wunsch unseres Helden wird erfüllt, die Wissenschaftler fangen in der Wildnis eine Gefährtin für ihn und bringen sie ins Labor –, doch an dem Punkt, als das unglückliche Paar in die Wildnis zurückgelangt, schwächelte der Film. Der Film steckte fest, und auch jede Menge sorgfältigen Feedbacks konnte daran nichts mehr ändern.

Zunächst bemerkten wir es gar nicht, weil das Projekt unabhängig lief. Die ersten Berichte, die wir bekamen, hörten sich gut an. Der Regisseur hatte eine genaue Vorstellung, sein Team war begeistert und arbeitete hart, aber eine Sache konnten sie einfach nicht wissen: dass man in den ersten beiden Jahren bei der Entwicklung eines Films vor allem die Handlung stabilisieren sollte, indem man sie immer wieder überarbeitet – ganz ähnlich wie bei der Härtung von Stahl. Und dafür musste man Entscheidungen treffen und nicht einfach nur abstrakt diskutieren. Alle Mitarbeiter am Projekt hatten die besten Absichten, aber es versank in der Vielzahl von Hypothesen und Möglichkeiten. Am Ende sah es so aus, dass alle im Boot ruderten, wie Andrew es ausdrücken würde, aber das Boot nicht vorwärtskam.

Als wir es endlich bemerkten – nachdem wir ein paar erfahrene Pixar-Mitarbeiter zur Unterstützung hingeschickt hatten und diese berichteten, was sie vorfanden –, war es zu spät. Bei Pixar wird in einzigartige Visionen investiert, und genau das hatten wir bei diesem Projekt in großem Umfang getan. Den Regisseur zu ersetzen war keine Option – es war seine Geschichte, und wir glaubten nicht, dass wir sie, ohne ihn als Motor, zu Ende bringen konnten. Daher begruben wir das Projekt, schweren Herzens, im Mai 2010.

Einige Leser dieses Buches werden jetzt bestimmt daraus schließen, die Produktion des Films sei von Anfang an ein Fehler gewesen. Ein unerfahrener Regisseur, ein unfertiges Drehbuch – nach dem Projektende kann man leicht zurückblicken und behaupten, aufgrund dieser Faktoren allein hätten wir uns gleich gegen das Projekt entscheiden müssen. Das sehe ich anders. Es kostete uns Zeit und Geld, aber ich glaube, es war die Investition wert. Wir lernten daraus, eine bessere Balance zwischen alten und neuen Ideen zu halten, und wir lernten, dass es ein Fehler gewesen war, uns nicht das ausdrückliche Okay von allen Führungskräften bei Pixar für die Grundlagen unseres Vorhabens zu holen. Diese Lehren erwiesen sich als äußerst nützlich, als wir neue Software einführten und einige technische Prozesse veränderten. Experimente machen vielen Menschen Angst, doch meiner Meinung nach sollten wir uns vor der gegensätzlichen Herangehensweise viel mehr fürchten. Viele Unternehmen stoppen Innovationen und lehnen neue Ideen ab, weil sie die Risiken scheuen, und schlagen damit den Weg zur Bedeutungslosigkeit ein. Dies dürfte häufig der Grund sein, weswegen Firmen in Schwierigkeiten geraten, und nicht, weil sie sich auf Neuland vorgewagt haben und Risiken eingegangen sind – und ja, auch Fehlschläge erlitten haben.

Ein wirklich kreatives Unternehmen muss Dinge wagen, die schiefgehen können.

Man kann noch so lange darüber reden, dass man Fehlschläge akzeptieren muss, aber wenn ein Film – oder jedes kreative Unternehmen – nicht in vernünftigem Tempo Fortschritte macht, hat man ein Problem. Wenn die Lösungsmöglichkeiten, auf die ein Regisseur kommt, einen Film nicht besser machen, könnte man zu dem Schluss kommen, dass er nicht der Richtige für den Job ist. Und manchmal liegt man damit auch völlig richtig.

Aber wo zieht man die Grenze? Wie viele Fehler sind zu viele? Ab wann ist ein Fehler kein Zwischenstopp auf dem Weg zu herausragenden Leistungen mehr, sondern ein Warnhinweis, dass man etwas ändern muss? Wir vertrauen darauf, dass unsere Regisseure über die Braintrust-Meetings alles Feedback und jede Unterstützung bekommen, die sie brauchen. Aber manche Probleme lassen sich auch damit nicht lösen. Was tut man, wenn Offenheit allein nicht ausreicht?

Vor diesen Fragen standen wir bei unseren verschiedenen Debakeln.

Unser Studio wird von Filmemachern geleitet, das bedeutet, dass wir es uns zum Ziel gesetzt haben, kreativen Menschen bei unseren Projekten die Führung zu überlassen. Aber wenn ein Film festgefahren ist und klar wird, dass der Film nicht nur in Schwierigkeiten ist, sondern die Regisseure auch nicht wissen, wie sie es richten können, dann muss man sie ersetzen oder das Projekt abbrechen. Nun kann man natürlich die Frage stellen: *Wenn wirklich alle Filme am Anfang schlecht sind, und bei Pixar die Filmemacher – nicht der Braintrust – die letztendliche Entscheidung über Korrekturen treffen, woher weiß man dann, wann man einschreiten muss?*

Wir schreiten ein, wenn ein Regisseur das Vertrauen des Teams verliert. Etwa 300 Menschen arbeiten an einem Pixar-Film, und sie werden für zahllose Anpassungen und Veränderungen eingesetzt, die vorgenommen werden, um der Story auf die Beine zu helfen. In der Regel besteht eine Filmcrew aus verständnisvollen Menschen. Sie wissen, dass immer Probleme auftreten, und fällen daher keine *vorschnellen* Urteile, auch wenn sie kritisch sein können. Sie arbeiten instinktiv erst einmal härter. Wenn ein Regisseur sich in einem Meeting hinstellt und sagt: »Diese Szene funktioniert nicht. Ich weiß noch nicht, wie wir das richten können, aber mir fällt noch was ein. Macht einfach weiter!« Dann wird ihm sein Team bis ans Ende der Welt folgen. Aber wenn ein Problem vor sich hin gärt und jeder einfach nur wegsieht, oder wenn Mitarbeiter nur herumsitzen und auf Anweisungen warten, dann wird ein Team unruhig. Das hat nichts damit zu tun, dass sie den Regisseur nicht mögen – meistens tun sie es. Aber sie verlieren das Vertrauen in die Fähigkeit des Regisseurs, den Film zu einem guten Ende zu bringen. Daher halte ich das Team für das verlässlichste Barometer. Wenn das Team verwirrt ist, dann ist es auch der Teamleiter.

Wenn das geschieht, müssen wir handeln. Um den richtigen Zeitpunkt zu erwischen, müssen wir sorgfältig auf Zeichen achten, dass ein Film feststeckt. Ein Beispiel: Ein Braintrust-Meeting wird abgehalten, Anmerkungen werden ausgegeben, und drei Monate später hat sich der Film praktisch nicht verändert. Das ist nicht okay. Nun könnte man sagen: »Moment mal – ich dachte, die Regisseure müssten sich nicht unbedingt an die Anmerkungen halten!« Das müssen sie auch nicht. Aber die Regisseure müssen Lösungsmöglichkeiten für die Probleme finden, auf die sie der Braintrust hinweist, weil der Braintrust das Publikum repräsentiert; wenn die Mitglieder des Braintrusts verwirrt oder irgendwie unzufrieden sind, ist die Wahrscheinlichkeit groß, dass es den Kinobesuchern genauso geht. Der Regisseur leitet das Projekt, aber das bedeutet, dass er auch vorangehen muss.

Jedes Versagen eines kreativen Unternehmens ist das Versagen von vielen, nicht eines Einzelnen. Wenn ein Unternehmen ins Straucheln gerät, ist jeder Fehltritt auch ein Fehltritt der Unternehmensführung. Vor allem aber lässt man eine Chance ungenutzt verstreichen, wenn man selbst und die Kollegen nicht aus den Fehlern lernen. Bei einem Fehlschlag gibt es immer zwei Seiten: Das Ereignis selbst mit der dazugehörenden Enttäuschung, Verwirrung und Scham, und dann gibt es da noch unsere eigene Reaktion darauf. Diesen zweiten Teil können wir kontrollieren. Betrachten wir uns selbstkritisch oder stecken wir den Kopf in den Sand? Geben wir anderen die Sicherheit, sich zu Problemen zu bekennen und aus ihnen zu lernen, oder blocken wir jede Diskussion ab und suchen nach einem Schuldigen? Man darf nie vergessen, dass Fehlschläge eine Chance für Wachstum bieten, die man nur auf eigene Gefahr ignorieren kann.

Doch wie holt man das meiste aus den auftretenden Fehlern heraus? Bei unseren Krisen richteten wir den Blick nach innen. Wir hatten talentierte, kreative Leute für die Leitung dieser Projekte ausgewählt, doch irgendetwas hinderte sie daran, erfolgreich zu sein. Manche befürchteten, die Krisen seien ein Anzeichen, dass wir unser kreatives Gespür verloren. Ich war anderer Meinung. Wir hatten nie behauptet, es würde einfach werden – wir hatten nur darauf bestanden, dass unsere Filme großartig werden sollten. Wären wir nicht eingeschritten und hätten nicht gehandelt, sagte ich, *dann* hätten wir unsere Grundsätze verraten. Nach mehreren Fehlschüssen mussten wir uns jedoch die Zeit für eine Neubewertung nehmen und die Lektionen verarbeiten, die sie uns boten.

Daher arrangierte Jim Morris, der Geschäftsführer von Pixar, im März 2011 ein Meeting außerhalb des Firmengeländes mit den Producern und Regisseuren des Studios – insgesamt um die 20 Personen. Auf der Tagesordnung stand nur eine Frage: Warum hatten wir so viele Debakel hintereinander gehabt? Wir wollten keinen Schuldigen finden. Wir wollten nur mit den vereinten Kräften der kreativen Firmenleitung herausfinden, wo das Grundproblem lag, das uns in die Irre führte.

Zu Beginn des Meetings dankte Jim allen für ihr Kommen und erinnerte uns daran, warum wir da waren. Nichts sei entscheidender für unseren fortgesetzten Erfolg als Filmstudio, sagte er, als die Fähigkeit, neue Projekte und Regisseure aufzubauen, und doch machten wir eindeutig etwas falsch dabei. Wir hatten die Anzahl der Filme erhöht, die wir veröffentlichten, waren dabei aber auf Hindernisse gestoßen. In den nächsten beiden Tagen, sagte Jim, sei unser Ziel, herauszufinden, was fehlte, und Wege zu finden, wie wir es erzeugen und umsetzen konnten.

Von Anfang an war offensichtlich, dass sich keiner vor seiner Rolle bei diesen Misserfolgen drückte. Sie gaben niemand anderem die Schuld für bestehende Probleme und erwarteten auch nicht, dass jemand anders sie für sie löste. Man hörte daran, wie sie über das Thema sprachen, dass sie diese Probleme als ihre eigenen betrachteten. »Gibt es eine bessere Methode als die Anmerkungen des Braintrusts, wie wir unseren Regisseuren die Bedeutung eines emotionalen Handlungsbogens klarmachen können?«, fragte jemand. »Ich habe das Gefühl, ich sollte meine Erfahrung formal mit anderen Menschen teilen«, sagte ein anderer. Ich hätte stolzer nicht sein können. Offensichtlich akzeptierten sie das Problem und die Verantwortung für seine Lösung. Wir hatten ernsthafte Probleme, aber die Firmenkultur – die Bereitschaft, die Hosenbeine hochzukrempeln und für das Wohl des Unternehmens durch den Dreck zu waten – war so lebendig wie nie zuvor.

Als Team analysierten wir unsere Vermutungen über die Gründe, aus denen wir derart mangelhafte Entscheidungen getroffen hatten. Gab es unverzichtbare Eigenschaften, auf die wir zukünftig bei unseren potenziellen Regisseuren achten sollten, die wir in der Vergangenheit übersehen hatten? Bedeutender war jedoch die Frage, woran es bei der Vorbereitung der Regisseure auf ihre anspruchsvolle Aufgabe gefehlt hatte. Wie oft hatten wir gesagt: »Wir lassen nicht zu, dass er oder sie versagt«, und hatten es dann doch getan? Wir sprachen darüber, dass wir uns davon hatten blenden lassen, dass die Regisseure unserer ersten Filme – John, Andrew und Pete – alle selbst gelernt hatten, Regisseure zu sein, ohne formelle Ausbildung, und wir erkannten, dass dies lange nicht so selbstverständlich war, wie wir geglaubt hatten. Wir sprachen darüber, dass Andrew, Pete und Lee jahrelang mit John zusammengearbeitet und dabei viel von ihm gelernt hatten – wie wichtig Entschiedenheit war etwa – und seine kollaborative Art, Ideen aus Menschen herauszulocken, angenommen hatten. Für Andrew und Pete, die als erste Regisseure bei Pixar in Johns Fußstapfen traten, war dieser Prozess eine Herausforderung gewesen, die sie jedoch mit Bravour gemeistert hatten. Wir waren davon ausgegangen, dass andere das auch schaffen würden. Doch wir mussten uns der Erkenntnis stellen, dass wir zwar größer geworden waren, doch die jüngeren Regisseure hatten diese Erfahrung nicht.

Dann richteten wir unseren Blick auf die Zukunft. Wir nannten einzelne Personen, die unserer Meinung nach das Potenzial zum Regisseur hatten, listeten ihre Stärken und Schwächen auf und erzählten genau, wie wir ihnen das Handwerk beibringen, sie Erfahrungen machen lassen und unterstützen wollten. Trotz unserer Fehlschläge wollten wir uns auch zukünftig nicht nur aufgrund von Sicherheitsaspekten entscheiden; uns war bewusst, dass kreative und strategische Risiken uns zu dem machten, was wir sind, und manchmal bedeutet das eben, dass man die Zügel an jemanden übergibt, der nicht der traditionellen Vorstellung von einem Filmregisseur entspricht. Doch wir waren uns alle einig, dass wir trotz dieser unkonventionellen Entscheidungen genauere Richtlinien aufstellen und in genaueren Einzelschritten beschreiben mussten, wie wir jene, die unserer Meinung nach die notwendigen Fähigkeiten fürs Filmemachen mitbrachten, ausbilden und vorbereiten wollten. Statt einfach zu hoffen, dass unsere Regiekandidaten unsere vereinte Weisheit per Osmose aufnehmen, beschlossen wir ein formelles Mentorenprogramm, durch das andere Regisseure das erfahren sollten, was Pete, Andrew und Lee durch die enge Zusammenarbeit mit John in den Anfangstagen der Firma erlebt hatten. Jeder erfahrene Regisseur sollte wöchentlich Kontakt mit seinen Schützlingen aufnehmen – und ihnen praktischen Rat und Motivation bei der Entwicklung eigener Ideen liefern, die zu einem Spielfilm werden sollten.

Bei einem Nachgespräch zu dem externen Meeting machte Andrew eine bedeutende Aussage. Er sagte mir, er glaube, dass er und die anderen bewährten Regisseure die Pflicht hätten, zu lehren – dies sollte ein zentraler Teil ihrer Arbeit sein, neben der Arbeit an ihren eigenen Filmen. »Wir müssen nach dem Heiligen Gral suchen, einer Möglichkeit, wie wir anderen beibringen können, die bestmöglichen Filme mit einem verfügbaren Team zu machen, weil es der Lauf der Natur ist, dass wir irgendwann nicht mehr da sein werden«, sagte er. »Walt Disney hat das nicht getan. Und ohne ihn war Disney Animation erst nach anderthalb, wenn nicht zwei Jahrzehnten Krise überlebensfähig. Das ist das eigentliche Ziel: Können wir die Regisseure so anleiten, dass sie es auch noch gut finden, wenn wir nicht da sind?«

Wer könnte besser lehren als die Fähigsten von uns? Ich spreche nicht nur von Seminaren oder formellen Veranstaltungen. Jene, die uns bewundern und zu uns aufsehen, wie sie ihr Leben führen sollen, lernen von unseren Handlungen und unserem Verhalten, sei das nun gut oder schlecht. Machen wir uns genug Gedanken darüber, wie Menschen lernen und wachsen? Wir sollten uns Führungskräfte als Lehrer betrachten und Firmen erschaffen, in denen Lernen als Beitrag zum Gesamterfolg wertgeschätzt wird. Sehen wir die meisten Aktivitäten als Gelegenheit zum Lehren und Erfahrungen als Möglichkeiten, um zu lernen? Eine zentrale Verantwortung von Führungskräften besteht darin, eine Firmenkultur zu erzeugen, die nicht nur jene belohnt, die unseren Börsenwert erhöhen, sondern auch jene, die uns zu Höherem streben lassen.

Diskussionen über Fehlschläge und all ihre Auswirkungen sind nicht rein akademischer Natur. Wir stellen uns den Fehlschlägen, weil wir nach neuen Erkenntnissen suchen, und wir beseitigen Hürden, die unseren kreativen Einsatz beschränken. Angst ist eine besonders große Hürde, und im Gegensatz zu Fehlschlägen gehört Angst nicht selbstverständlich zu kreativer Arbeit. Unser Ziel muss daher sein, Angst und Fehlschläge voneinander zu trennen – und eine Umgebung zu erschaffen, in der Fehler bei unseren Mitarbeitern keine Panik auslösen.

Wie genau tun wir das? Unternehmen geben ihren Managern notwendigerweise widersprüchliche Signale: Sie sollen ihre Mitarbeiter entwickeln, ihnen dabei helfen, sich zu starken Teammitgliedern mit guten Beiträgen zu entwickeln, aber gleichzeitig sollen sie dafür sorgen, dass alles glatt läuft, weil die Ressourcen knapp sind und der Erfolg des Projekts davon abhängt, dass das Team den zeitlichen und finanziellen Rahmen einhält. Wenn man den Kontrollwahn vieler Manager kritisiert, macht man es sich häufig zu leicht, weil die Geschäftsführung ihnen oft kaum eine andere Wahl lässt. Meist müssen sie sich zwischen einer Deadline und dem unscharf formulierten Auftrag, ihre Mitarbeiter »zu fördern«, entscheiden und geben dann immer der Deadline den Vorzug. Wir nehmen uns vor, mehr Zeit für unsere Mitarbeiter aufzubringen, wenn wir wiederum mehr Spielraum beim Zeitplan oder dem Budget bekommen. Aber irgendwie fressen die Anforderungen des Jobs jedes Mal die Spielräume auf, was zu noch höherem Druck und noch weniger Raum für Fehler führt. Angesichts dieser Realitäten wollen Manager normalerweise zwei Dinge: erstens engmaschige Kontrolle über alles und zweitens so wirken, als hätten sie alles unter Kontrolle.

Aber wenn Kontrolle das Ziel ist, hat das möglicherweise negative Auswirkungen auf andere Teile der Firmenkultur. Viele Manager, die ich kenne, hassen Überraschungen bei Meetings. Sie machen deutlich, dass sie über jede unerwartete Neuigkeit im Voraus und unter vier Augen informiert werden wollen. In vielen Firmen gilt es als Respektlosigkeit, wenn man einen Manager vor anderen Mitarbeitern mit neuen Informationen überrumpelt. Was das in der Praxis bedeutet? Es bedeutet, dass es vorbereitende Meetings vor den Meetings gibt, und die eigentlichen Meetings zur reinen Formsache verkommen. Es bedeutet viel verschwendete Zeit. Es bedeutet, dass die Mitarbeiter dieser Manager einen Eiertanz aufführen müssen. Es bedeutet, dass dort die Angst grassiert.

Zu unseren wichtigsten Aufgaben gehört es, dem mittleren Management beizubringen, Probleme und Überraschungen zu tolerieren (und sich nicht davon bedroht zu fühlen); sie fürchten ohnehin, dass sie dafür verantwortlich gemacht werden, wenn etwas schiefgeht. Wie bringen wir Menschen dazu, den Prozess und die Risiken mit anderen Augen zu sehen?

Das Gegenmittel für Angst ist Vertrauen, und wir alle suchen nach etwas, auf das wir in einer unsicheren Welt vertrauen können. Angst und Vertrauen sind starke Kräfte. Sie sind zwar keine genauen Gegensätze, aber Vertrauen ist das beste Mittel gegen Angst. Es wird immer jede Menge Dinge geben, die Angst machen, vor allem, wenn man etwas ganz Neues macht. Vertrauen in andere Menschen bedeutet nicht, dass man keine Fehler macht. Es bedeutet, dass man, wenn diese Menschen (oder man selbst) Fehler machen, darauf vertraut, dass man bei der Lösung unterstützt wird. Angst entsteht oft sehr schnell; Vertrauen nicht. Vorgesetzte müssen ihre Vertrauenswürdigkeit im Lauf der Zeit durch ihre Handlungen beweisen – und am besten geschieht das, indem man gut auf Fehler reagiert. Der Braintrust und verschiedene andere Gruppen bei Pixar haben gemeinsam schwere Zeiten durchlebt, Probleme gemeinsam gelöst und so Vertrauen zueinander entwickelt. Man muss Geduld haben. Authentisch sein. Und konsequent. Dann kommt das Vertrauen von selbst.

Mit Authentizität meine ich, dass Manager ihren Mitarbeitern auf Augenhöhe begegnen sollten. In vielen Organisationen neigen Manager fälschlicherweise zur Geheimhaltung und verbergen manches vor ihren Angestellten. Ich halte das für einen falschen Instinkt. Geheimhaltung sollte nicht das Standardvorgehen von Managern sein. Stattdessen sollte man die Kosten der Geheimhaltung gegen die Risiken abwägen. Wenn man sofort auf Geheimhaltung zurückgreift, sagt man den Leuten damit, dass sie nicht vertrauenswürdig sind. Wenn man offen ist, vermittelt man ihnen, dass man ihnen vertraut und dass man nichts zu befürchten hat. Wenn man Mitarbeitern vertraut, gibt man ihnen das Gefühl, Eigentümer der Information zu sein, mit dem Ergebnis – und das habe ich immer wieder beobachtet –, dass sehr viel weniger von dem, was man ihnen anvertraut hat, nach außen dringt.

Die Mitarbeiter bei Pixar sind außerordentlich gut darin, Geheimnisse zu bewahren. Das ist entscheidend in einer Branche, in der Profite davon abhängen, dass Ideen und Produkte erst veröffentlicht werden, wenn sie fertig sind, und nicht vorher. Das Filmemachen ist ein chaotischer Prozess, und daher müssen wir untereinander offen über das Chaos sprechen können, ohne dass jemand außerhalb der Firma davon erfährt. Wir teilen Probleme und heikle Themen mit unseren Mitarbeitern und machen sie so zu Partnern und Teilhabern an unserer Firmenkultur, die sich gegenseitig nicht enttäuschen wollen.

Mitarbeiter sind clever, deswegen hat man sie eingestellt, und so sollte man sie auch behandeln. Sie merken genau, wenn eine Mitteilung stark frisiert ist. Wenn Manager ihren Plan erklären, aber keine Gründe dafür angeben, fragen sich die Leute, was »wirklich« dahintersteckt. Vielleicht steckt überhaupt nichts dahinter, aber man hat den Leuten erfolgreich den Eindruck vermittelt, es stecke etwas dahinter. Wenn man über die Denkvorgänge spricht, die zu den Lösungen geführt haben, rückt die Lösung ins Zentrum, nicht die Zweifel an den Motiven. Menschen merken, wenn man ehrlich ist.

Jamie Woolf, der Leiter der Abteilung für Managemententwicklung, stellte ein Mentorenprogramm zusammen, bei dem neue Manager jeweils einen erfahrenen Kollegen zur Seite gestellt bekommen. Ein Schlüsselaspekt dieses Programms besteht darin, dass Mentor und Schützling über einen längeren Zeitraum zusammenarbeiten – acht Monate. Sie beschäftigen sich in dieser Zeit mit allen Aspekten der Mitarbeiterführung, von Mitarbeiterentwicklung und Vertrauensbildung bis zum Umgang mit persönlichen Herausforderungen und dem Aufbau eines gesunden Teamumfelds. So soll eine Vertrautheit entstehen und ein Ort, an dem man Ängste und Probleme miteinander teilen kann. Beim gemeinsamen Ringen mit echten Problemen, seien sie äußerlich (ein launischer Vorgesetzter) oder innerlich (ein übermäßig aktiver innerer Kritiker), lernt man, andere Menschen anzuleiten. Man entwickelt Vertrauen.

Ich habe selbst zwei Schützlinge, spreche aber auch jedes Jahr mit der ganzen Gruppe. Bei diesem Gespräch erzähle ich, dass ich mich selbst als junger Manager an der New York Tech überhaupt nicht wie ein Manager gefühlt habe. Ich mochte die Vorstellung, dass ich das Sagen hatte, doch ich ging jeden Morgen mit dem Gefühl zur Arbeit, ein Schwindler zu sein. Das Gefühl hatte ich auch noch in den Anfangsjahren bei Pixar, als ich Präsident des Unternehmens war. Ich kannte die Präsidenten vieler anderer Unternehmen und kannte ihre Persönlichkeitsmerkmale ganz gut. Sie waren aggressiv und hatten extremes Selbstvertrauen. Ich hatte viele dieser Eigenschaften nicht, und fühlte mich wieder wie ein Schwindler. Ich hatte ganz einfach Angst davor, zu versagen.

Erst vor etwa acht oder neun Jahren, so erzähle ich ihnen, verschwand dieses Gefühl, ein Schwindler zu sein, endlich. Für diese Entwicklung sind verschiedene Dinge verantwortlich: meine Erfahrung mit Fehlschlägen und unseren erfolgreichen Filmen; meine Entscheidung, nach *Toy Story*, mich wieder auf Pixar und seine Firmenkultur einzulassen; und meine Freude an der sich vertiefenden Beziehung zu Steve und John. Nach diesem Geständnis frage ich die Gruppe: »Wie viele von *euch* fühlen sich wie Schwindler?« Und jedes Mal heben alle im Raum die Hand.

Jeder Manager ist am Anfang erst einmal unsicher. Wenn man noch neu im Job ist, machen wir uns ein Bild von unseren Aufgaben, um sie irgendwie in den Griff zu bekommen, und dann vergleichen wir uns mit dieser Idealvorstellung. Aber der Job ist nie so, wie wir ihn uns vorstellen. Die Kunst besteht darin, dieses Ideal, wie wir sein »sollten«, zu vergessen. Unser Erfolg lässt sich besser an den Menschen in unserem Team messen, und wie sie zusammenarbeiten. Können sie sich zusammenraufen, um wichtige Probleme zu lösen? Wenn ja, dann macht man seinen Job gut.

Dieses Phänomen, dass man eine Vorstellung vom Job hat, die nicht der Realität entspricht, tritt auch bei jungen Regisseuren häufig auf. Selbst wenn jemand als Unterstützung mit einem erfahrenen Regisseur zusammenarbeitet und dort die eigenen Fähigkeiten unter Beweis stellt, die man bei einem eigenen Film braucht, ist es nie so, wie man es sich vorgestellt hat, wenn man diesen eigenen Film dann tatsächlich machen darf. Wenn man bemerkt, dass man Verantwortung trägt, die in der gedanklichen Vorstellung nicht vorkam, kann das schon Angst machen. Ein neuer Regisseur spürt bei einem ersten eigenen Projekt nicht nur die ungewohnte Verantwortung, sondern zusätzlich auch noch den Druck durch die Erfolgsbilanz unserer früheren Filme. Jeder Regisseur bei Pixar hat Angst, dass sein Film der Misserfolg wird, der unserer Erfolgsserie aus Nummer-eins-Hits ein Ende setzt. »Der Druck ist da: Niemand will die erste Bombe sein«, sagt Bob Peterson, ein altgedienter Autor und Sprecher bei Pixar. »Man hofft, dass dieser Druck einem Feuer unter dem Hintern macht, damit man sich sagt: ›Ich werde es besser machen.‹ Doch die Angst ist da, dass man die richtige Antwort vielleicht nicht findet. Die erfolgreichen Regisseure hier können sich einfach entspannen und diesen Druck als Geburtshelfer für Ideen nutzen.«

Bob meinte scherzhaft, Pixar solle absichtlich einen schlechten Film machen, um den Druck abzubauen und »den Markt auszugleichen«. Selbstverständlich werden wir uns nie vornehmen, etwas Schlechtes zu machen, aber Bobs Idee wirft eine Frage auf: Wie kann man den Mitarbeitern beweisen, dass im Unternehmen Fehlschläge nicht stigmatisiert werden?

Pixar hat eine einzigartige Firmenkultur, weil dort nicht nur viel Aufmerksamkeit darauf verwendet wird, Fehler zuzulassen, sondern mit ihnen zu *rechnen*. Wie einzigartig diese Firmenkultur ist, zeigt wieder einmal *Toy Story 3*. Wie zu Beginn des Kapitels bereits erwähnt, war dies die einzige Pixar-Produktion, bei der wir keine größere Krise erlebten, und nach der Veröffentlichung des Films wies ich mehrmals öffentlich darauf hin und lobte das Team, dass es bei der Entwicklung des Films keine einzige Katastrophe ausgelöst hatte.

Nun könnte man glauben, das *Toy Story 3*-Team hätte sich über meine Aussagen gefreut, aber man läge falsch damit. Die Überzeugungen in Bezug auf Fehler, die ich beschrieben habe, sitzen bei Pixar so tief, dass die Leute, die an *Toy Story 3* mitgearbeitet hatten, sich durch meine Bemerkungen tatsächlich beleidigt fühlten. Sie dachten, das hieße, dass sie sich nicht so sehr angestrengt hätten wie die Kollegen bei anderen Filmen – dass sie sich nicht genug abverlangt hätten. Das hatte ich ganz und gar nicht gemeint, aber ich muss zugeben: Ihre Reaktion begeisterte mich. Für mich war es der Beweis, dass wir eine gesunde Firmenkultur hatten.

Andrew Stanton sagt dazu: »Wir haben einen Punkt erreicht, an dem wir uns Sorgen machen, wenn ein Film nicht von Anfang an ein Problemfall ist. Wir werden dann nervös. Inzwischen erkennen wir die Anzeichen für Innovation – für den Umgang mit Originalität. Wir freuen uns auf das Gefühl: ›Oh, genau dieses Problem hatten wir noch nie – und es ist unglaublich hartnäckig und macht nicht das, was wir wollen.‹ Wir sind es gewohnt – auf positive Art.«

Wir sollten nicht versuchen, alle Fehler zu verhindern, sondern lieber davon ausgehen, dass unsere Leute die besten Absichten haben und Probleme lösen wollen, was fast immer der Fall ist. Man sollte ihnen Verantwortung geben, Fehler geschehen lassen und zulassen, dass die Mitarbeiter sie korrigieren. Angst tritt nie ohne Grund auf – und es ist unsere Aufgabe, diesen Grund aufzuspüren und zu beseitigen. Der Job eines Managers besteht nicht darin, Risiken zu verhindern, sondern die Fähigkeiten aufzubauen, sich wieder davon zu erholen.

# KAPITEL 7

## Das hungrige Biest und das hässliche Baby

In den späten 1980er- und frühen 1990er-Jahren begann der Wiederaufstieg von Disney Animation mit mehreren Filmhits – *Arielle, die Meerjungfrau, Die Schöne und das Biest, Aladdin, Der König der Löwen.* Damals hörte ich in der Führungsetage im Firmensitz in Burbank immer wieder einen Satz: »Wir müssen das Biest füttern.«

Pixar hatte damals den Auftrag für die Entwicklung eines Grafiksystems für Disney übernommen – das Computer Animation Production System (CAPS) –, mit dem man Animations-Cels zeichnen und verwalten konnte. Wir begannen mit der Arbeit an CAPS, während Disney *Arielle, die Meerjungfrau* produzierte, und so bekam ich aus nächster Nähe mit, wie der Erfolg des Films zur Expansion des Studios führte, und wie das Studio mehr Filmprojekte brauchte, um die wachsende Belegschaft zu rechtfertigen (und zu beschäftigen). Ich war also Zeuge der Geburt des Disney-Biests – und mit »Biest« meine ich jede große Gruppe, die mit immer neuem Material und Ressourcen gefüttert werden muss, um funktionieren zu können.

Nichts davon geschah zufällig oder aus den falschen Gründen. Der CEO der Walt Disney Company, Michael Eisner, und der Vorstandsvorsitzende des Studios, Jeffrey Katzenberg, hatten beschlossen, die Animationsfilme nach der langen Brachzeit, die auf Walts Tod folgte, wiederzubeleben. Dadurch erlebte das Unternehmen eine künstlerische Blütezeit, die sich auf die Talente legendärer

Künstler stützte, die schon seit Jahrzehnten bei dem Studio gearbeitet hatten, aber auch auf den frischen Wind, den neu eingestellte Mitarbeiter brachten. Die Filme, die sie produzierten, brachten das Unternehmen nicht nur wirtschaftlich wieder in Schwung, sondern sie wurden sofort zu Ikonen der Popkultur und lösten eine Flut von Animationsfilmen aus, die letztendlich auch Pixar die Produktion von *Toy Story* ermöglichte.

Doch der Erfolg jedes neuen Disney-Films führte auch noch zu etwas anderem: Das Studio lechzte nach mehr. Je umfangreicher die Infrastruktur wurde, um die erfolgreichen Filme zu bedienen, zu vermarkten und für sie zu werben, umso größer wurde der Bedarf an neuen Produktionen. Es ging ganz einfach um zu viel Geld, als dass man all die Mitarbeiter an all den Schreibtischen hätte faul herumsitzen lassen können. Hätte man sich damals bei Disney umgehört, hätte man wohl kaum jemanden gefunden, der dachte, Animationsfilme seien ein Produkt, das man am Fließband herstellen konnte, auch wenn der Ausdruck »Das Biest füttern« genau diese Vorstellung ausdrückt. Tatsächlich hatten die hochkarätigen Mitarbeiter in der Produktion sicher bewundernswerte Absichten und Werte. Aber das Biest ist so stark, dass es auch die engagiertesten Menschen überwältigen kann. Disney erweiterte die Produktion immer mehr und eröffnete schließlich Animationsstudios in Burbank, Florida, Frankreich und Australien, um den Bedarf zu befriedigen. Der neue Tagesbefehl lautete, immer mehr – und schnell! – Neues zu bringen. Das geschieht in vielen Unternehmen, nicht nur in Hollywood, und die unbeabsichtigten Folgen sind jedes Mal dieselben: Die Qualität aller Produkte sinkt.

Nach dem Kinostart von *Der König der Löwen*, der weltweit insgesamt 952 Millionen US-Dollar einspielte, im Jahr 1994 begann der langsame Niedergang des Studios. Am Anfang war nur schwer zu erkennen, woran es lag – es hatte einige Veränderungen an der Unternehmensspitze gegeben, doch der Großteil der Leute war noch dort, und sie hatten immer noch das Talent und den Ehrgeiz, tolle Arbeit zu leisten. Dennoch sollte die damals beginnende Dürre

16 Jahre andauern: Zwischen 1994 und 2010 schaffte es kein einziger Animationsfilm von Disney an die Spitze der Kinocharts. Meiner Meinung nach lag es daran, dass die Mitarbeiter dachten, ihr Job sei es, das Biest zu füttern.

Ich hatte die ersten Anzeichen für diesen Trend bei Disney miterlebt und wollte daher unbedingt die Hintergründe für diese Entwicklung verstehen. Warum war es so gekommen? Denn ich ahnte, dass wir bei anhaltendem Erfolg mit an Sicherheit grenzender Wahrscheinlichkeit dasselbe erleben würden, was gerade bei Disney Animation geschah.

Originalität ist ein zerbrechliches Gut. Und in den ersten Lebensmomenten ist sie oft nicht sehr hübsch. Daher bezeichne ich die frühen Demoversionen unserer Filme als »hässliche Babys«. Sie sind keine wunderschönen Miniaturversionen der Erwachsenen, die sie einmal sein werden. Sie sind wirklich hässlich: unbeholfen und formlos, verletzlich und unvollständig. Sie müssen aufgepäppelt werden – mit Zeit und Geduld –, damit sie wachsen. Daher haben sie es schwer, neben dem Biest zu überleben.

Die Vorstellung von den hässlichen Babys ist für viele nur schwer zu akzeptieren. Viele Fans der Pixar-Filme glauben, die Filme kämen voll ausgewachsen zur Welt, beeindruckend, berührend und bedeutungsvoll. Tatsächlich braucht es monatelange oder gar jahrelange Arbeit, bis sie so weit sind. Wenn man sich die frühen Reels irgendeines unserer Filme anschaut, ist die Hässlichkeit schmerzhaft offensichtlich. Man neigt dazu, die frühen Reels eines Films mit dem fertigen Film zu vergleichen – und den jungen Film an Standards zu messen, die nur der reife Film erfüllen kann. Unsere Aufgabe ist es, unsere Babys vor vorschnellen Urteilen zu schützen. Unsere Aufgabe ist es, das Neue zu beschützen.

Bevor ich näher darauf eingehe, möchte ich noch etwas zum Wort *Schutz* sagen. Ich fürchte, dass alles, was beschützt wird, automatisch als beschützenswert angesehen wird, weil das Wort sehr positiv besetzt ist. Doch das ist nicht immer der Fall. Manchmal versucht die Produktion bei Pixar, zum Beispiel, Prozesse zu beschützen, die bequem und vertraut, aber sinnlos sind; Rechtsabteilungen sind für ihre Übervorsicht bekannt, wenn es darum geht, ihre Unternehmen vor möglichen externen Bedrohungen zu schützen; der Beamtenapparat versucht oft, den Status quo zu bewahren. In diesen Kontexten wird *Schutz* dafür eingesetzt, um eine konservative Agenda voranzutreiben: Man will alles so lassen, wie es ist. Je erfolgreicher ein Unternehmen wird, umso mehr gewinnt dieser Konservatismus an Boden, und enorme Mengen an Energie werden aufgewendet, um das zu beschützen, was bisher funktioniert hat.

Ich spreche mich dafür aus, das Neue zu beschützen, meine damit aber etwas anderes. Ich meine damit, dass eine eigene Idee zunächst einmal unansehnlich und unzureichend definiert ist, aber sie ist auch alles andere als althergebracht und ausgetreten – und das ist das Aufregende daran. In diesem verletzlichen Zustand ist sie Neinsagern ausgeliefert, die das Potenzial der Idee nicht erkennen oder nicht die Geduld haben, sie sich entwickeln zu lassen, und so wird sie leicht zerstört. Es ist unsere Aufgabe, das Neue vor Menschen zu beschützen, die nicht verstehen, dass man erst durch Phasen des Nicht-so-Großartigen muss, bevor etwas Großartiges entstehen kann. Das ist wie bei einer Raupe, die sich zu einem Schmetterling entwickelt – sie überlebt nur, weil sie in einen Kokon eingesponnen ist. Oder mit anderen Worten: Sie überlebt, weil sie vor dem geschützt ist, was ihr schaden würde. Sie ist geschützt vor dem Biest.

Pixar trug den ersten Kampf mit dem Biest im Jahr 1999 aus, nachdem wir zwei erfolgreiche Filme veröffentlicht hatten und mit der Produktion unseres, wie wir hofften, fünften Films *Findet Nemo* anfingen.

Ich erinnere mich an Andrew Stantons ersten Pitch über Marlin, einen überfürsorglichen Clownfisch, der nach seinem entführten Sohn Nemo sucht. Es war an einem windigen Oktobertag. Wir hatten uns in einem Konferenzraum versammelt, um Andrews Zusammenfassung der Handlung zu hören. Seine Präsentation war grandios. Die Haupthandlung, beschrieb er, sollte immer wieder durch Rückblenden unterbrochen werden, die zeigten, wie Nemos Vater ein so überfürsorglicher Schwarzseher wurde, wenn es um seinen Sohn ging. (Nemos Mutter und Geschwister, erzählte Andrew, seien einem Barrakuda zum Opfer gefallen.) Andrew stand in diesem Raum und verwob nahtlos zwei Geschichten miteinander: was in Marlins Welt geschah, nachdem Nemo von einem Taucher geschnappt wird, und Marlin sich auf die epische Suche nach seinem Sohn macht, und was im Aquarium in Sydney passierte, wo Nemo gemeinsam mit einigen Tropenfischen, der »Tank Gang«, gelandet war. In der Geschichte, die Andrew erzählen wollte, ging es um den Kampf um Unabhängigkeit, der viele Vater-Sohn-Beziehungen prägt. Darüber hinaus war sie auch noch witzig.

Als Andrew am Ende seines Pitches angelangt war, schwiegen alle Anwesenden einen Moment lang. Dann sprach John Lasseter für uns alle: »Ab dem Wort *Fisch* war ich dabei.«

Zu diesem Zeitpunkt war die Erinnerung an *Toy Story 2* und die verheerenden Auswirkungen auf unsere Mitarbeiter noch frisch. Damals waren wir an unsere Grenzen gegangen, und nach dem Film war uns klar, dass dieses Vorgehen unseren Mitarbeitern und unserem Unternehmen geschadet hatte. Wir hatten uns geschworen, diese Fehler bei *Die Monster AG* nicht zu wiederholen, und das war uns zum größten Teil auch gelungen. Doch es hatte dazu geführt, dass wir fast fünf Jahre für *Die Monster AG* gebraucht hatten. Danach suchten wir nach Möglichkeiten, unsere Arbeitsprozesse zu verbessern und zu beschleunigen. Den Ausschlag dazu hatte eine bestimmte Beobachtung gegeben: Offensichtlich entstand ein Großteil der Kosten eines Projekts dadurch, dass wir die Drehbücher unserer Filme immer weiter veränderten, auch noch lange nach Produktionsbeginn. Man musste kein Genie sein, um zu erkennen, dass unsere Filme viel einfacher – und damit billiger – zu machen waren, wenn wir die Story möglichst früh festlegten. Daher setzten wir uns dieses Ziel: Das Drehbuch fertigstellen, *bevor* wir den Film produzieren. Nach Andrews perfektem Pitch schien *Findet Nemo* das ideale Projekt, um unsere neue Theorie zu testen. Wir gaben Andrew grünes Licht und waren zuversichtlich, dass wir durch eine frühe Festlegung der Story nicht nur einen phänomenalen Film bekommen würden, sondern auch eine kosteneffiziente Produktion.

Rückblickend fällt mir auf, dass wir nicht nur einfach effizienter sein wollten. Wir hofften, den chaotischen (und manchmal unbequemen) Teil des kreativen Prozesses vermeiden zu können. Wir wollten Fehler ausschließen (und dadurch unser Biest füttern). Das konnte natürlich nicht funktionieren. All die Rückblenden, die uns bei Andrews Pitch so gefallen hatten? Sie erwiesen sich bei den ersten Reels als verwirrend. Bei einem Braintrust-Meeting bezeichnete Lee Unkrich sie als Erster als kryptisch und impressionistisch, und er schlug eine lineare Erzählstruktur vor. Andrew setzte den Vorschlag um und erhielt ein unerwartetes Ergebnis. Vorher hatte Marlin wenig sympathisch oder gar liebenswert gewirkt, weil der Zuschauer erst sehr spät erfuhr, warum er ein solcher Gluckenvater war. Durch die chronologische Erzählweise wurde Marlin ansprechender und sympathischer. Außerdem fand Andrew heraus, dass sein Plan, zwei parallele Handlungen – im Ozean und im Aquarium – miteinander zu verweben, deutlich komplizierter war, als er angenommen hatte. Die Geschichte der Tank Gang, die sich ursprünglich als roter Faden durch den Film ziehen sollte, wurde zur Nebenhandlung. Dies sind nur zwei von vielen schwierigen Änderungen, die wegen unvorhergesehener Probleme im Verlauf der Produktion vorgenommen wurden. Wir hatten unser Ziel der vorher festgelegten Handlung und einer gestrafften Produktion verfehlt.

Wir hatten gehofft, *Findet Nemo* werde der Film sein, der unsere Arbeitsweise veränderte, doch letztendlich nahmen wir während der Produktion ebenso viele Anpassungen vor wie bei jedem anderen Film vorher. Auf das Endergebnis waren wir natürlich unglaublich stolz, und er spielte im Jahr 2003 von allen Filmen die zweithöchsten Einnahmen ein, so viel wie kein Animationsfilm zuvor.

Doch unseren Produktionsprozess veränderte er nicht.

Damals schloss ich daraus, dass die Festlegung der Story vor der Produktion nach wie vor erstrebenswert war – wir hatten dieses Ziel nur noch nicht erreicht. Bei den folgenden Filmproduktionen kam ich jedoch zu dem Schluss, dass mein Ziel nicht nur unerreichbar, sondern naiv war. Wir hatten darauf bestanden, es sei wichtig, möglichst früh möglichst viel festzulegen, aber das war ein Trugschluss. Es ist wichtig, immer danach zu streben, einen Prozess besser, einfacher und billiger zu machen, und daran arbeiten wir kontinuierlich – *aber das ist nicht das Ziel.* Das Ziel besteht darin, etwas großartig zu machen.

Ich beobachte das immer wieder in anderen Firmen: Dort verdrängen die Straffung der Prozesse und die Erhöhung der Produktivität das eigentliche Ziel, und jede Person und jede Gruppe glaubt, sie täten das Richtige – kommen stattdessen aber vom Kurs ab. Wenn Effizienz und Einheitlichkeit der Arbeitsabläufe keine ebenso starken Kräfte entgegengesetzt werden, bekommen neue Ideen – unsere hässlichen Babys – nicht die Aufmerksamkeit und den Schutz, den sie brauchen, um zu glänzen und heranzuwachsen. Sie werden aufgegeben oder gar nicht erst geboren. Stattdessen wird mehr Wert auf sichere Projekte gelegt, die bewährte Kassenschlager nachahmen, nur um etwas – irgendetwas! – in der Pipeline zu haben (siehe *Der König der Löwen 1 ½*, eine Direct-to-Video-Veröffentlichung aus dem Jahr 2004, sechs Jahre nach *Der König der Löwen 2 – Simbas Königreich*). Mit dieser Denkweise erhält man vorhersagbare, wenig originelle Kost, weil die Gärprozesse, von denen echte Inspiration lebt, verhindert werden. Aber man füttert das Biest.

All das Gerede über das Biest und das Baby mag sehr nach Schwarz-Weiß-Malerei klingen – dass das Biest nur schlecht und das Baby nur gut ist. Die Wahrheit liegt tatsächlich irgendwo dazwischen. Das Biest ist unersättlich, aber auch eine wertvolle Motivation. Das Baby ist so rein und unbefleckt, voller Potenzial, aber auch bedürftig und unberechenbar, und es hält einen manche Nacht wach. Entscheidend ist, dass das Biest und die Babys friedlich zusammenleben, und dazu muss man verschiedene Kräfte im Gleichgewicht halten.

Wie hält man diese scheinbar so gegensätzlichen Kräfte im Gleichgewicht, wenn es immer nach einem so unfairen Kampf aussieht? Die Bedürfnisse des Biests haben anscheinend immer Vorrang vor denen des Babys, weil der wahre Wert des Babys oft nicht bekannt ist oder angezweifelt wird, und das oft über mehrere Monate. Wie kann man das Biest im Zaum halten, seinen Appetit zügeln, ohne das Unternehmen zu gefährden? Denn jedes Unternehmen braucht sein Biest. Der Hunger des Biests drückt sich in Deadlines und Dringlichkeiten aus, grundsätzlich positive Dinge, solange das Biest in die Schranken gewiesen wird. Und das ist der schwierige Teil.

Das Biest wird häufig als eine gierige, gedankenlose Kreatur, hartnäckig und unkontrollierbar dargestellt. Doch jede Gruppe, die etwas produziert oder Umsätze steigert, ist Teil des Biests, auch Marketing und Vertrieb. Jede Gruppe funktioniert nach ihren eigenen Regeln, und viele tragen weder Verantwortung für die Qualität des Produkts noch verstehen sie ihren eigenen Beitrag zu dieser Qualität. Es ist ganz einfach nicht ihr Problem; sie haben sich darum zu kümmern, dass die Arbeitsprozesse laufen und Geld hereinkommt. Jede Gruppe hat eigene Ziele und Erwartungen und handelt nach ihren eigenen Bedürfnissen.

In vielen Unternehmen nimmt das Biest so viel Aufmerksamkeit in Anspruch, dass es unangemessen viel Macht gewinnt. Der Grund: Es ist teuer und macht den Großteil der Kosten in einem Unternehmen aus. Die Gewinnspanne jedes Unternehmens hängt weitgehend davon ab, wie effektiv es die Mitarbeiter einsetzt: Die Fabrikarbeiter an den Fließbändern, die bezahlt werden, ob die Bänder laufen oder nicht; die Lagerarbeiter bei Amazon, die zur Arbeit kommen, egal wie viele Leute an dem Tag online einkaufen; die Experten für Licht und Schatten (um eins von vielen Beispielen aus der Filmanimation zu nennen), die ihre Aufgaben an einer speziellen Szene erst ausführen können, wenn viele andere vor ihnen ihre Aufgaben erfüllt haben. Wenn Ineffizienz irgendwo zu langen Wartezeiten führt, wenn nicht die meisten Mitarbeiter mit der Arbeit beschäftigt sind, die den meisten Umsatz bringt, riskiert man, von innen heraus aufgefressen zu werden.

Die Lösung liegt natürlich darin, das Biest zu füttern, es zu beschäftigen und seine Talente zu nutzen. Doch selbst dann ist das Biest nie zufrieden. Es ist schon eine besonders grausame Ironie des Schicksals, dass das Biest durch Erfolg nicht satt wird, sondern den Zeit- und Erfolgsdruck immer noch weiter erhöht. Aus diesem Grund bestimmt in viel zu vielen Unternehmen der Zeitplan (das heißt der Bedarf an neuen Produkten) das Endergebnis, nicht die Qualität der zugrunde liegenden Idee. Ich will damit keinesfalls andeuten, dass die einzelnen Menschen, aus denen das Biest besteht, das Problem sind – sie tun ihr Bestes, um ihren Auftrag zu erledigen. Doch trotz aller guten Absichten ist das Resultat besorgniserregend: Das Füttern des Biests rückt in den Mittelpunkt.

Das Biest kommt natürlich nicht nur in Animations- oder Filmfirmen vor. Kein kreatives Unternehmen ist vor ihm sicher, weder in der Technik noch im Verlagswesen oder in der Industrie. Aber alle Biester haben etwas gemeinsam. Häufig sind die für das Biest zuständigen Mitarbeiter die organisiertesten im Unternehmen – Menschen, bei denen alles nach Plan und innerhalb des Budgets funktioniert, wie ihre Chefs es von ihnen erwarten. Wenn diese Menschen und ihre Interessen zu mächtig werden – wenn nicht genug Gegendruck erzeugt wird, um neue Ideen zu schützen –, läuft etwas schief. Das Biest übernimmt die Kontrolle.

Dies kann durch ein Gleichgewicht der Kräfte verhindert werden. Das Geben und Nehmen zwischen den verschiedenen Bereichen eines Unternehmens ist entscheidend für seinen Erfolg. Wenn man das Biest zähmen will, muss man also seine Bedürfnisse und die Bedürfnisse anderer, eher kreativer Aspekte eines Unternehmens im Gleichgewicht halten, weil man so an Stärke gewinnt.

Ein Beispiel aus der Branche, die ich am besten kenne: Bei einem Animationsfilm arbeiten viele Abteilungen zusammen: Storytelling,

Szenenbild, Budget, Technik, Finanzen, Produktion, Marketing und Konsumprodukte. Jede Abteilung hat ihre eigenen wichtigen – und häufig gegensätzlichen – Prioritäten. Autor und Regisseur wollen eine möglichst berührende Geschichte erzählen. Die Szenenbildner wollen einen schön aussehenden Film; die technischen Leiter wollen makellose Effekte; die Finanzabteilung will das Budget im Rahmen halten; die Marketing-Leute wollen einen Aufhänger, der bei potenziellen Zuschauern gut ankommt; die Leute aus der Konsumprodukteabteilung wollen ansprechende Charaktere, aus denen sie Stofftiere machen und die sie auf Vesperdosen und T-Shirts drucken können; die Produktionsleiter wollen alle zufriedenstellen – und dass das ganze Unternehmen nicht außer Kontrolle gerät. Und so weiter. Jede Gruppe ist auf ihre eigenen Bedürfnisse fixiert, was dazu führt, dass keiner wirklich erkennt, wie die Entscheidungen einer Gruppe sich auf die anderen auswirken; jede Gruppe steht unter Druck, gute Leistungen zu erbringen, das heißt, sie müssen vordefinierte Ziele erreichen.

Vor allem in den ersten Monaten eines Projekts lassen sich diese Ziele – die eigentlich nur Teilziele bei einer Filmproduktion sind – leichter definieren und erklären als der Film selbst. Aber wenn der Regisseur all seine Ziele erreicht, wird der Film am Ende wahrscheinlich zu lang. Wenn die Marketing-Leute sich durchsetzen, macht man einen Film, der nach einem »bewährten« Erfolgsmuster gestrickt ist – den die Zuschauer also bereits kennen, der dann aber aller Wahrscheinlichkeit nach ein kreativer Fehlschlag wird. Jede Gruppe will also das Richtige tun, aber jede versteht darunter etwas anderes.

Wenn eine dieser Gruppen »gewinnt«, verliert man.

In einer kränkelnden Firmenkultur glaubt jede Gruppe, das Unternehmen sei besser dran, wenn ihre Ziele Priorität haben. In einer gesunden Firmenkultur wissen alle Abteilungen, wie wichtig es ist, die miteinander konkurrierenden Interessen auszugleichen – sie wollen gehört werden, müssen aber nicht unbedingt gewinnen. Die Interaktion der Abteilungen miteinander – das Hin und Her, das sich ganz natürlich ergibt, wenn talentierte Menschen klare Ziele gesetzt bekommen – ergibt das Gleichgewicht, das man haben will. Doch das geschieht nur, wenn alle verstehen, dass das Erreichen eines Gleichgewichts ein zentrales Unternehmensziel ist.

Gleichgewicht klingt immer gut, aber der Begriff erfasst nicht die nötige Dynamik, um etwas ins Gleichgewicht zu bringen. Wir haben eine leicht verzerrte Vorstellung von Gleichgewicht, weil wir es häufig mit Ruhe gleichsetzen – die ruhige Stellung eines Yogis, der auf einem Bein balanciert, ein scheinbar regloser Zustand. Bessere Beispiele für Gleichgewicht kommen aus dem Sport, wenn ein Basketballspieler um einen Verteidiger herumwirbelt, wenn ein Running Back es über die Line of Scrimmage schafft oder ein Surfer eine Welle erwischt. All dies sind extrem dynamische Reaktionen auf eine sich rasch verändernde Umgebung. Bei Animationsfilmen empfinden Regisseure ihren Einsatz beim Filmemachen als extrem aktiv. »Eine gute psychologische Taktik besteht darin, dass man bei diesen Filmen einfach mit Problemen rechnet«, sagte mir Byron Howard, ein Regisseur bei Disney. »Das ist, als würde einem jemand sagen: ›Hier, kümmer dich mal um diesen Tiger, aber pass auf, er ist schwierig.‹ Ich fühle mich sicherer, wenn ich damit *rechne,* dass der Tiger Schwierigkeiten macht.«

Dem Regisseur Brad Bird zufolge ist jedes kreative Unternehmen – sei es nun ein Animationsstudio oder eine Plattenfirma – ein Ökosystem. »Man braucht alle Jahreszeiten«, meint er. »Man braucht Stürme. Das ist wie eine Ökologie. Wenn man einen Mangel an Konflikten als Idealfall betrachtet, ist das so, als würde man sagen, ein sonniger Tag sei der Idealfall. An einem sonnigen Tag behält die Sonne die Oberhand über den Regen. Da gibt es keinen Konflikt. Man hat einen klaren Sieger. Aber wenn jeder Tag sonnig ist und es nicht regnet, dann kann nichts wachsen. Und wenn es die ganze Zeit sonnig ist – wenn es noch nicht einmal *Nacht* wird –, dann geschieht alles Mögliche nicht, und der Planet vertrocknet. Konflikte sind unverzichtbar, weil man nur so weiß, dass die besten Ideen getestet sind und überleben. Man kann nicht nur Sonne haben.«

Das Management muss dafür sorgen, dass auch andere Menschen Konflikte als etwas Gesundes betrachten – als einen Weg zum Gleichgewicht, von dem wir langfristig alle profitieren. Ich glaube, dass es möglich ist – aber es ist eine nie endende Aufgabe. Ein guter Manager muss immer nach Bereichen Ausschau halten, in denen das Gleichgewicht verloren gegangen ist. Als wir die Animationsabteilung bei Pixar personell erweiterten, hatte das den positiven Effekt, dass wir mehr Qualitätsarbeit leisten konnten, aber wir mussten auch mit den negativen Auswirkungen umgehen: Die Meetings wurden größer und unpersönlicher, und jeder Teilnehmer hatte einen proportional kleineren Anteil am fertigen Film (und hätte sich daher weniger wertgeschätzt fühlen können). Daher bildeten wir kleinere Untergruppen und vermittelten so einzelnen Abteilungen und Mitarbeitern, dass ihre Stimme gehört wurde. Derartige Korrekturen – die das Gleichgewicht wiederherstellen – sind nur möglich, wenn Manager äußerst aufmerksam sind.

In Kapitel 4 berichtete ich von einem Schlüsselmoment in der Entwicklung von Pixar. Wir hatten gerade mit der Arbeit an *Toy Story 2* begonnen, als wir bemerkten, dass wir auf keinen Fall eine Firmenkultur aufkommen lassen wollten, bei der einige Mitarbeiter als erstklassig, andere als zweitklassig betrachtet werden, bei der manche Angestellte höheren Standards genügen mussten und andere gleichsam ins B-Team abgeschoben wurden. Das mag manchen Menschen etwas idealistisch erscheinen, aber wir drückten damit nur aus, dass wir in unserer Firmenkultur ein Gleichgewicht aufrechterhalten wollten. Wenn es so aussieht, als seien manche Mitarbeiter, Abteilungen oder Ziele bedeutender oder würden »gewinnen«, ist kein Gleichgewicht möglich.

Man könnte es mit einem Kippbrett vergleichen – einem Holzbrett, das mittig auf einem Zylinder aufliegt. Dabei muss man sich mit den Füßen auf die beiden Enden des Bretts stellen und dann das Gewicht verlagern, bis man auf dem rollenden Zylinder die Balance gefunden hat. Ich kann mir kein besseres Beispiel für Gleichgewicht vorstellen – und den Ausgleich zweier gegensätzlicher

Kräfte (links und rechts). Man kann jemandem erklären, wie man es macht, Videos zeigen und verschiedene Vorgehensweisen für den Anfang vorschlagen, aber niemand kann einem erklären, *wie* man die Balance findet. Das lernt man nur, indem man es tut – indem man in der Bewegung das bewusste Denken und das Unbewusste herausfinden lässt, wie es geht. Bestimmte Dinge lernt man nur durch Ausprobieren – indem man sich auf das wacklige Brett stellt und dann seinem Gefühl folgt.

Ein Manager eines kreativen Unternehmens muss sein Ziel im Blick haben, darf aber seine Absichten nicht aus den Augen verlieren. Was bedeutet das? Es bedeutet, dass man seine Ziele anpassen muss, wenn man neue Informationen erhält oder überraschenderweise feststellt, dass man etwas nicht wusste, das man zu wissen glaubte. Solange unsere Absichten – unsere Werte – konstant bleiben, können sich die Ziele nach Bedarf ändern. Bei Pixar halten wir an unserer Ethik fest, unseren Werten und unseren Absichten, und erschaffen so originelle Qualitätsprodukte. Wir passen unsere Ziele bereitwillig an neue Erkenntnisse an, weil wir es richtig machen wollen – auch wenn das *nicht* beim ersten Mal klappt. Nur so kann man etwas anderes aufbauen, das für Kreativität unverzichtbar ist: eine Kultur, die das Neue beschützt.

Viele Jahre lang saß ich in einem Komitee, das Beiträge für SIGGRAPH, die Jahreskonferenz der Computergrafik, die ich in Kapitel 2 erwähnte, las und auswählte. In diesen Beiträgen sollten Ideen präsentiert werden, die den Fachbereich voranbrachten. Das Komitee bestand aus vielen bekannten Namen der Branche, die ich alle kannte; die Gruppe nahm die Auswahl der Beiträge sehr ernst. Bei jedem Meeting fiel mir auf, dass es anscheinend zwei Arten von Rezensenten gab: Die einen suchten nach Fehlern in den Beiträgen und stürzten sich dann darauf; andere suchten nach guten Ideen, die es sich zu verbreiten lohnte. Wenn die »Ideenschützer« Fehler fanden, wiesen sie vorsichtig auf sie hin, weil sie den Artikel so verbessern wollten – nicht auseinandernehmen. Interessanterweise war den »Artikelkillern« gar nicht bewusst, dass sie eine andere Taktik verfolgten (die meiner Meinung nach meist darin bestand, dass sie ihren Kollegen beweisen wollten, wie hoch ihre Ansprüche waren). Beide Gruppen glaubten, sie würden die Beratungen schützen, aber nur eine Gruppe hatte erkannt, dass die Suche nach dem Neuen und Überraschenden der wertvollste Schutz war. Negatives Feedback kann Spaß machen, aber es verlangt weit weniger Mut, als etwas Unbewiesenes zu unterstützen und ihm Raum zum Wachsen zu geben.

Ich verlange keineswegs, dass man etwas Neues isolieren sollte, um es zu beschützen. Zwar bewundere ich die Effizienz der Raupe in ihrem Kokon, aber ich glaube nicht, dass sich kreative Produkte im luftleeren Raum entwickeln sollten (das war vermutlich ein Fehler, den wir bei dem Film über die Blaufußmolche gemacht hatten). Ich kenne einige Leute, die ihren Diamanten ganz für sich haben wollen, bis sie ihn fertig poliert haben. Doch mit Schutz hat es wenig zu tun, wenn man dieses Verhalten zulässt. Oft bewirkt man sogar das Gegenteil: Man versäumt es, die Mitarbeiter vor sich selbst zu schützen. Denn Erfahrungen aus der Vergangenheit zeigen, dass manche hingebungsvoll einen Ziegelstein polieren.

Bei Pixar verstehen wir unter Schutz, dass wir bei Story-Meetings Ideenschützer versammeln, Menschen, die verstehen, wie schwierig und vergänglich der Entwicklungsprozess des Neuen ist. Wir unterstützen unsere Mitarbeiter, weil wir wissen, dass die besten Ideen entstehen, wenn man gefahrlos Lösungen für Probleme finden kann. (Wie bereits gesagt: Menschen sind wichtiger als Ideen.) Doch Schutz bedeutet bei Pixar nicht, dass man das Neue ewig beschützt. Irgendwann muss sich das Neue den Bedürfnissen des Unternehmens stellen – mit allen Teilbereichen und, ja, auch mit dem Biest. Solange man dem Biest nicht erlaubt, einfach alle anderen niederzutrampeln, solange wir nicht zulassen, dass es unsere Werte umkehrt, kann seine Gegenwart ein Fortschrittsmotor sein.

Irgendwann muss die neue Idee sich aus dem schützenden Kokon befreien und sich in die Hände anderer Menschen begeben. Dieser Konfrontationsprozess ist meist sehr chaotisch und oft auch schmerzhaft. Einmal bekam ich von einem Mitarbeiter aus der Spezialeffekteabteilung, der gekündigt hatte, eine E-Mail, in der er sich über zwei Dinge beschwerte. Erstens, schrieb er, habe ihn an seinem Job gestört, dass er häufig viele kleine Probleme beseitigen musste, die die neue Software verursacht hatte. Zweitens sei er enttäuscht, dass wir bei unseren Filmen nicht mehr technische Risiken eingingen. Die Ironie lag darin, dass er so viele Probleme lösen musste, *gerade weil* wir ein großes technisches Risiko eingegangen waren, indem wir neue Softwaresysteme eingeführt hatten. Das Chaos, mit dem er umgehen musste – sein Kündigungsgrund –, war entstanden, weil wir etwas Neues versuchten. Ich war erstaunt, dass er nicht verstanden hatte, dass zum Mut zum Risiko immer auch die Bereitschaft gehört, mit dem Chaos umzugehen, das dieses Risiko erzeugt.

Wann also kommt dieser magische Moment, in dem wir von Schutz auf Konfrontation umstellen? Da könnte man genauso eine Vogelmutter fragen, woher sie weiß, wann sie ihr Baby aus dem Nest schubsen muss. Ist das Baby stark genug, um allein zu fliegen? Wird es auf dem Weg nach unten herausfinden, wie es seine Flügel benutzen muss, oder wird es auf dem Boden aufprallen?

Tatsächlich ringen wir mit dieser Frage bei jedem Film. In Hollywood sagt man bekanntermaßen, ein Projekt habe grünes Licht, wenn ein Studio offiziell beschließt, es sei überlebensfähig (und viele, viele Projekte bleiben dann in der »Entwicklungshölle« stecken und erblicken niemals das Licht der Welt). In der Firmengeschichte von Pixar gibt es nur einen einzigen Spielfilm, der nicht zu Ende entwickelt wurde.

Eines meiner Lieblingsbeispiele dafür, wie Schutz in Konfrontation übergehen kann, hat nichts mit einem Pixar-Film zu tun, sondern mit unserem Praktikantenprogramm. Im Jahr 1998 beschloss ich, der Firma würde ein Sommerprogramm guttun – wie es viele kreative Unternehmen haben –, bei dem intelligente junge Menschen zwei Monate lang bei Pixar mit erfahrenen Leuten in der Produktion arbeiten und von ihnen lernen konnten. Doch die Produktionsleiter lehnten meinen Vorschlag dankend ab. Sie wollten keine Praktikanten. Zuerst dachte ich, sie hätten zu viel zu tun, um sich um unerfahrene Collegekids zu kümmern und sie einzuarbeiten. Aber als ich weiter nachbohrte, kam heraus, dass es keine Frage der Zeit, sondern des Geldes war. Sie wollten kein zusätzliches Geld für die Bezahlung der Praktikanten ausgeben. Ihr Budget war begrenzt, und sie gaben es lieber für erfahrene Leute aus. Ihre Zeit und ihr Geld waren begrenzt, und das Biest saß ihnen im Nacken. Ihre Ablehnung war wohl eine Schutzreaktion. Sie wollten den Film beschützen und jeden Dollar dafür einsetzen, ihn zu einem Erfolg zu machen. Aber für das Unternehmen als Ganzes war diese Haltung eher von Nachteil. Mit Praktikantenprogrammen kann man Talente aufspüren und herausfinden, ob Firmenfremde hineinpassen. Außerdem bringen neue Leute auch immer einen Energieschub. Ich sah darin eine Win-win-Situation.

Ich hätte wahrscheinlich einfach anordnen können, dass die Produktionsleiter die Kosten für die Praktikanten in ihr Budget mit einrechnen müssen. Aber dadurch wäre die neue Idee zum Feind geworden – etwas, das man ablehnt. Stattdessen erklärte ich die Praktikanten zur Unternehmensausgabe – sie würden jeder Abteilung, die sie wollte, ohne zusätzliche Kosten zur Verfügung gestellt. Im ersten Jahr stellte Pixar acht Praktikanten ein, die in der Animation und in der Technik eingesetzt wurden. Sie waren so lernbegierig, arbeiteten so hart und lernten so schnell, dass sie alle am Ende richtige Produktionsarbeit verrichteten. Sieben von ihnen kehrten später, nach ihrem Abschluss, als Vollzeitkräfte zu Pixar zurück. Seither wurde das Programm jedes Jahr ein wenig größer, und jedes Jahr waren mehr Manager von ihren Schützlingen überzeugt. Das lag nicht nur daran, dass die Praktikanten Projekte übernahmen und so die Arbeitslast verringerten. Unsere Mitarbeiter brachten ihnen bei, wie wir bei Pixar arbeiten, und überdachten dabei ihre eigenen Vorgehensweisen, was zu einigen Verbesserungen für alle führte. Nach wenigen Jahren mussten wir die Praktikanten nicht mehr aus Unternehmensgeldern bezahlen; das Programm hatte seinen Wert bewiesen, und nun waren die Leute bereit, die Kosten aus ihren eigenen Budgets zu bestreiten. Das Praktikantenprogramm hatte zunächst Schutz gebraucht, bis es sich etabliert hatte, doch dann wuchs es über dieses Schutzbedürfnis hinaus. Letztes Jahr hatten wir 10 000 Bewerber auf 100 freie Stellen.

Neues braucht Schutz, ob es sich nun um die Kernidee für einen Film handelt oder ein junges Praktikantenprogramm. Das normale Tagesgeschäft braucht keinen Schutz. Manager müssen sich nicht besonders anstrengen, um bewährte Ideen oder Geschäftsmethoden zu beschützen. Das System bevorzugt den Platzhirsch. Der Herausforderer braucht Unterstützung, um Fuß zu fassen. Und für den Schutz des Neuen – der Zukunft, nicht der Vergangenheit – muss man sich bewusst einsetzen.

Dabei fällt mir eine meiner Lieblingsszenen von allen Pixar-Filmen ein. In der Szene verkündet Anton Ego, der übersättigte und gefürchtete Restaurantkritiker in *Ratatouille,* sein Urteil über Gusteau's, das Restaurant des Filmhelden Remy, einer Ratte. Ego sagt, im Original mit der Stimme des großartigen Peter O'Toole, Remys Talente hätten »mein Verständnis von der hohen Kunst des Kochens herausgefordert ... [und] mich in meinen Grundfesten erschüttert«. Seine Rede, geschrieben von Brad Bird, erschütterte auch mich – und bis heute höre ich die Worte, wenn ich über meine Arbeit nachdenke.

»Die Arbeit des Kritikers ist in vieler Hinsicht eine leichte« sagt Ego. »Wir riskieren sehr wenig und erfreuen uns dennoch einer Überlegenheit gegenüber jenen, die ihr Werk und sich selbst unserem Urteil überantworten. Am dankbarsten sind negative Kritiken, da sie amüsant zu schreiben und auch zu lesen sind. Aber wir Kritiker müssen uns der bitteren Wahrheit stellen, dass im Großen und Ganzen betrachtet das gewöhnliche Durchschnittsprodukt wohl immer noch bedeutungsvoller ist als unsere Kritik, die es als solches bezeichnet. Doch es gibt auch Zeiten, da ein Kritiker tatsächlich etwas riskiert, wenn es um die Entdeckung und Verteidigung von etwas Neuem geht. Die Welt reagiert oft ungnädig auf neue Talente, neue Kreationen. Das Neue braucht Freunde.«

# KAPITEL 8

## Veränderungen und Zufälle

Das Gefühl, tief drinnen, wenn man gleich vor die versammelte Belegschaft treten und etwas möglicherweise Schockierendes sagen wird, ist unvergleichlich. Der Tag, an dem Steve, John und ich alle Mitarbeiter zu einer Versammlung zusammenriefen, um ihnen mitzuteilen, dass Pixar im Jahr 2006 an Disney verkauft würde, war definitiv ein solcher Moment. Uns war klar, dass die Aussicht, dass unser kleines Studio von einem sehr viel größeren Unternehmen geschluckt würde, viele Leute beunruhigen würde. Wir hatten alle denkbaren Vorkehrungen getroffen, die unsere Unabhängigkeit garantieren sollten, dennoch rechneten wir damit, dass unsere Angestellten einen negativen Einfluss auf unsere Firmenkultur durch diese Fusion befürchten würden. Welche genauen Schritte wir unternahmen, um Pixar zu schützen, erläutere ich in einem späteren Kapitel. Hier möchte ich nur erzählen, was geschah, als ich aufstand und in der Absicht, meine Kollegen zu beruhigen, versicherte, dass sich bei Pixar nichts ändern würde.

Selten habe ich etwas Dümmeres gesagt.

Im darauffolgenden Jahr strömten immer wieder verunsicherte und aufgeregte Kollegen in mein Büro, sobald wir etwas Neues ausprobieren oder etablierte Arbeitsweisen überdenken wollten. »Du hast uns versprochen, dass sich die Fusion nicht auf unsere Arbeitsweise auswirken wird«, sagten sie dann. »Du hast gesagt, bei Pixar würde sich nichts ändern.«

Das geschah so oft, dass ich schließlich eine weitere Mitarbeiterversammlung einberief, um mich zu erklären. »Ich *meinte* damit«, sagte ich, »dass sich nichts verändern wird, *weil* wir von einem größeren Unternehmen aufgekauft wurden. Es wird immer noch einige Veränderungen bei Pixar geben, die es sowieso gegeben hätte. Wir verändern uns *stetig*, weil Veränderungen gut sind.«

Ich war froh, das klargestellt zu haben. Zumindest glaubte ich, dass ich das getan hätte. Insgesamt musste ich die »Natürlich wird es weiterhin Veränderungen geben«-Rede dreimal halten, bevor die Botschaft ankam.

Bemerkenswerterweise hatten die Veränderungen, die so viele Bedenken auslösten, gar nichts mit der Fusion zu tun. Es waren ganz normale Anpassungen, die jedes Unternehmen vornimmt, wenn es expandiert und sich weiterentwickelt. Man kann Veränderungen nicht vermeiden, ganz gleich, wie sehr man es möchte. Und man sollte es noch nicht einmal wollen. Ohne Veränderungen gibt es weder Wachstum noch Erfolg.

Etwa zur selben Zeit, als die Fusion stattfand, wägten wir ab, wie wir ein gutes Verhältnis zwischen Originalfilmen und Sequels finden konnten. Wir wussten, dass das Publikum unsere Filme liebte und mehr Geschichten aus diesen Welten sehen wollte (und natürlich wollen die Leute im Marketing und aus der Konsumgüterabteilung Filme, die sich leicht verkaufen lassen, und das sind Sequels immer). Doch wenn wir nur noch Sequels machen würden, würde Pixar verkümmern und sterben. Für mich waren Sequels eine Art kreativer Bankrotterklärung. Wir brauchten einen ständigen Nachschub an neuen Ideen, obwohl wir wussten, dass Originalfilme riskanter sind. Doch wir erkannten, dass die Produktion von Sequels, die mit großer Wahrscheinlichkeit gute Einnahmen an den Kinokassen brachten, uns den Freiraum für diese Risiken verschaffte. Daher kamen wir zu dem Schluss, dass eine Mischung – ein Originalfilm pro Jahr und ein Sequel alle zwei Jahre, oder drei Filme alle zwei Jahre – eine vernünftige Möglichkeit war, um uns sowohl finanziell als auch kreativ gesund zu erhalten.

Zu diesem Zeitpunkt hatte Pixar nur ein Sequel produziert, *Toy*

*Story 2.* Da wir diese Entscheidung kurz nach der Fusion trafen, glaubten viele, Disney habe uns unter Druck gesetzt, mehr Sequels zu machen. Das war nicht der Fall. Tatsächlich ließ uns Disney viele Freiheiten. Das sagten wir damals auch, ernteten dafür aber vor allem Skepsis.

Eine ähnliche Verwirrung erlebten wir im Zusammenhang mit unseren neuen Büroräumen. Für den erhöhten Produktionsbedarf brauchten wir zusätzliches Personal, und so wurde das Pixar-Hauptgebäude bald zu eng. Wir brauchten mehr Platz und leasten ein Nebengebäude wenige Häuserblocks entfernt, das die nächste sich in der Entwicklung befindende Produktion, *Merida – Legende der Highlands,* beherbergen sollte und auch die Ingenieure der Softwaretoolsgruppe, die an der nächsten Generation unserer Animationssoftware arbeiteten. Kurz darauf bekam ich wieder Besuch in meinem Büro. Warum, wurde ich gefragt, hatten wir die Softwareingenieure von allen Production Artists getrennt, außer denen, die an *Merida – Legende der Highlands* arbeiteten? Warum hatten wir unsere Story- und Szenenbildabteilungen aufgeteilt, wo diese Mitarbeiter es gewohnt waren, zusammenzusitzen?

Man hatte damals insgesamt den Eindruck, als werde jedes Problem, klein oder groß, das gerade auftrat, mit der Fusion in Zusammenhang gebracht: »Du hast gesagt, dass sich nichts verändern würde! Du hast dein Wort gebrochen! Wir wollen das alte Pixar behalten!« Ich muss betonen, dass diese Beschwerden kamen, obwohl die Maßnahmen, die wir getroffen hatten, um die Pixar-Kultur zu schützen, funktionierten – und meiner Meinung nach als Vorbild dienen könnten, wie man die kulturelle Integrität nach einer Fusion bewahren kann. Ich hatte zunehmend den Eindruck, dass viele unserer Mitarbeiter jede Veränderung als Bedrohung für die Pixar-Kultur betrachteten (und damit für unsere erfolgreiche Zukunft).

Menschen hängen an Dingen, die funktionieren – Geschichten, die funktionieren, Methoden, die funktionieren, Strategien, die funktionieren. Man hat eine Idee, sie funktioniert, also macht man weiter damit – so funktioniert das in einer Organisation, die sich weiterentwickeln will. Und mit dem Erfolg werden die Herangehensweisen bestätigt, und man wehrt sich noch mehr gegen Veränderungen.

Gerade weil Veränderungen unvermeidbar sind, klammern sich Menschen an das, was sie kennen. Leider können wir oft nicht genau unterscheiden zwischen dem, was funktioniert und was man beibehalten sollte, und dem, was uns behindert und von dem man sich trennen sollte. Würde man die Angestellten eines beliebigen kreativen Unternehmens befragen, wird wahrscheinlich die große Mehrheit angeben, sie *glaube* an Veränderungen. Aber ich habe, nach der Fusion, andere Erfahrungen gemacht: Die Angst vor Veränderungen – angeboren, stur und resistent gegen Vernunft – ist eine sehr mächtige Kraft. In vielerlei Hinsicht erinnert sie mich an das Spiel »Reise nach Jerusalem«: Man klammert sich so lange wie möglich an einen scheinbar »sicheren« Platz, den man bereits kennt, und lässt nicht los, bis man überzeugt ist, dass man einen anderen sicheren Platz erreicht.

In einem Unternehmen wie Pixar hängt jeder Arbeitsprozess eng mit anderen zusammen, und es ist nahezu unmöglich, alle auf dieselbe Weise, mit derselben Geschwindigkeit und gleichzeitig zu verändern. Oft scheint der Versuch, gleichzeitige Veränderungen durchzudrücken, es einfach nicht wert. Doch wie entscheiden wir Manager, wann wir beim Bewährten bleiben und wann wir nach etwas Unbekanntem greifen, das – möglicherweise – besser ist?

Veränderungen geschehen, ob wir es mögen oder nicht. Das wissen wir alle, tief in uns drin, auch wenn wir wünschten, es wäre nicht so. Manche Menschen sehen zufällige, unvorhergesehene Ereignisse als Bedrohung. Ich gehöre nicht dazu. Meiner Meinung nach sind Zufälle nicht nur unvermeidbar; sie gehören zum Schönsten im Leben. Wenn man das anerkennt und zu schätzen lernt, kann man leichter konstruktiv mit Überraschungen umgehen. Wenn Menschen Angst haben, greifen sie nach Gewissheit und Stabilität, die beide jedoch nicht die Sicherheit garantieren, die sie versprechen. Ich gehe anders damit um. Ich glaube, wir müssen Zufälle nicht fürchten, sondern wir können uns dafür entscheiden, sie als das zu sehen, was sie sind, und sie für uns arbeiten zu lassen. Das Unvorhersagbare ist der Boden, auf dem Kreativität wächst.

Unser zehnter Film, *Oben*, wurde einer unserer emotionsreichsten und originellsten Filme. Aber er war auch eine Fallstudie für Veränderungen und Zufälle. Pete Docter hatte die Idee und führte Regie, und der Film wurde von Kritikern als handwerklich makellos gemachtes, von Herzen kommendes Abenteuer mit Witz und Tiefgang gepriesen. Aber Veränderungen sind gar kein Ausdruck für das, was dieser Film bei seiner Entwicklung durchmachte.

In der ersten Version schwebte ein Schloss im Himmel, von dem unten auf der Erde niemand etwas ahnte. In diesem Schloss lebte ein König mit seinen beiden Söhnen, die beide das Königreich erben wollten. Die beiden Söhne waren totale Gegensätze – sie konnten sich nicht ausstehen. Eines Tages stürzten sie beide auf die Erde hinunter. Sie wanderten umher und versuchten, zum fliegenden Schloss zurückzukommen, als sie einem großen Vogel begegneten, der ihnen half, sich gegenseitig zu verstehen.

Diese Version hatte ihre Reize, funktionierte letzten Endes aber nicht. Die Zuschauer konnten sich nicht in die verwöhnten Prinzen einfühlen und verstanden auch die Regeln dieser fremden, schwebenden Welt nicht. Pete erinnert sich, dass er intensiv darüber nachdenken musste, was er mit der Geschichte ausdrücken wollte. »Es war ein Gefühl – eine Lebenserfahrung«, sagt er. »An manchen Tagen überwältigt mich die Welt, vor allem, wenn ich ein Team aus 300 Leuten anleiten muss. Daher laufe ich in meinen Tagträumen oft davon. Ich habe viele Tagträume, in denen ich auf einer tropischen Insel strande oder allein zu Fuß Amerika durchquere. Ich glaube, jeder kennt die Vorstellung, einfach alles hinter sich zu lassen. Als ich erkannt hatte, was ich eigentlich wollte, konnten wir die Story umbauen, sodass sie dieses Gefühl besser rüberbrachte.«

Von der Originalversion schafften es nur zwei Dinge am Ende in den Film: der große Vogel und der Titel, *Oben*.

Bei der nächsten Vorführung präsentierten Pete und sein Team einen alten Mann, Carl Fredricksen, dessen lebenslange Liebesaffäre mit seiner Jugendliebe Ellie in einem brillanten Prolog zusammengefasst wurde, der den emotionalen Ton für den Rest des Films vorgab. Nach Ellies Tod befestigt der untröstliche Carl Hunderte Ballons an seinem Haus, bis sich das Gebäude langsam in die Luft erhebt. Kurz darauf bemerkt Carl, dass er einen achtjährigen blinden Passagier (und Pfadfinder) namens Russell dabei hat. Irgendwann landet das Haus auf einem verlassenen Spionagezeppelin aus der Sowjetzeit, der als riesige Wolke getarnt ist. Ein Großteil dieser Version der Handlung spielte auf diesem Luftschiff, bis jemand darauf hinwies, dass die Idee für die Geschichte zwar grundsätzlich funktionierte, aber eine gewisse Ähnlichkeit mit einer anderen Geschichte hatte, für die sich Pixar die Rechte gesichert hatte und in der es auch um Wolken ging. Zwar hatte Petes Idee nichts mit der anderen Geschichte zu tun, aber es gab zu viele Parallelen. Also ging er zurück ans Zeichenbrett.

In der dritten Version hatten Pete und sein Team die Wolke gestrichen, aber den 78-jährigen Carl und seinen Mitreisenden Russell behalten, wie auch den großen Vogel und die Idee, dass das Haus sich durch Ballons in die Luft erhebt. Carl und Russell landen mit dem Haus auf einer flachen Bergspitze in Venezuela, einem sogenannten Tepui, und treffen dort den berühmten Forscher Charles Muntz, über den Fredricksen als Kind gelesen und von dem er inspiriert worden war. Muntz war noch nicht an Altersschwäche gestorben, weil der bereits erwähnte Vogel Eier legte, die einen Jungbrunneneffekt hatten, wenn man sie aß. Doch die Hintergrundgeschichte zu den Eiern war kompliziert und lenkte zu sehr von der Haupthandlung ab. Also überarbeitete Pete die Geschichte noch einmal.

In der vierten Version gab es keine lebensverlängernden Eier mehr – Pete hatte sie gestrichen. Dadurch bekamen wir ein chronologisches Problem: Auf der emotionalen Ebene war der Film völlig schlüssig, aber aufgrund des Altersunterschieds zwischen Muntz und Carl (der den Forscher seit seiner Kindheit bewunderte) hätte Muntz um die 100 Jahre alt sein müssen. Aber die Arbeit am Film war zu weit fortgeschritten, um das jetzt noch zu ändern, und schließlich beschlossen wir, das Thema einfach nicht anzusprechen. Wir hatten im Lauf der Jahre herausgefunden, dass Menschen kleine Widersprüche hinnehmen oder sie gar nicht bemerken, wenn ihnen die Welt gefällt, die man erschaffen hat. In diesem Fall fiel es tatsächlich niemandem auf – oder wenn es jemandem auffiel, dann war es ihm egal.

*Oben* musste all diese Veränderungen durchlaufen – die sich nicht nur über Monate, sondern über Jahre hinweg entfalteten –, um sein Herz zu finden. Und die Menschen, die an *Oben* arbeiteten, mussten diesen Evolutionsprozess mitmachen und durften dabei nicht in Panik ausbrechen, sich verschließen oder den Mut verlieren. Glücklicherweise verstand Pete genau, wie sie sich fühlten.

»Erst nachdem ich die Regie für *Die Monster AG* abgeschlossen hatte, wurde mir klar, dass Fehlschläge einfach zum Prozess dazugehören«, erzählte er mir. »Während der Produktion nahm ich jeden Fehler persönlich – ich war der Ansicht, meine Fehler seien ein Zeichen persönlicher Schwäche, und dass ich sie nicht machen würde, wenn ich ein besserer Regisseur wäre.« Auch heute noch, sagt er, »habe ich das Gefühl, zu ertrinken oder zu erstarren, wenn ich mich überfordert fühle. Das liegt meist daran, dass ich das Gefühl habe, als würde die Welt zusammenbrechen und alles wäre verloren. Aber ich habe einen Trick entwickelt. Ich zwinge mich, eine Liste der Dinge aufzustellen, die tatsächlich nicht stimmen. Meist stelle ich dann schnell fest, dass ich die meisten Punkte zu zwei oder drei übergreifenden Problemen zusammenfassen kann. Eine endliche Liste mit Problemen ist viel besser als das unlogische Gefühl, dass *alles* falsch ist.«

Pete verlor außerdem nie sein Ziel bei *Oben* aus dem Blick: Er wollte zum emotionalen Kern seiner Figuren vordringen und die

Handlung dann um diesen Kern herum aufbauen. Ich habe einige von Petes Mitarbeitern sagen hören, sie würden freiwillig den Müll raustragen, wenn sie so wieder mit ihm zusammenarbeiten könnten. Sie lieben ihn. Aber bei *Oben* war er einen schwierigen und unberechenbaren Weg gegangen; zu Beginn der Produktion wies nichts darauf hin, wohin er am Ende führen würde. Es ging gar nicht darum, eine verborgene Geschichte ans Tageslicht zu bringen; am Anfang *gab* es keine Geschichte.

»Wenn ich zu Beginn eines Projekts genau weiß, wie die Struktur aussehen muss – wo die Handlung hinführt –, werde ich misstrauisch«, meint Pete. »Ich glaube, wir finden diese einzigartigen Ideen, Figuren und überraschenden Wendungen nur, weil wir auf Entdeckungsreise gehen. Und bei einer ›Entdeckungsreise‹ weiß man nie, was man findet, wenn man aufbricht. Vielleicht kommt da meine lutherische, skandinavische Erziehung durch, aber ich glaube, das Leben sollte nicht einfach sein. Wir sollen an unsere Grenzen gehen und Neues wagen – und wir fühlen uns nie wohl damit. Wenn man ein paar große Katastrophen überlebt hat, wird es einfacher. Die Leute, die *Das große Krabbeln* und *Toy Story 2* überstanden haben, bemerkten im Nachhinein, dass der Druck einige ziemlich coole Ideen zutage gefördert hatte.«

Pete kennt einige Methoden, mit denen er Mitarbeitern über die Ängste hinweghilft, die das Pre-Production-Chaos auslöst. »Manchmal spüre ich, wie sich jemand in einem Meeting verkrampft und nicht einmal über Veränderungen sprechen will«, erzählt er. »Dann trickse ich ihn aus und sage: ›Das wären einschneidende Veränderungen, wenn wir das wirklich machen, aber nur mal als Gedankenexperiment, was wäre, wenn …‹ Oder ich sage: ›Ich schlage das nicht wirklich vor, aber hört mir mal eine Minute zu …‹ Wenn die Mitarbeiter nur die zusätzliche Arbeit sehen, verschließen sie sich neuen Ideen – also gibt man einfach vor, man wolle gar nichts verändern, nur reden, herumspielen. Wenn man dann auf eine Idee stößt, die offensichtlich funktioniert, dann sind die Leute begeistert und eher bereit, die Veränderungen umzusetzen.«

Ein weiterer Trick besteht darin, die Leute zum Spielen aufzufordern. »Wenn man herumblödelt, kommen oft die besten Ideen dabei heraus, aber das funktioniert nur, wenn man es sich selbst erlaubt (oder der Boss)«, sagt Pete. Manchmal wirkt es wie Zeitverschwendung, wenn man sich YouTube-Videos anschaut oder Geschichten vom letzten Wochenende erzählt, aber dieses Verhalten kann langfristig äußerst produktiv sein. Jemand beschrieb Kreativität als ›unerwartete Verbindungen zwischen Konzepten oder Ideen, die nichts miteinander zu tun haben‹. Wenn das auch nur ansatzweise zutrifft, dann muss man in einem bestimmten Denkmodus sein, damit diese Verbindungen entstehen. Wenn ich also nicht mehr vorwärtskomme, dann mache ich den Laden einfach dicht. Wir alle beschäftigen uns mit etwas ganz anderem. Später, wenn ich wieder bessere Laune habe, beschäftige ich mich wieder mit dem Problem.«

Viele Menschen mögen die Vorstellung nicht, dass Veränderungen etwas Gutes sind und nur durch das Ringen mit einem Problem Klarheit entsteht. Der kreative Prozess ist ein teures Unternehmen, egal, ob man eine neue Modelinie, eine Werbekampagne oder ein neues Autodesign entwirft, und Sackgassen und unerwartete Patzer treiben die Kosten in die Höhe. Die Einsätze sind so hoch und die auftretenden Krisen manchmal unvorhersehbar, dass wir möglichst alles unter Kontrolle haben wollen. Im Vergleich zu den Kosten eines Fehlschlags erscheint das Mikromanagement als das kleinere Übel. Aber wenn wir die notwendigen Investitionen scheuen – und die Zügel anziehen, weil wir Angst haben, dabei erwischt zu werden, dass wir aufs falsche Pferd gesetzt haben –, werden wir zu unflexiblen Denkern und Managern, die der Kreativität im Weg stehen.

Wovor *genau* haben die Leute eigentlich Angst, wenn sie sagen, sie mögen keine Veränderungen? Wenn man verwirrt ist, ist das unangenehm, eben so wie die zusätzliche Arbeit oder der Stress, der durch die Veränderungen möglicherweise entsteht. Viele sehen in einem Kurswechsel auch ein Zeichen der Schwäche, das gleichbedeutend ist mit dem Eingeständnis, dass man nicht weiß, was man tut. Das finde ich besonders bizarr, denn ich halte einen Menschen, der seine Meinung nicht ändern kann, für gefährlich. Steve Jobs war dafür bekannt, dass er im Angesicht neuer Informationen seine Meinung augenblicklich änderte, und ich kenne niemanden, der Steve für schwach hielt.

Manager sehen in Veränderungen häufig eine Bedrohung für ihr bestehendes Geschäftsmodell – und das sind sie natürlich auch. In meinem Leben habe ich die Entwicklung der Computerbranche von Mainframes über Minicomputer, Workstations bis zu Desktop-Computern und jetzt iPads miterlebt. Um jede Maschine herum entstanden Vertriebs-, Marketing- und technische Strukturen, und daher erforderte der Übergang vom einen zum anderen radikale strukturelle Veränderungen. Die Vertriebsmannschaften vieler Computerhersteller kämpften manchmal selbst dann noch für den Status quo, wenn aufgrund ihres Widerstands die Marktanteile ihres Unternehmens zurückgingen und sie von Rivalen geschluckt wurden. Für viele Firmen bedeutete diese Kurzsichtigkeit den Untergang. Ein gutes Beispiel hierfür ist die Firma Silicon Graphics, deren Vertrieb so an den Verkauf großer, teurer Maschinen gewöhnt war, dass die Mitarbeiter sich heftig gegen den Übergang zu wirtschaftlicheren Modellen wehrten. Silicon Graphics existiert noch, aber man hört nicht mehr viel von der Firma.

»Von zwei Übeln wählt man besser das, was man schon kennt.« An dieses Motto halten sich viele. Politiker werden gewählt, weil sie das dazu notwendige System beherrschen, und einmal im Amt besteht kaum noch ein Anreiz, dieses System zu verändern. Unternehmen aller Art bezahlen Lobbyisten, die Regierungen von Veränderungen abhalten sollen, die ihre Wirtschaftsweise beeinträchtigen könnten. In Hollywood gibt es jede Menge Agenten, Anwälte und sogenannte Talente (Schauspieler und andere Künstler), die erkennen, dass das System ernsthafte Schwächen aufweist, aber sie versuchen gar nicht erst, es zu ändern, weil es, zumindest kurzfristig, ihre Gewinne schmälern könnte, wenn sie nicht mit der Herde mitlaufen. Warum sollte jemand ein System verändern wollen, wenn man damit den eigenen Job gefährden oder sogar abschaffen würde?

Widerstand gegen Veränderungen wird von Eigeninteressen motiviert, noch mehr jedoch von mangelnder Selbsterkenntnis. Wenn man ein System einmal beherrscht, wird man meist blind gegenüber seinen Schwächen; und selbst wenn man sie sieht, erscheinen sie viel zu komplex und miteinander verwoben, um Veränderungen auch nur in Betracht zu ziehen. Aber wenn man die Augen verschließt, läuft man Gefahr, den Weg der Musikindustrie zu gehen. Dort triumphierte Eigeninteresse (man will die kurzfristigen Gewinne bewahren) über die Selbsterkenntnis (nur wenige erkannten, dass das alte System völlig überholt war). Die Branchenführer klammerten sich an ihre veralteten Geschäftsmodelle – den Verkauf von Alben –, bis es zu spät war und Filesharing und iTunes alles auf den Kopf gestellt hatten.

Natürlich sind Veränderungen kein reiner Selbstzweck. Oft gibt es gute Gründe, an etwas festzuhalten, das funktioniert. Die falschen Veränderungen können ein Projekt gefährden, und jene, die sich Veränderungen widersetzen, wollen damit tatsächlich nur das Unternehmen schützen, für das sie arbeiten. Wenn sich hohe Beamte gegen Veränderungen sperren, glauben sie meist, das sei das richtige Vorgehen. Viele lästige und bürokratische Regeln wurden aufgestellt, um mit echtem Missbrauch, Problemen oder Widersprüchen umgehen zu können oder um komplexe Situationen zu bewältigen. Dabei mag jede Regel aus gutem Grund aufgestellt worden sein, aber nach einer Weile entsteht ein wahres Dickicht an Regeln, die im Zusammenspiel möglicherweise nicht mehr sinnvoll sind. Dann ist ein Unternehmen in Gefahr, von gut gemeinten Regeln erdrückt zu werden, die nur eines erreichen: Sie bremsen schöpferische Impulse aus.

So viel zu Veränderungen. Doch wie passen Zufälle ins Bild? Bei einer Klausurtagung in Marin hörte ich einmal eine wunderbare –

und zweifelhafte – Geschichte über die Einführung des Golfsports in Indien durch die Briten in den 1820er-Jahren. Nach dem Bau des ersten Golfplatzes dort, dem Royal Calcutta, bemerkten die Briten ein Problem: Einheimische Affen waren fasziniert von den kleinen weißen Bällen, stürzten sich von den Bäumen auf die Fairways, hoben die Bälle auf und nahmen sie mit. Das störte den Spielablauf, um es einmal vorsichtig zu formulieren. Daraufhin wurden Zäune errichtet, um die Affen vom Golfplatz fernzuhalten, aber die kletterten einfach drüber. Man versuchte, die Affen zu fangen und anderswo anzusiedeln, aber die Affen kehrten immer wieder zurück. Man versuchte, sie durch Lärm zu verscheuchen. Nichts funktionierte. Am Ende fand man eine Lösung – eine neue Spielregel: »Der Ball ist dort zu spielen, wo der Affe ihn fallen lässt.«

In Geschichte und Literatur gehörten Zufälle schon immer dazu; Mathematiker, Wissenschaftler und Statistiker beschäftigten sich ausgiebig mit ihnen; Zufälle sind fester Bestandteil von allem, was wir tun. Im abstrakten Sinn sind wir uns dessen auch bewusst, und haben Methoden entwickelt, um ihre Existenz zu würdigen. Wir sprechen von Glücksfällen, guten und schlechten Tagen, verrückten Zufällen, dem uns wohlgesonnenen Glück, oder dass wir zur falschen Zeit am falschen Ort sind; wir wissen, dass betrunkene Autofahrer aus dem Nichts auftauchen können, wie es so schön heißt, und dass wir morgen von einem Bus überfahren werden könnten. Doch Zufälle sind nach wie vor fast unbegreiflich für uns.

Unser Gehirn ist nicht dafür ausgelegt, über Zufälligkeiten nachzudenken. Wir sind dafür konstruiert, in Bildern, Geräuschen, Interaktionen und Ereignissen nach Mustern zu suchen. Dieser Mechanismus ist so tief in uns verankert, dass wir selbst dort Muster sehen, wo keine sind. Dafür gibt es einen einfachen Grund: Wir können Muster und Schlussfolgerungen in unserem Kopf abspeichern, aber nicht das Zufallsprinzip an sich. Zufälle entziehen sich der Kategorisierung; sie kommen per Definition aus dem Nichts und sind nicht vorhersehbar. Rein verstandesmäßig wissen wir um ihre Existenz, aber unser Gehirn kann sie nicht vollständig begreifen. Daher haben Zufälle weniger Einfluss auf unser Bewusstsein als das, was wir sehen, messen oder kategorisieren können.

Ein simples Beispiel: Man kommt zu spät von zu Hause weg, schafft es aber trotzdem noch rechtzeitig zu einem Meeting um neun Uhr. Man ist zufrieden mit sich und ahnt nicht, dass zwei Minuten weiter hinten jemandem auf der Autobahn ein Reifen geplatzt ist und die Straße eine halbe Stunde lang blockiert war. Ohne es zu wissen, hat man nur knapp vermieden, zu spät zu kommen. Vielleicht schlussfolgert man aus diesem Morgen, dass man in Zukunft ruhig ein bisschen länger schlafen kann. Wenn man allerdings selbst in dem Stau gesteckt hätte, wäre man wohl zu dem gegenteiligen Schluss gekommen: Nie wieder zu spät losfahren. Wir weisen von Natur aus den Mustern, die wir wahrnehmen, große Bedeutung zu, ignorieren, was wir nicht sehen können, und ziehen entsprechende Schlüsse und treffen Vorhersagen.

Zufälle lassen sich nur schwer begreifen, weil echte Muster mit Zufallsereignissen vermischt sind. Daher fällt es uns außerordentlich schwer, zwischen Glück und Können zu unterscheiden. War man rechtzeitig bei der Arbeit, weil man früh genug losfuhr, vorausplante und vorsichtig fuhr? Oder war man einfach nur zur rechten Zeit am rechten Ort? Die meisten Menschen würden sich, ohne zu zögern, für die erste Antwort entscheiden – und die zweite noch nicht einmal als Möglichkeit in Betracht ziehen. Wir lernen aus der Vergangenheit, indem wir Denkmuster auf der Basis unserer Erfahrungen bilden, und bemerken dabei nicht, dass das, was passiert ist, dem gegenüber, was nicht passiert ist, unangemessen im Vorteil ist. Mit anderen Worten, wir sehen die Alternativen gar nicht, die sehr wohl möglich gewesen wären, wenn nicht dieser oder jener Zufall eingetreten wäre. Wenn etwas Schlimmes passiert, sehen Menschen eine Verschwörung oder feindliche Kräfte, die gegen sie gerichtet sind. Wenn aber etwas Gutes geschieht, ist man immer selbst brillant und hat es verdient. Letztendlich lassen wir uns von dieser Fehlwahrnehmung täuschen, mit Folgen für das Geschäft – und für unsere Art, Dinge zu erledigen.

Bei erfolgreichen Unternehmen geht man ganz natürlich davon aus, dass der Erfolg den klugen Entscheidungen der Firmenleitung geschuldet ist. Diese Unternehmensleiter glauben dann, sie hätten den Schlüssel zum Aufbau eines blühenden Unternehmens gefunden. Tatsächlich spielten Zufälle und Glück bei diesem Erfolg eine entscheidende Rolle.

Wenn man ein Unternehmen leitet, über das immer wieder in den Medien berichtet wird, steht man noch vor einer weiteren Herausforderung. Journalisten suchen meist nach Mustern, die sie in relativ wenigen Worten erklären können. Wenn man sich nicht die Mühe macht, Zufälle von dem, was man absichtlich in Gang gesetzt hat, sorgfältig zu unterscheiden, lässt man sich schnell zu sehr von externen Analysen beeinflussen, die häufig stark vereinfachend sind. Über Pixar wird in den Medien häufig berichtet, und daher müssen wir vorsichtig sein, damit wir nicht auf unseren eigenen Hype hereinfallen. Ich weiß, wie verführerisch das ist, vor allem, wenn man auf der Überholspur und versucht ist, zu glauben, man habe alles richtig gemacht. In Wahrheit jedoch kann man gar nicht alle Faktoren kennen, die zu einem Erfolg geführt haben, und bei jeder neuen Erkenntnis muss man seine Annahmen revidieren. Das hat nichts mit Schwäche zu tun. Das ist die Realität.

In der Physik geht es darum, die grundlegenden Mechanismen zu entdecken, die bestimmen, wie unsere Welt funktioniert. Eine in der Physik besonders einflussreiche Idee ist das berühmte Prinzip, das als Ockhams Rasiermesser bekannt ist und William of Ockham zugeschrieben wird, einem englischen Logiker des 14. Jahrhunderts. Im Grunde besagt es, dass man sich bei mehreren möglichen Erklärungen, warum etwas auf eine bestimmte Weise geschieht, für diejenige entscheiden sollte, welche auf den wenigsten Annahmen beruht und daher die einfachste ist. In der Renaissance gab es viele komplexe Theorien, um die Bewegung der Planeten zu erklären. Die vorherrschende Theorie besagte, die Umlaufbahnen seien perfekte Kreise oder Epizykeln, doch als die Planetenbeobachtungen genauer wurden, mussten die Kreismodelle extrem verkompliziert werden, damit sie noch funktionierten. Dann kam Johannes Kepler auf die vergleichsweise einfache Idee, die Umlaufbahnen der Planeten seien Ellipsen, mit der Sonne in einem der beiden Brennpunkte. Die Einfachheit der Erklärung galt als Beweis für ihre Richtigkeit – und diese Einfachheit verlieh ihr große Macht.

Im Gegensatz zu anderen Theorien entspricht Ockhams Rasiermesser der menschlichen Natur. Wir suchen in der Regel nach einfachen Erklärungen für Ereignisse in unserem Leben, weil wir denken, dass etwas umso fundamentaler – wichtiger – ist, je einfacher es ist. Aber wenn es um Zufälligkeiten geht, kann uns der Wunsch nach Einfachheit in die Irre führen. Nicht alles ist einfach, und wenn man etwas unbedingt einfach machen will, entspricht das nicht der Realität.

Ich halte die unangemessene Anwendung einfacher Regeln und Modelle auf komplexe Mechanismen für schädlich – für jedes Projekt und sogar für das Unternehmen als Ganzes. Oft sehnt man sich so sehr nach einer einfachen Erklärung, dass man sie oft akzeptiert, obwohl sie überhaupt nicht passt.

Okay, dann vereinfachen wir halt manches im Alltag stark. Und wir klammern uns an vertraute Vorstellungen, die uns die Antworten liefern, die wir hören wollen. Warum auch nicht? Welchen Unterschied macht es? Meiner Meinung nach einen sehr großen. Bei kreativen Unternehmungen muss man sich dem Unbekannten stellen. Aber wenn wir dabei Scheuklappen tragen – oder die Realität ausblenden, um alles möglichst einfach zu halten –, dann wird nichts Großartiges dabei herauskommen. Die Mechanismen, die uns vor unbekannten Bedrohungen schützen, sind fest in uns verankert, seit unsere Vorfahren sich mit Stöcken gegen Säbelzahntiger wehren mussten. Doch wenn es um Kreativität geht, ist das Unbekannte nicht unser Feind. Wenn wir ihm Raum geben, statt es zu meiden, kann uns das Unbekannte Inspiration und Originalität schenken. Doch wie freundet man sich mit dem Zufall und dem Unerkennbaren an? Wie gewöhnt man sich daran, keine Kontrolle zu haben? Es hilft, wenn man weiß, wie allgegenwärtig Zufälligkeiten sind.

Ein mathematisches Konzept, das jeder versteht (auch wenn manch einer den Namen nicht kennt), ist die Linearität – die Vorstellung, dass alles in derselben Richtung voranschreitet oder sich auf vorhersagbare Weise wiederholt. Die Tages- und Jahresrhythmen sind immer dieselben – ein sich wiederholender Kreislauf. Die Sonne geht auf. Die Sonne geht unter. Auf Montag folgt Dienstag. Im Februar ist es kalt, im August ist es warm. Nichts davon fühlt sich wie eine Veränderung an – oder zumindest ist es eine vorhersagbare, verständliche Veränderung. Es ist linear, und das beruhigt uns.

Die Glockenkurve ist ein weniger offensichtliches Konzept, auch wenn viele instinktiv verstehen, worum es dabei geht. In der Schule werden die Noten manchmal anhand einer Glockenkurve verteilt – ein paar wenige Schüler bekommen schlechte Noten, ein paar wenige hervorragende Noten, und der Rest tummelt sich in der Mitte. Würde man diese Testergebnisse als Kurve darstellen, mit den Noten auf der einen Koordinatenachse und der Anzahl der entsprechend benoteten Schüler auf der anderen, hätte das Resultat die Form einer Glocke. Bei Körpergrößen von Menschen funktioniert das genauso. Die meisten Erwachsenen sind zwischen 1,50 und 1,80 Meter groß, wobei die beiden Extreme nicht so häufig vorkommen. Bei den Qualifikationen von Erwerbstätigen, etwa Ärzten oder Klempnern, gilt eine ähnliche Verteilung – manche sind außerordentlich gut, und von manchen würde man sich nicht einmal die Schuhe zubinden lassen. Aber die meisten bewegen sich irgendwo zwischen Genie und Stümper.

Wir können ziemlich gut mit sich wiederholenden Ereignissen umgehen und verstehen auch die glockenförmige Variante. Doch Modelle für Zufallsereignisse können wir nur schlecht entwickeln, und daher bauen wir unser Weltbild auf den geistigen Fähigkeiten auf, die wir gut beherrschen, selbst wenn ihre Verwendung nachweislich verkehrt ist. Zufälle treten nicht linear auf. Zufallsprozesse entwickeln sich nicht nur in eine Richtung; sie sind, per Definition, unbestimmt. Doch wie können wir dann Zufälligkeiten verstehen lernen? Damit meine ich: Wie kann man bei unerwarteten Ereignissen, die draußen auf uns lauern und zu keinem unserer existierenden Modelle passen, einen klaren Kopf behalten?

Es gibt noch ein drittes Konzept, auch aus der Mathematik, das helfen kann: die stochastische Selbstähnlichkeit. Stochastik bedeutet ganz einfach Zufall; Selbstähnlichkeit beschreibt ein Phänomen – das überall vorkommt, von Fluktuationen am Aktienmarkt bis zu seismischen Aktivitäten oder Niederschlägen –, bei dem Muster bei verschiedenen Vergrößerungsstufen gleich aussehen. Wenn man etwa einen Ast von einem Baum abbricht, und diesen Ast senkrecht hält, sieht er aus wie ein kleiner Baum. Eine Küstenlinie hat das typische zerklüftete Aussehen, ob man sie nun von einem Hängegleiter aus oder aus dem Weltall sieht. Wenn man eine Schneeflocke durch ein Mikroskop betrachtet, sieht man eine Miniaturversion des Ganzen. In der Natur taucht dieses Phänomen dauernd auf – in Wolkenformationen, im Kreislaufsystem des Menschen, bei Bergketten, in der Form von Farnwedeln.

Doch was hat die stochastische Selbstähnlichkeit mit menschlichen Erfahrungen zu tun?

Jeden Tag unseres Lebens werden wir mit Hunderten Herausforderungen konfrontiert. Die meisten davon kann man kaum als Herausforderungen bezeichnen: Ein Schuh ist unter der Couch verschwunden, die Zahnpastatube ist leer, die Leuchte im Kühlschrank ist ausgebrannt. Ein paar Herausforderungen sind etwas störender, aber immer noch relativ harmlos: Man verstaucht sich beim Joggen den Knöchel, oder der Wecker klingelt nicht, und man kommt zu spät zur Arbeit. Ein noch kleinerer Teil hat größere Auswirkungen: Man bekommt eine Beförderung nicht, mit der man gerechnet hat; man hat einen heftigen Streit mit dem Partner. Und noch weniger: Man hat einen Autounfall; ein Wasserrohrbruch im Keller; das kleine Kind bricht sich den Arm. Dann gibt es noch die deutlich selteneren Großereignisse, Kriege, Epidemien, Terrorangriffe – und hier sind die Grenzen, wie schlimm diese Ereignisse werden können, nach oben offen. Daher ist es eine gute Sache, dass im Allgemeinen die Ereignisse seltener vorkommen, je verhängnisvoller sie sind. Aber genau wie der Ast, der aussieht wie ein Miniaturbaum, haben diese Herausforderungen – trotz ihres unterschiedlichen Ausmaßes – mehr gemeinsam, als die meisten glauben.

Oft erkennen wir im Nachhinein Muster und Ursachen für Ereignisse, sehen sie aber nicht im Voraus kommen. Zufallsereignisse treten nicht nach Zeitplan auf, auch wenn wir ihnen später Muster zuweisen. Vielleicht wirken meine Probleme wie Ihre Probleme, aber es sind nicht genau dieselben – Verteilung und Art der Probleme unterscheiden sich bei verschiedenen Menschen deutlich. Darüber hinaus treten Zufälle nicht im luftleeren Raum auf. Sie überlagern normale und wiederholbare Muster in unserem Leben und sind daher oft nicht sichtbar.

Manchmal geschieht etwas Großes, das alles verändert. In diesem Fall bestätigt sich scheinbar die natürliche menschliche Neigung, große Ereignisse als von kleineren grundsätzlich verschieden zu betrachten. Innerhalb von Unternehmen ist das ein Problem. Wenn man Rückschläge in zwei Kategorien einteilt – die »Nichts Besonderes«-Kategorie und die »Heiliger Strohsack«-Kategorie – und an jede Kategorie mit einer ganz anderen Einstellung herangeht, handelt man sich damit auf jeden Fall Ärger ein. Man verrennt sich so sehr in die großen Probleme, dass man die kleinen ignoriert und gar nicht bemerkt, dass einige der kleinen Probleme langfristige Konsequenzen haben – und so zu großen Problemen werden können. Daher sollte man an große wie kleine Probleme mit denselben Werten und Gefühlen herangehen, weil sie tatsächlich selbstähnlich sind. Auf keinen Fall sollte man anfangen, jemandem die Schuld zuzuschieben, wenn man vor einem Hindernis steht – der vorher erwähnten »Heiliger Strohsack«-Kategorie. Man muss demütig anerkennen, dass Unvorhergesehenes eintreten kann und wird, an dem niemand Schuld hat.

Ein gutes Beispiel hierfür ereignete sich während der Produktion von *Toy Story 2*. Wir entschieden uns sehr spät in der Entwicklungsphase des Films, ihn noch einmal komplett zu überarbeiten, und das führte zu einer Zerreißprobe des Teams, wie ich bereits beschrieb. Diese Zerreißprobe war ein großes, unerwartetes Ereignis, und unsere Reaktion darauf wurde Teil unserer Mythologie. Etwa zehn Monate, bevor wir den Neustart des Films anordneten, im Winter 1998, kam es zu drei kleineren Zufallsereignissen. Das erste von ihnen bedrohte am Ende die Zukunft von Pixar.

Wir speichern die vielen Tausend Computerdateien mit allen Shots eines jeden Films auf UNIX- und Linux-Rechnern. Das muss man wissen, wenn man das erste Ereignis verstehen will. Denn von diesen Rechnern kann man mit einem einzigen Befehl – /bin/rm -r -f * – schnellstmöglich alles vom Dateisystem löschen. Damit ist wahrscheinlich schon klar, was damals geschah: Irgendwie gab jemand aus Versehen diesen Befehl für die Datenträger ein, auf denen die *Toy Story 2*-Daten lagen. Nicht nur ein Teil der Daten, nein, sondern alle Bilddaten, von Objekten bis zu Hintergründen, Beleuchtung und Schattenwurf wurden aus dem System gelöscht. Als Erstes verschwand Woodys Hut. Dann seine Stiefel. Dann verschwand er selbst vollständig. Dann verschwand eine Figur nach der anderen: Buzz, Charlie Naseweis, Specki, Rex. Ganze Sequenzen wurden plötzlich von dem Datenträger gelöscht.

Oren Jacobs, einer der technischen Direktoren des Films, sah in Echtzeit, wie es geschah. Zunächst traute er seinen Augen nicht. Dann griff er panisch zum Telefonhörer und rief die Systemadministration an: »Zieht sofort den Stecker beim *Toy Story 2*-Mastercomputer!«, schrie er. Der Typ am anderen Ende der Leitung fragte vernünftigerweise, warum, und Oren brüllte noch lauter: »Um Gottes Willen, zieht einfach den Stecker, so schnell ihr könnt!« Der Administrator handelte schnell, aber trotzdem waren zwei Jahre Arbeit – *90 Prozent des Films* – in wenigen Sekunden gelöscht worden.

Eine Stunde später saßen Oren und seine Chefin, Galyn Susman, in meinem Büro und überlegten, was nun zu tun war. »Keine Panik«, versicherten wir uns gegenseitig. »Wir stellen die Daten einfach heute Abend vom Back-up-System wieder her. Dann haben wir nur einen halben Arbeitstag verloren.« Doch dann kam uns Zufallsereignis Nummer zwei in die Quere: Wir fanden heraus, dass das Back-up-System nicht korrekt funktioniert hatte. Der Mechanismus, den wir genau für den Fall eines Datenverlusts installiert hatten, hatte versagt. *Toy Story 2* war verloren, und zu diesem Zeitpunkt standen wir wirklich kurz vor einer Panik. Um den Film wieder zusammenzusetzen, hätten 30 Leute ein gutes Jahr gebraucht.

Als klar wurde, welche Katastrophe sich ereignet hatte, traf sich die Unternehmensleitung in einem Konferenzraum, um zu erörtern, welche Optionen wir nun hatten – auch wenn es keine zu geben schien. Nach etwa einstündiger Diskussion erinnerte sich Galyn Susman, leitende technische Direktorin des Films, an etwas: »Wartet mal«, sagte sie. »Vielleicht habe ich noch ein Back-up auf meinem Computer zu Hause.« Etwa sechs Monate vorher war Galyn zum zweiten Mal Mutter geworden, und hatte häufig von zu Hause aus gearbeitet. Aus praktischen Gründen hatte sie ein System eingerichtet, das die gesamte Filmdatenbank automatisch einmal pro Woche auf ihren Computer zu Hause kopierte. Dieses – dritte – Zufallsereignis konnte die Rettung für uns sein.

Keine Minute nach dieser Erleuchtung rasten Galyn und Oren bereits in ihrem Volvo zu ihrem Haus nach San Anselmo. Sie holten ihren Computer, wickelten ihn in Decken und legten ihn vorsichtig auf den Rücksitz. Dann fuhren sie auf der Kriechspur den ganzen Weg zurück zum Büro, wo der Computer, nach Orens Beschreibung, »wie ein ägyptischer Pharao ins Pixar-Gebäude getragen wurde«. Galyns Dateien retteten Woody – und den Rest des Films.

In diesem Fall erlebten wir, kurz hintereinander, zwei Fehlschläge und einen Erfolg, allesamt Zufälle, und alle unvorhergesehen. Doch das Wichtigste an diesem Ereignis war, wie wir mit den Nachwirkungen umgingen. Wir verschwendeten keine Zeit damit, einen Schuldigen zu suchen. Nach dem Verlust des Films lautete unsere Prioritätenliste: Erstens, den Film wiederherstellen. Zweites, das Back-up-System reparieren. Drittens, den direkten Zugriff auf den Löschbefehl durch entsprechende Vorsichtsmaßnahmen erschweren.

Ein Punkt stand bezeichnenderweise gar nicht auf unserer Liste: die Person finden, die den falschen Befehl eingegeben hatte, und sie bestrafen.

Manch einer wird diese Entscheidung infrage stellen, mit der Begründung, dass Vertrauen in einer Arbeitsumgebung zwar wertvoll sei, aber Verantwortung ohne Verantwortlichkeit hohen Leistungsansprüchen zuwiderlaufe. Doch in diesem Fall lautete meine Argumentation: Unsere Mitarbeiter haben gute Absichten. Zu glauben, man könne zufällig auftretende Probleme kontrollieren oder vermeiden, indem man ein Exempel an jemandem statuiert, ist naiv und völlig verfehlt. Vor allem aber muss man, wenn man behauptet, es sei wichtig, dass die Mitarbeiter ihre Probleme selbst lösen, sich auch dementsprechend verhalten. Natürlich muss man die Angelegenheit untersuchen, um sicherzustellen, dass alle verstehen, wie wichtig es ist, derartige Probleme in Zukunft zu vermeiden. Aber man muss immer – *immer* – praktizieren, was man predigt.

Was hat das nun mit Stochastik, Zufall oder Selbstähnlichkeit zu tun? Nun, wenn man einmal begriffen hat, dass große und kleine Probleme ähnlich strukturiert sind, behält man leichter einen klaren Kopf. Vor allem hilft es, dass man sich einer wichtigen Realität nicht verschließt: Wenn man auch mit der sorgfältigsten Planung nicht alle Probleme verhindern kann, dann sorgt man am besten dafür, dass sich Mitarbeiter auf allen Ebenen für die Probleme verantwortlich fühlen und genug Selbstvertrauen haben, um sie zu lösen. Wir wollen unseren Leuten vermitteln, dass sie Probleme lösen dürfen, ohne um Erlaubnis fragen zu müssen. In diesem Fall improvisierte Galyn und lud einmal pro Woche den Film herunter, weil sie mit einem Neugeborenen im Haus arbeiten musste. Hätte sie ihr Problem anders gelöst, dann hätte Pixar den Veröffentlichungstermin für *Toy Story 2* nicht geschafft, mit katastrophalen Folgen für ein kleines börsennotiertes Unternehmen wie uns. Wenn jemand ohne einen genehmigten Plan handelt, sollte er nicht wegen »Eigenmächtigkeit« bestraft werden. Eine Kultur, in der jeder, unabhängig von der Position, die Erlaubnis hat, die Fließbänder anzuhalten, sowohl im übertragenen als auch im wörtlichen Sinn, erhält Mitarbeiter, die ihre ganze Kreativität dafür einsetzen, um zu helfen. Oder anders ausgedrückt: Auf unerwartete Probleme muss man unerwartet reagieren.

Menschen glauben, es gebe eine Grenze zwischen Groß und Klein – ebenso wie zwischen Gut und Böse, Wichtig und Unwichtig. Wir erwarten meist eine klare Abgrenzung – eine leuchtende Grenzlinie – zwischen kleinen, zu erwartenden Problemen und riesigen, unvorhergesehenen Krisen. Das bestärkt uns in dem – falschen – Glauben, dass man an diese beiden Phänomene – diese beiden Kategorien, die ich vorher nannte – unterschiedlich herangehen sollte. Aber diese leuchtende Grenzlinie gibt es nicht. Große und kleine Probleme gleichen sich in entscheidender Hinsicht.

Das liegt an einem wichtigen, aber schwer verständlichen Prinzip. Die meisten Menschen verstehen, dass man Prioritäten setzen muss; sie setzen das größte Problem an erster Stelle und die kleineren dahinter. Es gibt einfach zu viele kleine Probleme, um sich mit allen zu beschäftigen. Also zieht man eine horizontale Linie, die nicht übertreten wird, und konzentriert alle Energie auf die Probleme oberhalb dieser Linie. Doch es gibt eine andere mögliche Herangehensweise: Wenn mehr Menschen ohne Erlaubnis Probleme lösen dürfen, und wenn man ihre Fehler toleriert (und nicht verteufelt), dann kann eine größere Anzahl Probleme angegangen werden. Wenn in diesem Szenario ein zufälliges Problem auftritt, entsteht keine Panik, weil Fehlschläge ihren Schrecken verloren haben. Der Einzelne oder die ganze Organisation können optimal denken, weil sie nicht vor Angst erstarrt sind oder auf eine Erlaubnis warten müssen. Fehler werden immer noch passieren, aber meiner Erfahrung nach sind es weniger, sie kommen seltener vor und fallen schneller auf.

Wie groß ein Problem tatsächlich ist, weiß man nicht immer in dem Moment, in dem es auffällt. Es kann klein wirken, aber der Tropfen sein, der das Fass zum Überlaufen bringt. Wenn man Probleme in Kategorien steckt, weiß man vielleicht nicht, in welche es gehört. Menschen stufen Probleme nach Größe und Wichtigkeit ein, und kleine Probleme werden aufgrund ihrer Menge häufig ignoriert, das erschwert die Sache. Aber wenn man die Verantwortung für Probleme an die unteren Ränge in einer Organisation weitergibt, dann fühlt sich jeder dazu ermächtigt (und motiviert), eine Lösung für das vorliegende Problem zu finden, sei es nun klein oder groß. Ich kann nicht alles vorhersehen, was unsere Mitarbeiter tun oder wie sie auf Probleme reagieren, und das ist auch gut so. Entscheidend ist, dass man eine Struktur zur Reaktion auf Probleme schafft, die zur Struktur der Probleme passt.

Größere Krisen verschaffen den Managern eine Möglichkeit, deutliche Signale an die Mitarbeiter über die Unternehmenswerte zu senden, die bestimmen, was von jedem einzelnen erwartet wird. Wenn man auf die Fehler eines in Produktion befindlichen Films damit reagiert, dass man ihn verwirft und von vorn anfängt, vermittelt man den Menschen, dass einem die Qualität der Filme wichtiger ist als alles andere.

**B**isher habe ich nur über Zufälle im Zusammenhang mit Ereignissen gesprochen. Aber auch das menschliche Potenzial kann überraschend sein. Ich habe einige Genies kennengelernt, mit denen die Zusammenarbeit so unangenehm war, dass wir sie entlassen mussten; auf der anderen Seite verloren einige unserer brillantesten, angenehmsten und effektivsten Mitarbeiter vorherige Arbeitsstellen, weil sie angeblich nichts von all dem waren. Es wäre toll, wenn es ein Wundermittel gäbe, das aus schwierigen Menschen Erfolgsgeschichten macht, aber ein solches Mittel existiert leider nicht. Dabei sind einfach zu viele unbekannte und nicht messbare persönliche Eigenschaften im Spiel, als dass wir auch nur vorgeben könnten, wir wüssten, wie das zu bewerkstelligen wäre. Jeder will hervorragende Leute einstellen, aber tatsächlich weiß im Voraus niemand *wirklich* genau, wer sich zu etwas Besonderem entwickelt. Ich glaube, man sollte ein System einrichten, um Potenziale aufzuspüren, Talente und Leistungen dann fördern, und daran glauben, dass viele sich zu Großem entwickeln, auch wenn man weiß, dass es nicht alle schaffen werden.

Walt Disney hatte ein so einzigartiges Talent, dass man sich zu seinen Lebzeiten kaum vorstellen konnte, wie das Unternehmen ohne ihn sein würde. Und tatsächlich gab es nach seinem Tod niemanden, der die Lücke füllen konnte, die Walt hinterließ. Mehrere Jahre lang bemühten sich die Mitarbeiter bei Disney, das Unternehmen in seinem Sinn weiterzuführen, indem sie sich ständig fragten: »Was würde Walt tun?« Vielleicht glaubten sie, ihnen würde etwas Originelles einfallen, wenn sie diese Frage stellten, etwas, das Walts Pioniergeist entsprach. Tatsächlich erreichten sie damit das genaue Gegenteil. Sie blickten zurück, nicht nach vorn, und zementierten in der Firma so den Status quo. Angst vor Veränderungen machte sich breit. Steve Jobs kannte diese Geschichte, erzählte sie den Mitarbeitern bei Apple und fügte hinzu, er wolle nicht, dass man dort jemals die Frage stellte: »Was würde Steve tun?« Niemand – auch Walt, Steve und wir bei Pixar nicht – erzielte je kreative Erfolge, indem er sich an das klammerte, was schon einmal funktioniert hatte.

Im Rückblick auf die Geschichte von Pixar fiel mir auf, dass viel Gutes, das passiert ist, auch ganz leicht hätte anders verlaufen können. Steve hätte uns verkaufen können – er hat es mehr als einmal versucht. *Toy Story 2* hätte für immer gelöscht und der Ruin der Firma sein können. Jahrelang versuchte Disney, John zurückzuholen, und sie hätten es schaffen können. Ich bin mir durchaus bewusst, dass der Erfolg von Disney Animation in den 1990er-Jahren Pixar die Chance für *Toy Story* verschaffte, und dass die späteren Schwierigkeiten der Firma dazu führten, dass Pixar und Disney zusammenarbeiteten und schließlich fusionierten.

Ich weiß, dass viele unserer Erfolge unseren reinen Absichten und großen Talenten geschuldet sind, und dass wir vieles richtig gemacht haben, aber ich glaube ebenfalls, dass wir unsere Erfolge nicht allein unserer eigenen Intelligenz zuschreiben dürfen, ohne die Bedeutung zufälliger Ereignisse anzuerkennen. Wir müssen die für uns günstigen Zufälle anerkennen – und dürfen uns nicht vormachen, unser ganzes Vorgehen sei ein einziger Geniestreich gewesen –, weil wir so realistischere Einschätzungen vornehmen und Entscheidungen treffen können. Die Existenz des Zufalls erinnert uns außerdem daran, dass unsere Handlungen nicht vollständig wiederholbar sind. Veränderungen sind unvermeidbar, daher stellt sich die Frage: Versucht man, sie zu verhindern und sich vor ihnen zu schützen, oder lernt man, mit den Veränderungen umzugehen, indem man sie akzeptiert und sich für sie öffnet? Meiner Meinung nach geht es bei Kreativität genau darum, mit Veränderungen zu arbeiten.

# KAPITEL 9

## Das Verborgene

In der griechischen Mythologie verliebt sich Apollo, der Gott der Dichtkunst und Weissagung, in die schöne Kassandra, die Tochter des Königspaares von Troja, deren langes rotes Haar und Alabasterhaut im ganzen Land gerühmt wird. Er wirbt um sie mit einem seltenen und wertvollen Geschenk – der Gabe der Weissagung –, und im Gegenzug wird sie seine Gefährtin. Später betrügt sie ihn jedoch und bricht diesen Schwur. Der wütende Apollo verflucht sie mit einem Kuss, haucht ihr Worte in den Mund, die ihr für immer die Überredungskunst rauben. Von diesem Tag an ist sie verdammt und findet kein Gehör mehr: Niemand glaubt ihren Weissagungen, und alle halten sie für verrückt. Kassandra sagt die Zerstörung Trojas vorher – sie warnt vor einer griechischen Armee, die sich in einem riesigen Holzpferd in die Stadt schleicht –, kann die Tragödie aber nicht verhindern, weil niemand ihrer Warnung Glauben schenkt.

Die Geschichte der Kassandra gilt traditionell als Parabel für das, was geschieht, wenn gültige Warnungen ignoriert werden. Doch für mich wirft sie ganz andere Fragen auf. Warum gilt Kassandra als diejenige, die verflucht ist? Ich glaube eher, dass alle anderen die wahren Verfluchten sind – all jene, die die Wahrheit, die sie spricht, nicht hören können.

Ich beschäftige mich viel mit den Grenzen der Wahrnehmung. Vor allem Manager sollten sich immer wieder fragen: Wie viel kann ich sehen? Und wie viel bleibt mir verborgen? Gibt es eine Kassandra da draußen, der wir nicht zuhören? Sind auch wir, trotz bester Absichten, verflucht?

Diese Fragen führen uns zum Kern dieses Buches, weil die Antworten von essenzieller Bedeutung für die Aufrechterhaltung einer kreativen Kultur sind. Im Vorwort fragte ich, warum die Leiter so vieler aufsteigender Unternehmen im Silicon Valley schlechte Entscheidungen trafen, Entscheidungen, die – auch damals schon – so offensichtlich fehlgeleitet waren. Sie verstanden etwas von Management und Betriebswirtschaft; sie hatten große Ambitionen; sie glaubten nicht, dass ihre Entscheidungen schlecht oder sie selbst arrogant waren. Und doch täuschten sie sich – und trotz ihrer offensichtlichen Intelligenz fehlte ihnen etwas Entscheidendes, um langfristig Erfolg zu haben. Ich schloss daraus, dass auch wir bei Pixar unvermeidlich diesen Täuschungen erliegen würden, wenn wir nicht unsere begrenzte Wahrnehmungsfähigkeit akzeptierten. Wir mussten uns mit dem beschäftigen, was ich als das Verborgene bezeichne.

Im Jahr 1995 versuchte Steve Jobs, uns zum Börsengang zu überreden, und eines seiner Hauptargumente war, dass wir irgendwann einen Film machen würden, der an den Kinokassen floppte, und auf diesen Tag mussten wir, finanziell, vorbereitet sein. Durch den Börsengang bekämen wir genug Kapital, um unsere eigenen Projekte finanzieren zu können, und so auch mehr Einflussmöglichkeit auf unsere zukünftige Ausrichtung haben würden. Und wir bekämen so einen finanziellen Puffer, der Fehlschläge abfedern würde. Steve glaubte, Pixar könne durch Einspielergebnisse jedes einzelnen Films allein nicht überleben.

Die Logik hinter seiner Argumentation erschütterte mich: Wir würden versagen, das war unvermeidlich. Wir wussten nur nicht, wann oder wie. Daher mussten wir uns auf ein unbekanntes Problem vorbereiten – ein verborgenes Problem. Von diesem Tag an beschloss ich, so viele verborgene Probleme wie möglich ans Licht zu bringen, ein Prozess, der eine ungewöhnliche Bereitschaft zur Selbstbewertung voraussetzt. Mit einem Finanzpolster konnten wir uns schneller von Fehlschlägen erholen, und Steve lag richtig damit, eines für uns zu sichern. Aber mir war die Wachsamkeit als Ziel immer wichtiger, immer auf Anzeichen dafür zu achten, dass wir etwas falsch machten – natürlich ohne zu wissen, wann es geschehen oder wie es sich bemerkbar machen würde.

Viele glauben, die Fehler bei Firmen wie Silicon Graphics oder Toyota seien aus Selbstüberschätzung begangen worden. »Sie haben angefangen, ihren eigenen Blödsinn zu glauben«, wird dann gesagt. »Sie wurden selbstgefällig.« Andere argumentieren, diese Firmen seien auf die schiefe Bahn geraten, weil unvernünftiges Wachstum und überzogene Profiterwartungen sie zu schlechten, kurzsichtigen Entscheidungen gezwungen hätten. Ich glaube allerdings, dass der eigentliche Grund darin bestand, dass die Chefs dieser Firmen nicht auf das Auftreten von Problemen vorbereitet waren, die sie nicht sehen konnten. Sie nahmen an, diese Probleme existierten einfach nicht.

Dazu passt einer meiner Hauptglaubenssätze beim Management: Wenn man nicht versucht, das Ungesehene zu entdecken und es zu verstehen, ist man für eine Führungsposition nicht geeignet.

Jeder kennt Menschen mit schlechter Selbstwahrnehmung. Meist schließt man das daraus, dass sie Dinge an sich selbst nicht bemerken, die für andere offensichtlich sind – und sie haben keine Ahnung, dass sie keine gute Selbstwahrnehmung haben. Aber wie steht es mit unserer eigenen Wahrnehmung? Wenn man akzeptiert, dass unsere Wahrnehmung und unser Wissen zwangsläufig fehlerhaft sind, dann müssen wir uns um eine höhere Achtsamkeit bemühen – um die Lücken quasi aufzufüllen. Ich kann jedenfalls nicht behaupten, eine perfekte Klarsicht zu haben, aber ich bin überzeugt davon, dass meine Erkenntnis, dass manche Probleme ewig vor mir verborgen bleiben werden, ob mir das nun gefällt oder nicht, mich zu einem besseren Manager gemacht hat.

**D**ie meisten Menschen akzeptieren bereitwillig, dass sie nicht auf jedem Gebiet Fachkenntnisse haben. Ich habe zum Beispiel keine Ahnung, wie man Rohrleitungen verlegt. Auch wenn ich eine Niere verpflanzen, eine Kupplung austauschen oder einen Fall vor dem Obersten Gerichtshof verhandeln sollte, müsste ich selbstverständlich zugeben, dass ich es nicht kann. Wir wissen, dass wir von vielen Themen nur wenig Ahnung haben – Physik, Mathe, Medizin, Jura –, wenn wir nicht darin ausgebildet sind. Doch selbst wenn es möglich wäre, all diese Fächer zu lernen und jeden Beruf zu beherrschen, hätten wir immer noch blinde Flecken. Denn es gibt noch weitere Einschränkungen – viele davon in der Dynamik menschlicher Natur verwurzelt –, die uns davon abhalten, uns ein klares Bild von der Welt um uns herum zu verschaffen.

Wenn es eine Tür gäbe, hinter der das Universum mit allem läge, das wir nicht wissen und nicht wissen können, dann wäre dieses Universum riesengroß – weit größer, als uns bewusst ist. Doch nicht überall gilt: Was ich nicht weiß, macht mich nicht heiß. Das Universum des Unbekannten hat Einfluss auf unser Leben und unsere Handlungen, daher haben wir gar keine andere Wahl, als uns damit auseinanderzusetzen. Man könnte etwa versuchen, die vielen Gründe zu verstehen, warum etwas schwer oder unmöglich zu erkennen ist. Dafür muss man verschiedene Ebenen des Unbekannten identifizieren, von trivial bis fundamental.

Die erste Ebene des Verborgenen erinnert mich an meinen ersten Managerjob an der New York Tech, wenige Monate nach meinem Uni-Abschluss im Jahr 1974. Ich hatte nie eine leitende Position angestrebt. Um ehrlich zu sein, wollte ich bis dahin einfach nur einer der Kollegen sein und meine Forschungen betreiben. Wir waren eine kleine Gruppe, und uns verband ein gemeinsames Ziel. Auch nach der Arbeit verbrachten wir Zeit miteinander, und ich wusste daher wohl ganz gut, was bei jedem Teammitglied vor sich ging.

Aber mit der Zeit, zunächst bei Lucasfilm und dann bei Pixar, war ich für immer mehr Menschen verantwortlich, und dann noch mehr, und irgendwann bemerkte ich, dass sich die Mitarbeiter anders verhielten, wenn ich dabei war. Sie sahen in mir einen »wichtigen Manager« in einem »wichtigen Unternehmen«, wohingegen die Kollegen in New York, mit denen ich angefangen hatte, mich einfach nur als Ed gesehen hatten. Je weiter ich aufstieg, umso mehr achteten die Leute darauf, wie sie in meiner Gegenwart sprachen und sich verhielten. Ich glaube nicht, dass sie das taten, weil ich mein Verhalten verändert hatte; sondern wegen meiner anderen *Position.* Das bedeutete, dass manche Informationen für mich immer unzugänglicher wurden. Ich hörte immer weniger schnippische Bemerkungen, Quengeleien oder Unhöflichkeiten. Schlechtes Verhalten gab es kaum noch, oder zumindest bekam *ich* es nicht mehr mit, weil sich die Leute vor mir nicht mehr so verhielten. Ich bekam bestimmte Dinge einfach nicht mehr mit, und das durfte ich nicht aus den Augen verlieren. Wenn ich nicht wachsam blieb und eine gesunde Selbstwahrnehmung behielt, konnte ich schnell die falschen Schlüsse ziehen.

Das hier beschriebene Phänomen ist tief im menschlichen Selbsterhaltungstrieb verankert und dürfte kaum jemanden überraschen. Jeder weiß, dass man sich bei Interaktionen mit dem Chef von der besten Seite zeigt, und die dunkleren Seiten für Kollegen, Partner oder Therapeuten aufhebt. Und doch ist es vielen Managern nicht bewusst, wenn das geschieht (möglicherweise, weil ihnen diese Ehrerbietung gefällt). Sie kommen nicht auf die Idee, dass nach ihrer Beförderung in eine Führungsposition niemand sie darauf hinweist: »Jetzt, wo du Manager bist, kann ich nicht mehr so offen mit dir sein.« Stattdessen gehen sie, fälschlicherweise, davon aus, dass sie unverändert Zugang zu Informationen haben. Doch das ist nur ein Beispiel dafür, wie die Existenz des Verborgenen die Führungsfähigkeiten eines Managers beeinträchtigt.

Auf der nächsttieferen Ebene geht es um die Frage, in welchem Umfang Hierarchien und strukturierte Umgebungen, die großen Gruppen die Zusammenarbeit erleichtern sollen, dazu beitragen, Informationen zu verbergen. Viele Menschen geben einem das Gefühl, Hierarchien seien etwas grundsätzlich Schlechtes, wenn man darüber spricht; für sie ist *hierarchisch* ein abwertender Begriff und gleichbedeutend mit einem Arbeitsplatz, bei dem zu viel Wert auf Rangordnung gelegt wird. Das ist natürlich nicht ganz fair, und ich habe in ein paar stark strukturierten, »hierarchischen« Umgebungen gearbeitet, in denen man zu erstklassiger Arbeit und zu einem gesunden Austausch unter Kollegen inspiriert wurde.

Aber natürlich sind manche hierarchische Umgebungen auch der absolute Albtraum.

Wenn zu viele Mitarbeiter unterbewusst anfangen, ihren eigenen Wert und den Wert der anderen an ihrer Position in der Hackordnung zu messen, wird aus einer erfolgreichen Hierarchie eine Hierarchie, die Fortschritte behindert. Diese Menschen setzen dann ihre Energie dafür ein, sich weiter oben beliebt zu machen, und behandeln Kollegen, die auf der Organisationsleiter unter ihnen stehen, schlecht. Die Leute, bei denen ich dieses Verhalten gesehen habe, schienen einem Urinstinkt zu gehorchen und waren sich gar nicht bewusst, was sie taten. Dieses Problem wird jedoch nicht durch Hierarchien ausgelöst, sondern durch falsche persönliche oder kulturelle Vorstellungen von Hierarchien, vor allem jene, die den persönlichen Wert eines Menschen von seiner Position abhängig machen. Wenn man nicht darüber nachdenkt, warum und was man an Menschen wertschätzt, fällt man fast automatisch in diese Falle.

Doch wie wirkt es aus der Sicht eines Managers, wenn sich jemand *bei* ihm beliebt macht? Ich meine damit nicht direkt Arschkriecherei, sondern die subtileren Formen der Schmeichelei. Was sieht diese Führungsperson? Sie sieht einen Mitarbeiter, der einen guten Job will und es ihr recht machen will. Das ist doch schön, oder? Wie unterscheidet ein Manager zwischen einem Teamplayer und jemandem, der sich einfach gut darauf versteht, dem Boss zu sagen, was er hören will? Manchmal ist ein Manager auf Hinweise von anderen angewiesen, die ihm sagen, welcher Mitarbeiter nicht ehrlich ist, aber viele wollen nicht petzen oder neidisch wirken. Der Blick des Vorgesetzten wird also von jenen Menschen verzerrt, die genau wissen, was der Vorgesetzte will. Aus nur einem einzigen Blickwinkel kann man kein umfassendes Bild von der Dynamik in einer Gruppe gewinnen. Jeder hat bei anderen schon einmal derartiges Verhalten miterlebt, doch die meisten von uns erkennen nicht, dass auch unser eigenes Weltbild verzerrt ist, weil wir mehr zu erkennen glauben, als wir tatsächlich erkennen.

Es gibt noch eine dritte Ebene des Verborgenen – noch mehr, was ich nicht sehe. Die Mitarbeiter an vorderster Front, die das harte Tagesgeschäft der Filmproduktion erledigen, sind in einige unfassbar komplexe Prozesse eingebunden, von denen jeder seine ureigenen Probleme und Eigenarten mitbringt. Logistische Hürden, die überwunden, Zeitpläne, die ausgearbeitet und eingehalten werden müssen, zwischenmenschliche und verwaltungstechnische Belange. Die meisten dieser Themen allein genommen verstehe ich meist, wenn man mich darauf hinweist und mir die Situation erklärt. Aber am besten verstehen diese Probleme die direkt beteiligten Mitarbeiter, weil sie mitten im Geschehen sind und Dinge bemerken, die mir nicht auffallen. Wenn eine Krise heraufzieht, wissen sie es vor mir. Das wäre kein Problem, wenn man sich darauf verlassen könnte, dass sich immer alle sofort melden, wenn sie Probleme wittern, aber das geschieht oft nicht. Selbst Angestellte mit den allerbesten Absichten haben manchmal zu viel Angst, etwas zu sagen, wenn sie spüren, dass etwas nicht stimmt. Sie glauben vielleicht, es sei zu früh, um Vorgesetzte hinzuzuziehen, oder sie gehen davon aus, dass wir die Störungen schon bemerkt haben. Komplexe Umgebungen sind per Definition zu kompliziert, als dass ein Mensch allein sie vollständig durchschauen könnte. Und dennoch glauben viele Manager, sie müssten alles wissen – oder zumindest so tun, als wüssten sie alles und hätten alles unter Kontrolle.

Meine Kollegen wissen also besser Bescheid als ich, was in ihren Abteilungen gerade vor sich geht. Andererseits kenne ich mich besser bei einigen Themen aus als die Leute in der Produktion: Terminanforderungen, Ressourcenkonflikte, Marktprobleme oder Personalprobleme, bei denen es schwierig oder unangemessen wäre, sie allen mitzuteilen. Jeder von uns zieht seine Schlussfolgerungen daher auf der Basis unvollständiger Bilder. Nichts deutet darauf hin, dass meine begrenzte Sicht besser ist.

Es ist schwierig, wenn nicht gar unmöglich, sich ein vollständiges

Bild davon zu verschaffen, was zu einem bestimmten Zeitpunkt in einem bestimmten Unternehmen vor sich geht, und wenn man erfolgreich ist, wird es noch schwieriger. Erfolg führt dazu, dass wir glauben, wir würden alles richtig machen. Nichts anderes verschließt einem so effektiv die Augen vor alternativen Sichtweisen, als davon überzeugt zu sein, man habe recht.

Wenn man mit einer komplexen Situation konfrontiert ist, fühlt man sich sicherer, wenn man sich einredet, man könne jede Facette jedes Problems aufdecken und verstehen, wenn man sich nur genug bemüht. Aber das ist eine Täuschung. Besser, man akzeptiert, dass man *nicht* jede Facette einer komplexen Umgebung verstehen kann, und beschäftigt sich stattdessen mit Techniken, mit denen sich verschiedene Sichtweisen kombinieren lassen. Man erhöht seine Effektivität, wenn man von Anfang an davon ausgeht, dass sich verschiedene Sichtweisen ergänzen und nicht widersprechen, weil unsere Ideen und Entscheidungen von diesem Diskurs sehr profitieren. In einer gesunden, kreativen Firmenkultur wissen auch die Leute an der Basis, dass sie abweichende Meinungen äußern können, die uns mehr Klarheit verschaffen.

Ein weiteres Beispiel ereignete sich bei Pixar während eines sogenannten »Executive Checks« – einem Meeting, bei dem Budgets und Terminpläne abgesegnet werden – für die Produktion von *Oben*. An diesem Meeting nahm auch die Visual-Effects-Producerin Denise Ream teil, und sie meldete sich mit einem ziemlich radikalen Vorschlag zu Wort: Die Produktion würde billiger und weniger Personenwochen (eine Maßangabe, mit der wir Budgets kalkulieren – entspricht der Arbeit, die eine Person in einer Woche leisten kann) in Anspruch nehmen, wenn wir etwas täten, das diesem Ziel scheinbar widersprach – den Arbeitsbeginn der Animatoren nach hinten verlegen. Denise hatte, bevor sie zu Pixar kam, mehrere Jahre bei Industrial Light & Magic gearbeitet und daher einen breiteren Blickwinkel als wir. Sie brachte damit etwas zur Sprache, das sie deutlicher erkannt hatte als wir: Die Animatoren konnten es kaum erwarten, an die Arbeit zu gehen, und das sah effizient aus, war aber letztendlich kontraproduktiv, weil die Animatoren bei Veränderungen am Film einige Arbeiten noch einmal machen mussten … was dazu führte, dass einige von ihnen herumsaßen und auf Anweisungen warteten … was wiederum die Kosten in die Höhe trieb. Von ihrem Standpunkt aus war es offensichtlich, dass man weniger Personenwochen brauchte, wenn die Animatoren größere, abgeschlossene Pakete später im Produktionsprozess bekämen.

»Ich glaube, die Animatoren werden schneller arbeiten, als man ihnen zutraut«, sagte Denise, »wenn sie von Anfang an alle Einzelteile haben, die sie brauchen.« Und sie hatte absolut recht. Selbst mit all den üblichen Patzern – endlose Anpassungen der Handlung und Änderungen an bestimmten Figuren in letzter Minute – wurde *Oben* in weniger Personenwochen umgesetzt, als wir für möglich gehalten hätten.

Denise erinnerte sich später an ihren Entschluss, in jenem Meeting etwas zu sagen: »Sie wollten, dass wir den Film zu einem, meiner Meinung nach, willkürlich frühen Datum ablieferten, und ich sagte: ›Ich weiß nicht, warum wir das so machen, weil wir doch sowieso immer bis zum letzten Moment arbeiten. Niemand wird *jemals* früher fertig. Also warum sagen wir nicht gleich, wie es ist, zwei Jahre vor dem Endtermin?‹ Mir war völlig klar, dass ihr so viel Zeit wie möglich für die Ausarbeitung der Story wolltet. Mein Ziel war es, das hintere Ende so weit hinauszuschieben wie möglich. Und es hat sich ausgezahlt.«

Das hätte so nie geschehen können, wenn der Producer des Films und die Unternehmensführung insgesamt nicht offen für neue Sichtweisen gewesen wären, die den Status quo infrage stellten. Diese Offenheit ist nur in einer Kultur möglich, die die Existenz von blinden Flecken anerkennt. Sie ist nur möglich, wenn die Manager einsehen, dass andere Menschen Probleme erkennen, die sie nicht sehen – und dass sie auch Lösungen erkennen.

Jeder kennt glückliche Zufälle, aber es gibt noch eine weitere Ebene des Verborgenen, die sich auf die Ereigniskette bezieht, durch die sich ein wichtiges Geschehen abzeichnet. Manchmal sind diese Ereignisse gar nicht zu bemerken, sodass niemand ihre Bedeutung erkennt. Die Eltern vieler Kinder im Firmenkindergarten von Pixar haben sich bei Pixar kennengelernt. (John und ich sind immer wieder stolz auf die vielen Pixar-Hochzeiten und die Kinder, die dadurch zur Welt gekommen sind.) So viel musste geschehen, damit diese Babys geboren werden konnten. Hätte es Pixar nie gegeben, wären diese Kinder heute nicht auf der Welt.

Man könnte noch ein Stück weiter zurückgehen und sagen, die Eltern dieser Babys hätten sich nie kennengelernt, wenn John nicht an der Produktion von *Die Abenteuer von André und Wally B.* beteiligt gewesen wäre, oder wenn Walt Disney nie existiert hätte, oder wenn ich nicht das Glück gehabt hätte, bei Ivan Sutherland an der University of Utah studieren zu dürfen. Oder ich gehe noch weiter zurück, ins Jahr 1957, als ich im Alter von zwölf Jahren mit meiner Familie von einem Urlaub im Yellowstone Park zurückkehrte. Mein Vater saß am Steuer unseres gelben Ford '57 Kombi, meine Mutter saß auf dem Beifahrersitz, und meine Brüder, Schwestern und ich drängten uns hinten. Wir fuhren eine gewundene Bergstraße entlang. Rechts neben der Straße ging es steil den Abhang hinunter, ohne Abgrenzung. Plötzlich kam uns um eine Kurve herum ein Auto auf unserer Straßenseite entgegen. Meine Mutter schrie und mein Vater stieg auf die Bremse; er konnte nicht ausweichen, weil wenige Zentimeter rechts der Abhang war. Alles geschah in Zeitlupe, und einen Moment lang war alles völlig still bis – Bang! – das andere Auto in die Seite unseres Wagens krachte. Als wir endlich zum Stillstand kamen, stiegen die Erwachsenen aus und schrien einander an, aber ich stand einfach nur da und starrte auf die Beule in unserem Auto. Wäre das Auto nur fünf Zentimeter weiter auf unsere Fahrbahn gekommen, hätte es uns frontal erwischt, statt auf der Seite, und wir wären über die Klippe gestürzt. Lebensbedrohliche Situationen wie diese vergisst man nie. Fünf Zentimeter mehr – und es hätte Pixar nie gegeben.

Natürlich kommen viele Menschen irgendwann einmal so knapp

mit dem Leben davon, aber der springende Punkt ist: Während ich dies schreibe, ahnen all jene Pixar-Paare, auf die ich so stolz bin, überhaupt nichts von den fünf Zentimetern, denen sie verdanken, dass sie sich trafen und ihre Kinder zeugen konnten.

Ich habe oft gehört, der Erfolg von Pixar sei unausweichlich gewesen, wegen der Menschen, die das Unternehmen geprägt haben. Natürlich sind die Menschen wichtig, aber ich bin sicher, dass es, neben meinem, noch zahllose weitere »Fünf Zentimeter«-Ereignisse gab, die glücklich für uns verliefen – Ereignisse, von denen ich gar nichts wissen kann, weil sie im Leben anderer Menschen eintraten, die an der Entstehung von Pixar entscheidend beteiligt waren. Wir können die unfassbar große Menge möglicher Ergebnisse zu jedem Zeitpunkt nicht einmal annähernd erfassen, und daher muss unser Gehirn zwangsläufig vereinfachen, damit wir funktionieren können. Ich sitze nicht herum und frage mich, was geschehen wäre, wenn John nicht an der Produktion von *Die Abenteuer von André und Wally B.* hätte mitarbeiten können, oder wenn Steve es tatsächlich geschafft hätte, Pixar an Microsoft zu verkaufen. Doch die Geschichte von Pixar wäre ganz anders verlaufen, wenn irgendeines dieser Ereignisse eingetreten wäre. Die Schicksale eines jeden Gruppenunternehmens und der beteiligten Menschen sind eng miteinander verwoben und voneinander abhängig. Das mag abgedroschen klingen, trifft aber zu. Vor allem aber ist es unmöglich, alle Wechselbeziehungen, die unser Leben prägen, zu erkennen, so sehr man sich auch bemüht.

Wenn wir nicht anerkennen, wie viel vor unserem Blick verborgen ist, schaden wir uns langfristig selbst. Wir werden flexibler, wenn wir anerkennen, was wir nicht sehen können – und uns daran gewöhnen, dass gerade jetzt sehr viele Fünf-Zentimeter-Ereignisse geschehen, die wir nicht sehen, die uns aber auf unzählige Weise betreffen können. Man könnte behaupten, ich werbe für Bescheidenheit bei Führungskräften. Aber um wahre Bescheidenheit zu lernen, müssen diese Führungskräfte zunächst einmal erkennen, von wie vielen Faktoren, die sie nicht sehen können und auch niemals sehen werden, ihr Leben und ihre Arbeit bestimmt werden.

Beim Nachdenken über dieses Kapitel und die Grenzen unserer Wahrnehmung musste ich immer wieder an einen bekannten, oft wiederholten Spruch denken: »Im Rückblick sieht man vollkommen klar.« Wenn man das hört, nickt man normalerweise nur zustimmend – ja, natürlich – und akzeptiert, dass man auf das Geschehene zurückblicken, es völlig klar sehen und davon lernen kann, um die richtigen Lehren daraus zu ziehen.

Doch leider ist dieser Spruch völlig falsch. Im Rückblick sieht man auch nicht klarer. Unser Blick auf die Vergangenheit ist kaum klarer als unser Blick in die Zukunft. Wir wissen zwar mehr über vergangene Ereignisse als über zukünftige, aber unser Wissen über die Faktoren, die zu diesen Ereignissen führten, ist äußerst begrenzt. Doch nicht nur das. Weil wir glauben, wir würden klar sehen, was geschah – von wegen klarer Rückblick und so –, sind wir für zusätzliche Erkenntnisse nicht mehr offen. »Wir sollten sorgfältig darauf achten, dass wir aus einer Erfahrung nur die Lehre ziehen, die darin steckt – und nicht mehr«, sagte einst Mark Twain. »Sonst geht es uns wie der Katze, die sich auf einen heißen Herd setzt. Sie wird sich nie wieder auf einen heißen Herd setzen – und das ist auch gut so; aber sie wird sich auch nie wieder auf einen kalten Herd setzen.« Der Rückblick der Katze verzerrt ihre Sicht. Die Vergangenheit sollte unser Lehrer sein, nicht unser Sklaventreiber.

Zwischen dem Blick nach vorn und dem Blick zurück herrscht eine Symmetrie, doch wir erkennen das nur selten. Wenn wir unseren nächsten Schritt planen, wählen wir einen Pfad in die Zukunft, indem wir die besten verfügbaren Informationen analysieren und eine Route nach vorn festlegen. Doch beim Blick zurück in der Zeit lassen wir uns bei der Entscheidung, welche Erinnerungen bedeutungsvoll sind, häufig unbewusst von unserem Hang zur Musterbildung leiten, und treffen so nicht immer die richtige Auswahl.

Wir setzen unsere Geschichte – das Modell unserer Vergangenheit – so gut wie möglich zusammen. Wir ziehen vielleicht noch die Erinnerungen anderer Menschen hinzu und überprüfen unsere eigenen begrenzten Aufzeichnungen, um zu einem besseren Modell zu gelangen. Doch selbst dann ist es immer noch ein Modell – nicht die Realität.

In Kapitel 5 berichtete ich von einem Braintrust-Meeting, bei dem *The Untitled Pixar Movie That Takes You Inside the Mind* besprochen wurde, Pete Docters ehrgeiziges Projekt, aus dem schließlich *Inside Out* wurde. Während der intensiven Recherchephase für diesen Film erfuhr Pete überraschend von einem Neurowissenschaftler, dass nur 40 Prozent dessen, was wir zu »sehen« glauben, von unseren Augen kommt. »Der Rest besteht aus Erinnerungen oder Mustern, die wir aus der Vergangenheit kennen«, erzählte er mir.

Animatoren sind dafür ausgebildet, genau zu beobachten – sie wissen, dass Zuschauer unbewusst auch die feinsten Bewegungen wahrnehmen und dass diese einen Wiedererkennungseffekt auslösen. Wenn eine Figur etwas zu ihrer Linken ergreifen soll, bereiten die Animatoren diese Bewegung vor, indem sie die Figur sich den Bruchteil einer Sekunde vorher ein winziges Bisschen nach rechts bewegen lassen. Die wenigsten Menschen wissen, dass unser Gehirn diese Bewegung erwartet, als vorbereitenden Hinweis. Mithilfe dieser Hinweise kann man den Blick der Zuschauer steuern. Oder man kann ihn weglassen, wenn man die Leute überraschen will, weil die unvorhersehbare Bewegung die Überraschung verstärkt. Ein Beispiel: In *Toy Story 2* windet Jessie einen ihrer Zöpfe um ihren Finger, als sie von ihren Ängsten erzählt. Aus dieser kleinen Bewegung kann man ihre Gemütsverfassung herauslesen, ohne unbedingt zu wissen, was der Grund ist. Der Zuschauer ergänzt die Bedeutung dieser einfachen Handlung auf der Grundlage eigener Erfahrungen und emotionaler Intelligenz. Viele Leute glauben, bei der Animation ginge es nur darum, Figuren sich auf lustige Art bewegen und ihren Text aufsagen zu lassen, aber gute Animatoren erschaffen sorgfältige Bewegungen, die emotionale Reaktionen hervorrufen, und überzeugen uns davon, dass diese Figuren Gefühle, Emotionen und Absichten haben.

All dies basiert auf tatsächlichen Verhaltensweisen von Menschen, aber daran denken wir normalerweise nicht. Unser Gehirn hat einen schwierigen Job: Wir werden mit unglaublichen Mengen visueller Details konfrontiert, und unsere Augen können nur einen winzigen Teil davon durch die kleine Einsenkung an der Hinterwand unserer Augäpfel, die Fovea, aufnehmen. Das heißt, dass wir das meiste um uns herum gar nicht wahrnehmen oder ignorieren müssen. Gleichzeitig müssen wir jedoch funktionieren, und daher ergänzt unser Gehirn die Details, die wir nicht bekommen. Wir ergänzen oder erfinden deutlich mehr, als wir glauben. Ich spreche hier von mentalen Modellen, die bei unserer Wahrnehmung der Welt eine große Rolle spielen.

Die Modelle in unserem Gehirn arbeiten mit enormer Geschwindigkeit, sie ermöglichen uns, in Echtzeit zu funktionieren, und wählen jederzeit aus, was gut oder was bedrohlich ist. Dieser Prozess geht so schnell und automatisch vor sich, dass wir gar nicht merken, dass es geschieht. Ein kurzes Geräusch oder ein flüchtiger Blick auf jemanden reicht aus, um diese Modelle zu aktivieren; schon an einem kaum wahrnehmbaren Zucken im Gesicht eines Freundes erkennen wir, dass er Sorgen hat; eine winzige Veränderung bei der Lichtqualität sagt uns, dass ein Sturm aufzieht. Wir brauchen nur winzige Informationsbröckchen, um weitreichende Schlussfolgerungen auf der Basis unserer Modelle zu treffen – weil wir, wie gesagt, die Lücken auffüllen. Wir sind bedeutungsgebende Kreaturen, die die subtilen Hinweise andere Menschen ebenso lesen, wie sie es mit unseren tun.

Man versteht ganz gut, wie unsere mentalen Modelle funktionieren und welche Folgen das hat, wenn man sie mit einem Taschenspielertrick vergleicht. Wenn ein Taschenspieler eine Münze oder eine Spielkarte verschwinden lässt, lassen wir uns gerne narren und versuchen zu sehen, wie der Trick funktioniert. Wir sehen nur einen kleinen Teil dessen, was vor sich geht, während der Taschenspieler die Hände umherbewegt und uns mit Geschwätz und ausladenden Gesten ablenkt. Zwei Dinge müssen eintreten, damit der Trick funktioniert: Der Taschenspieler muss unseren Blick von den Bewegungen, die er verbergen will, ablenken; und unser Gehirn muss die fehlenden Informationen ergänzen und das, was wir bereits wissen, mit dem, was wir in jenem Moment wahrnehmen, kombinieren. Dies ist ein hervorragendes Beispiel für die 40-Prozent-Regel, von der Pete erzählte: Uns ist nicht bewusst, dass der Großteil von dem, was wir zu sehen glauben, in Wahrheit von unserem Gehirn ergänzt wird. Die Illusion, wir hätten ein vollständiges Bild, ist außerordentlich überzeugend. Doch nicht der Taschenspieler erzeugt die Illusion – das tun wir selbst. Wir glauben fest daran, dass wir die Realität vollständig wahrnehmen, und nicht nur einen Splitter davon. Wir nehmen Verarbeitungsergebnisse unseres Gehirns wahr, aber nicht die Verarbeitung selbst.

Die meisten stellen sich unter Bewusstsein etwas vor, das *in* unserem Gehirn entsteht. Alva Noë, Professor für Philosophie an der University of California in Berkeley, beschäftigt sich mit Wahrnehmungstheorien und empfiehlt, man solle Bewusstsein anders betrachten – als etwas, das wir tun, ausüben oder vollziehen durch die dynamische Interaktion mit der Welt um uns herum. Bewusstsein geschieht im Rahmen eines Kontextes. »Wir verbringen unser ganzes Leben als körperliche Wesen, verortet in unserer Umwelt, mit anderen Menschen zusammen«, schreibt er. »Wir sind nicht nur Empfänger externer Impulse, sondern Wesen, die dafür gemacht sind, Einflüsse aufzunehmen, die wir selbst ausüben; wir sind dynamisch mit der Welt verbunden, nicht getrennt von ihr.« Er beschreibt Geld beispielsweise als etwas, das nur als Teil eines riesigen vernetzten Systems Wert und Bedeutung hat. Bei unserem täglichen Umgang mit Geld denken wir zwar vor allem an Zahlen, die auf Metallstücke oder kräftiges Papier gedruckt sind, doch unser mentales Modell von Geld ist deutlich komplizierter. Dieses Modell bestimmt unsere Ansichten über unseren Lebensstil, unsere Meinung darüber, was uns zusteht, wie wir über unseren Status nachdenken und was wir von anderen Menschen und uns selbst halten – und wird von all dem bestimmt.

Unsere Modelle für unsere Beziehungen bei der Arbeit, zu Freunden, in unseren Familien und in unserer Gesellschaft sind sogar noch komplizierter als unsere visuellen Modelle. Diese Konstrukte – man könnte sie als persönliche Modelle bezeichnen – bestimmen, was wir wahrnehmen. Aber sie sind bei jedem Menschen einzigartig – niemand denkt über Beziehungen genau so wie ein anderer. Leider vergessen wir das oft. Die meisten von uns glauben, ihre Sicht sei die beste – wahrscheinlich weil wir nur diese eine wirklich kennen. Man sollte doch annehmen, dass die vielen größeren Missverständnisse, die man immer wieder mit anderen Menschen hat – Zankereien, wer was gesagt oder gemeint hat –, ein deutlicher Hinweis auf die Realität für uns sein könnten, nämlich dass so unglaublich viel vor uns verborgen ist. Aber nein. Wir müssen immer und immer wieder von Neuem lernen, dass die Wahrnehmung und die Erfahrungen anderer sich sehr stark von unseren unterscheiden. In einer kreativen Umgebung können diese Unterschiede zum Vorteil werden. Aber wenn wir sie nicht anerkennen und ehren, dann zerstören sie unsere kreative Arbeit, statt sie zu bereichern.

Das klingt sehr simpel – ehrt die Sichtweisen anderer! –, doch in einem Unternehmen kann dieser Grundsatz sehr schwer umzusetzen sein. Wenn Menschen etwas bemerken, das ihre mentalen Modelle infrage stellt, widersetzen sie sich nicht nur, sie ignorieren diese Umstände. Dafür gibt es wissenschaftliche Beweise. In den 1960er-Jahren führte Peter Wason, ein britischer Psychologe, das Konzept der »Bestätigungstendenz« ein – der Tendenz von Menschen, Informationen zu bevorzugen, die vorher existierende Ansichten bestätigen, unabhängig vom Wahrheitsgehalt dieser Informationen. Wason führte eine Reihe berühmter Experimente durch, um herauszufinden, wie Menschen Daten weniger Bedeutung zumessen, die dem, was sie für wahr halten, widersprechen. (Als bräuchten wir noch mehr Beweise dafür, dass uns das Verborgene bereits zu falschen Schlüssen verleiten kann.)

Wenn unsere mentalen Modelle reine Annäherungen an die Realität sind, dann sind die Schlüsse, die wir ziehen, zwangsläufig fehleranfällig. Ein paar wenige Worte zu jemandem, der uns nahesteht, können enorme Bedeutung haben, wohingegen dieselben Worte, wenn sie gegenüber einem Fremden geäußert werden, gar keine Wirkung haben können. Bei der Arbeit sehen wir vielleicht die Tatsache, dass wir nicht zu einem Meeting eingeladen wurden, als Bedrohung für uns selbst oder unsere Projekte, auch wenn diese Absicht nie dahinterstand. Aber oft sehen wir die Fehler in unserer Argumentationskette – oder unserer Einstellung – nicht und lassen uns daher leicht täuschen, sind dabei aber überzeugt, als Einzige bei Verstand zu sein.

Wie leicht sich diese Art der Täuschung am Arbeitsplatz verbreiten kann, zeigt die Geschichte von einem Fehler, den wir in den Anfangstagen von Pixar machten. Wir hatten zur Unterstützung bei einem Film externe Autoren engagiert, waren mit dem Ergebnis aber nicht glücklich. Also holten wir noch jemand anderen mit an Bord, einen anderen Autor, der einen hervorragenden Job machte, doch aus Versehen standen noch die Namen der ursprünglichen Autoren auf dem neuen Manuskript. Als der Film erschien, mussten wir die originalen, enttäuschenden Autoren nennen, weil die Regeln in unserer Branche es so vorschreiben. Dass wir ihnen diese unverdiente Anerkennung zukommen lassen mussten, hinterließ bei vielen in Pixar einen schlechten Nachgeschmack. Wir weisen immer wieder auf unsere Überzeugung hin, dass jeder die Anerkennung bekommen sollte, die er verdiente.

Diese Episode führte jedoch dazu, dass die Pixar-Regisseure beschlossen, in Zukunft die erste Drehbuchversion für ihre Filme *selbst* zu schreiben, sodass sie als Autoren genannt würden. Diese Überzeugung prägte unsere Vorstellung, wie unser Studio funktionieren sollte, und dies hatte wiederum Einfluss auf die Ansichten unserer Regisseure darüber, was es bedeutete, Regisseur zu sein. Doch leider waren all das falsche Schlussfolgerungen, die auf einer einzigen schlechten Erfahrung basierten. Und das führte zu weiteren Problemen. Wir stießen danach intern auf fast passiv-aggressiven Widerstand, wenn wir zu Beginn unserer Arbeit externe Autoren anheuern wollten, obwohl wir erklärt hätten, dass wir keinen Regisseur eine erste Drehbuchfassung schreiben lassen wollten, der noch nie einen Film geschrieben hatte. Die Folge war, in einigen Fällen, jede Menge verschwendete Zeit. Schreiben ist nicht nur zeitaufwendig, sondern Autoren tragen auch strukturiertes Denken zum Entwicklungsprozess bei – und das brauchen die meisten Regisseure dringend. Mehrere Projekte gerieten ins Stocken, weil Regisseure abtauchten und die Drehbücher selbst schrieben, während sie eigentlich etwas anderes hätten tun sollen.

Ich denke, inzwischen sind wir über den Berg, aber es hat eine Weile gedauert. Und all das nur wegen eines mangelhaften mentalen Modells, das als Reaktion auf ein einzelnes Ereignis entstanden war und sich festgesetzt hatte. Sobald wir mal ein Modell im Kopf haben, wie etwas funktionieren sollte, kann man es kaum noch ändern.

Jeder hat schon einmal erlebt, dass mehrere Menschen dasselbe gesehen haben, sich aber unterschiedlich daran erinnern. (Üblicherweise glauben wir, *unsere* Erinnerung sei die korrekte.) Diese Unterschiede entstehen, weil unsere unterschiedlichen mentalen Modelle bestimmen, was wir sehen. Ich wiederhole noch einmal: *Unsere mentalen Modelle sind nicht die Realität.* Sie sind Werkzeuge, wie die Modelle von Meteorologen für die Wettervorhersage. Doch wie jeder weiß, wird manchmal Regen vorhergesagt und, zack, die Sonne kommt raus. Das Werkzeug ist nicht die Realität.

Man muss nur den Unterschied erkennen.

Wenn wir an einem Film arbeiten, dann existiert der Film noch nicht. Wir graben ihn nicht aus oder entdecken ihn; er liegt nicht irgendwo herum und wartet darauf, gefunden zu werden. *Es gibt keinen Film.* Wir treffen Entscheidungen, eine nach der anderen, um ihn zu erschaffen. Der Film ist in sehr grundlegender Hinsicht vor uns verborgen. (Ich bezeichne dieses Konzept als »noch nicht erschaffene Zukunft«, und beschreibe in einem späteren Kapitel die zentrale Rolle, die dieses Konzept bei der Kreativität spielt.) Das kann sich erdrückend anfühlen. Autoren sprechen nicht ohne Grund von der Angst vor der leeren Seite, und Maler erschaudern beim Anblick einer leeren Leinwand. Etwas aus dem Nichts zu erschaffen, ist extrem schwierig, vor allem, wenn man bedenkt, dass viel von dem, was man umsetzen will, verborgen ist, zumindest am Anfang. Doch es gibt Hoffnung. Man kann etwas tun, um sich zu öffnen und klarer zu sehen.

Wie bereits erwähnt, sehe ich Gleichgewicht als dynamische Aktivität – das heißt, dass sie niemals endet. Ich habe Gründe genannt, die dagegensprechen, sich automatisch in ein Extrem zurückzuziehen, weil es sich sicher und stabil anfühlt. Bei der Navigation zwischen dem Bekannten und dem Unbekannten muss man einen ähnlichen Balanceakt vollführen. Sicherheit und Vorhersagbarkeit sind sehr verlockend, aber ein echtes Gleichgewicht erreicht man nur durch Handlungen, deren Ergebnis noch nicht absehbar ist. Besonders kreative Menschen sind bereit, im Schatten der Unsicherheit zu arbeiten.

Ich möchte noch einmal auf die Metapher mit der Tür zurückgreifen, die ich weiter vorn im Kapitel schon einmal erwähnte. Auf der einen Seite der Tür ist alles, was wir sehen und wissen – die Welt, wie wir sie kennen. Auf der anderen Seite ist alles, was wir nicht sehen und nicht kennen – ungelöste Probleme, nicht ausgedrückte Emotionen, ungenutzte Möglichkeiten, die so zahllos sind, dass man sich nicht einmal vorstellen kann, sie sich vorzustellen. Diese Seite ist keine alternative Realität, sondern etwas noch Unfassbareres: das, was noch nicht erschaffen wurde.

Idealerweise steht man mit einem Fuß auf jeder Seite der Tür – einer ist geerdet in dem, was wir kennen, auf das wir vertrauen, unsere Fachgebiete, die Menschen und Prozesse, auf die wir uns verlassen können, und der andere Fuß steht im Unbekannten, wo die Dinge unklar, ungesehen oder noch nicht erschaffen sind.

Viele fürchten diese Seite der Tür. Wir sehnen uns nach Stabilität und Sicherheit, und daher bleiben wir mit beiden Füßen sicher auf der Seite, die wir kennen, und glauben, wir seien in Sicherheit, wenn wir uns selbst und das, was bekanntermaßen funktioniert, wiederholen. Das fühlt sich vernünftig an. Ebenso wie unsere Überzeugung, dass Recht und Ordnung zu gesunden, produktiven Gesellschaften führen, oder dass Übung den Meister macht, oder dass die Planeten um die Sonne kreisen. Wir alle brauchen Dinge, auf die wir uns verlassen können. Aber egal, wie sehr wir uns nach Sicherheit sehnen, sollten wir doch einsehen, dass irgendetwas zwangsläufig und ungebeten durch diese Tür kommen wird, aufgrund unserer Grenzen oder durch Zufall oder aufgrund einer nicht erkennbaren, zukünftigen Ereigniskette. Manches davon wird erhebend und inspirierend sein, anderes katastrophal.

Jeder kennt Menschen, die dem Unbekannten begeistert entgegentreten; sie beschäftigen sich mit scheinbar unlösbaren Problemen in Wissenschaft, Technik und Gesellschaft; stellen sich den Komplexitäten des visuellen oder schriftlichen Ausdrucks; sie ziehen Stärke aus der Unsicherheit. Weil sie glauben, dass sie, indem sie Fragen stellen, mehr als nur einen Blick hinter die Tür werfen können. Sie wagen sich über die Schwelle.

Auch andere wagen sich mit überraschendem Erfolg in das Unbekannte, wissen aber kaum, was sie da getan haben. Sie glauben an ihre eigene Cleverness, sonnen sich in ihrer Brillanz und erzählen anderen, wie wichtig es sei, Risiken einzugehen. Sie sind einmal über Großartiges gestolpert, haben aber keinerlei Verlangen nach einer weiteren Reise ins Unbekannte. Der Erfolg hat ihre Angst vor einem Fehlschlag nur vergrößert, und daher ziehen sie sich zurück und begnügen sich damit, sich selbst zu wiederholen. Sie bleiben auf der bekannten Seite.

Ich spreche hier zwar über die Elemente, die eine gesunde kreative Umgebung ausmachen, aber ich habe ausdrücklich nicht versucht, *Kreativität* selbst zu definieren – und zwar mit Absicht. Ich tue es nicht, weil ich keinen Nutzen darin sehe. Ich glaube, wir alle haben das Potenzial, Probleme zu lösen und uns kreativ auszudrücken. Wir werden nur von unsichtbaren Barrieren zurückgehalten – die Fehlwahrnehmungen und Annahmen, die uns im Weg stehen, ohne dass wir es bemerken. Was verborgen ist, ist also keine reine Abstraktion, die nur zur intellektuellen Übung dient. Wir klammern uns an das, was funktioniert, fürchten uns vor Veränderungen und haben ein falsches Bild von unserer Rolle bei unserem Erfolg. All das behindert unseren Fortschritt. Wenn wir diese Hindernisse aus dem Weg räumen wollen, müssen wir uns mit dem Verborgenen beschäftigen. Offenheit, Sicherheit, Recherchen, eine gesunde Selbsteinschätzung und der Schutz des Neuen sind allesamt Mechanismen, mit denen wir uns dem Unbekannten stellen und Chaos und Angst minimal halten können. Diese Konzepte machen es uns nicht unbedingt leichter, aber sie können uns bei der Aufdeckung verborgener Probleme helfen und uns so die Möglichkeit verschaffen, diese Probleme anzugehen. Darum geht es in den nächsten Kapiteln.

# TEIL 3

# Aufbau und Erhalt

# KAPITEL 10

## Erweiterung unserer Perspektive

Ende der 1970er-Jahre reiste ich mit meiner Frau und einem anderen Ehepaar auf dem Landweg von New York City nach Washington D. C. Wir mieteten so ein riesiges Wohnmobil, das auf jeder Seite zwei Hinterräder hat, sodass immer noch ein Rad das Wohnmobil stützt, wenn ein Rad platzen sollte. Das Manövrieren mit diesem Ding war gelinde gesagt eine Herausforderung, und diese Herausforderung war umso größer, weil der andere Mann, Dick, noch nie mit einem Wohnmobil gefahren war. Anstatt auf die New Jersey Turnpike zu fahren, was wahrscheinlich das Klügste gewesen wäre, nahmen wir eine andere Route, auf der wir keine Maut zahlen mussten; wir wollten es billig. Nur gab es auf dieser alternativen Route alle paar Kilometer einen Kreisverkehr, diesen Ersatz für Kreuzungen, auf dem die Fahrzeuge zusammengeführt werden, einen Teil im Kreisrund fahren und dann in ihre gewählte Richtung ausfahren. Das ist leicht in einem Auto, weniger leicht mit einem Wohnmobil.

Als wir uns so einem Kreisverkehr näherten, schnitt Dick die Kurve an, und ich hörte, wie aus einem Hinterrad die Luft entwich.

»Dick, du hast einen Reifen kaputt gemacht!«, sagte Dicks Frau Anne.

»Nein, habe ich nicht«, gab er zurück.

Wir fuhren weiter, und Dick und Anne begannen einen langen, hitzigen Streit über das Rad und Dicks Fahrstil. »Du musst vorsichtiger sein«, schimpfte Anne, während Dick vor Wut schäumte (»Ich habe den Reifen nicht zum Platzen gebracht!«) und sich verteidigte (»Diese Wohnmobile sind schwer zu fahren!«). Es war offensichtlich für meine Frau und mich, dass Vorfälle aus der Vergangenheit diesen Gedankenaustausch nährten, doch Dicks und Annes Vorgeschichte brachte die beiden keinesfalls zu der offensichtlichen und auch reichlich dringlichen Schlussfolgerung, dass wir rechts ranfahren und unseren platten Reifen reparieren sollten. Es war, als ob die angestauten Spannungen über andere Themen die beiden blind machten für die Realität: Wir rasten in einem Wohnmobil die Autobahn entlang, mit einem Rad weniger an dem riesigen Gefährt als vorgesehen. Wir sollten anhalten und den Schaden begutachten.

Nachdem ich ihrem Gezänk einige Minuten zugehört hatte, fand ich es notwendig, einzugreifen, und sagte, der Reifen sei tatsächlich geplatzt. Dick und Anne dachten zwar, sie sprächen über den Reifen, doch das war eindeutig nicht der Fall, und meiner Frau und mir war klar, dass für keinen der beiden unsere Sicherheit im Vordergrund stand. Ihre mentalen Modelle, die sie in Jahren gemeinsamer Interaktion gebildet hatten, veränderten ihre Interpretation eindeutiger Ereignisse – wir hatten eine Kurve geschnitten, und ein Reifen war geplatzt – und machten sie blind für die Gefahr, in der wir uns womöglich befanden, wenn wir nicht sofort rechts ranfuhren und uns um das Problem kümmerten.

Diese Geschichte – das übergroße Fahrzeug, das selbstvergessene Paar, der geplatzte Reifen, der giftige Wortwechsel, der an den Film *The Honeymooners* erinnert – enthält sicher eine Prise schwarzen Humor, doch ich erzähle sie hier, weil sich daran vier meiner Grundannahmen zur Unternehmensführung demonstrieren lassen. Die erste habe ich in Kapitel 9 besprochen: Das Modell, das wir von der Welt haben, verzerrt unsere Wahrnehmung so stark, dass es uns schwerfällt, das direkt vor uns Liegende zu sehen. (Ich verwende den Begriff Modell hier in einem sehr allgemeinen Sinn. Es geht um die vorgefassten Meinungen, die wir im Lauf der Zeit erworben haben und mit deren Hilfe wir Gesehenes und Gehörtes bewerten, Schlussfolgerungen ziehen und auch Erwartungshaltungen einnehmen.) Zweitens erkennen wir normalerweise nicht die Grenze zwischen neu eingehender Information und unseren alten, bestehenden mentalen Modellen – beides besteht für uns parallel als eine einheitliche Wahrnehmung. Drittens, wenn wir unbewusst in unseren eigenen Interpretationen verfangen sind, werden wir unflexibel und sind weniger gut in der Lage, mit anfallenden Problemen umzugehen. Und die vierte Vorstellung ist, dass Menschen, die zusammen arbeiten und leben – wie zum Beispiel Dick und Anne –, durch die Nähe und die gemeinsame Vergangenheit stark (manchmal hoffnungslos) miteinander verwobene Weltmodelle besitzen. Wären meine Frau und ich nur mit Dick oder nur mit Anne unterwegs gewesen, hätte er oder sie sicher angemessen reagiert, doch weil sie zusammen waren, war ihr gemeinsames Modell komplexer – und einschränkender – als jedes ihrer Modelle für sich genommen.

Bedenken Sie nun Folgendes: Bei dem Zwischenfall mit dem Reifen waren nur zwei miteinander verbundene Modelle zweier Menschen involviert. Im Geschäftsleben, wo vielleicht Dutzende, wenn nicht Hunderte Menschen sehr eng zusammenarbeiten, multipliziert sich dieser Effekt schnell, und ehe man sich's versieht, führen diese miteinander konkurrierenden und oft gegenläufigen Modelle zu einer Unbeweglichkeit, die es erschwert, etwas zu verändern oder gut auf Herausforderungen zu reagieren. Die Verflechtung vieler Ansichten ist ein unvermeidlicher Teil jeder Kultur, und wenn man nicht aufpasst, können die sich daraus ergebenden Konflikte dazu führen, dass Menschengruppen bei ihren beschränkten Standpunkten bleiben, auch wenn jedes Mitglied der Gruppe normalerweise offen ist für bessere Ideen.

Wenn mehr Menschen in eine Gruppe kommen, entsteht unvermeidlich eine Tendenz zur Unbeweglichkeit. Wir mögen prinzipiell der Aussage zustimmen, dass ein Unternehmen flexibel sein muss, um Probleme zu lösen, doch es kann außerordentlich schwierig sein, dieses Prinzip auch zu leben. Starrheit – damit meine ich die Überzeugung, dass die eigene Sichtweise die richtige ist – kann anfänglich schwer zu erkennen sein. Und wie Einzelne Vorurteile haben und voreilige Schlüsse ziehen können, weil sie die Welt durch ihre Brille sehen, nehmen auch Unternehmen die Welt durch die Sicht ihrer bereits erworbenen Kompetenzen wahr.

In diesem dritten Teil des Buchs geht es um einige spezielle Methoden, wie wir bei Pixar verhindern, dass unsere ganz unterschiedlichen Ansichten unsere Zusammenarbeit behindern. In jedem Fall versuchen wir – als Einzelpersonen und als Unternehmen –, unsere vorgefassten Meinungen zu hinterfragen. In diesem Kapitel spreche ich verschiedene Methoden an, wie wir gemeinsam zu einer anderen Grundhaltung finden.

1. Dailies oder gemeinsames Problemlösen
2. Exkursionen
3. Die Macht der Grenzen
4. Integration von Technologie und Kunst
5. Kurze Experimente
6. Sehen lernen
7. Manöverkritiken
8. Weiterlernen

## 1. Dailies oder gemeinsames Problemlösen

Im Herbst 2011, acht Monate vor dem Start von *Merida,* schlenderten etwa ein Dutzend Zeichner zum Dailies-Meeting im Vorführraum ganz am Ende des Pixar-Atriums und ließen sich in die übergroßen Sofas fallen. Dailies sind Grobausschnitte der Produktion vom Vortag, anhand derer Stand und Qualität der Arbeit beurteilt werden. Es war kurz nach neun Uhr, viele Anwesende schlürften Kaffee und versuchten, wach auszusehen. Der Regisseur Mark Andrews dagegen ist immer sehr ausgeschlafen. Als er in den Raum hüpfte, hatte er – als eifriger Fechter – bereits eine Stunde draußen auf dem Rasen mit dem Langschwert Stöße und Paraden geübt.

Mark war auf Bitten von John und mir mitten in der Produktion als Regisseur bei *Merida* eingesprungen und galt bei vielen als inspirierender Vorgesetzter. Er war stolz auf seine Wurzeln in Schottland, wo *Merida* spielt, und er drängte sein Team, wie er jeden Freitag im Kilt zur Arbeit zu kommen (er sagt immer, Männer in Kilts seien gut für die Arbeitsmoral). Für viele war er geradezu eine Naturgewalt. »Mark spricht mit einem, als versuche er, einen Tornado der Klasse F5 hinter sich zu übertönen – und er schafft es«, so beschrieb ihn einer der Zeichner. »Ich glaube, er nimmt Plutoniumpillen.« Dieses Dailies-Meeting würde diesen Verdacht nicht entkräften.

»Guten Morgen alle zusammen, wacht auf!«, brüllte Mark und begann so die einstündige Sitzung, in der die versammelten Zeichner Einblicke in die Szenen gaben, die sie gerade zum Leben erweckten. Mark sah aufmerksam zu, machte detaillierte Anmerkungen, wie jede Szene verbessert werden könnte, und ermutigte alle anderen im Raum – einen Rigging Supervisor, den Producer des Films, den Dramaturgen und die anderen Zeichner –, das ebenfalls zu tun. Das Ziel war wie bei allen Dailies-Meetings, die Aufnahmen gemeinsam zu sehen, wie sie wirklich waren.

Dailies sind ein wichtiger Teil der Unternehmenskultur bei Pixar, nicht nur wegen ihrer Ergebnisse – ein konstruktives Feedback mitten im Arbeitsprozess –, sondern auch wegen der Art, *wie* das erzielt wird. Die Teilnehmer haben gelernt, am Eingang ihren Egoismus zurückzunehmen – sie werden ihrem Regisseur und ihren Kollegen unvollständige Arbeiten vorführen. Das verlangt Einsatz auf allen Ebenen, und es ist Aufgabe unserer Regisseure, dafür einen sicheren Ort zu schaffen und zu pflegen. Mark Andrews tat dies auf dem *Merida*-Meeting mit seiner unbezähmbaren Art: Er sang Lieder aus den 80er-Jahren, gab den Leuten Spitznamen und machte sich über sein eigenes Zeichentalent lustig, als er schnell ein paar kleine Verbesserungen hinzeichnete. »Ist das alles, was du an Energie für heute zu bieten hast?«, neckte er einen verschlafenen Kollegen. Einem anderen, dessen Arbeit er für makellos hielt, rief er die Worte zu, die alle Zeichner ersehnen: »Reinzeichnen! Zack!«

Ob die Zeichner nun alle ihre Freigabe erhielten oder nicht, jeder einzelne konnte sicher sein, dass alle Zuschauer nach ihrer Präsentation applaudierten.

Doch das war keine Solidaritätsveranstaltung. Die Kritik war immer sehr spezifisch und akribisch. Jede Szene wurde unerbittlich untersucht, und jeder Zeichner schien froh über Rückmeldungen. »Finden alle diesen Stock groß genug?«, fragte Mark einmal und meinte einen dünnen Zweig, der in einer Szene eine schwere Tür offen halten sollte. Einige fanden ihn nicht groß genug, und Mark kritzelte mit einem Stylus auf einem Tablet, bis ein stabileres Holzstück auf dem Bildschirm vorn im Raum sichtbar wurde. »Besser?«, fragte er. Eine Szene nach der anderen wurde von der Gruppe geprüft und warf neue Fragen auf. Dieser Alte, der gerade die Treppe hinaufrennt? Er sollte kurzatmiger wirken. Der Gesichtsausdruck eines jungen Spions? Er könnte teuflischer sein. »Meldet euch!«, drängte Mark. »Lasst hören!«

Trotz des Gelächters und der Ungezwungenheit konnte man die Konzentration im Raum fühlen. Diese Leute waren mit einer detaillierten Analyse beschäftigt – und waren offen für konstruktive Kritik –, die letztendlich darüber bestimmen würde, ob nur gute Animation hervorragend würde. Mark nahm zehn Einzelbilder, sogenannte Frames, in die Zange, in der die Mutterfigur Königin Elinor sich in einen Bären verwandelt hat. Sie überquert einen Fluss und springt dabei von Stein zu Stein. »Ihre Schritte wirken eher wie die einer Katze und nicht wie die eines schweren Bären«, sagte er. »Mir gefällt die Geschwindigkeit insgesamt, aber ich kann das Gewicht nicht spüren. Sie läuft wie eine Ninja.« Alle nickten, notierten das und gingen zum Nächsten über.

Dailies sind Meisterklassen, in denen man lernt, umfassender zu denken und zu sehen, und die Auswirkungen sind im gesamten Unternehmen spürbar. »Manche zeigen ihre Szenen, weil sie die Kritik der anderen hören wollen, andere kommen, sehen zu und wollen wissen, welche Anmerkungen es gibt – um von ihren Kollegen und von mir zu lernen, was mein Stil ist, was ich mag und was nicht«, sagte Mark. »Die Dailies halten alle in Top-Form. Es kann einen einschüchtern, wenn man da drin ist, denn Ziel ist es, die bestmögliche Animation zu schaffen. Wir gehen mit einem engzahnigen Kamm durch jeden einzelnen Frame, immer und immer wieder. Manchmal gibt es heftige Debatten, denn ehrlich gesagt weiß ich auch nicht alle Antworten. Wir arbeiten das gemeinsam aus.«

Ich gebe diese Einblicke in eine Dailies-Sitzung, weil das gemeinsame Analysieren der Arbeit in einem Team jeden Morgen per Definition schon eine Gruppenleistung ist – doch das kommt nicht von selbst. Die Leute kommen mit bestimmten Erwartungen, was sie für wichtig halten. Sie wollen gefallen, Eindruck machen und ihren Wert beweisen. Sie wollen sich nicht in eine peinliche Situation bringen, indem sie unfertige Arbeiten zeigen oder schlecht umgesetzte Ideen, und sie wollen nichts Dummes vor dem Regisseur sagen. In einem ersten Schritt müssen alle lernen, dass jeder bei Pixar unfertige Arbeiten zeigt und dass jeder Vorschläge machen darf. Wenn sie das erkennen, verschwindet die Verlegenheit – und wenn die Verlegenheit weg ist, werden die Leute kreativer. Wenn man sich bemüht, einen sicheren Raum für den Prozess der Problemlösung zu schaffen, dann lernen alle voneinander und inspirieren sich gegenseitig. Der gesamte Prozess wird produktiv und wird zur sozialen Bereicherung. Um jeden Morgen mit voller Aufmerksamkeit teilzunehmen, braucht man Empathie, Klarheit, Großzügigkeit und die Fähigkeit, zuzuhören. Die Dailies sollen die Fähigkeit aller fördern, anderen gegenüber offen zu sein und dabei anzuerkennen, dass die Kreativität des Einzelnen durch die Menschen seiner Umgebung bereichert wird. Das Ergebnis: Wir sehen klarer.

## 2. Exkursionen

Einmal saß ich bei Disney in einem Konferenzraum, in dem zwei Regisseure die neueste Version ihres Films in Vorbereitung vorstellten. Im Raum waren große Pinnwände aufgehängt mit Illustrationen, was in jedem Akt geschieht, mit Zeichnungen der Figuren und Collagen von Vorlagen, aus denen die Inspiration stammte. Um einen Gesamteindruck von dem Film zu vermitteln, hatten die Regisseure Dutzende Bilder aus bekannten Filmen aufgehängt, die ihrer Meinung nach visuell und vom Kontext her auf derselben Linie lagen: Panoramaaufnahmen, die sie nachempfinden wollten, Landschaften, die sie inspirierten, Charakterstudien mit Kostümen in der Art, wie sie sie verwenden wollten. Sie hofften, einen Eindruck ihrer Filmidee zu vermitteln, indem sie Beispiele aus anderen Filmen zeigten. Jede einzelne Pinnwand basierte auf diesen symbolträchtigen Bezügen, doch der nicht beabsichtigte Effekt war, dass alles Vorgestellte furchtbar abgeleitet wirkte. Einerseits war das durchaus sinnvoll – jeder Regisseur kommt zu diesem Beruf, weil er Filme liebt; es ist unvermeidlich, dass es häufig Bezüge zu anderen Filmen gibt, wenn man übers Filmemachen spricht. (Bei Pixar sagen wir scherzhaft, dass pro Meeting nur einmal *Star Wars* erwähnt werden darf.) Bezugnahmen auf andere Filme, gute oder schlechte, gehören zum Vokabular, wenn man über die Produktion von Filmen spricht. Doch wenn man sich zu stark auf Vorangegangenes bezieht, besteht die Gefahr, dass der Film etwas Abgeleitetes wird.

Brad Bird beobachtete ein ähnliches Phänomen während seines Studiums am California Institute of the Arts. Er erinnert sich an eine Gruppe von Studenten, die einfach die Animation der Meister nachahmte, eine Herangehensweise, die er als »Frankensteining« bezeichnete. »Sie ließen eine Figur so gehen, wie Milt Kahl Medusa in *Bernard und Bianca – Die Mäusepolizei* gehen ließ«, sagt er. »Und dann ließen sie sie winken, wie Frank Thomas Fauna in *Dornröschen* winken ließ, und so weiter …«

Wenn Filmemacher, Industriedesigner, Softwareentwickler oder Menschen in anderen kreativen Berufen nur das zerlegen, was schon war, und wieder zusammensetzen, schafft das die Illusion von Kreativität, doch das ist Kunsthandwerk ohne Kunst. Kunsthandwerk ist das, was wir können sollten; Kunst ist der unerwartete Einsatz unseres Handwerks.

Zwar *scheint* das Abkupfern des bereits Vorhandenen ein sicherer Weg, und der Wunsch nach Sicherheit – mit minimalem Risiko zum Erfolg – kann nicht nur Individuen, sondern ganze Unternehmen erfassen. Wenn wir das Gefühl bekommen, dass unsere Strukturen starr, unflexibel oder bürokratisch sind, müssen wir sie aufbrechen – ohne uns dabei selbst zu zerstören. Die Frage, wie man das vollbringt, muss laufend thematisiert werden. Es gibt keine einzelne richtige Antwort – denn die Bedingungen und die Menschen sind ständig im Fluss.

Wenn Filmemacher John etwas Abgeleitetes vorstellen, unterbricht er sie oft, bittet sie, langsamer zu machen und über das hinauszusehen, was sie bereits zu wissen glauben. »Du musst rausgehen und recherchieren«, sagt er ihnen.

Man kann gar nicht genug betonen, wie wichtig für John die Recherche ist. Als Pixar zum Beispiel an einem Film über eine Ratte in Paris arbeitete, die Koch in einem Gourmetrestaurant werden wollte, fuhren mehrere Mitglieder des *Ratatouille*-Teams auf Johns Betreiben nach Frankreich und speisten zwei Wochen lang in besonders guten, mit Michelin-Sternen ausgezeichneten Restaurants, sahen sich deren Küchen an und befragten die Köche. (Sie stapften auch durch die Kanalisation in Paris, wo manche Ratte beheimatet ist.) Als man beschlossen hatte, dass Carl Fredricksens von Luftballons getragenes Haus in dem Film *Oben* in die Berge Südamerikas getragen werden sollte, schickte John eine Gruppe von Künstlern nach Venezuela, um sich die Tepuis aus der Nähe anzusehen; nicht nur das, es wurde auch ein Strauß in die Pixar-Zentrale gebracht, um die Zeichner zu inspirieren, die die Figur des Riesenvogels modellierten. Und als in *Findet Nemo* ein Handlungsstrang vorsah, dass Nemo, der glaubte, alle Abflussrohre führten ins Meer, aus einer Zahnarztpraxis entkommt, indem er in ein Waschbecken springt, wurde ein Besuch bei der Kläranlage von San Francisco vereinbart (und die Filmemacher erfuhren, ja es ist möglich, dass ein Fisch vom Ausguss zum Meer gelangt, ohne dabei getötet zu werden). Viele von der Crew bei *Findet Nemo* machten auch den Tauchschein.

Diese Erfahrungen sind mehr als Exkursionen oder Abwechslung. Da sie zu einem frühen Zeitpunkt im Prozess der Filmproduktion stattfinden, treiben sie die Entwicklung des Films voran. Zum Beispiel bei *Die Monster Uni*. Im Dezember 2009, mehr als drei Jahre vor der Premiere des Films in den Kinos, flogen mehr als ein Dutzend Leute vom künstlerischen und dramaturgischen Bereich in den Osten der USA und besuchten das MIT, Harvard und Princeton. »Zum Gruseln in *Die Monster Uni* wollten wir einen prestigeträchtigen Campus, also wollten wir prestigeträchtige traditionsreiche Unis mit großen Namen sehen«, erinnert sich Nick Berry, der künstlerischer Leiter bei diesem Film, der diese Exkursion sowie Tagesausflüge an die UC Berkeley und Stanford mit organisierte. Sie sahen sich die Wohnheimzimmer an, die Vorlesungssäle, die Forschungseinrichtungen und die Häuser der Studentenverbindungen; sie saßen auf den Rasenflächen auf dem Campus herum, aßen dort Pizza, wo die Studenten hingingen, und machten viele Fotos und Notizen. »Wir dokumentierten alles, bis hin zu den Einzelheiten, wie den Verlauf der Wege in den Collegehöfen«, sagt Nick, »und die Graffiti auf den Holzschreibtischen.« Der fertige Film war voll von diesen Details – wie die Collegejacken aus der Nähe aussehen oder diese »Mitbewohner gesucht«-Zettel (mit den Abreißern), die Studenten an den Schwarzen Brettern auf dem Campus aufhängen – all das vermittelte den Zuschauern ein Gefühl von Realität.

Letztendlich wollen wir Authentizität. Was sich für die Filmemacher als gewaltige Aufgabe darstellt, wenn John sie auf solche Reisen schickt, ist die Tatsache, dass sie noch nicht wissen, wonach sie suchen, also wissen sie nicht, was sie gewinnen werden. Doch man muss bedenken: Man trifft nie auf Unerwartetes, wenn man sich an das Bekannte hält. Meiner Erfahrung nach kommen die Menschen immer verändert von den Exkursionen zurück.

In jedem Beruf ist es wichtig, seine Hausaufgaben zu machen, doch was ich meine, geht über die bloße Erfassung von Fakten hinaus. Exkursionen stellen unsere vorgefassten Meinungen auf den

Prüfstand und halten die Klischees im Zaum. Sie fördern die Inspiration. Ich glaube, sie bringen uns dazu, etwas zu schaffen, anstatt etwas zu kopieren.

Das ist eigentümlich an der Recherche: Die von ihr geförderte Authentizität kommt immer durch, auch wenn die Kinobesucher nichts über die im Film dargestellte Realität wissen. Nur wenige Kinogänger sind zum Beispiel je in der Küche eines französischen Nobelrestaurants gewesen, also könnte man meinen, die Detailbesessenheit in den Küchenszenen in *Ratatouille* – wie die Clogs der Köche auf den schwarz-weiß gekachelten Böden klappern, ihre Armhaltung beim Gemüseschneiden oder wie sie ihre Arbeitsabläufe organisieren –, das könnten die Zuschauer gar nicht erfassen. Doch wir haben herausgefunden, dass die Zuschauer es merken, wenn wir genau sind. Es fühlt sich einfach richtig an.

Sind solche Mikrodetails wichtig? Ich glaube schon. Es macht einen Unterschied, wenn man sein Thema und die Umgebung in- und auswendig kennt. Das ist eine Vertrautheit, die in jedes Einzelbild im Film mit einfließt. Das ist ein verborgener Motor, ein stillschweigender Vertrag mit dem Zuschauer, der sagt: Wir sind bemüht, dir etwas Bedeutungsvolles und Wahres zu erzählen. Wenn man versucht, dieses Versprechen einzuhalten, dann ist kein Detail zu klein.

## 3. Die Macht der Grenzen

Es gibt ein Phänomen, das die Producer bei Pixar »den schön schattierten Penny« nennen. Das bezieht sich auf die Tatsache, dass die Künstler sich bei unseren Filmen so sehr um jedes Detail kümmern, dass sie manchmal Tage oder Wochen an der Gestaltung von etwas arbeiten »wie einem Penny auf dem Nachttisch, den man nie sehen wird«, sagt Katherine Sarafian, Producerin bei Pixar. Sie war Produktionsleiterin bei *Die Monster AG* und erinnert sich an eine Szene, die die Idee vom schön schattierten Penny perfekt illustriert.

Als die verwirrte Buh in die Wohnung von Mike und Sulley kommt und wie ein Kleinkind beginnt, sie zu erforschen, versuchen die Monster, sie festzuhalten. Sie geht auf zwei hohe Stapel mit CDs zu – insgesamt über 90. »Fass die nicht an!«, brüllt Mike, als sie eine CD-Hülle von unten ergreift und die Stapel krachend zu Boden fallen. »Ach, die waren *alphabetisch* geordnet«, jammert Mike, als sie davontappst. Das dauert nur drei Sekunden, und in der Zeit sind nur wenige CD-Hüllen überhaupt zu sehen. Doch die Pixar-Künstler schufen nicht nur für jede dieser CDs eine CD-Hülle, sondern auch einen Shader – ein Programm, das berechnet, wie ein Objekt seine Schattierungen verändert, wenn es sich bewegt.

»Sind all diese CD-Hüllen sichtbar?«, fragt Sarafian. »Nein. Hat es Spaß gemacht, sie alle zu gestalten? Ja. Vielleicht hat sich jemand einen Scherz erlaubt, doch einer im Team glaubte, jede davon wäre aus der Nähe sichtbar, deshalb wurden sie liebevoll gestaltet.«

Ich will gar nicht darüber nachdenken, wie viele Personenwochen das verschlang.

Es war klar, dass etwas in unserem Ablauf nicht mehr stimmte – der Wunsch nach Qualität war über das vernünftige Maß hinausgewachsen. Denn im weiteren Verlauf der Produktion mussten unsere Leute an Szenen arbeiten, ohne den Kontext zu kennen – also arbeiteten sie sie zur Sicherheit viel zu genau aus. Und dazu sind unsere Qualitätsansprüche so extrem hoch, dass jeder dachte, mehr sei besser. Wie geht man nun mit dem »Schön schattierter Penny«-Problem um, ohne den Mitarbeitern zu sagen, sie sollten weniger sorgfältig arbeiten und weniger exzellent sein? Ich wusste, dass keiner im Team der *Monster AG* Details für so wichtig hielt, dass sie Zeit darauf verschwenden sollten. Und natürlich wussten sie, dass es Grenzen gab – sie konnten sie nur nicht sehen. Das war ein Versagen vonseiten der Führung; tatsächlich kämpfen wir laufend darum, wie wir sinnvolle Grenzen setzen und wie wir diese sichtbar machen können.

Viele Grenzen sind nicht durch unsere internen Abläufe, sondern von externen Gegebenheiten vorgegeben – begrenzte Ressourcen,

Ablieferungstermine, Sparmaßnahmen oder Veränderungen im Geschäftsumfeld. Darüber haben wir keine Kontrolle. Doch die Grenzen, die wir intern festlegen, können, richtig eingesetzt, die Mitarbeiter zwingen, ihre Arbeitsweise zu verbessern und manchmal nach anderen Wegen zu suchen. Allein die Vorstellung einer Grenze vermittelt: Man kann nicht alles tun, was man will – also müssen wir intelligentere Lösungen suchen. Seien wir ehrlich: Oft nehmen wir eine solche Anpassung nicht vor, wenn wir nicht gezwungen sind. Grenzen zwingen uns, neu über unsere Arbeitsweise nachzudenken, und treiben unsere Kreativität zu neuen Höhen.

Grenzen sind von unschätzbarem Wert als sogenannte »Appetitzügler« bei uns. Wenn wir einen Film machen, ist unser Bedarf an Ressourcen bodenlos. Setzt man keine Grenzen, rechtfertigen alle den Mehrverbrauch an Zeit und Geld mit: »Wir versuchen nur, einen besseren Film zu machen.« Das liegt nicht daran, dass die Menschen gierig oder verschwenderisch sind, sondern weil sie sich um ihren speziellen Beitrag zum Film kümmern und nicht unbedingt eine klare Vorstellung davon haben, wie sich der ins Ganze fügt. Sie glauben, mehr zu investieren, sei der einzige Weg zum Erfolg.

Bei jeder künstlerischen Bemühung gibt es eine lange Liste von Eigenschaften und Effekten, die man haben möchte, damit es großartig wird – eine *sehr* lange Liste. An einem bestimmten Punkt erkennt man, dass man unmöglich alles von der Liste haben kann. Also setzt man sich eine Frist, die einen dann dazu zwingt, die Liste nach Prioritäten neu zu ordnen. Darauf folgt die schwierige Diskussion, was von der Liste absolut notwendig ist – oder ob das Projekt überhaupt praktikabel ist. Diese Diskussion sollte man nicht zu früh führen, denn zu Beginn weiß man noch nicht genau, was man macht. Wartet man zu lange, gehen einem entweder die Zeit oder die Ressourcen aus.

Meistens kommt erschwerend hinzu, dass weder die Führungskräfte noch die Teammitglieder des Films die tatsächlichen Kosten der einzelnen Posten auf der Liste kennen. Der Regisseur weiß vielleicht auch nur ungefähr, wie viel zusätzliche Arbeit eine spezielle

Verbesserung der Story erfordern wird. Ebenso geht ein Künstler oder technischer Leiter vielleicht davon aus, die Sache, an der er gerade arbeitet, sei von wesentlicher Bedeutung, und macht sich mit seinem Herzblut daran, ohne eine Vorstellung von der tatsächlichen Bedeutung seiner Arbeit für den Film. In meiner Geschichte vom Camper und dem geplatzten Reifen fiel es Dick schwer, die Realität der Ereignisse von dem zu trennen, was er wahrhaben *wollte*. Bei einem so komplexen Vorgang wie der Produktion eines Filmes ist diese Schwierigkeit, zu trennen zwischen dem, was man will, und dem Machbaren exponentiell größer. Umso wichtiger ist es, dass man Werkzeuge zur Hand hat, die einen klarer sehen lassen.

Brad Bird erzählt gerne eine Geschichte über genau diese schwierige Frage. Während der Arbeit an *Die Unglaublichen – The Incredibles* wurde er abgelenkt von etwas, das er »Trugbild« nennt – Szenen oder Ideen, in die er sich verliebt hatte, die aber letztendlich dem Film nicht dienten. Zum Beispiel war er lange Zeit besessen von der Vorstellung, dass im Hintergrund einer Szene Fische in einem Aquarium erscheinen sollten. Sie sollten sich bewegen und flimmern, sodass man an Flammen in einem Feuer dachte. Er war geradezu fixiert darauf, diese Vision aus seinem Kopf zu realisieren. Doch die Zeichner hatten wirklich Schwierigkeiten, es echt aussehen zu lassen, und nach fünf Monaten – und tausenden Arbeitsstunden – erkannte Brad plötzlich, dass es den Film nicht wirklich verbesserte. Ein Trugbild hatte ihn irregeführt.

Zum Glück hatte Brad einen Producer, John Walker, der (gemeinsam mit der Abteilungsleiterin Laura Reynolds) ein System entwickelte, mit dem das Team sehen konnte, was angesichts der vorhandenen Ressourcen möglich war. Johns System bestand aus Eisstielen, die mit Klettband an die Wand geklebt waren. Jeder Stiel stand für eine Personenwoche. Das ist die Arbeit, die ein Zeichner in einer Woche tun kann. Zur besseren Übersicht war neben jeder Figur ein Bündel Stiele aufgereiht. Ein Blick an die Wand sagte einem: Wenn du so viele Stiele für Elastigirl brauchst, bleiben dir weniger für Jack-Jack. Und so weiter. »Brad kam zu mir und sagte:

›Wir müssen das heute noch erledigen‹«, erinnert sich John. »Und ich konnte auf die Wand deuten und sagen: ›Nun, dann brauchst du noch einen Stiel. Woher willst du den nehmen? Denn wir haben nur so viele.‹« Das ist ein gutes Beispiel für den positiven Einfluss von Grenzen.

Doch manche Bemühungen, Grenzen zu setzen, können auch nach hinten losgehen. Als ich mit John 2006 zu Disney Animation kam, fanden wir einen interessanten Konflikt vor. Die Produktion von Animationsfilmen ist kompliziert und kostenintensiv. Deshalb hatten unsere Vorgänger in der Führung eine »Aufsichtsgruppe« eingesetzt, die im Endeffekt der verlängerte Arm der Führung war. Ihr einziger Auftrag war es, sicherzustellen, dass das Budget und der Zeitrahmen eingehalten wurden. Diese Gruppe studierte die Produktionsberichte aller Filme, prüfte, ob alles wie erwartet verlief, und teilte dann ihre Erkenntnisse der Studioleitung mit. Das vermittelte den Studiochefs das gute Gefühl, alles ihnen Mögliche getan zu haben, um kostspielige Fehler zu vermeiden.

Aus der Perspektive der Mitarbeiter an der Produktion des Films stellte die Aufsichtsgruppe jedoch eine Behinderung dar, keine Hilfe. Die Mitarbeiter hatten das Gefühl, sie besaßen nicht mehr die nötige Flexibilität, um schnell auf Probleme zu reagieren, weil die Aufsichtsgruppe jede Entscheidung – auch die kleinste – genauestens hinterfragte. Sie fühlten sich machtlos. In diesem Fall behinderten die auferlegten Grenzen den Fortschritt. Und nicht nur das, sie verursachten auch »politische« Probleme: Die Aufsichtsgruppe lag im Krieg mit der Produktionsgruppe, und das schadete der Arbeitsmoral.

Für John und mich war die Lösung klar: Wir schafften die Aufsichtsgruppe einfach ab. Wir hielten die Leute von der Produktion für gewissenhafte Führungskräfte, die versuchten, ein komplexes Projekt in einem bestimmten Zeitrahmen und Budget abzuschließen. Nach unserer Ansicht brachte die Aufsichtsgruppe außer Spannungen nichts in den Prozess ein. Ihr Mikromanagement besaß keinerlei Wert, denn für die Produktion gab es bereits Grenzen, die jede ihrer Bewegungen einschränkten – das Gesamtbudget und die Deadline. Innerhalb dieser Schranken brauchten sie alle verfügbare Flexibilität. Sobald wir diese Veränderung eingeführt hatten, war der Krieg zu Ende, und die Produktion lief besser.

Unsere Lösung mag auf der Hand gelegen haben, doch etwas anderes war weniger offensichtlich: Sie hätte nicht von den Mitgliedern der Aufsichtsgruppe kommen können, denn damit hätten sie erkennen und eingestehen müssen, dass die Existenz ihrer Gruppe unnötig war. Sie waren nicht in der Lage, die Vorannahme infrage zu stellen, auf der ihre Gruppe basierte. Die Lösung hätte auch nicht von der Führung kommen können, die wir ablösten. Denn sie ging davon aus, die Aufsichtsgruppe übte eine wichtige Funktion aus, weil sie mehr Transparenz schuf und dem Ablauf Disziplin auferlegte. Doch das war die Ironie: Die Schaffung dieser Ebene zur Durchsetzung von Grenzen machte die Grenzen weniger klar und reduzierte so ihre Effektivität.

Die Aufsichtsgruppe war eingesetzt worden, ohne eine grundlegende Frage zu klären: Wie ermöglichen wir unseren Mitarbeitern, Probleme zu lösen? Stattdessen fragte man: Wie verhindern wir, dass unsere Mitarbeiter versagen? Diese Herangehensweise führt nie zu einem kreativen Ergebnis. Meine Faustregel lautet: Immer wenn wir Grenzen oder Vorgehensweisen vorschreiben, sollten wir fragen, auf welche Weise sie dazu beitragen, dass die Mitarbeiter kreativ reagieren können. Lautet die Antwort, sie tragen nicht dazu bei, dann sind die Vorschläge für die vorliegende Aufgabe nicht geeignet.

## 4. Integration von Technologie und Kunst

Zu den beliebtesten Lehrkräften an der CalArts in den 1980er-Jahren zählte der legendäre Bob McCrea, der vor seiner Lehrtätigkeit 40 Jahre bei Disney eng mit Walt persönlich zusammengearbeitet hatte. McCrea war so beliebt, wie er mürrisch war – Andrew Stanton machte ihn später in der Figur des Kommandanten B. McCrea in *WALL-E* unsterblich –, und er trug zur Ausbildung des künstlerischen Sensoriums vieler bei, die später am Aufbau von Pixar mitwirkten. Andrew erinnerte sich, dass er und seine Mitstudenten als »Animationspuristen« entschlossen waren, den Meistern aus den frühen Tagen von Disney wie Bob nachzustreben. Daher gerieten sie in Konflikt, wenn es um den Einsatz neuerer Technologien ging – VHS-Videobänder zum Beispiel –, die es zu den Hochzeiten der Disney Studios noch nicht gab. Wenn Disneys Nine Old Men keine Videobänder einsetzten, sollte er vielleicht auch keine verwenden, sagte Andrew einmal zu Bob McCrea.

»Sei kein Idiot«, sagte Bob. »Wenn wir diese Mittel damals gehabt hätten, hätten wir sie eingesetzt.«

Wie in Kapitel 2 schon erwähnt, wollte Walt Disney immer alle verfügbaren Technologien kennen und entschied sich stets, das Neueste einzusetzen. Er brachte Ton und Farbe in den Trickfilm. Er entwickelte das Bluescreen-Verfahren, die Multiplan-Kamera und den Kopierraum für die Animationsphasen. Ein Vorteil, den wir bei Pixar von Anfang an hatten, war die Integration von Technologie, Kunst und Wirtschaftlichem in der Führungsriege. Jede der Führungskräfte des Unternehmens – John, Steve und ich – kümmerte sich auch um die Bereiche, in denen sie nicht als Experte galt. Wir bemühen uns seitdem gewissenhaft um eine Balance zwischen den drei Beinen des Hockers. Unser Geschäftsmodell, unsere Art, Filme zu machen, und unsere Technologie verändern sich laufend, doch wenn wir sie zusammenführen, sorgen wir dafür, dass sie sich gegenseitig voranbringen. Mit anderen Worten, der Impetus für die Innovation kam eher von innen als von außen.

John sagt oft: »Die Kunst fordert die Technologie heraus, die Technologie inspiriert die Kunst.« Das soll nicht nur so ein schlauer Slogan sein, das ist unsere Philosophie der Integration. Wenn alles läuft, wie es soll, dann ergänzen sich Kunst und Technik und treiben sich gegenseitig zu neuen Höhen. Bedenkt man, wie unterschiedlich die beiden Seiten sein können, dann kann es schwierig sein, sie laufend aufeinander abzustimmen und den Dialog zu erhalten. Doch meiner Ansicht nach lohnt sich die Mühe immer. Unsere Spezialkenntnisse und unsere mentalen Modelle werden herausgefordert, wenn wir uns mit Menschen zusammentun, die anders sind. Wenn wir in der Lage sind, beim Streben nach Kunst unsere Modelle laufend zu verändern und zu verbessern, bleiben wir frisch. Die gesamte Geschichte von Pixar ist ein Beleg für dieses dynamische Wechselspiel.

Ich kann eine Reihe von Beispielen anführen. Bei der Arbeit an *Die Unglaublichen – The Incredibles* war Brad Bird frustriert wegen der Ungenauigkeit – und dadurch auch Ineffizienz – des verbalen Feedbacks für die Zeichner. Wenn man darüber sprach, wie eine Szene besser gezeichnet werden könnte, war es dann zum Beispiel nicht sinnvoll, seine Gedanken aufzuzeichnen? Wäre das nicht effizienter? Brad fragte, ob es eine Möglichkeit gäbe, dass er auf ein projiziertes Bild – eine Szene, die animiert werden sollte – zeichnen konnte, um den Zeichnern auf effizientere Weise mitzuteilen, welche Änderungen er wünschte. Unsere Softwareabteilung machte sich an die Arbeit. Das Ergebnis: das Review Sketch Tool, bei dem die Regisseure mit einem digitalen Stylus direkt auf ein Bild zeichnen können. Diese Zeichnungen können dann gespeichert und allen zugänglich gemacht werden, die damit arbeiten müssen. In den Jahren seit seiner Erfindung ist dieses Programm für alle unsere Regisseure ein ungeheuer wichtiges Werkzeug geworden. (Mark Andrews und ich benutzten es in der zuvor beschriebenen Dailies-Sitzung.)

Zu einer weiteren wichtigen Erfindung kam es, als Pete Docter eines Tages im Jahr 2002 frustriert in meinem Büro stand. Er sagte, er brauchte dringend eine Möglichkeit, grobe Entwürfe von Storyboards einer Szene zusammenzukleben und sie genau zeitlich abzustimmen, damit er sie dann in einem Braintrust-Meeting besprechen konnte. Dann könnte er denselben Enthusiasmus und dieselbe Leidenschaft vermitteln wie beim anfänglichen Pitch, der Vorstellung der Filmidee, und wäre näher an dem erwünschten Endresultat: einem Film. Ich bat unseren Softwareleiter Michael Johnson, etwas für Pete zusammenzustellen. Zwei Wochen später erschien Michael mit dem Prototyp eines Programms, das wir später zu Ehren von Pete »Pitch Docter« nannten.

Das Grundproblem, das Pitch Docter lösen sollte, habe ich schon angesprochen: Wenn ein Regisseur einen Film erstmals vorstellt, führt er ihn auf wie ein Stück Performance-Kunst. Ein Pitch ist eine dynamische Angelegenheit. Der Regisseur kann den Zuschauern in die Augen schauen, sehen, wie die unterschiedlichen Elemente wirken, und während der Vorstellung Anpassungen vornehmen. Diese Vorstellung jedoch ist nicht der Film, und wenn die Story auf Reels kommt und für sich selbst sprechen muss, fällt sie oft durch. Das herkömmliche Pitching war gutes Theater, doch es simulierte nicht den Film. Pitch Docter konnte das.

Mit Pitch Docter stellten sich die Zeichner früher der Kritik, und das ist immer besser. Diejenigen, die das Feedback gaben, konnten mit dem Programm das Material besser bewerten, weil seine Verwendung im Film simuliert wurde. Anfänglich wussten wir nicht, ob die Zeichner diese Arbeitsweise annehmen würden – sie hatten immer auf Papier gearbeitet, und diese neue Technik mussten sie sich selbst erarbeiten und aneignen, wenn sie sie übernehmen wollten. Doch bald erkannten sie die Vorteile. Da Storyboards häufig geändert werden, ist der gesamte Ablauf einfacher, wenn man sie auf dem Computer hat; die Verteilung neuer Versionen im Team geschah auf Knopfdruck. Je mehr Zeichner das Werkzeug übernahmen, desto mehr Verbesserungen wurden vorgeschlagen und desto besser wurde das Werkzeug. Softwareentwickler und Künstler arbeiteten zusammen an der Verbesserung der Werkzeuge, und das Arbeitsmodell der Künstler veränderte sich mit der Anpassung der Software an ihre Bedürfnisse.

Dieser Prozess wurde sowohl von Vorschlägen der Künstler wie auch der Programmierer vorangetrieben – ein Hin und Her, das durch die Zusammenführung von Technologie und Kunst möglich wurde. Michaels Team, die Moving Pictures Group, ist inzwischen ein Beispiel für eine bei uns geschätzte Haltung – eine Haltung, die Veränderungen nicht fürchtet. Dieses Konzept wenden wir überall in unserem Studio an – die Softwareentwickler rotieren in die Produktion und gehen wieder zurück. Das ist eine reaktionsfähige Arbeitsweise; sie ist flink – und sie macht uns besser.

## 5. Kurze Experimente

In den meisten Unternehmen muss man so vieles rechtfertigen, was man tut – sich auf die Quartalszahlen vorbereiten, wenn das Unternehmen an der Börse ist, und wenn nicht, muss man Unterstützung für seine Entscheidungen aufbauen. Ich glaube jedoch, man sollte nicht immer alles rechtfertigen müssen. Wir müssen immer auch dem Unerwarteten Raum geben. Wissenschaftliche Forschung geht so vor – wenn man ein Experiment beginnt, weiß man nicht, ob man einen Durchbruch erzielen wird. Es kann auch sein, dass es nicht dazu kommt. Trotzdem wird man dabei vielleicht ein Puzzlestück des Rätsels lösen – und kann vielleicht einen Blick auf das Unbekannte erhaschen.

Die Kurzfilme bei Pixar sind unsere Möglichkeit, zu experimentieren. Wir produzieren sie in der Hoffnung, genau diese Art von Einblicken zu erhaschen. Im Lauf der Jahre wurde Pixar bekannt für seine Kurzfilme, die vor den Spielfilmen gezeigt wurden. Diese drei bis sechs Minuten langen Filme, die bis zu zwei Millionen Dollar in der Produktion kosten können, werfen sicher keinerlei Profit für das Unternehmen ab; kurzfristig sind sie also kaum zu rechtfertigen. Was sie erhält, ist eine Art Bauchgefühl, dass Kurzfilme nützlich sind.

Unsere Kurzfilmtradition begann Anfang der 1980er-Jahre, als John Lasseter zu uns zu Lucasfilm kam und mit uns an *Die Abenteuer von André und Wally B.* arbeitete. Die erste Welle von Pixar-Kurzfilmen – darunter *Die kleine Lampe, Rots Traum* und der Oscar-gekrönte *Tin Toy* – waren eine Möglichkeit, unsere Kollegen im wissenschaftlichen Bereich über technische Innovationen zu informieren. Ab 1989 machten wir keine Kurzfilme mehr. In den folgenden sieben Jahren konzentrierten wir uns stattdessen auf gewinnträchtige Werbefilme und unseren ersten Spielfilm. Doch 1996, ein Jahr nach dem Start von *Toy Story*, beschlossen John und ich, unser Kurzfilmprogramm wiederzubeleben. Wir hofften, die Kurzfilme würden unsere Experimentierfreudigkeit steigern und könnten vor allem als Versuchsfeld für aufstrebende Filmemacher dienen, die eines Tages Regie bei Spielfilmen führen sollen. Wir rechtfertigten die Ausgaben als Forschungsaufwand. Wenn technische Innovationen in unseren Kurzfilmen verfeinert werden konnten, war allein das schon den Aufwand wert, fanden wir. Am Ende wären die Vorteile zahlreich – wenn es auch nicht unbedingt die waren, die wir erwartet hatten.

*Geri's Game* wurde 1998 vor *Das große Krabbeln* gezeigt. Das war der erste unserer Kurzfilme der zweiten Generation. Darin geht es um einen alten Mann, der in einem herbstlichen Park sitzt und eine mörderische Partie Schach gegen sich selbst spielt. In dem fast fünfminütigen Film wird kein Wort gesprochen außer einem gelegentlichen »Ha!«, mit dem der Alte freudig eine Figur hinknallt. Die Komik liegt in der Veränderung, die in der Persönlichkeit des rund 80-Jährigen vor sich geht, wenn er von einer Seite des Schachbretts auf die andere wechselt.

Wenn die sanftere Seite seiner Persönlichkeit sein prahlerisches Alter Ego besiegt, indem er (buchstäblich) den Tisch umdreht, muss man einfach lachen. Der Film – Autor und Regisseur ist Jan Pinkava – gewann einen Oscar.

Doch dieser sicherlich reizvolle Film *Geri's Game* verhalf uns zu technischen Innovationen. Unsere einzige Vorgabe für Jan war, dass eine menschliche Figur darin vorkommen musste. Warum? Weil wir in diesem Bereich besser werden mussten. Wir mussten nicht nur an der Darstellung leicht unregelmäßiger Flächen wie Gesicht und Hände arbeiten, sondern auch an den Kleidern der Personen. Menschen waren damals nur Nebenfiguren in unseren Filmen, weil wir Haut, Haare und bestimmte gekrümmte Flächen nicht zu unserer Zufriedenheit darstellen konnten. Das sollte sich ändern, und *Geri's Game* war eine Gelegenheit, die Sache anzugehen.

Während wir anfänglich unsere Kurzfilme als Forschungsausgaben rechtfertigten, erkannten wir bald, dass unsere Spielfilme die Hauptantriebskraft für technische Innovationen waren – und nicht die Kurzfilme. Seit *Geri's Game* war bis zu *The Blue Umbrella* im Jahr 2013 kein einziger Kurzfilm mehr von Bedeutung für unseren technischen Fortschritt gewesen. Zuerst hielten wir die Regie bei einem Kurzfilm für eine hervorragende Vorbereitung auf die Regie bei einem Spielfilm, doch inzwischen denken wir, dass wir auch hier falschlagen. Die Regie bei einem Kurzfilm ist eine hervorragende

Ausbildung, und man lernt dabei manches, was man gut für die Regie in einem Langfilm gebrauchen kann, doch die Unterschiede zwischen der Regie zu einem fünfminütigen Film und einem 85-minütigen Film sind doch groß. Wenn man Ersteres vollbracht hat, ist das nur ein Kleinkindschritt auf dem Weg zu Letzterem und nicht einfach der Zwischenschritt, wie wir dachten.

Und doch, trotz unserer fehlerhaften Annahmen erreichten die Kurzfilme etwas anderes für Pixar. Wer daran mitarbeitet, erweitert seinen Erfahrungshorizont stärker als bei der Arbeit an einem Spielfilm, wo durch Größenordnung und die Komplexität des Projekts die Spezialisierung im Team viel stärker ist. Weil bei Kurzfilmen weniger Leute mitarbeiten, muss jeder Mitarbeiter mehr Aufgaben übernehmen und entwickelt viele Fähigkeiten, die man später gut gebrauchen kann. Außerdem entstehen durch die Arbeit in kleineren Gruppen intensivere Beziehungen, die weiter bestehen und langfristig zukünftigen Projekten des Unternehmens zugutekommen.

Unsere Kurzfilme schaffen auch zusätzlichen Wert in zwei weiteren Gebieten. Nach außen festigen sie die Bindung zu den Kinobesuchern, die darin eine Art Bonus sehen – eine Zugabe, nur zu ihrem Vergnügen. Intern sendet die Tatsache, dass wir weiterhin Kurzfilme machen, obwohl sie bekanntermaßen keinerlei wirtschaftlichen Wert haben, die Botschaft aus, dass wir bei Pixar Wert auf künstlerisches Geschick legen. Das verstärkt und bestätigt unsere Werte. Und das schafft ein Wohlwollen, auf das wir zählen können, bewusst und unbewusst, immer.

Schließlich haben wir erfahren, dass die Kurzfilme eine relativ kostengünstige Art sind, etwas in den Sand zu setzen. (Und da ich der Ansicht bin, dass Fehler nicht nur unvermeidbar, sondern auch willkommen sind, ist das etwas Begrüßenswertes.) Vor vielen Jahren trafen wir uns zum Beispiel mit einem Kinderbuchautor, der bei einem unserer Spielfilme Regie führen wollte. Uns gefielen seine Arbeit und sein Einfühlungsvermögen, doch wir wollten erst bei einem Kurzfilm testen, ob er Talent zum Filmemachen besaß oder nicht, und ob er gut mit anderen zusammenarbeiten konnte. Das erste Anzeichen für Probleme? Sein abgelieferter Film dauerte zwölf Minuten – das ist eher ein »mittellanger« als ein Kurzfilm. Doch das tatsächliche Problem war, dass der Regisseur, obwohl er außerordentlich kreativ war, nicht in der Lage war, sich für eine Haupthandlung zu entscheiden. Das Stück mäanderte ohne Fokus und konnte deshalb auch emotional nicht überzeugen. Das war nicht das erste Mal, dass jemand mit überbordender Kreativität bei der Erfindung einzelner Elemente nicht in der Lage war, Probleme mit der Story zu lösen – die zentrale und schwierigste künstlerische Aufgabe. Also zogen wir den Stecker.

Vielleicht hatten einige Leute schlaflose Nächte wegen der zwei Millionen Dollar, die wir für dieses Experiment ausgegeben hatten, doch wir finden, das Geld war gut angelegt. Joe Ranft sagte damals: »Lieber eine kaputte Modelleisenbahn als ein echtes Zugunglück.«

## 6. Sehen lernen

Im Jahr nach dem Start von *Toy Story* führten wir ein Zehn-Wochen-Programm ein, damit jeder neu Eingestellte den Umgang mit unserer hauseigenen Software lernte. Wir nannten dieses Programm Pixar-Universität, und ich stellte einen erstklassigen Trainer für die Leitung ein. Zu dem Zeitpunkt war die Bezeichnung »Universität« etwas irreführend, denn es handelte sich eher um Schulungen und weniger um eine Einrichtung für wissenschaftliches Lernen. Ein Schulungsprogramm lässt sich leicht rechtfertigen, doch ich hatte anderes vor, und während der Umsetzung ergaben sich weitere überraschende Vorzüge.

Manche bei Pixar konnten schon zeichnen – auch schön zeichnen –, doch die Mehrzahl der Angestellten waren keine Künstler. Ein wichtiges Prinzip beim Prozess des Zeichnenlernens wollten wir aber jedem vermitteln. Dafür stellte ich Elyse Klaidman ein, die Zeichenkurse nach dem Buch aus dem Jahr 1979 *Garantiert zeichnen lernen* von Betty Edwards gab. Sie sollte unsere Beobachtungsgabe schulen. Damals hörte man viel vom Denken mit der rechten oder linken Gehirnhälfte. Die Linke ist für das analytische Denken zuständig, die Rechte für die Wahrnehmung. Elyse sagte, wir brauchten zwar bei vielen Tätigkeiten beide Gehirnhälften, beim Zeichnen sollten wir jedoch die linke Gehirnhälfte ausschalten. So schaltete man den Teil des Gehirns aus, der vorschnelle Schlüsse zieht, und so sah man ein Bild immer als ein Bild und nicht als Objekt.

Wenn wir zum Beispiel ein Gesicht zeichnen wollen, malen die meisten Nase, Augen, Stirn, Ohren und Mund – doch wenn wir nicht richtig zeichnen gelernt haben, sind sie schrecklich unproportioniert. Sie sehen keiner speziellen Person ähnlich. Das kommt daher, dass für das Gehirn nicht alle Teile des Gesichts gleich sind. Da Augen und Mund zum Beispiel – als Orte der Kommunikation – für uns wichtiger sind als die Stirn, liegt mehr Betonung auf der Erkennung von Augen und Mund, und wenn wir diese zeichnen, tendieren wir dazu, sie zu groß zu machen, die Stirn dagegen zu klein. Wir zeichnen ein Gesicht nicht wie es ist, sondern wie es nach unseren *Modellen* sein sollte.

Die Modelle, die wir für dreidimensionale Objekte im Kopf haben, müssen sehr allgemein sein: Sie müssen alle Variationen der Objekte einschließen. Unser geistiges Modell von einem Schuh muss zum Beispiel alles umfassen, vom Stöckelschuh bis zum Sicherheitsschuh mit Stahlkappen; es darf nicht so spezifisch sein, dass es diese Extreme ausschließt. Die Fähigkeit unseres Gehirns zur Verallgemeinerung ist ein wichtiges Werkzeug, doch manche Menschen können vom Allgemeinen zum Besonderen kommen, um klarer zu sehen. Um beim Zeichnen als Beispiel zu bleiben: Manche zeichnen besser als andere. Was machen sie anders? Und wenn die Antwort lautet, sie legen ihre Vorannahmen beiseite, können wir das alle lernen?

In den meisten Fällen lautet die Antwort Ja.

Kunstlehrer wenden eine Reihe von Tricks in ihrem Unterricht an. Sie stellen zum Beispiel ein Objekt verkehrt herum auf, sodass die Schüler es als reine Form betrachten können und nicht als bekanntes, erkennbares Objekt (zum Beispiel einen Schuh). Das Gehirn verzerrt dieses auf den Kopf gestellte Objekt nicht, weil es nicht automatisch sein Modell von einem Schuh darauf anwendet. Ein weiterer Trick besteht darin, dass man die Schüler bittet, sich auf die negativen Räume zu konzentrieren – die Flächen um ein Objekt, die nicht das Objekt selbst sind. Eine Zeichenschülerin kann vielleicht schlecht einen Stuhl zeichnen, weil sie weiß, wie ein Stuhl aussehen soll (und dieser Stuhl in ihrem Kopf, ihr geistiges Modell, hält sie davon ab, genau das wiederzugeben, was sie vor sich sieht). Fordert man sie jedoch auf, das zu zeichnen, was *nicht* der Stuhl ist – die Räume zwischen den Stuhlbeinen zum Beispiel – dann fällt es ihr leichter, die Proportionen richtig zu treffen, und der Stuhl sieht realistischer aus. Der Grund dafür ist, dass das Gehirn zwar einen Stuhl als Stuhl erkennt, jedoch misst es der Form der Zwischenräume zwischen den Stuhlbeinen keine Bedeutung zu (und versucht deshalb nicht, sie so zu »korrigieren«, dass sie dem geistigen Modell des Künstlers entsprechen).

Diese Lektion soll den Schülern helfen, die Formen zu sehen, wie sie sind – den Teil des Gehirns zu ignorieren, der das Gesehene in einen allgemeinen Begriff umwandeln will: das Modell eines Stuhls.

Ein ausgebildeter Künstler, der einen Stuhl sieht, ist in der Lage, das zu erfassen, was das Auge wahrnimmt (Form, Farbe), ehe die »Erkennen«-Funktion ihm sagt, was es sein *soll.*

Dasselbe gilt für die Farbe. Wenn wir eine Wasserfläche ansehen, denkt – und sieht – unser Gehirn Blau. Bittet man uns, ein Bild von einem See zu malen, wählen wir die Farbe Blau und sind dann erstaunt, dass es auf der Leinwand nicht richtig aussieht. Sehen wir uns jedoch verschiedene Punkte in demselben See durch ein sehr kleines Loch an (und verabschieden uns so von der generellen Vorstellung von »See«), dann sehen wir, was wirklich da ist: Grün und Gelb und Schwarz und blitzendes Weiß. Wir lassen nicht zu, dass das Gehirn das auffüllt. Stattdessen sehen wir die Farbe, wie sie wirklich ist.

Eine wichtige Anmerkung will ich noch machen: Wenn Künstler gelernt haben, auf diese Art zu sehen, sehen sie trotzdem auch das, was wir sehen. Sie sehen nur *mehr*, weil sie gelernt haben, die Tendenz zu voreiligen Schlüssen im Gehirn abzustellen. Sie haben ein paar zusätzliche Fähigkeiten der Beobachtungsgabe in ihrem Werkzeugkasten.

Ob Sie nun einen Zeichenblock zur Hand nehmen oder nicht, oder davon träumen, Trickfilmzeichner zu werden, ich hoffe, Sie verstehen nun, wie Ihr Gehirn durch Übung lernen kann, etwas genau zu beobachten, ohne sich von vorgefassten Meinungen stören zu lassen. Auch wenn das verwirrend klingt, es ist einfach so, dass es schwieriger werden kann, etwas zu sehen, wenn man sich darauf konzentriert. Ziel ist es, wenn auch nur für eine gewisse Zeit, zu lernen, die Gewohnheiten und Impulse auszuschalten, die Ihre Sicht behindern.

Ich habe dieses Thema nicht eingeführt, um Sie vom Zeichenunterricht für jedermann zu überzeugen. Es geht darum, dass man lernen kann, vorgefasste Meinungen beiseitezuschieben. Es geht nicht darum, keine Vorurteile zu haben, sondern sie zu ignorieren, während man ein Problem betrachtet. Das Zeichnen eines »Nicht-Stuhls« kann eine Art Metapher für eine gesteigerte Wahrnehmungsfähigkeit sein. Wenn man auf das schaut, was nicht der Stuhl ist, hilft das, weil es den Fokus von einem speziellen Problem ablenkt und ihn stattdessen auf die Umgebung lenkt, und das kann zu besseren Lösungen führen. Wenn wir bei Pixar Anmerkungen zu den Filmen machen und zum Beispiel eine Szene isoliert betrachten, die nicht funktioniert, dann haben wir gelernt, dass die Verbesserung der Szene meistens auch noch an anderer Stelle im Film Veränderungen erfordert, und dorthin sollten wir unsere Aufmerksamkeit richten. Unsere Filmemacher sind geübt darin, sich nicht von einem Problem fesseln zu lassen, sondern stattdessen woanders nach einer Lösung zu suchen. Ebenso hätte bei Disney der Konflikt zwischen der Produktion und der Aufsichtsgruppe dadurch gelöst werden können, dass man alle ermahnte, sich besser zu benehmen. Doch die eigentliche Lösung bestand darin, die Prämisse zu hinterfragen, auf der die Aufsichtsgruppe gegründet worden war. Es waren die Vorannahmen, die dem Problem vorausgingen, die man ansehen musste.

## 7. Manöverkritiken

Die Phasen, die wir bei der Entstehung eines Films durchlaufen – Idee, Schutz, Planung der Entwicklung und Produktion –, umspannen einige Jahre. Wenn schließlich der Termin für das Debüt naht, sind alle bereit, zu etwas Neuem überzugehen. Doch wir sind dann noch nicht fertig. Bei Pixar gibt es noch eine wichtige Phase in diesem Ablauf: die Manöverkritik. Eine Manöverkritik ist ein Meeting kurz nach der Fertigstellung eines Films, bei dem wir untersuchen, was gut funktionierte und was nicht, und bei dem wir versuchen, daraus zu lernen. Unternehmen und Einzelpersonen werden nicht dadurch außerordentlich gut, dass sie sich für gut halten, sondern indem sie herausfinden, was sie *nicht* außerordentlich gut können. Manöverkritiken sind ein Weg, das herauszufinden.

Unsere erste Manöverkritik hielten wir 1998 in Tiburon in Kalifornien ab, einige Wochen nach der Fertigstellung von *Das große Krabbeln*. Wir hatten damals erst zwei Filme gemacht und wussten nur allzu gut, wie viel wir noch lernen mussten. Damit keiner zu viel Zeit beanspruchte (wir hatten ein 15-Minuten-Limit), brachte jemand einen Küchen-Timer in Form eines Hahns mit. Hier saßen wir nun und sprachen über die modernste Animationstechnik aller Zeiten und regelten den Ablauf mit einem alten Küchengerät.

Diese Manöverkritik, die einen ganzen Tag dauerte, tauchte in alle Aspekte der Produktion ein. Es gab kein Aha-Erlebnis, keine Erleuchtung, die unseren Ablauf von Grund auf veränderte. Stattdessen ist mir die Atmosphäre dieses Meetings genau im Gedächtnis geblieben. Alle waren so engagiert, überdachten noch einmal unsere Arbeitsweise, waren so offen für ein Hinterfragen lieb gewonnener Vorstellungen und bereit, aus jedem Fehler zu lernen. Niemand ging in eine Abwehrhaltung. Alle waren so stolz, nicht nur auf den Film, sondern auch auf unser Engagement für die Unternehmenskultur, die aus diesem Film entsprang. Danach entschieden wir, diese nachträgliche Analyse nach jedem Film vorzunehmen.

Dass wir auch in den folgenden Manöverkritiken denselben Grad an Einsicht erlangen könnten, erwies sich jedoch als Täuschung. Im Lauf der Jahre waren einige sehr tief gehend, andere waren völlige Zeitverschwendung. Manche Mitarbeiter kamen, sagten aber nicht ihre Meinung. Ich wusste, dass Menschen so waren – warum sollte man schlafende Hunde wecken, wenn man genauso leicht zum nächsten Projekt übergehen kann? Tatsächlich sind die Manöverkritiken für manche eher wie bittere Medizin. Sie wissen, sie sind notwendig, doch sie gefallen ihnen kein bisschen. Das war ein weiteres Rätsel für uns: Warum waren manche Manöverkritiken so schlecht, während andere ein tolles Ergebnis brachten?

Wenn wir davon ausgehen, dass alle im Prinzip der Ansicht sind, Manöverkritiken seien gut für uns, dann wundert mich immer wieder, wie viele davor Angst haben. Die meisten finden, sie haben bei der Arbeit am Projekt schon gelernt, was zu lernen war, und möchten so bald wie möglich zu einem anderen Projekt übergehen. Die sich ergebenden Probleme sind oft sehr persönlicher Natur, also wollen die meisten möglichst vermeiden, sie nochmals Revue passieren zu lassen. Wer freut sich auf ein Forum, bei dem man im Nachhinein kritisiert wird? Die Menschen sprechen im Allgemeinen lieber über das, was gut funktionierte, als über das, was schlecht lief. Sie nutzten die Gelegenheit, um ihren bewährtesten Teammitgliedern weitere Lorbeeren zukommen zu lassen. Wenn es nach uns geht, vermeiden wir Unangenehmes.

Das gilt nicht nur für die Manöverkritiken: Im Allgemeinen verweigern sich die Menschen einer Selbstbewertung. Auch Unternehmen tun sich damit schwer. Die Schau nach innen beschränkt sich häufig auf die Aussage: »Wir sind erfolgreich, also muss das, was wir tun, richtig sein.« Oder das Gegenteil: »Wir haben versagt, also ist das, was wir taten, falsch.« Das ist oberflächlich. Lassen Sie sich diese Gelegenheit nicht aus Angst entgehen. Es gibt meiner Ansicht nach fünf Gründe für die Durchführung von Manöverkritiken. Die ersten beiden sind ziemlich offensichtlich, die nächsten drei eher weniger.

**Das Gelernte zusammenfassen**

Es stimmt zwar, dass man mitten in einem Projekt am meisten lernt, doch die Lektionen sind meistens unzusammenhängend. Ein Einzelner kann eine tolle Erkenntnis gewinnen, hat aber vielleicht keine Zeit, sie weiterzugeben. Ein Ablauf kann fehlerhaft sein, doch man hat angesichts des aktuellen Zeitplans keine Zeit, das in Ordnung zu bringen. Wenn man sich hinterher hinsetzt, ist das eine Möglichkeit, das Gelernte zusammenzufassen – ehe man es vergisst. Manöverkritiken sind eine der wenigen Gelegenheiten, etwas zu analysieren, was in der Hitze des Projekts einfach nicht möglich war.

**Andere informieren, die nicht dabei waren**

Selbst wenn alle Mitarbeiter einer Produktion die Lehren daraus verstanden haben, dann ist die Manöverkritik eine hervorragende

Möglichkeit, die positiven und negativen Erkenntnisse anderen mitzuteilen, die nicht an dem Projekt mitgearbeitet haben. So vieles, was wir tun, ist nicht selbstverständlich, sondern schwer erarbeitete Erfahrung. Dann wiederum tun wir auch manches, was nicht wirklich sinnvoll ist. Die nachträgliche Analyse bietet ein Forum, wo andere die Logik bestimmter Entscheidungen erfahren oder hinterfragen können.

**Keine Ressentiments pflegen**

Vieles, was falsch läuft, geht auf Missverständnisse oder Misserfolge zurück. Das führt zu Verstimmungen, die jahrelang gären können, wenn man sie nicht anspricht. Bietet man den Leuten ein Forum, wo sie ihrer Frustration über die Fehler in respektvoller Weise Ausdruck verleihen können, dann fällt es ihnen leichter, diese loszulassen und weiterzumachen. Ich erlebte viele Fälle, wo verletzte Gefühle noch jahrelang nach dem Projekt nachwirkten, Gefühle, die viel leichter hätten aufgearbeitet werden können, wenn man sie bei einer Manöverkritik ausgesprochen hätte.

**Der Zeitplan als Anlass für die Reflexion nutzen**

Ich bin für Prinzipien, die zum Nachdenken zwingen. Manöverkritiken – doch auch andere Aktivitäten wie die Braintrust-Meetings und die Dailies – sind Mittel, um die Menschen zum Nachdenken und zur Auswertung zu bewegen. Allein schon die Vorbereitungszeit für ein solches Treffen ist so wertvoll wie das Meeting selbst. Wenn wir eine Manöverkritik anberaumen, zwingt das zur Selbstreflexion. Das Treffen ist eine Chance, sich offen mit seinen Problemen auseinanderzusetzen, und die Vorbereitung bereitet die Bühne für eine erfolgreiche Auseinandersetzung. Ich würde sogar sagen, die Vorbereitung macht zu 90 Prozent den Wert einer Manöverkritik aus.

**Alle profitieren**

Bei einer nachträglichen Analyse kommen Fragen auf, die für das nächste Projekt wichtig sind. Eine gute Manöverkritik führt die

Mitarbeiter zu Fragen, die wichtig sind, um voranzukommen. Wir sollten nicht erwarten, die richtigen Antworten zu finden, doch wenn wir die Leute dazu bringen, die richtigen Fragen zu stellen, haben wir schon viel gewonnen.

Ich finde die Gründe, die für eine nachträgliche Analyse sprechen, sehr überzeugend. Ich weiß auch, dass viele trotzdem dagegen sind. Deshalb möchte ich einige Methoden beschreiben, wie man als Führungskraft dabei zu guten Ergebnissen gelangt. Zuerst sollte man die Methoden der Auswertung immer variieren. Bei Manöverkritiken geht es per Definition ums Lernen. Wenn sie also immer im selben Format stattfinden, kommt man eher immer wieder auf dasselbe, und das ist nicht sehr hilfreich. Auch wenn ein Format einmal gut funktioniert, wissen die Leute beim nächsten Mal, was sie erwartet. Nach meiner Beobachtung gibt es so etwas wie »ein Gesetz zur Unterwanderung erfolgreicher Methoden«. Ich meine, wenn man einmal eine gut funktionierende Methode gefunden hat, sollte man nicht erwarten, dass sie beim nächsten Mal wieder funktioniert, denn beim zweiten Mal sind die Anwesenden in der Lage, den Prozess zu manipulieren.

Versuchen Sie also, zwischendurch kleine Analysen vorzunehmen, oder beschränken Sie Ihre Manöverkritik auf bestimmte Themen. Wir ließen einzelne Gruppen ihre Methoden an andere Gruppen weitergeben. Gelegentlich bildeten wir Arbeitsgruppen für Probleme, die mehrere Filme betreffen. Die Ergebnisse unserer ersten Arbeitsgruppe veränderten unser Denken über Zeitpläne dramatisch. Die zweite war ein großes Fiasko. Die dritte führte zu weitreichenden Veränderungen bei Pixar. Darüber werde ich im letzten Kapitel berichten.

Bedenken Sie auch, dass Ihre Mitarbeiter, ganz gleich wie sehr Sie sie dazu ermuntern, Angst haben, so offen Kritik zu äußern. Eine Methode, die ich angewandt habe, um den Ablauf zu entschärfen: Ich bat jeden im Raum, zwei Listen anzufertigen – die fünf wichtigsten Punkte, was sie wieder so machen würden, und die fünf wichtigsten Punkte, die sie *nicht* wieder so machen würden. Es fällt den Leuten leichter, offen zu sein, wenn sie dem Negativen etwas Positives entgegensetzen können, und ein guter Moderator kann es allen erleichtern, diese Balance auch zu finden.

Und schließlich: Nutzen Sie Daten. Da wir ein künstlerisch tätiges Unternehmen sind, nehmen manche an, ein Großteil unserer Arbeit sei nicht messbar oder könne nicht analysiert werden. Das stimmt nicht. Bei vielen Abläufen geht es um messbare Aktivitäten oder Ergebnisse. Wir halten fest, in welchem Tempo etwas gemacht wird, wie oft etwas überarbeitet werden muss, wie lange etwas tatsächlich gedauert hat im Vergleich zu unserer Schätzung, ob eine Arbeit völlig zu Ende gebracht war oder nicht, wenn sie in die nächste Abteilung weitergegeben wurde, und so weiter. Ich mag Zahlen, denn sie sind neutral – es sind keine Werturteile, nur Fakten. Damit lassen sich angesprochene Themen weniger emotional diskutieren als anhand persönlicher Erfahrungen.

Lindsey Collins, eine Producerin bei uns, findet Daten sogar beruhigend. »Es war so eine Erleichterung, als ich hier anfing, dass ich die Daten aus der Vergangenheit hatte und die regelmäßigen Veränderungen sehen konnte«, sagt sie. »Es nahm mir dieses Gefühl, es sei alles sehr nebulös. Ich konnte schon eine Struktur erkennen und mich darauf einrichten.«

Doch ich möchte auch auf die Grenzen von Daten hinweisen. Ihre Macht liegt darin, dass wir analysieren können, was wir über den Produktionsablauf wissen. Wir haben zum Beispiel Daten über den Zeitaufwand beim Bau von Modellen und Sets sowie für ihre Animation und Ausleuchtung. Diese Daten geben natürlich nur einen kleinen Einblick in die Abläufe beim Bau und der Ausleuchtung der Modelle und Sets. Sie sind eine Arbeitsgrundlage, um Strukturen zu erkennen, die man in Gesprächen über mögliche Verbesserungen verwenden kann.

Manche messen den Daten zu viel Bedeutung bei. Eine korrekte Auswertung ist schwierig, und es ist gefährlich, anzunehmen, man wüsste sie immer richtig zu deuten. Leicht lassen sich falsche Schlüsse aus Daten ziehen. Ich betrachte Zahlen immer als eine mögliche Sichtweise, eines der zahlreichen Werkzeuge, die wir auf der Suche nach dem Verborgenen einsetzen können. Wenn wir die Antwort allein in den Daten suchen, verwenden wir das Werkzeug falsch. Es ist wichtig, das richtig zu sehen. Manche neigen zum Extrem und interessieren sich entweder gar nicht für Fakten oder finden, die Führung sollte sich allein an messbare Daten halten. Jedes Extrem kann zu falschen Schlussfolgerungen führen.

»Was man nicht messen kann, kann man nicht verwalten«, diese Maxime vertreten manche im Bildungs- und Wirtschaftssektor. Doch im Grunde ist der Satz bedeutungslos – das sagen die, denen nicht bewusst ist, wie viel wir nicht sehen können. Ein großer Teil dessen, was Gegenstand der Führungstätigkeit ist, kann *nicht* gemessen werden. Wenn man das nicht erkennt, hat das nicht vorhersehbare Folgen. Wenn man glaubt, die Daten vermitteln ein vollständiges Bild, dann ignoriert man das, was nicht sichtbar ist. Meine Vorgehensweise: Ich erfasse, was möglich ist, werte das Ermittelte aus und akzeptiere, dass ich den weitaus größeren Teil meiner Arbeit nicht in Zahlen erfassen kann. Zumindest ab und zu sollte man sich Zeit nehmen, einen Schritt zurückzutreten und zu reflektieren, was man gerade tut.

## 8. Weiterlernen

Ich möchte zum Abschluss dieser Liste nochmals auf unsere Pixar-Universität und Elyse Klaidmans bewusstseinserweiternde Zeichenkurse eingehen. Diese ersten Kurse waren so ein Erfolg – von den 120 Mitarbeitern bei Pixar meldeten sich 100 an –, dass wir das Kursangebot nach und nach erweiterten. Bildhauerei, Malen, Schauspiel, Meditation, Bauchtanz, Realfilme, Computerprogrammierung, Theorie der Farben und Gestaltung, Ballett – all diese Kurse haben wir im Lauf der Jahre gratis angeboten. Das bedeutet, wir haben nicht nur Zeit aufgewendet, um die besten Lehrer zu finden, sondern auch die realen Kosten dafür getragen, dass die Mitarbeiter während ihrer Arbeitszeit diese Kurse besuchen konnten.

Was hat *Pixar* nun davon?

Der Stoff aus den Kursen hat die Arbeitsleistung unserer Mitarbeiter nicht direkt verbessert. Doch dass ein Auszubildender der Beleuchtungstechnik neben einem erfahrenen Zeichner saß, der wiederum neben einem aus der Rechtsabteilung, der Buchhaltung oder dem Sicherheitsdienst saß – das war von unschätzbarem Wert. Im Unterricht gingen die Leute anders miteinander um als am Arbeitsplatz. Sie wagten es, auch einmal herumzualbern, sie waren entspannt, offen, zugänglich. Die Hierarchie hatte keine Bedeutung, die Kommunikation floss ungehindert. Allein dadurch, dass wir alle Seite an Seite arbeiteten, uns abmühten, ein Selbstporträt zu skizzieren, einen Computercode zu schreiben oder einen Lehmklumpen zu bearbeiten, verbesserte sich die Unternehmenskultur. Jeder bei Pixar lernte, unabhängig von seiner Stellung, die Arbeit der Kollegen zu respektieren. Und wir waren alle wieder Anfänger. Zur Kreativität gehören Fehler und Unvollkommenheiten. Ich wollte, dass unsere Mitarbeiter sich an diese Vorstellung gewöhnten – dass sowohl das Unternehmen als auch die Mitarbeiter manchmal bereit sein sollten, im Extremen zu arbeiten.

Ich kann viele Führungskräfte verstehen, die sich fragen, ob solche Kurse wirklich sinnvoll sind und ob der Aufwand sich lohnt. Und ich räume ein, dass die von mir beschriebenen sozialen Interaktionen ein unerwarteter Bonus waren. Doch der Zweck der Pixar-Universität war nie, aus Programmierern Künstler zu machen oder aus Künstlern Bauchtänzer. Es sollte vermittelt werden, wie wichtig es für jeden von uns ist, laufend Neues zu lernen. Das ist wichtig, um flexibel zu bleiben: Unser Gehirn aktiv zu halten, indem wir etwas ausprobieren, was wir noch nie gemacht haben. Das können die Mitarbeiter in der Pixar-Universität, und ich glaube, das macht uns stärker.

Wir treten als Kinder ins Leben, offen für die Vorstellungen anderer, denn wir *müssen* offen sein, um zu lernen. Kinder begegnen schließlich hauptsächlich Unbekanntem. Das Kind hat keine andere Wahl, als das Neue aufzunehmen. Wenn diese Offenheit so wunderbar ist, warum verlieren wir sie dann, wenn wir erwachsen werden? Wo haben wir uns auf dem Weg vom Kind mit offenen Augen in den Erwachsenen verwandelt, der Überraschungen fürchtet, alle Antworten kennt und alle Ergebnisse kontrollieren will?

Ich erinnere mich an einen Abend vor vielen Jahren, als ich in einer Kunstausstellung in der Grundschule meiner Tochter in Marin war. Ich sah mir auf den Fluren die Gemälde und Zeichnungen von Kindern der Klassen eins bis fünf an, und mir fiel auf, dass die Zeichnungen der Erst- und Zweitklässler besser und frischer waren als die der Fünftklässler. Irgendwo unterwegs hatten die Fünftklässler bemerkt, dass ihre Zeichnungen nicht realistisch wirkten, und das hatte sie befangen und vorsichtig gemacht. Das Ergebnis war, dass ihre Zeichnungen unnatürlich und farblos wurden, weniger einfallsreich, weil sie vielleicht fürchteten, andere könnten diesen »Fehler« entdecken. Die Angst vor einer Bewertung behinderte die Kreativität.

Wenn die Angst uns schon in der Grundschule behindert, dann ist es kein Wunder, dass eine solche Disziplin – manche nennen es auch Übung – erforderlich ist, um diesen inneren Kritiker im Erwachsenenleben abzuschalten und zur Offenheit zurückzukehren. Im koreanischen Zen wird die Überzeugung, es sei gut, über das hinauszugehen, was wir bereits wissen, in einem Begriff zum Ausdruck gebracht, der wörtlich übersetzt »Nicht-Wissen-Gehirn« bedeutet. Eine solche Haltung ist das Ziel kreativer Menschen. Es bedeutet, man ist so wie ein Kind offen für das Neue. Ähnlich wird im japanischen Zen die Vorstellung, nicht von dem bereits Bekannten eingeschränkt zu sein, als »Anfängergehirn« bezeichnet. Man übt jahrelang, diesen Zustand zu erlangen und ihn zu bewahren.

Wenn ein Unternehmen aufgebaut wird, müssen seine Gründer eine Gründermentalität haben – ein Anfängergehirn – und offen sein für alles, was haben sie schon zu verlieren? (Später blickt man oft wehmütig auf diese Zeit zurück.) Doch wenn dieses Unternehmen erfolgreich ist, legen die Unternehmensführer diese Gründermentalität oft ab, denn sie sind der Ansicht, sie haben herausgefunden, wie's geht. Sie wollen keine Anfänger mehr sein. Mag sein, dass das die menschliche Natur ist, doch ich glaube, diesem Teil unserer Natur sollten wir uns widersetzen. Wenn man kein Anfängergehirn mehr hat, ist man eher geneigt, sich zu wiederholen, anstatt etwas Neues zu schaffen. Mit anderen Worten, der Versuch, Fehlschläge zu vermeiden, macht Fehler wahrscheinlicher.

Es ist von wesentlicher Bedeutung, den gegenwärtigen Augenblick zu erfassen, ohne dass Gedanken und Vorstellungen über die Vergangenheit und die Zukunft uns behindern, denn das lässt Raum für die Ansichten anderer. Es erlaubt uns, ihnen allmählich zu vertrauen und – noch wichtiger – sie zu *hören*. Dann wächst unsere Bereitschaft, zu experimentieren, und wir können auch etwas ausprobieren, das fehlschlagen könnte. Es ermutigt uns, an unserer Aufmerksamkeit zu arbeiten, und wir können versuchen, eine eigene Rückmeldeschleife einzurichten, in der Aufmerksamkeit unsere Fähigkeit zur Aufmerksamkeit erhöht. Dazu müssen wir verstehen, dass man etwas loslassen muss, um kreativ weiterzukommen. Der Komponist Philip Glass sagte einmal: »Es geht eigentlich nicht darum, seine Stimme zu finden, sondern darum … das verdammte Ding loszuwerden.«

# KAPITEL 11

## Die noch nicht erschaffene Zukunft

Viele haben eine romantische Vorstellung von Kreativität: Ein einsamer Visionär hat einen Geistesblitz für einen Film oder ein Produkt. Dann führt dieser Visionär ein Team von Menschen durch Mühsal und Not, um diese große Verheißung schließlich wahr werden zu lassen. Doch das entspricht nicht meiner Erfahrung. Ich kenne viele Menschen, die ich als schöpferische Genies bezeichne, nicht nur bei Pixar und Disney, doch ich kann mich an keinen einzigen erinnern, der von Beginn an genau sagen konnte, welche Vision er anstrebte.

Nach meiner Erfahrung entdecken und realisieren kreative Menschen ihre Visionen im Lauf der Zeit in einem engagierten, lange währenden Kampf. So gesehen ist Kreativität eher ein Marathon als ein Sprint. Man muss sich seine Kräfte einteilen. Oft werde ich gefragt, wie die Zukunft der Computeranimation aussieht, und ich versuche mein Bestes, eine wohlüberlegte Antwort zu geben. Tatsache ist jedoch, so wie unsere Regisseure anfänglich nicht wissen, was aus ihren Film-Embryos werden wird, wenn sie groß sind, kann ich nicht vorhersehen, wie unsere technische Zukunft aussieht, *denn es gibt sie noch nicht.* Wenn wir uns vorankämpfen, und uns dabei vorstellen, was sein könnte, müssen wir uns an unseren Leitprinzipien orientieren, an unseren Absichten und Zielen, da wir nichts sehen und auf nichts reagieren können, ehe es geschieht. Mein alter Freund von der University of Utah, Alan Kay – wissenschaftlicher Leiter bei Apple und der Mann, der mich Steve Jobs vorstellte –, drückte das gut aus, als er sagte: »Der beste Weg, die Zukunft vorherzusagen, ist, sie zu erfinden.«

Das klingt wie so ein Slogan auf einem Autoaufkleber, doch es liegt Wahres darin. Die Erfindung ist schließlich ein aktiver Prozess, ein Resultat von Entscheidungen, die wir treffen; um die Welt zu verändern, müssen wir Neues entwickeln. Doch wie schaffen wir die noch nicht erschaffene Zukunft? Ich glaube, wir können nur für die optimalen Bedingungen sorgen, in denen »es«, was auch immer es ist, entstehen und gedeihen kann. Hier geht es dann um echtes Vertrauen. Nicht das Vertrauen, dass wir immer ganz genau wissen, was zu tun ist, sondern das Vertrauen, dass wir es gemeinsam herausfinden werden.

Diese Unsicherheit kann uns Unbehagen verursachen. Wir Menschen wissen gern, wohin die Reise geht, doch Kreativität erfordert, dass wir neue Wege beschreiten, deren Ziel wir nicht kennen. Dafür müssen wir an die Grenze vom Bekannten zum Unbekannten gehen. Wir besitzen alle das Potenzial für die Kreativität, doch einige bleiben zurück, während andere weitergehen. Welche Werkzeuge setzen sie ein, die sie zum Neuen führen? Die überaus Talentierten, die auch Energien anderer abrufen können, wissen aus Erfahrung, dass es einen Ort zwischen Bekanntem und Unbekanntem gibt, wo Originalität geschieht; man muss nur dort bleiben, ohne in Panik zu verfallen. Die Filmemacher bei Pixar und Disney Animation sagen, das bedeutet, dass man ein mentales Modell entwickelt, das einen aufrechterhält. Diese Art von Visualisierung mag verrückt klingen oder nach Hokuspokus, doch ich glaube, dass das wichtig ist. Manchmal, besonders am Anfang eines gewaltigen Projekts, sind unsere mentalen Modelle alles, was wir haben.

Unser Producer John Walker zum Beispiel bleibt ruhig und stellt sich seine äußerst anstrengende Aufgabe als riesige Pyramide vor, die er umgekehrt auf ihrer Spitze in seiner Handfläche balanciert. »Ich sehe immer nach oben und versuche, sie im Gleichgewicht zu halten«, sagt er. »Sind zu viele auf dieser Seite oder auf der anderen? Grundsätzlich habe ich zweierlei Aufgaben: die künstlerische Leitung und die Kostenkontrolle. Beides hängt von Hunderten Interaktionen ab, die am dicken Ende der Pyramide über mir passieren. Und ich muss mit der Tatsache leben, dass ich die Hälfte der Zeit nicht die blasseste Ahnung habe, was vor sich geht – und das ist das Magische. Es geht immer darum, die Pyramide im Gleichgewicht zu halten.«

Bislang habe ich in diesem Teil einige Methoden für den Aufbau und den Erhalt unserer kreativen Unternehmenskultur untersucht. Ich habe über spezielle Methoden und bewährte Vorgehensweisen gesprochen, wie wir unsere Perspektive erweitern können – Exkursionen, die Pixar-Universität oder der Braintrust. Ich habe etwas abstrakt über die Notwendigkeit gesprochen, offen zu bleiben, nicht nur gelegentlich, sondern die ganze Zeit über. Nun möchte ich konkrete Beispiele vorstellen, welche mentalen Modelle jemanden mit der schwierigen Aufgabe, etwas Neues zu erfinden, unterstützen und aufrechterhalten können. Untersuchen wir verschiedene Methoden, die meine Kollegen und ich anwenden, um unsere Zweifel im Zaum zu halten, während wir uns in Richtung Originalität bewegen – auf diese noch nicht erschaffene Zukunft zu.

Als Brad Bird bei *Die Unglaublichen – The Incredibles* Regie führte, verfolgte ihn immer wieder ein Albtraum. In diesem Traum fuhr er allein in einem klapprigen alten Kombi auf einem gefährlichen, kurvigen Stück Autobahn. Offensichtlich war es seine Aufgabe, den Wagen zu steuern. »Aber ich saß auf dem Rücksitz!«, sagte er. »Aus irgendeinem Grund hatte ich ein Steuer in der Hand, doch ich sah fast nichts von meinem Platz aus. Im Grunde konnte ich mir nur immer sagen: ›Keinen Unfall bauen! Keinen Unfall bauen! Keinen Unfall bauen!‹« Seine Deutung: »Manchmal ist man als Regisseur der Fahrer. Und manchmal lässt man einfach das Auto fahren.«

Wenn ich Brad über diesen Traum sprechen höre, fallen mir die bekannten Motive ins Auge – Blindheit, Angst vor dem Unbekannten, Hilflosigkeit, Mangel an Kontrolle. Diese Ängste überfielen ihn im Schlaf, doch in seinen wachen Stunden versuchte er, sie zu meistern, indem er das Bild mit dem Rücksitz verwarf und ein anderes mentales Modell wählte: das Skifahren.

Brad sagte, er denkt über das Regieführen wie über das Skifahren. Bei jeder dieser Beschäftigungen kommt es zum Unfall, wenn er sich zu viel Mühe gibt oder zu viel nachdenkt. Es gibt Momente, wo man als Regisseur so viel zu tun und so wenig Zeit hat, dass es ihm Angst einflößt. Doch er weiß auch, wenn er sich zu lange an diesem gefürchteten Ort aufhält, dreht er durch. »Also sage ich mir, ich habe Zeit, auch wenn das nicht der Fall ist. Etwa: ›Okay, ich mache einfach weiter, als hätte ich Zeit – ich werde mich zurücklehnen und nachdenken und nicht auf die Uhr schauen – denn wenn ich mich zurücklehne und nachdenke, werde ich das Problem eher lösen.‹« An dieser Stelle hat die Regie große Ähnlichkeit mit dem Skifahren. »Ich fahre gerne schnell«, sagt Brad und erzählt von einer Reise nach Vail: »Da machte ich innerhalb einer Woche viermal meine Skibrille kaputt. *Viermal* musste ich ins Skigeschäft und mir ein neues Stück Plastik kaufen, weil ich in irgendetwas reingefahren war und sie zerbrochen hatte. Dann kam ich darauf, ich baute diese Unfälle, weil ich so sehr bemüht war, *nicht* hinzufallen. Also entspannte ich mich und sagte mir: ›Es macht mir Angst, wenn ich so schnell in die Kurven fahre, doch ich werde diesen Berg wegschieben und es einfach genießen.‹ Mit dieser positiven Einstellung hatten die Stürze ein Ende. Das ist vielleicht wie bei einem Olympioniken, der jahrelang für einen Moment trainiert hat, in dem er keinen Fehler machen darf. Wenn er zu sehr darüber nachdenkt, ist er nicht in der Lage, das zu tun, was er eigentlich beherrscht.«

Athleten und Musiker sprechen oft von einem mystischen Bereich, wo der innere Kritiker schweigt und man völlig im Augenblick lebt, wo die Gedanken klar und die Bewegungen präzise sind. Oft helfen ihnen mentale Modelle, dorthin zu gelangen. So wie George Lucas sich sein Unternehmen gern als Wagenzug in den Westen vorstellte – alle Passagiere haben ein Ziel vor Augen, sind Teil eines Teams und sind unerschütterlich auf ihren Bestimmungsort konzentriert – so beruhen die Bewältigungsstrategien der Regisseure, Producer und Autoren bei Pixar und Disney zu einem Großteil auf Visualisierungen. Indem sie sich ihre Probleme als etwas Bekanntes vorstellen, sind sie in der Lage, mit klarem Verstand zu arbeiten, wenn ihr Selbstvertrauen im Angesicht des Unbekannten erschüttert wird.

Byron Howard, einer der Disney-Regisseure, erzählte mir, als er Gitarre lernte, brachte ihm der Lehrer den Satz bei: »Wer denkt, versagt.« Die Vorstellung wirkt bei ihm noch heute nach und fließt in seine Arbeit als Regisseur ein. »Ziel ist es, mit seinem Instrument so ungezwungen und entspannt wie möglich umzugehen, sodass man wie im Zen die Musik oder den Ablauf ohne Nachdenken fließen lassen kann«, sagte er. »Mir geht es so, wenn ich an den Storyboards sitze. Am besten arbeite ich, wenn ich nur durch die Szene sause, nicht genau nachdenke, mir keine Sorgen mache, ob jede Zeichnung perfekt ist, sondern nur mit der Szene fließe und mit ihr in Verbindung stehe – sozusagen aus dem Bauch heraus arbeite.«

Besonders beeindruckt mich Byrons Betonung der Geschwindigkeit – das »Durchsausen« komplexer logischer und erzähltechnischer Probleme –, denn das erinnert mich an Andrew Stantons Aussage über seine Tätigkeit als Regisseur. Ich erwähnte Andrews Überzeugung, dass wir alle glücklicher und produktiver wären, wenn wir uns beeilten und versagten. Er sah in schnellem Vorgehen einen Vorteil, weil das verhindert, dass wir steckenbleiben und uns fragen, ob der eingeschlagene Weg der richtige ist. Er fand, man solle lieber entscheidungsfreudig sein und sich dann verzeihen, wenn sich die anfängliche Entscheidung als falsch erweist. Andrew vergleicht die Tätigkeit des Regisseurs mit der eines Kapitäns mitten im Ozean, dessen Mannschaft auf ihn angewiesen ist, um an Land zu kommen. Die Aufgabe des Regisseurs ist es, zu sagen: »Land liegt in dieser Richtung.« Vielleicht liegt dort tatsächlich Land, vielleicht auch nicht, doch Andrew sagt, wenn nicht jemand den Kurs bestimmt – mit dem Finger auf einen Punkt am Horizont deutet –, dann fährt das Schiff nirgendwohin. Es ist keine Tragödie, wenn der

Kapitän später seine Meinung ändert und sagt: »Okay, es liegt nicht hier, sondern *dort*. Ich habe mich geirrt.« Solange man sich auf eine Richtung festlegt und mit voller Kraft dorthin fährt, werden die Leute es auch akzeptieren, wenn man den Kurs wechselt.

»Die Leute wollen Entscheidungsfreudigkeit, doch sie wollen auch Aufrichtigkeit, wenn man sich geirrt hat«, sagt Andrew. »Das ist eine wichtige Lektion: Lass die Menschen an deinen Problemen teilhaben, nicht nur an deinen Lösungen.«

Das ist der Schlüssel zu einem Gedanken, den ich schon früher in diesem Buch vorgestellt habe: Der Regisseur oder Anführer darf nie das Vertrauen seines Teams verlieren. Solange man offen ist und gute Gründe für seine (im Nachhinein als falsch bekannten) Entscheidungen anführt, wird die Mannschaft weiterrudern. Stellt man jedoch fest, dass das Schiff sich nur im Kreis dreht – und man behauptet, eine solche sinnlose Bewegung sei tatsächlich eine Vorwärtsbewegung –, dann wird die Mannschaft meutern. Sie wissen es besser als jeder andere, wenn ihre harte Arbeit zu nichts führt. Die Leute wollen, dass ihre Führer zuversichtlich sind. Andrew rät nicht zur Zuversicht nur um der Zuversicht willen. Er glaubt, dass Führung darin besteht, dass man nach bestem Wissen und Gewissen rät und sich dann beeilt, sodass immer noch Zeit für einen Kurswechsel bleibt, wenn sich die Entscheidung als falsch erweist.

Da ist noch etwas anderes. Wenn man ein kreatives Projekt unternimmt, das enge Zusammenarbeit mit anderen erfordert, muss man akzeptieren, dass diese Zusammenarbeit auch Komplikationen mit sich bringen wird. Die anderen im Team können so vieles: Sie helfen Ihnen, die Dinge von einem anderen Standpunkt aus zu betrachten, sie werden hinter Ihnen stehen, wenn Sie schwach werden, sie werden Ideen beisteuern, die Sie besser werden lassen. Doch sie verlangen auch laufend nach Interaktion und Kommunikation. Die anderen sind Ihre Verbündeten, doch der Erhalt dieses Bündnisses erfordert laufende Bemühungen. Und darauf sollten Sie vorbereitet sein, und es sollte Sie nicht irritieren. Andrew sagt dazu in seiner Seefahrt-Metaphorik: »Wenn man den Ozean überquert mit dem Ziel, Wind und Wetter zu vermeiden, warum zum Teufel segelt man dann überhaupt? Man muss akzeptieren, dass Segeln bedeutet, man kann die Elemente nicht beherrschen, und es wird gute und schlechte Tage geben, und was immer auch kommt, man wird damit fertigwerden, denn das Ziel ist schließlich, auf die andere Seite zu gelangen. Für dieses Spiel hat man sich entschieden. Wenn es dein Ziel ist, es leichter und einfacher zu haben, dann geh nicht an Bord.«

Andrews mentales Modell beschäftigt sich mit der Angst, die unvermeidlich kommt, wenn das Schiff von einem Sturm gebeutelt wird oder wenn es wegen einer Flaute nicht vorankommt. Betrachtet man Kreativität als eine Quelle, aus der wir ständig schöpfen, um aus nichts etwas zu machen, dann entstammt unsere Angst der Notwendigkeit, das nicht Existierende zu erschaffen. Wie erwähnt versuchen viele, diese Angst dadurch zu überwinden, dass sie einfach etwas wiederholen, das in der Vergangenheit funktioniert hat. Das führt nirgendwohin – oder genauer gesagt, es führt in die entgegengesetzte Richtung von Originalität. Es geht darum, unsere Fähigkeiten und unser Wissen nicht für das Duplizieren von etwas einzusetzen, sondern um etwas zu erfinden.

Bei meinen Gesprächen mit Regisseuren und Autoren inspirieren mich immer ihre Modelle, die sie im Kopf haben – jedes einzelne stellt eine einzigartige Methode dar, die sie durch Widrigkeiten bei der Verfolgung ihrer Ziele voranbringt. Pete Docter vergleicht die Regie mit einem Lauf durch einen langen Tunnel. Man hat keine Ahnung, wie lang er ist, aber man vertraut darauf, dass man schließlich unbeschadet am anderen Ende wieder herauskommt. »Mittendrin, wo es nur dunkel ist, ist es wirklich beängstigend«, sagt er. »Kein Licht aus der Richtung, wo man herkommt, und kein Licht vom anderen Ende; man kann nur weiterlaufen. Und dann sieht man allmählich ein kleines Licht und dann immer mehr, und dann steht man plötzlich draußen in der hellen Sonne.« Für Pete macht diese Metapher den Augenblick – wo man seine Hand vor Augen nicht sehen kann und wo man nicht sicher ist, ob man wieder herausfindet – etwas weniger furchteinflößend. Weil der Verstand weiß, dass Tunnel zwei Enden haben, können Gefühle unter Kontrolle gehalten werden, wenn einen in der unübersichtlichen Mitte rabenschwarze Finsternis umgibt. Anstatt einen Nervenzusammenbruch zu erleiden, fällt es dem Regisseur mit einem klaren mentalen Modell von Kreativität – und dem damit einhergehenden Unbehagen – leichter, darauf zu vertrauen, dass auch wieder Licht kommen wird. Das Wichtigste ist, niemals stehenzubleiben.

Rich Moore, der für Disney Animation Regie bei *Ralph reichts* führte, hat ein etwas anderes Szenario vor sich. Es stellt sich vor, er befindet sich in einem Irrgarten, wenn er einen Film macht. Anstatt willkürlich herumzurennen und hektisch den Ausgang zu suchen, legt er seine Fingerspitzen beim Vorwärtsgehen an die Wand, wird ab und zu langsamer, um die Situation einzuschätzen, und versucht mit seinem Tastsinn zu erfassen, welchen Weg er bislang zurückgelegt hat. Doch er geht weiter, damit er nicht in Panik verfällt. »Als Kind liebte ich Irrgärten«, sagt Rich. »Doch man muss ruhig bleiben, um den Weg nach draußen zu finden. Wenn ich sehe, dass ein Film den Bach runtergeht, denke ich mir: ›Jetzt sind sie verrückt geworden im Labyrinth. Sie sind ausgeflippt und haben es in den Sand gesetzt.‹«

Bob Peterson, der bei fast jedem Pixar-Film an der Lösung kreativer Probleme beteiligt war, verdankt Andrew ein Modell, das für ihn in seiner beruflichen Laufbahn sehr wertvoll war. Bei *Das große Krabbeln* verglich Andrew die Entstehung eines Films mit einer Ausgrabung. Das bringt ein neues Element ins Bild – die Vorstellung, dass sich das Projekt erst mit weiterem Fortschreiten offenbart. »Man gräbt und gräbt und weiß nicht, nach welchem Dinosaurier man gräbt«, sagt Bob. »Dann legt man ein kleines Stück davon frei. Und vielleicht gräbt man an zwei unterschiedlichen Stellen gleichzeitig und denkt, man hat eine einzige Sache gefunden. Doch je weiter man blindlings gräbt, desto mehr offenbart sich. Sobald man einen Blick davon erhascht hat, weiß man besser, wie man graben soll.«

Bob und Andrew kennen meine Einwände gegen diese spezielle Metapher. Ich sagte ja, nach meiner Ansicht entdecken wir bei der Arbeit an einem Film nichts schon Existierendes, das das Pech hatte, unter Sedimenten vieler Zeitalter begraben zu werden, sondern wir schaffen etwas Neues. Doch sie sagen, die *Vorstellung,* der Film läge irgendwo da drin begraben – so wie David im Marmorblock des Michelangelo gefangen war –, hilft ihnen, dranzubleiben und die Hoffnung nicht zu verlieren. Ich habe zwar am Anfang des Kapitels behauptet, was die Kinogänger auf der Leinwand sehen, entspringt nicht vollständig einem einzigen visionären Kopf, doch ich muss diese Vorstellung zulassen: Das Vertrauen, dass die Elemente eines Films alle da sind und wir sie nur finden müssen, erhält uns oft bei der Suche aufrecht.

Wenn Ihnen dieses Modell zusagt, müssen Sie wissen, dass es seine Fallstricke hat. Sogar Andrew warnt, dass nicht jeder Knochen, den man bei der Ausgrabung findet, unbedingt zu dem Skelett gehört, das man zusammensetzen will. (Es könnten die Knochen verschiedener Dinosaurier – oder Geschichten – in Ihrer Ausgrabungsstelle vermischt sein.) Die Versuchung, alles Gefundene zu verwenden, auch wenn es nicht passt, ist groß. Schließlich hat man hart gearbeitet, um jedes Element auszugraben. Doch wenn man jedes Teil kritisch und genau analysiert – wenn man es mit den bereits gefundenen Teilen vergleich und prüft, ob sie zusammenpassen –, dann wird Ihr Filmprojekt sich Ihnen offenbaren. »Nach einer Weile sagt es mir, was da ist«, sagt Andrew. »Darauf warten Sie: Wenn der Film *Ihnen* sagt, was er werden will.«

Michael Arndt, der Autor von *Toy Story 3,* und ich setzen uns laufend über seine Vorstellung von seiner Arbeit auseinander. Er vergleicht das Verfassen eines Drehbuchs mit dem Besteigen eines Berges mit verbundenen Augen. »Die erste Aufgabe ist es, den Berg zu finden«, sagt er. Mit anderen Worten: Man muss sich entlangtasten und warten, bis der Berg sich zeigt. Und das Besteigen eines Berges bedeutet nicht notwendigerweise einen Aufstieg. Manchmal steigt man eine Weile auf und hat ein gutes Gefühl, gerät dann jedoch in eine Felsspalte und muss mühsam wieder herausklettern. Und man sieht nie vorher, wo die Spalten sind.

Diese Metapher gefällt mir sehr – abgesehen von der Implikation, dass der Berg existiert. Wie Andrews Ausgrabung suggeriert diese Vorstellung, dass der Künstler das Kunstwerk oder die Idee, die nicht sichtbar ist, einfach nur »finden« muss. Das widerspricht einer meiner Grundüberzeugungen: dass die Zukunft noch nicht erschaffen ist und dass wir sie schaffen müssen. Vergleicht man das Verfassen eines Drehbuchs mit dem Besteigen eines Berges mit verbundenen Augen, impliziert das, das Ziel sei es, einen existierenden Berg zu sehen – ich dagegen glaube, es sollte das Ziel kreativer Menschen sein, ihren *eigenen* Berg von Grund auf zu bauen.

Doch in den Gesprächen mit meinen Kollegen, die eine Vielzahl unterschiedlicher Aufgaben haben, lernte ich zu akzeptieren, dass das Wichtigste an einem mentalen Modell ist, dass es denjenigen, der daran glaubt, in die Lage versetzt, seinen Job zu machen – was auch immer es ist. Das Unerschaffene ist ein weiter, leerer Raum. Diese Leere ist so furchteinflößend, dass die meisten sich an Bekanntes halten, nach kleineren Anpassungen das nehmen, was sie verstehen, und nicht in der Lage sind, zu etwas Unbekanntem weiterzugehen. Um diesen Ort der Angst betreten zu können und diesen leeren Raum zu füllen, brauchen wir alle Hilfe, die wir bekommen können. Michael ist Drehbuchautor, das bedeutet, er beginnt mit einem leeren Blatt. Das bedeutet, er muss den Weg von nichts zu etwas finden, und es hilft ihm, sich vorzustellen, er sei ein Bergsteiger mit verbundenen Augen, denn damit fühlt er sich gewappnet für das unvermeidliche Auf und Ab seiner Arbeit.

Ich habe nun verschiedene Modelle beschrieben, und gemeinsam ist allen die Suche nach einem noch nie gesehenen Ziel – nach Land jenseits des Ozeans (Andrew), nach Licht am Ende des Tunnels (Pete), nach einem Weg aus dem Irrgarten (Rich), nach dem Berg selbst (Michael). Das ist sinnvoll für künstlerische Leiter, die so viele Menschen durch das Auf und Ab einer Geschichte oder die Produktion eines Films führen müssen. Zu Beginn ist das Ziel des Regisseurs unklar, doch er muss weitermachen.

Producer haben jedoch eine andere, eher logistische Aufgabe. Wenn die Regisseure ihre gesamte schöpferische Vorstellungskraft brauchen und Autoren eine Struktur schaffen und eine Story zum Klingen bringen müssen, dann ist es Aufgabe der Producer, in der Realität zu bleiben. Sie müssen dafür sorgen, dass ein Projekt auf Kurs bleibt und Budgets eingehalten werden. Deshalb ist es nur sinnvoll, wenn ihre mentalen Modelle sich erheblich von denen ihrer Kollegen unterscheiden. Erinnern Sie sich an die umgekehrte Pyramide von John Walker? Sein mentales Modell hat nichts mit Bergsteigen oder der Ankunft an einem Ort zu tun, sondern mit dem Ausbalancieren einer Vielzahl konkurrierender Anforderungen. Andere Producer haben ihre eigenen Vorstellungen von ihrer Arbeit, doch das haben sie gemeinsam: Die Organisation einer Vielzahl von Kräften und von Hunderten Menschen mit unterschiedlichen Ansichten braucht ausgleichende Kräfte.

Die Producerin Lindsey Collins hat mit Andrew an mehreren Filmen zusammengearbeitet. Sie stellt sich vor, sie sei ein Chamäleon, das seine Farbe ändert, je nachdem, mit welchem Personenkreis sie es zu tun hat. Ziel ist es nicht, etwas vorzugeben oder sich einzuschmeicheln, sondern die Person zu sein, die in dem Augenblick benötigt wird. »Bei meiner Arbeit bin ich manchmal Führungskraft, manchmal folge ich nach; manchmal gebe ich den Ton an, und manchmal sage ich nichts und lasse alles sich selbst regeln«, sagt sie. Lindsey bewältigt ihre Arbeit, indem sie sich an ihre jeweilige Umgebung anpasst, um so die gegensätzlichen Kräfte – die einen auch in den Wahnsinn treiben könnten – zu organisieren. »Ich bin fest davon überzeugt, dass der kreative Prozess chaotisch sein muss. Wenn wir ihn zu stark strukturieren, töten wir ihn ab. Es ist eine schwierige Balance: Man muss etwas Struktur und Sicherheit bieten – finanziell und emotional –, doch man muss auch zulassen, dass es für eine Weile ungeordnet zugeht. Dafür ist es notwendig, jede Situation einzuschätzen und zu sehen, was notwendig ist. Dann wird man *das*, was notwendig ist.«

Wie schätzt man so etwas ein? Lindsey sagt scherzhaft, sie arbeitet mit dem »Columbo-Effekt«. Wie der kultige Fernsehdetektiv, verkörpert von Peter Falk, der sich scheinbar durch einen Fall wurstelt, am Ende aber unfehlbar auf den Täter zusteuert. Wenn Lindsey zum Beispiel zwischen zwei Gruppen vermittelt, die nicht gut miteinander kommunizieren, dann gibt sie vor, verwirrt zu sein. »Man sagt: ›Vielleicht ist es nur mein Problem, doch ich verstehe das nicht. Es tut mir leid, ich halte euch hier mit all meinen dummen Fragen auf, aber könntet ihr mir noch einmal erklären, worum es geht? Erklärt es mir einfach wie einer Zweijährigen.‹«

Gute Producer – und gute Führungskräfte – diktieren nicht von oben herab. Sie strecken die Hand aus, hören zu, sie streiten, sie überreden und schmeicheln. Und das spiegelt sich in ihren mentalen Modellen für ihre Arbeit wider. Katherine Sarafian, eine weitere Producerin bei Pixar, verdankt dem klinischen Psychologen Taibi Kahler eine hilfreiche Visualisierung ihrer Rolle. »Kahler lehrt unter anderem, die Leute dort abzuholen, wo sie stehen«, sagt Katherine und meint das Process Communication Model, das die Managertätigkeit mit einer Fahrt im Aufzug eines hohen Gebäudes von Stockwerk zu Stockwerk vergleicht. »Es ist sinnvoll, jede Persönlichkeit als eine Wohnung zu betrachten«, sagt Katherine. »Die Leute wohnen auf unterschiedlichen Stockwerken und haben jeweils eine andere Aussicht. Die in den oberen Etagen sitzen vielleicht draußen auf dem Balkon; die im Erdgeschoss halten sich vielleicht auf ihrer Veranda auf. Um erfolgreich mit ihnen zu kommunizieren, muss man dorthin gehen, wo sie leben. »Die begabteren Mitarbeiter bei Pixar – seien es Regisseure, Producer, Produktionsmitarbeiter, Künstler oder wer auch sonst – sind in der Lage, mit dem Aufzug in jedes Stockwerk zu fahren und mit jeder beliebigen Person darüber zu sprechen, was sie brauchen und wie sie kommunizieren möchten. Eine Person muss sich vielleicht 20 Minuten lang über etwas aussprechen, das nicht gut läuft, ehe man sich konzentrieren und auf Details eingehen kann. Ein anderer sagt vielleicht ständig: ›Ich kann diese Termine nicht einhalten, wenn du mir nicht diese eine Sache verschaffst, die ich unbedingt brauche.‹ Ich sehe meine Arbeit immer zwischen den Etagen, auf und ab, den ganzen Tag.«

Wenn Katherine sich nicht gerade vorstellt, dass sie Aufzug fährt, dann sieht sie sich als Hirtin einer Schafherde. Wie Lindsey braucht sie einige Zeit, um die Situation zu bewerten, und sucht nach dem besten Weg, die Herde zu führen. »Ich werde ein paar Schafe beim Weg über diesen Berg verlieren, und ich werde sie suchen müssen. Ich muss dann dauernd nach vorn rennen, und manchmal muss ich hinten bleiben. Und irgendwo mitten in der Herde passiert einiges, das ich nicht sehen kann. Und während ich nach den verlorenen Schafen suche, wird etwas anderes passieren, auf das ich meine Aufmerksamkeit nicht gerichtet hatte. Außerdem weiß ich auch nicht genau, wohin wir gehen. Über den Berg? Zurück in den Stall? Ich weiß, wir werden schließlich ankommen, doch das kann sehr, sehr langsam gehen. Es könnte uns ein Auto auf der Straße begegnen, und alle Schafe sind im Weg. Und ich sehe auf die Uhr und sage: ›Oh mein Gott, ihr Schafe, *bewegt* euch!‹ Doch die Schafe bewegen sich so, wie sie sich eben bewegen, und wir können versuchen, sie so gut wie möglich zu beaufsichtigen, doch eigentlich müssen wir auf die generelle Richtung achten, die sie einschlagen, und versuchen, da etwas zu steuern.«

Jedes dieser Modelle enthält viele unserer bereits besprochenen Themen: Das Bedürfnis, die Angst im Zaum zu halten, das Bedürfnis nach Ausgleich, die Notwendigkeit, Entscheidungen zu treffen (doch auch die Fehlbarkeit zuzulassen) und das Bedürfnis zu spüren, dass ein Fortschritt erzielt wird. Ich denke, wenn man sein eigenes mentales Modell entwickelt, ist es wichtig, im Auge zu behalten, bei welchen Problemlösungen es einem behilflich sein soll.

Mich hat zum Beispiel der Vergleich des Unternehmens mit dem Zug fasziniert. Ein Zug ist riesig und kraftvoll und bewegt sich unweigerlich auf der Schiene weiter, über Berge und durch weite Ebenen, durch den dichtesten Nebel und die dunkelste Nacht. Wenn etwas schiefläuft, sprechen wir von »Entgleisungen« und von einem »Zugunglück«. Und manche haben die Pixar Production Group als fein abgestimmte Lokomotive bezeichnet, die sie gerne einmal fahren würden. Mich interessiert, wie viele Menschen glauben, *sie seien in der Lage,* den Zug zu fahren, und glauben, das sei die Machtposition – wer den Zug fahre, bestimme die Zukunft des Unternehmens. Das stimmt nicht. Wer den Zug fährt, bestimmt nicht seine Richtung. Die eigentliche Arbeit ist das Verlegen der Geleise.

Ich überdenke laufend meine eigenen Modelle für den Umgang mit Unsicherheit und Veränderung und wie man Menschen befähigt. Bei Lucasfilm hatte ich das Bild, ich reite ohne Sattel auf einer Herde wilder Pferde, von denen manche schneller sind als die anderen, und versuche, das Gleichgewicht zu behalten. Manchmal stellte ich mir vor, mit den Füßen auf so einem Brett zu stehen, das sich auf einer Rolle befindet. Bei jedem Bild bleibt eine Frage: Wie verhindern wir, dass wir zu weit auf eine Seite schwanken? Wie verfolgen wir unsere sorgfältig ausgearbeiteten Pläne und bleiben doch offen für die Vorstellungen anderer? Im Lauf der Zeit und mit immer neuen Erfahrungen hat sich mein Modell immer weiterentwickelt – und entwickelt sich auch in diesem Augenblick noch.

Ein für mich sehr hilfreiches Modell entdeckte ich durch Zufall. Es stammt aus dem Studium der Achtsamkeit, die in den letzten Jahren ein enormes Interesse fand, sowohl in wissenschaftlichen Kreisen wie auch in der Wirtschaft. In Büchern liest man vor allem, dass sie Menschen dabei unterstützt, den Stress in ihrem Leben zu reduzieren und ihre Aufmerksamkeit zu steuern. Mir hat sie jedoch auch geholfen, meine Gedanken über die optimale Zusammenarbeit von kreativen Menschen in Gruppen zu klären.

Diese Einsicht verdanke ich einem Geschenk, das mir meine Frau Susan vor einigen Jahren machte. Sie spürte, dass ich eine Pause brauchte, und meldete mich zu einem Schweige-Meditations-Retreat im Shambhala Mountain Center in Red Feather Lakes in

Colorado an. Die einwöchige Versenkung war auch für Anfänger geeignet, doch von den 70 Teilnehmern dort war ich der einzige, der noch nie meditiert hatte. Mir erschien der Gedanke, mehrere Tage schweigend zu verbringen, unvorstellbar, sogar gruselig. Ich war irgendwie neugierig und mogelte mich so durch, doch nach zwei Tagen schwiegen wir wirklich nur noch. Ich wusste nicht, was ich tun sollte. Die Stimme in meinem Kopf schwatzte unaufhörlich, und ich konnte das nicht so richtig verarbeiten. Am dritten Tag schwirrte mir der Kopf vom Nicht-Sprechen, und fast wäre ich abgehauen.

Die meisten haben schon von östlichen Lehren gehört, die besagen, es sei wichtig, im Augenblick zu existieren. Es fällt schwer, sich dazu zu bringen, genau zu beobachten, was jetzt ist (und nicht in Gedanken darüber zu versinken, was war und was sein wird), doch die philosophische Lehre hinter dieser Vorstellung – der Grund, warum das Verweilen im Augenblick so wichtig ist – lautet: Alles verändert sich. Die ganze Zeit. Und man kann es nicht aufhalten. Alle Versuche, das aufzuhalten, bringen einen in eine schlechte Position. Es verursacht Leid, doch wir scheinen nichts daraus zu lernen. Und noch schlimmer, wenn man sich dem Wandel widersetzt, verliert man sein Anfängergehirn – die Offenheit für das Neue.

Ich sprang nicht ab in jenem Sommer im Shambhala Mountain Center. Auch wenn mir die Terminologie fremd war, klangen doch viele Themen an, über die ich bei Pixar schon so viel nachgedacht hatte: Kontrolle, Veränderung, Beliebigkeit, Vertrauen, Konsequenzen. Die Suche nach Klarheit im Kopf ist ein wesentliches Ziel schöpferisch tätiger Menschen, doch wie jeder dazu findet, dafür gibt es keinen vorgezeichneten Weg. Für mich, der die Introspektion immer schätzte, war das Schweigen ein Weg, den ich noch nie zuvor beschritten hatte. Seitdem war ich in jedem Jahr einmal beim Schweige-Retreat. Ich habe persönlich davon profitiert und habe viel über die Bedeutung der Achtsamkeit für Führungsaufgaben nachgedacht.

Wenn man achtsam ist, kann man sich auf das Problem konzentrieren, das vor einem liegt, ohne sich in Planung und Abläufen zu verfangen. Achtsamkeit hilft uns, die fliehende und subjektive Natur unserer Gedanken zu akzeptieren und Frieden zu schließen mit dem, was wir nicht kontrollieren können. Am wichtigsten: Sie erlaubt uns, offen für neue Ideen zu bleiben und mit unseren Problemen offen und ehrlich umzugehen. Manche halten sich für achtsam, weil sie sich gewissenhaft auf Probleme konzentrieren. Doch wenn sie dabei unterbewusst in ihren Sorgen und Erwartungen gefangen sind, und nicht wissen, dass sie nicht klar sehen oder dass andere mehr wissen könnten, dann sind sie keineswegs offen.

Auch in Unternehmen halten Gruppen oft so sehr an Planungen und Vorgehensweisen aus der Vergangenheit fest, dass sie nicht offen sind für Veränderungen, die sich vor ihren Augen abspielen.

Meine Gedanken zu diesem Thema wurden vertieft durch einen Vortrag aus dem Jahr 2011, den ich als Podcast fand. Auf der jährlich stattfindenden Veranstaltung mit dem Titel Buddhist Geeks Conference sprach eine Frau mit dem Namen Kelly McGonigal über das Thema »Was die Wissenschaft uns über Praxis lehren kann«. McGonigal lehrt an der Stanford University, und sie sprach über neueste Studien zur Funktion des Gehirns, die nachwiesen, dass die Praxis der Meditation menschliches Leiden vermindern kann – nicht nur die existenzielle Angst, die schlimm genug ist, sondern auch physische Schmerzen.

Zuerst sprach sie über eine Studie der University of Montreal aus dem Jahr 2010, in der zwei Gruppen – eine aus Probanden mit Erfahrung in Zenmeditation, die andere mit Probanden, die nicht meditierten – genau dieselben Schmerzen zugefügt wurden, und zwar über eine Hitzequelle, die an ihre Wade gebunden war. Sie waren mit Monitoren verbunden, auf denen man verfolgen konnte, welche Gehirnareale stimuliert wurden. Bei der Durchsicht der Darstellungen des Gehirns entdeckten die Wissenschaftler, dass die Schmerzgrenze bei den erfahrenen Meditierenden, obwohl sie zum Zeitpunkt des Versuchs nicht aktiv meditierten, viel höher lag als bei denen, die nicht meditierten. Die Gehirne der Meditierenden achteten auf den Schmerz, erklärte McGonigal, doch weil sie das innere Geschwätz abstellen konnten – den laufenden Kommentar, den unsere untrainierten Gehirne oder Affengehirne laufend absondern –, waren sie besser in der Lage, Schmerzen zu ertragen als die, die nicht meditierten.

Dann zitierte McGonigal eine ähnliche Studie der Wake Forest University mit Probanden, die die Meditation gerade erst in einem viertägigen Kurs erlernt hatten. Als sie im Labor demselben Schmerztest unterzogen wurden, konnten einige höhere Schmerzintensitäten ertragen als andere. Warum? Die Annahme liegt nahe, dass manche das Meditieren einfach schneller lernten und darin besser waren als die anderen. Die Gehirndarstellungen zeigten jedoch, dass ihr Gehirn das *Gegenteil* von dem tat, was die Gehirne bei erfahrenen Meditierenden tun. Anstatt sich auf den gegenwärtigen Moment zu konzentrieren, »*blockierten* sie die Sinnesinformation und verlagerten irgendwie ihre Aufmerksamkeit, um zu ignorieren, was im gegenwärtigen Moment geschah. Und das linderte das Leiden: die Vermeidung des Bewusstseins seiner sorgfältigen Beachtung.«

Ich fand das faszinierend. Und es entspricht dem Verhalten, dem ich als Führungskraft begegnete. McGonigal sprach über die Tendenz des Gehirns, Probleme zu unterdrücken, anstatt sie offen anzugehen. Erschwert wird das, weil die Menschen, die sie unterdrückten, *dachten*, sie täten dasselbe wie die, die sich dem Problem stellten. Ein ernüchternder Gedanke: Man versucht, achtsam zu sein, und manche tun aus Versehen am Ende genau das Gegenteil. Wir lenken ab und ignorieren. Und zumindest für eine Weile kann dieses Verhalten sogar zu guten Ergebnissen führen. Doch in den von McGonigal zitierten Experimenten ignorierten die Menschen, die Achtsamkeit praktizierten, das vorliegende Problem nicht – in diesem Fall die schmerzhafte Hitzequelle an ihrem Bein. Sie sahen und fühlten es, wie es war, schwächten jedoch ihre Reaktion darauf ab – die natürliche Tendenz des Gehirns, durch zu viel Nachdenken zu verstärken – und kamen deshalb besser damit zurecht.

Dieses Modell, auf das zu achten, was sich vor einem befindet, und nicht zu sehr in der Vergangenheit oder der Zukunft zu verharren, hat sich für mich als immens nützlich erwiesen, als ich versuchte, unsere organisatorischen Probleme zu lösen und meine Kollegen davon abzubringen, an Prozessen oder Planungen festzuhalten, die nicht mehr sinnvoll sind. Ebenso hat die Vorstellung, Probleme zuzulassen (anstatt Regeln aufzustellen, die sie unterdrücken), eine große Bedeutung für mich.

Letztendlich ist es nicht wichtig, ob Ihr Modell sich von meinem unterscheidet. Umgekehrte Pyramide oder unsichtbarer Berg, durchgehende Pferde oder verlorene Schafe, wichtig ist, dass jeder um einen Rahmen kämpft, der uns offen macht für die Schaffung von Neuem. Unsere Modelle im Kopf geben uns Mut, während wir im Dunkeln pfeifen. Nicht nur das, sie versetzen uns in die Lage, die beglückende und schwierige Aufgabe anzugehen, ins Unbekannte zu steuern.

# TEIL 4

# Der Praxistest

# KAPITEL 12

## Eine neue Herausforderung

Ich erwäge, Pixar an Disney zu verkaufen«, verkündete Steve. Diese Ankündigung traf John und mich völlig unvorbereitet.

»Du willst was?«, war unsere gemeinsame Reaktion.

Das war im Oktober 2005. John und ich waren gerade bei Steve zu Hause in Palo Alto angekommen, wo er mit seiner Frau und seinen drei jüngsten Kindern lebte. Er hatte uns zum Abendessen eingeladen, aber John und mir war plötzlich der Appetit vergangen.

Nur 18 Monate zuvor waren Disney und Pixar nach vielen produktiven gemeinsamen Jahren nach einem öffentlichen Streit getrennte Wege gegangen. Steve und Michael Eisner, der damalige Aufsichtsratsvorsitzende und CEO von Disney, hatten die Gespräche über eine Verlängerung unserer Partnerschaft überraschend abgebrochen, und seither herrschte dicke Luft. Ganz besonders geärgert hatte uns Eisners Ankündigung von Circle 7, einer neuen Abteilung innerhalb von Disney Animation, die speziell dafür gegründet worden war, um ohne uns Sequels zu unseren Filmen zu produzieren. Das Studio hatte das Recht dazu, aber es war schon ein starkes Stück. Disney riss die Kontrolle über Figuren an sich, die wir erschaffen hatten, und versuchte uns so unter Druck zu setzen. Für John war das fast so, als wolle Eisner seine Kinder kidnappen. Er liebte Woody, Buzz, Slinky, Rex und die anderen, als wären sie seine eigenen fünf Söhne, und es brach ihm das Herz, dass er sie nicht beschützen konnte.

Und jetzt wollte Steve mit der Firma gemeinsame Sache machen, die ihm das angetan hatte?

Rückblickend hatte ich bereits geahnt, dass etwas Größeres im Gange war. Ich wusste, dass Steve selbst auf dem Tiefpunkt seiner Beziehung zu Michael den Rest von Disney immer noch sehr geschätzt hatte. Selbst als er einen Vorschlag der Marketing-Leute von Disney ablehnte, erinnerte er uns immer noch daran, dass sie sich besser damit auskannten als er. Wegen der erheblichen Macht und Erfahrung bei Marketing und Konsumprodukten sowie den Freizeitparks war Disney schon immer mit Abstand der bevorzugte Partner für Pixar gewesen.

Als Steve John und mir vorschlug, Pixar zu verkaufen, hatte sich schon einiges bei Disney verändert – Eisner hatte die Firma verlassen und Bob Iger war ihm nachgefolgt, um nur eine Veränderung zu nennen. So ziemlich das Erste, was Bob als CEO tat, war, Steve zu kontaktieren, um die Wogen zu glätten. Sie vereinbarten, die Top-Serien von ABC auf iTunes verfügbar zu machen, und vor allem deswegen vertraute Steve Bob. Für Steve bewies dieser Deal zwei Dinge: Iger war ein Mann der Tat, und er war bereit, sich der reflexartigen, branchenweiten Ablehnung des Vertriebs von Unterhaltungsmedien im Internet zu widersetzen. Der iTunes-Deal war nach zehn Tagen unter Dach und Fach; Iger ließ sich von etablierten Mächten nicht abhalten. Doch nach wie vor bereitete Circle 7 immer noch die Produktion von *Toy Story 3* vor, ohne jedes Mitspracherecht von uns.

John und ich saßen da und kämpften mit der Vorstellung einer Fusion, während Steve im Wohnzimmer umherlief und uns darlegte, warum sie sinnvoll war. Natürlich hatte er sich mit dem Thema aus allen Blickwinkeln beschäftigt. Erstens brauchte Pixar einen Partner für Marketing und Vertrieb, um die Filme weltweit in die Kinos zu bekommen – okay, das wussten wir bereits. Zweitens glaubte Steve, Pixar könne durch die Fusion auf einer größeren, stabileren Bühne mitspielen und so den kreativen Einfluss erhöhen. »Im Moment ist Pixar eine Jacht«, meinte Steve. »Aber durch die

Fusion kommen wir auf einen riesigen Ozeandampfer, auf dem uns große Wellen und schlechtes Wetter nicht mehr so viel ausmachen werden. Wir werden geschützt sein.« Am Ende seines Vortrags sah Steve uns in die Augen und versicherte uns, er werde den Verkauf nur mit unser beider Zustimmung durchziehen. Doch bevor wir unsere Entscheidung trafen, bat er uns um einen Gefallen.

»Lernt Bob Iger kennen«, bat er. »Nur darum bitte ich euch. Er ist ein guter Mann.«

Wenige Monate später, im Januar 2006, war der Deal perfekt. Doch der Erwerb der Pixar Animation Studios durch die Walt Disney Company für 7,4 Milliarden US-Dollar war keine typische Fusion, dafür hatte Steve gesorgt. Er schlug vor, dass John und ich die Leitung von Pixar und Disney Animation übernehmen sollten – ich sollte Präsident werden und John die kreative Leitung übernehmen –, weil er glaubte, und Bob stimmte ihm zu, dass eine getrennte Führung der beiden Studios zu einem Wettbewerb führen würde, der letztendlich beiden Studios schaden würde. (Außerdem dachte Steve, dass die Traditionen von Pixar nicht von dem sehr viel größeren Unternehmen, der Walt Disney Company, verdrängt werden würden, wenn wir beide die Leitung beider Abteilungen übernahmen.)

Dadurch hatten John und ich die außergewöhnliche Chance, die in Jahrzehnten bei Pixar perfektionierten Ideen in einem neuen Kontext zu testen. Würden unsere Theorien bezüglich der Notwendigkeit von Offenheit, Angstlosigkeit und Selbsterkenntnis in dieser neuen Umgebung standhalten? Oder trafen sie nur für unseren eigenen kleinen Laden zu? Die Antwort auf diese Frage zu finden – ganz zu schweigen von der Aufgabe, zwei sehr unterschiedliche Unternehmen zum Vorteil beider Seiten zu führen –, fiel vor allem John und mir zu.

John sah in Pixar schon immer ein Studio voller Pioniere, die stolz darauf waren, eine neue Kunstform erfunden zu haben, und gleichzeitig immer nach dem höchsten Niveau beim Storytelling strebten. Disney Animation ist ein Studio mit großartiger Tradition, es repräsentiert den Goldstandard in der Animation. Die Mitarbeiter wollen vor allem Filme machen, die Walts würdig sind – so gut wie jene, die er selbst machte, die aber in unsere Zeit passen. Ehrlich gesagt waren John und ich nicht sicher, ob unsere Theorien zum Umgang mit kreativen Menschen sich dort bewähren würden. Die Herausforderung bestand darin, Pixar gesund zu erhalten und gleichzeitig Disney Animation zu alter Größe zu führen.

In diesem Kapitel geht es vor allem um einige Wege, die wir auf unserer Reise zu diesem Ziel beschritten, und es handelt von einem der Hauptgründe, aus denen ich dieses Buch schrieb. Nach der Fertigstellung von *Toy Story* wollte ich herausfinden, wie man eine nachhaltige kreative Umgebung erschaffen kann. Pixars Zusammenschluss mit Disney war unsere Chance – uns selbst, wenn schon niemand anderem –, zu beweisen, dass das, was wir bei Pixar erschaffen hatten, auch außerhalb von Pixar funktionierte. Die Vorbereitung zur Übernahme und auch deren Durchführung boten eine optimale Fallstudie, und es war unglaublich aufregend, daran teilzunehmen. Zunächst werde ich erzählen, wie es überhaupt zu der Fusion kam, weil wir meiner Meinung nach in der Frühphase einiges taten, das unserer Partnerschaft eine stabile Basis verschaffte.

Lernt Bob Iger kennen«, hatte Steve uns gebeten. Wenige Wochen später kam ich dieser Bitte nach.

Wir trafen uns in der Nähe der Disney Studios in Burbank zum Abendessen, und ich mochte ihn auf Anhieb. Gleich zu Anfang erzählte er mir eine Geschichte: Einen Monat zuvor hatte er bei der Eröffnung von Hong Kong Disneyland eine Erleuchtung gehabt. Er hatte gerade eine Parade von Disney-Figuren an sich vorbeiziehen sehen: Donald Duck, Micky Maus, Schneewittchen, Arielle … und Buzz Lightyear und Woody. »Mir fiel auf, dass die einzigen Klassikerfiguren, die wir in den letzten zehn Jahren erschaffen hatten, Pixar-Figuren waren«, berichtete Bob. Er erzählte mir, dass die Walt Disney Company zwar breit aufgestellt war – von Freizeitparks über Kreuzfahrtschiffe und Konsumgüter bis zu Realfilmen war alles dabei –, dass aber die Animation immer die Seele des Unternehmens bleiben würde, und dass er entschlossen sei, diesen Teil des Unternehmens wieder zum Erfolg zu führen.

Bob stellte lieber Fragen, als selbst zu erzählen, das fiel mir auf – und seine Fragen waren prägnant und direkt. Bei Pixar hatten wir etwas Ungewöhnliches aufgebaut, meinte er, und er wolle es verstehen. Zum ersten Mal in all den Jahren der Zusammenarbeit von Pixar und Disney wollte jemand von Disney wissen, was unser Unternehmen so einzigartig machte.

Bob hatte als leitender Manager bereits zwei große Übernahmen erlebt – als Capital Cities Communications im Jahr 1985 die American Broadcasting Company kaufte und die Übernahme von Cap Cities/ABC durch Disney im Jahr 1996. Das eine, erzählte er, sei eine gute Erfahrung gewesen, das andere eine negative. Er wusste also aus erster Hand, welcher Schaden entstehen konnte, wenn man bei einer Fusion zuließ, dass eine Unternehmenskultur die andere dominierte. Er versicherte mir, dass er, sollte Pixar übernommen werden, alles tun werde, um das zu verhindern. Sein Plan war offensichtlich: Er wollte Disney Animation wiederbeleben und gleichzeitig die Autonomie von Pixar bewahren.

Wenige Tage später traf John sich mit Bob zum Abendessen, und danach setzten wir uns zusammen und besprachen unsere Eindrücke. John glaubte ebenfalls, dass Bob ähnliche Grundwerte hatte wie wir, aber ich hatte Angst, dass die Übernahme das zerstören konnte, was uns am meisten am Herzen lag: eine Kultur der Offenheit und Freiheit und jene konstruktive Selbstkritik, die aus unseren Mitarbeitern, und ihren Filmen, das Beste herausholte. John vergleicht die Pixar-Kultur häufig mit einem lebendigen Organismus – »Es ist, als hätten wir eine Möglichkeit gefunden«, sagte er einmal zu mir, »Leben auf einem Planeten entstehen zu lassen, auf dem noch nie Leben möglich war« –, und er wollte ihre Existenz auf keinen Fall gefährden. Wir glaubten an Bobs gute Absichten, aber wir sahen auch, dass das größere Unternehmen uns – möglicherweise unabsichtlich – überrollen konnte. Bob hatte John versichert, er wolle mit uns gemeinsam sicherstellen, dass das nicht geschah. Es würde ein teurer Deal werden, sagte er uns, und er setzte seinen eigenen guten Ruf aufs Spiel, wenn er sich beim Disney-Vorstand dafür starkmachte. Warum, fragte Bob, sollte er den Wert der Anlage gefährden, die Disney erwarb?

Wir waren an einer Wegkreuzung angelangt. Wir mussten eine Entscheidung treffen, bei der wir bedeutende Faktoren berücksichtigen mussten. Wie würde die Beziehung zwischen den Studios tatsächlich aussehen? Konnten Pixar und Disney Animation unabhängig voneinander Erfolg haben, getrennt, aber ebenbürtig?

Mitte November 2005 trafen John, Steve und ich uns zum Abendessen in einem von Steves japanischen Lieblingsrestaurants in San Francisco. Wir sprachen über die Herausforderungen bei der Fusion, und Steve erzählte uns eine Geschichte. 20 Jahre zuvor, in den frühen 1980er-Jahren, entwickelte Apple zwei Personal Computer – den Macintosh und den Lisa –, und Steve wurde die Leitung der Lisa-Abteilung übertragen. Er hatte den Job nicht gewollt, und er gab zu, dass er ihn schlecht gemacht hatte: Statt das Lisa-Team zu inspirieren, sagte er ihnen mehr oder weniger, dass sie gegen das Mac-Team bereits verloren hatten – dass ihre Arbeit sich also nie auszahlen würde. Er habe ihnen den Wind aus den Segeln genommen, erzählte er uns, und das sei falsch gewesen. Sollte die Fusion zustande kommen, fuhr er fort, »dann dürfen wir den Leuten bei Disney Animation nicht das Gefühl geben, sie hätten verloren. Wir müssen dafür sorgen, dass sie sich wohlfühlen.«

Dabei würde es sicher hilfreich sein, dass John und ich Disney so sehr mochten. Wir hatten uns beide unser Leben lang an den künstlerischen Idealen von Walt Disney gemessen, daher war der Gedanke, durch die Türen von Disney Animation zu gehen mit dem Auftrag, den Menschen dort neuen Schwung zu geben und ihnen beim Wiederaufstieg zu alter Größe zu helfen, beängstigend, aber auch ehrenwert und wichtig. Am Ende des Abends waren wir drei uns einig. Die Zukunftsperspektiven von Pixar, Disney und der Animation insgesamt waren besser, wenn wir unsere Kräfte bündelten.

John und ich wussten, dass diese Neuigkeit ein Schock für unsere Kollegen bei Pixar sein würde. (»Wir glaubten, sie alle würden sich genauso fühlen wie *wir*, als Steve uns in seinem Wohnzimmer zum ersten Mal von der Idee erzählte«, erinnert sich John.) Bevor wir also irgendetwas offiziell verkündeten, mussten wir alles dafür tun, dass sich unsere Mitarbeiter sicher fühlten, und verhindern, dass Veränderungen aus den falschen Gründen vorgenommen werden konnten. Mit Igers Zustimmung setzten wir also ein Dokument auf, das als »Der Fünf-Jahres-Sozialvertrag« bekannt wurde. Diese sieben Seiten umfassende Liste war eine Aufzählung all der Dinge, die bei Pixar im Falle einer Fusion bleiben sollten, wie sie waren.

Die 59 Listenpunkte umfassten viele verschiedene Punkte, die man auf einer solchen Liste erwarten würde: Vergütung, Personalrichtlinien, Urlaub und Zusatzleistungen. (Punkt eins schrieb fest, dass die Geschäftsführung von Pixar Mitarbeiter auch weiterhin mit Boni belohnen konnte, wie es bei Pixar immer üblich gewesen war, wenn die Einspielergebnisse eines Films eine bestimmte Grenze überschritten.) Andere Punkte bezogen sich nur auf den persönlichen Ausdruck. (In Nummer elf hieß es zum Beispiel, dass Pixar-Mitarbeiter auch zukünftig das Recht haben mussten, mit Titeln und Namen auf den Visitenkarten kreativ umgehen zu dürfen; Nummer 33 stellte sicher, dass die Leute bei Pixar weiterhin ihre »Arbeitsbereiche nach ihren individuellen Vorlieben gestalten« durften.) Andere sollten beliebte Firmenrituale bewahren. (Nummer zwölf: »Event-Partys – Feiertage, Projektabschluss, verschiedene Anlässe – sind bei Pixar üblich. Verschiedene Feiertagspartys, Filmabschlusspartys, die jährliche Autoshow, der Papierfliegerwettbewerb, die Cinco-de-Mayo-Feier und das Sommergrillfest sind nur einige.«) In manchen Punkten ging es um die Sicherung des egalitären Ethos bei Pixar. (Nummer 29: »Kein Mitarbeiter bekommt einen reservierten Parkplatz, auch die Geschäftsführung nicht. Bei allen Plätzen gilt: Wer zuerst kommt, mahlt zuerst.«)

Wir konnten nicht mit Sicherheit sagen, dass die Dinge, die wir bewahren wollten, für unseren Erfolg verantwortlich waren, aber sie bedeuteten uns viel, und wir wollten unbedingt vermeiden, dass sich dort etwas änderte. Wir waren anders, und weil wir glaubten, dass diese Andersartigkeit unsere Identität ausmachte, wollten wir es auch bleiben.

Der Deal wurde noch von einem weiteren wichtigen Einfluss geprägt, der damals nicht bekannt gegeben wurde. Es ging dabei um Vertrauen. Bei den Abschlussverhandlungen zur Fusion missfiel dem Aufsichtsrat von Disney, dass wichtige kreative Mitarbeiter bei Pixar keinen Vertrag hatten.

Wenn Disney uns kaufte und John, ich oder bestimmte andere Mitglieder der Firmenleitung das Unternehmen verließen, wäre das eine Katastrophe, und so wurden wir alle aufgefordert, Verträge zu unterschreiben, bevor der Deal abgeschlossen wurde. Wir weigerten uns. Ein Grundsatz der Pixar-Kultur besagt, dass man dort arbeitet, weil man es will, nicht weil man vertraglich dazu verpflichtet ist, und daher hatte niemand bei Pixar einen Vertrag. Doch obwohl unsere Weigerung in unseren tiefsten Überzeugungen begründet war, stellte sie für Disney den ganzen Deal infrage. Bei Pixar wiederum gab es erhebliche Bedenken, die Disney-Bürokratie werde unweigerlich zerstören, was wir aufgebaut hatten. Beide Seiten sahen in dem Deal also ein erhebliches Risiko. Das führte jedoch zu der beiderseitigen Einsicht, dass die Fusion auf gegenseitigem Vertrauen der beiden Unternehmen aufbauen musste. Beide Seiten fühlten sich dieser Vereinbarung persönlich verpflichtet – und ich glaube, das war der ideale Startpunkt für unsere Beziehung.

Am Stichtag für den Verkauf flog Bob für die Ankündigung zum Firmenhauptquartier von Pixar in Emeryville bei Oakland. Nachdem die Dokumente unterzeichnet und die Aktienmärkte unterrichtet waren, traten Steve, John und ich auf eine Bühne am hinteren Ende der Eingangshalle von Pixar und begrüßten alle 800 Mitarbeiter. Dies war ein wichtiger Augenblick für das Unternehmen, und wir wollten, dass unsere Kollegen verstanden, wie es dazu gekommen war und wie der Deal ablaufen würde.

John, Steve und ich sprachen nacheinander über die Gründe für den Deal – dass Pixar einen starken Partner brauchte, dass dies ein positiver Entwicklungsschritt für uns war, und dass wir entschlossen waren, unsere Kultur trotz aller Veränderungen zu bewahren. An den Gesichtern unserer Kollegen sahen wir, dass sie verstört waren – wie wir es erwartet hatten. Auch wir reagierten emotional. Unsere Kollegen bedeuteten uns viel und auch das Unternehmen, das sie aufgebaut hatten, und wir wussten, dass wir eine große Veränderung in Gang gesetzt hatten.

Danach begrüßten wir Bob auf der Bühne, und unsere Leute bereiteten ihm einen herzlichen Empfang, der uns stolz machte. Bob sagte den Pixar-Mitarbeitern dasselbe, was er uns erzählt hatte: Dass er ein Fan unserer Arbeit war, aber auch, dass er in seinem Leben eine schlechte und eine gute Firmenfusion erlebt hatte – und dass er es bei dieser Fusion richtig machen wollte. »Disney Animation braucht Hilfe, daher haben wir zwei Optionen«, sagte er. »Erstens, wir überlassen die Firma den Leuten, die jetzt schon das Sagen haben; oder zweitens, wir wenden uns an Menschen, denen wir vertrauen und die bereits bewiesen haben, dass sie tolle Geschichten erzählen und Figuren erfinden können, die die Menschen lieben. Das ist Pixar. Ich verspreche Ihnen, dass die Firmenkultur von Pixar bestehen bleibt.«

Später setzten Steve und Bob bei einem einstündigen Konferenzgespräch mit Analysten dieses Versprechen in die Tat um. Sie verkündeten die Schließung von Circle 7. »Wir wollen unbedingt«, sagte Steve, »dass an Sequels, wenn sie gemacht werden, die Leute mitarbeiten, die auch an den Originalfilmen beteiligt waren.«

Erst am Ende des Tages konnten John, Steve und ich durchatmen. Wir gingen ins obere Stockwerk und verschwanden in meinem Büro. Kaum war die Tür geschlossen, legte Steve seine Arme um uns und begann zu weinen, aus Stolz und Erleichterung – und aus Liebe. Er hatte Pixar, der Firma, die mit seiner Hilfe von einem schwächelnden Hardwareproduzenten zu einem Branchenführer der Animation geworden war, die zwei Dinge verschafft, die sie für die

Zukunft brauchte: mit Disney einen würdigen Geschäftspartner und mit Bob einen ehrlichen Fürsprecher.

Am nächsten Morgen flogen John und ich zur Firmenzentrale von Disney in Burbank. Wir schüttelten dort viele Hände und trafen leitende Mitarbeiter, aber vor allem wollten wir uns den 800 Männern und Frauen vorstellen, die bei Disney Animation arbeiteten, und ihnen versichern, dass wir in friedlicher Absicht kamen. Um 15 Uhr gingen wir hinüber zu Studio 7 auf dem Disney-Gelände, einer riesigen Halle, in der die Animationsmitarbeiter dicht gedrängt standen.

Bob sprach als Erster. Er sagte, der Kauf von Pixar dürfe nicht als Zeichen der Geringschätzung gegenüber den Disney-Mitarbeitern gewertet werden, sondern er sei ein Beweis dafür, wie viel ihm die Animation bedeute und dass er sie als Kerngeschäft von Disney betrachte. Ich fasste mich bei meiner Rede kurz. Ich sagte meinen neuen Kollegen, ein Unternehmen könne nur Großartiges leisten, wenn seine Mitarbeiter offen ihre Meinung sagten. Von diesem Tag an stehe es jedem Mitarbeiter von Disney Animation frei, mit jedem Kollegen, unabhängig von der Position, zu sprechen, ohne Konsequenzen befürchten zu müssen. Dies sei ein wichtiger Grundsatz bei Pixar, doch ich wies sofort darauf hin, dass dies einer der wenigen Fälle sei, in denen ich etwas aus Emeryville übernehmen würde, ohne es vorher mit ihnen abzusprechen. »Damit das klar ist: Ich möchte aus Disney Animation *keinen* Klon von Pixar machen«, erklärte ich.

Ich war froh, das Mikrofon an John übergeben zu können, den Seelenverwandten, den so viele Künstler im Raum bereits verehrten. Ich spürte, dass Johns Anwesenheit sie bezüglich des Übergangs beruhigen würde, und ich hatte recht. John hielt eine leidenschaftliche Rede über die Bedeutung von Stoff- und Figurenentwicklung und darüber, dass beides davon profitierte, wenn Künstler und Filmemacher im Rahmen einer von gegenseitigem Respekt getragenen Unternehmenskultur zusammenarbeiteten. Er sprach darüber, was es bedeutete, eine von Regisseuren geleitete Animationsfirma zu sein, die Filme produzierte, die den Menschen aus dem Herzen sprachen und eine echte Verbindung zum Publikum herstellten.

Aus dem Jubel der Disney-Mitarbeiter schloss ich, dass John und ich – wie Steve uns gebeten hatte – ihnen nicht das Gefühl gegeben hatten, sie hätten die Schlacht verloren. Jahre später fragte ich den Regisseur Nathan Greno – der bei unserer Ankunft bereits zehn Jahre für Disney Animation gearbeitet hatte –, was an jenem Morgen, als wir die Fusion verkündeten, in ihm vorgegangen war. Er erzählte: »Ich dachte: ›Vielleicht kommt jetzt das Disney, für das ich als Kind arbeiten wollte, wieder zurück.‹«

An meinem ersten Tag in Burbank traf ich vor acht Uhr morgens bei Disney Animation ein. Ich wollte durch die Gänge gehen, bevor alle anderen da waren – um mir einen Überblick zu verschaffen. Ich hatte den Hausmeister von Disney, Chris Hibler, um eine Führung gebeten. Wir begannen im Keller, und als Erstes fiel mir auf, dass den Schreibtischen der Mitarbeiter jede persönliche Note fehlte. Bei Pixar sind die Arbeitsbereiche Schreine der Individualität – dekoriert, geschmückt und so verändert, dass sie die Eigenheiten und Leidenschaften der Person widerspiegeln, die dort arbeitet. Doch bei Disney waren die Schreibtische steril und einheitlich, ohne jede Persönlichkeit. Ich erwähnte das gegenüber Chris, aber er murmelte nur ausweichend und ging weiter. Doch es war so auffallend, dass ich einige Minuten später darauf zurückkam – und er zögerte wieder. Als wir die Treppen hinauf ins Zentrum des Gebäudes gingen, drehte ich mich um und fragte Chris ganz direkt, warum Menschen in einer derart kreativen Umgebung ihre Arbeitsbereiche nicht persönlich gestalteten. War das verboten? Die Arbeitsplätze sähen aus, sagte ich, als verbrächte niemand jemals Zeit dort. Plötzlich blieb Chris stehen und sah mich an. Vor meiner Ankunft, so vertraute er mir an, sei die Anweisung ergangen, dass alle ihre Schreibtische aufräumen sollten, um »einen guten ersten Eindruck« zu hinterlassen.

Das zeigte mir gleich zu Anfang, wie viel Arbeit vor uns lag. Das Beunruhigende war nicht der Mangel an Nippes, sondern das alles durchdringende Gefühl von Angst und Distanzierung, die dieser Mangel an Individualität zum Ausdruck brachte. Anscheinend wurde zu viel Wert auf die Vermeidung von Fehlern gelegt; selbst bei so unscheinbaren Angelegenheiten wie der Büroausstattung wagte niemand einen Vorstoß oder riskierte einen Fehler.

Diese Distanzierung drückte sich auch in der Gestaltung des ganzen Gebäudes aus. Die Aufteilung behinderte die Zusammenarbeit und den Austausch von Ideen, die Steve, John und ich für unerlässlich bei der kreativen Arbeit hielten. Die Mitarbeiter waren über vier Stockwerke verteilt, was gegenseitige Besuche erschwerte. Die unteren beiden Stockwerke sahen aus wie Verliese, mit düsteren, abgehängten Decken, sehr wenigen Fenstern und so gut wie keinem natürlichen Licht. Diese Räume inspirierten nicht und förderten auch keine Kreativität. Sie hätten kaum erdrückender und isolierender wirken können. Im obersten Stock war die »Suite der Firmenleitung« durch ein imposantes Portal abgetrennt, das nicht zum Eintreten einlud, sondern wie der Durchgang zu einer geschlossenen Gesellschaft wirkte. Ich fand es eine lausige Arbeitsumgebung.

Einige grundlegende Umbauarbeiten gehörten damit zu den dringlichsten Aufgaben. Zunächst verwandelten wir die abschreckende Firmenleitungssuite in zwei geräumige Büros, in denen Filmemacher sich zusammensetzen und Ideen für ihre Filme sammeln konnten. John und ich richteten unsere Büros im zweiten Stock ein, mitten im Geschehen, und entfernten die Sekretariatsnischen, die als Zugangshürde gedient hatten. (Die meisten Sekretärinnen bekamen stattdessen eigene Büroräume.) John und ich achteten darauf, dass die Jalousien an unseren Büros stets oben waren, damit die Mitarbeiter uns sehen konnten, und wir sie. Wir wollten – in Wort und Tat – Transparenz kommunizieren. Statt eines Portals, das »uns« von »ihnen« trennte, ließen wir einen hellen Teppich verlegen, dessen farbige Bahnen, wie Fahrspuren, die Leute auf unsere Büros zuführen sollten, nicht von ihnen weg. Wir rissen mehrere Wände heraus und erschufen so einen zentralen Treffpunkt direkt vor unseren Türen, komplett mit einer neuen Kaffee- und Snackbar.

All das mag wie rein symbolische oder sogar oberflächliche Korrekturen wirken, aber die Botschaft, die wir damit vermittelten, schaffte die Voraussetzungen für einige größere organisatorische Veränderungen, die folgten. In Kapitel 10 berichtete ich, wie wir die »Aufsichtsgruppe« abschafften, deren Aufgabe darin bestand, Produktionsberichte zu prüfen und sicherzustellen, dass die Filmproduktion wie erwartet voranschritt – und effektiv nur die Motivation der Mitarbeiter untergrub. Leider war diese Gruppe nur einer von mehreren Hierarchiemechanismen, die der Kreativität bei Disney Animation im Weg standen. Wir bemühten uns redlich, jedes dieser Hindernisse zu beseitigen, aber anfangs hatten wir das Gefühl, vor einem riesigen Berg zu stehen.

Wir wussten kaum etwas über die Menschen, die Regisseure oder die Projekte bei Disney, und führten daher ein schnelles Audit durch. John und ich baten um einen kurzen Bericht über jeden Film, an dem gerade gearbeitet wurde, und wir sprachen mit allen Managern, Projektleitern, Producern und Regisseuren des Studios. Ehrlich gesagt brachten mir diese Interviews nicht viel, aber sie waren keine Zeitverschwendung – John und ich galten als die neuen Sheriffs in der Stadt, und da war es gut, zu zeigen, dass wir Menschen waren, indem wir einfach dasaßen und uns unterhielten. Insgesamt wussten wir, dass die Herangehensweise des Studios an Filme nicht funktionierte, aber wir wussten nicht, ob das an den mangelnden Fähigkeiten der Projektleiter lag oder ob man sie einfach nur schlecht ausgebildet hatte. Wir mussten davon ausgehen, dass sie einfach schlechte Angewohnheiten von ihren Vorgängern übernommen hatten, und dass wir sie ihnen abgewöhnen mussten. Daher suchten wir nach Leuten, die bereit waren, zu wachsen und zu lernen, aber so etwas kann man nicht mal schnell feststellen, und wir mussten etwa 800 Leute einschätzen.

Dennoch folgten wir bei unserem Vorgehen einer Strategie.

Wir mussten eine Version des Braintrusts aufbauen und den Leuten vom Studio zeigen, wie man darin zusammenarbeitete. Die Regisseure mochten einander, doch bisher hatte jeder Film bei Disney mit den anderen in Konkurrenz um Ressourcen gestanden, sodass sie nicht zu einer Gruppe zusammengewachsen waren. Das mussten wir ändern, wenn wir eine gesunde Feedback-Struktur erschaffen wollten.

Wir mussten herausfinden, wer die eigentlichen Leitfiguren im Studio waren (und nicht einfach davon ausgehen, dass die Leute in den größten Büros die Leitung hatten).

Offensichtlich gab es interne Auseinandersetzungen zwischen Produktions- und technischen Gruppen. Soweit ich erkennen konnte, gab es keine substanziellen Gründe für diese Streitigkeiten, sondern die Ursachen waren meist nur Fehlwahrnehmungen. Das mussten wir ändern.

Wir hatten schon früh entschieden, Pixar und Disney Animation weiterhin vollständig getrennt zu lassen. Diese kritische Entscheidung war für die meisten Leute nicht sofort nachvollziehbar. Die meisten gingen davon aus, dass Pixar 3-D-Filme machen würde und Disney 2-D-Filme. Oder sie gingen davon aus, dass wir die beiden Studios zusammenlegen oder Disney die Verwendung der Pixar-Tools vorschreiben würden. Doch für uns war die Trennung wichtig.

John und ich fuhren mindestens einmal die Woche zwischen Emeryville und Burbank hin und her. Anfangs begleitete uns der CFO von Pixar und unterstützte uns bei der Planung und Durchführung von Verfahrensänderungen, und einer unserer technischen Leiter half bei der Neuordnung der technischen Abteilung von Disney. Abgesehen davon untersagten wir beiden Studios jegliche Produktionsarbeit für das andere Studio.

Nachdem diese Strategien umgesetzt waren, konnten wir uns mit der Frage beschäftigen, was wir tun sollten.

Ein leitender Mitarbeiter bei Disney zog meine Aufmerksamkeit auf sich, als er mir sagte, er wisse nicht, warum Disney Pixar überhaupt gekauft habe. Er liebte offensichtlich Sportvergleiche und erzählte mir, Disney Animation stünde an der Ein-Yard-Linie und sei kurz davor, einen Punkt zu machen. Er glaubte, Disney stünde kurz davor, seine eigenen Probleme zu lösen – und endlich die 16 Jahre lange Dürreperiode ohne Nummer-eins-Hit zu beenden. Mir gefielen der Mut dieses Typs und sein Widerspruchsgeist, aber ich sagte ihm, wenn er bei Disney weiterarbeiten wolle, müsse er begreifen, warum Disney eben *nicht* an der Ein-Yard-Linie stand, *nicht* kurz davor war, zu punkten, und auch die eigenen Probleme *nicht* löste. Er war ein guter Mann, aber mit der Zeit erkannte ich, dass es zu viel von ihm verlangt war, eine Unternehmenskultur zu demontieren, die er mit aufgebaut hatte, und ich musste ihn gehen lassen. Er war so sehr auf die bestehenden Prozesse und die Vorstellung von »recht haben« fixiert, dass er die Fehler in seiner Denkweise nicht erkannte.

Letztendlich übergab ich jener Person die Leitung, von der viele glaubten, ich würde sie als erste entlassen: den Chef von Circle 7, Andrew Millstein. Die meisten glaubten, John und ich würden automatisch jeden, der mit den Pixar-»Sequels« zu tun gehabt hatte, argwöhnisch beäugen, aber dieser Gedanke kam uns überhaupt nicht. Die Mitarbeiter von Circle 7 hatten nichts mit der Entscheidung, Sequels zu Pixar-Filmen zu produzieren, zu tun gehabt; sie waren nur eingestellt worden, um einen Job zu erledigen. Im Gespräch mit Andrew bekam ich den Eindruck, er sei umsichtig und wolle unbedingt verstehen, welche Richtung wir nun einschlugen. »Unsere Filmemacher haben ihre Stimme verloren«, fasste er das Problem für mich zusammen. »Es ist nicht so, dass sie sich nicht ausdrücken wollten, aber verschiedene Kräfte in der Organisation waren nicht im Gleichgewicht – nicht nur intern, sondern auch zwischen der Organisation und dem Rest des Unternehmens –, sodass die kreative Stimme nicht mehr zur Geltung kam. Es herrschte ein Ungleichgewicht.«

Andrew sprach offensichtlich meine Sprache. Mit so jemandem konnte ich zusammenarbeiten. Letztendlich machten wir ihn zum Geschäftsführer des Studios.

Ein weiterer Glücksfall für uns war Ann Le Cam, die Leiterin der Personalabteilung bei Disney Animation. Sie war zwar tief in den alten Arbeitsabläufen verwurzelt, aber Ann hatte eine intellektuelle Neugier und war bereit, das Animationsstudio umzugestalten. Sie wies mich in die internen Abläufe bei Disney ein, und ich ermutigte sie, ihre Arbeit mit anderen Augen zu sehen. Kurz nach unserer Ankunft saß sie in meinem Büro und legte mir einen Zwei-Jahres-Plan vor, in dem detailliert ausgeführt wurde, wie mit verschiedenen Personalfragen in Zukunft umzugehen sei. Im Dokument wurden spezifische Ziele genannt, und wie und wann wir sie erreichen würden. Der Plan war äußerst sorgfältig ausgeführt – sie hatte zwei Monate lang daran gearbeitet –, und daher brachte ich ihr möglichst schonend bei, dass ich so etwas nicht wollte. Um ihr zu zeigen, was ich wollte, zeichnete ich eine Pyramide auf ein Blatt Papier. »In diesem Bericht hast du behauptet, dass wir in zwei Jahren diesen Punkt erreicht haben werden«, sagte ich und zeigte mit dem Bleistift auf die Spitze der Pyramide. »Wenn diese Behauptung einmal aufgestellt ist, liegt es in der menschlichen Natur, dass man sich allein darauf konzentriert, diesen Punkt auch wirklich zu erreichen. Man denkt gar nicht mehr über andere Möglichkeiten nach. Das Denken wird eingeschränkt und man verteidigt diesen Plan, weil der eigene Name draufsteht und man sich verantwortlich fühlt.« Dann zeichnete ich einige Linien in die Pyramide, um zu zeigen, welchen Ansatz ich bevorzugte.

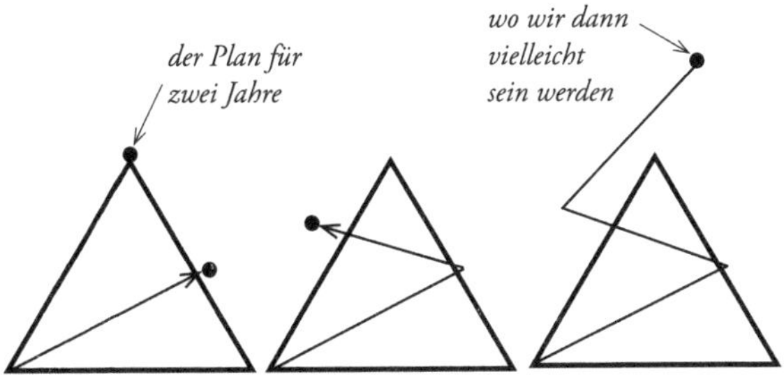


Abbildung 1
3 Monate

Abbildung 2
6 Monate

Abbildung 3
2 Jahre

Die erste Linie (Abbildung 1 oben) stellt dar, wo wir in drei Monaten sein wollen. Die nächste Linie (Abbildung 2) zeigt, wo wir in drei weiteren Monaten vielleicht sein könnten. (Man beachte, dass diese Linie nicht im Rahmen von Anns Zwei-Jahres-Plan bleibt.) Die Möglichkeit besteht, sagte ich, dass wir irgendwo anders landen als an der Spitze der Pyramide, die sie sich vorgestellt hat. Und das (Abbildung 3) ist auch richtig so. Statt eine »perfekte« Route zu unseren zukünftigen Zielen abzustecken (und unerschütterlich daran festzuhalten), wollte ich, dass Ann unterwegs immer zu Anpassungen bereit war, dass sie flexibel blieb und akzeptierte, dass wir die Route unterwegs festlegten. Sie verstand sofort, was ich meinte, und machte sich auch sofort daran, ihre eigene Gruppe einer schmerzhaften Umgestaltung zu unterziehen, um sie an diese neue Denkweise anzupassen.

Manches, was im Studio korrigiert werden musste, war mehr als offensichtlich. So fanden wir bei Gesprächen mit den Disney-Regisseuren heraus, dass sie normalerweise drei verschiedene Anmerkungen zu ihren Filmen erhielten. Die eine kam von der Entwicklungsabteilung des Studios, eine weitere vom Leiter des Studios und eine dritte von Michael Eisner selbst. Die Anmerkungen waren in Wirklichkeit keine »Anmerkungen«. Sie waren verpflichtend und kamen in Form von Listen mit kleinen Kästchen neben jedem Punkt – die abgehakt werden mussten, sobald eine Anweisung ausgeführt war. Schlimmer noch: Die Anmerkungen kamen von Leuten, die noch nie selbst einen Film gemacht hatten, und oft widersprachen sich die einzelnen Anmerkungen und bildeten so ein schizophrenes Feedback. Dieses Vorgehen widersprach dem, was wir bei Pixar glaubten und praktizierten, völlig und konnte nur zu einem minderwertigen Produkt führen. Daher gaben wir bekannt, dass es von jenem Tage an keine verpflichtenden Anmerkungen mehr geben würde.

Die Regisseure bei Disney Animation brauchten ein funktionierendes Feedback-System, daher unterstützten wir sie umgehend bei der Einrichtung ihres eigenen Braintrusts – einer sicheren Arena, in der sie um offene Reaktionen auf Projekte in der Entwicklung bitten und sie interpretieren konnten. (Dass sie einander bereits mochten und vertrauten, vereinfachte die Sache. Wir erfuhren, dass sie bereits vor unserer Ankunft eine inoffizielle Gruppe gebildet hatten, die sie als Story Trust bezeichneten, aber mangelndes Verständnis des Managements hatte verhindert, dass sich daraus ein beständiges Forum entwickelt hatte.) Bei der nächsten Gelegenheit flogen wir etwa ein Dutzend Disney-Regisseure und Story-Mitarbeiter zu Pixar, damit sie dort eine Braintrust-Sitzung zu Brad Birds *Ratatouille* erleben konnten. Doch John und ich sagten ihnen, sie durften nicht daran teilnehmen, sondern nur beobachten. Wir wollten, dass sie Fliegen an der Wand waren – und erlebten, wie anders die Dinge laufen konnten, wenn die Beteiligten ihre Meinung offen sagen konnten und wenn Anmerkungen als Hilfestellung angeboten wurden, und nicht, um jemanden lächerlich zu machen.

Am folgenden Tag begleiteten mehrere Regisseure, Autoren und Redakteure von Pixar die Disney-Leute zurück nach Burbank und wohnten dort einem Story-Trust-Meeting bei zu einem in Produktion befindlichen Film mit dem Titel *Triff die Robinsons*. Auch hier bestanden wir darauf, dass das Pixar-Team nur beobachtete und nichts sagte. Ich hatte den Eindruck, die Atmosphäre an jenem Tag sei bereits entspannter gewesen, als testeten die Disney-Leute vorsichtig die Grenzen ihrer neuen Freiheit aus, und die Producerin des Films sagte mir später, es sei die konstruktivste Besprechung eines Films gewesen, die sie bei Disney je erlebt hatte. Doch John und ich spürten, dass sie alle die Vorstellung von organisierter Offenheit auf intellektuellem Niveau annahmen und sie auch vorsichtig umsetzten, wenn man sie dazu aufforderte, dass es aber noch eine ganze Weile dauern würde, bis Offenheit selbstverständlich wurde.

Im Herbst 2006, neun Monate nach der Fusion, kam es bei einem Story-Trust-Meeting in Burbank zu einem entscheidenden Moment in dieser Entwicklung. Es geschah nach einem ziemlich furchtbaren Screening von *American Dog,* einem Film über einen berühmten und verhätschelten Hundeschauspieler (etwa wie Rin

Tin Tin), der glaubte, er sei tatsächlich der Superheld, den er im Fernsehen spielte. Als er in der Wüste strandet, merkt er zum ersten Mal, dass sein ordentliches Drehbuchleben ihn in keinster Weise auf die Realität vorbereitet hat – und dass er in Wirklichkeit keinerlei besondere Kräfte besitzt. So weit war die Geschichte in Ordnung, aber irgendwann tauchte dann noch eine radioaktive, Kekse verkaufende Pfadfinderin auf, die außerdem noch ein Zombiemassenmörder war. Ich mag schräge Ideen, aber diese war einfach ausgeufert. Der Film hatte seine endgültige Richtung noch nicht gefunden, um es vorsichtig auszudrücken, daher eröffnete John die Sitzung, wie er es oft tut, indem er sich zunächst darauf konzentrierte, was ihm an dem Film gefiel. Er deutete außerdem an, dass er einige Probleme sah, aber er wollte den Disney-Leuten die Gelegenheit geben, selbst damit anzufangen, und daher ging er nicht weiter darauf ein, sondern eröffnete die Diskussion. Während des gesamten Meetings blieben die Kommentare oberflächlich und seltsam optimistisch – aus den Kommentaren allein hätte niemand bemerkt, dass mit dem Film etwas nicht stimmte. Nach dem Meeting vertraute mir ein Disney-Regisseur an, dass viele im Raum große Bedenken wegen des Films gehabt, aber nichts gesagt hätten, weil John die Diskussion so positiv begonnen hatte. Sie hatten sich nach ihm gerichtet und wollten sich nicht gegen etwas aussprechen, das ihm, wie sie glaubten, gefiel. Sie misstrauten ihrem eigenen Instinkt und hielten den Mund.

John und ich arrangierten umgehend ein Abendessen mit den Regisseuren – und sagten ihnen, dass das Studio am Ende wäre, wenn sie jemals wieder zu dieser Verhaltensweise zurückkehrten.

»Disney Animation war wie ein Hund, den man immer wieder geprügelt hatte«, erzählte Byron Howard, der Regisseur, als ich ihn um eine Beschreibung der damaligen Denkart bat. »Die Crew *wollte* Erfolg haben, aber die Leute hatten Angst, ihr Herzblut in etwas zu investieren, das keinen Erfolg haben würde. Diese Angst war spürbar. Und bei Filmbesprechungen hatten alle Angst, jemanden zu verletzen, und sagten daher lieber nichts. Wir mussten erst lernen, dass wir nicht die Person angriffen, sondern das Projekt. Nur so konnten wir einen Schmelztiegel bilden, der alles wegdampft, was nicht funktioniert, und den stärksten Rahmen zurücklässt.«

Vertrauen braucht Zeit; zur Erkenntnis, dass wir alle gemeinsam steigen und fallen, gibt es keine Abkürzung. Ohne aufmerksames Coaching – durch Gespräche unter vier Augen mit Leuten, die in einem Meeting nicht ihre Meinung gesagt haben, oder indem man Leute ermutigt, die immer zögern, bevor sie sich ins Getümmel stürzen – wären unsere Fortschritte schnell ins Stocken geraten. Die Wahrheit zu sagen, ist nicht einfach. Aber heute kann ich behaupten, dass der Story Trust bei Disney aus Leuten besteht, die verstehen, dass sie sich auf Augenhöhe begegnen müssen, und das auch noch gut machen.

In jenen ersten Monaten versuchten wir, das Vertrauen im Studio auch noch auf andere Weise zu stärken: Wir hatten uns geweigert, Arbeitsverträge zu unterschreiben, und jetzt machten wir uns daran, Verträge für alle abzuschaffen. Zunächst glaubten viele, das sei ein Versuch, den Angestellten ihre Macht und ihre Sicherheit zu nehmen. Doch ich bin davon überzeugt, dass Arbeitsverträge Arbeitnehmern *und* Arbeitgebern schaden. Die fraglichen Verträge begünstigten das Studio und hatten unerwartet negative Konsequenzen. Vor allem verhinderten sie jedes effektive Feedback zwischen Chefs und Arbeitnehmern. Wenn jemand ein Problem mit dem Unternehmen hatte, machte es kaum Sinn, sich zu beschweren, weil man ja unter Vertrag stand. Auf der anderen Seite hatte es auch keinen Zweck, jemanden, der schlechte Arbeit ablieferte, darauf anzusprechen; der Vertrag wurde dann ganz einfach nicht verlängert, und es konnte geschehen, dass der Mitarbeiter erst so erfuhr, dass er etwas ändern musste. Das ganze System wertete die alltägliche Kommunikation ab, schreckte davon ab und war kulturell dysfunktional. Doch keiner erkannte das Problem, weil alle daran gewöhnt waren.

Ich wollte diesen Teufelskreis durchbrechen. Ich hielt es für unsere Aufgabe, Disney Animation zu einem Ort zu machen, an dem

Menschen arbeiten wollten; wenn unsere größten Talente uns verlassen konnten, dann mussten wir uns anstrengen, um sie bei der Stange zu halten. Wenn jemand ein Problem hatte, wollten wir, dass es schnell zur Sprache gebracht wurde und nicht im Untergrund vor sich hin schwelte. Die meisten Menschen wissen, dass sie nicht immer ihren Willen bekommen können, aber sie sollten unbedingt wissen, dass man ehrlich mit ihnen umgeht, und dass auch sie gehört werden.

Wie bereits erwähnt, entschieden wir früh, dass Pixar und Disney Animation vollständig getrennte Einheiten bleiben sollten. Das bedeutete, dass kein Studio Produktionsarbeit für das andere übernehmen würde, egal wie knapp die Deadlines waren oder wie ernst eine Situation war. Keine Ausnahmen. Warum? Weil eine Vermischung der Mitarbeiter ein bürokratischer Albtraum gewesen wäre. Doch dahinter stand auch ein übergreifendes Managementprinzip. Wir wollten ganz einfach jedes Studio wissen lassen, dass es auf eigenen Füßen stehen und Probleme selbst lösen konnte. Wenn ein Studio einfach Leute oder Ressourcen vom anderen ausleihen konnte, um ein Problem zu lösen, würde das Problem nur verschleiert. Wir hatten uns bewusst entschlossen, dieses Ausleihen zu untersagen, damit Probleme an die Oberfläche kommen mussten und wir sie unmittelbar lösen konnten.

Unsere Entscheidung wurde fast umgehend auf eine ernsthafte Probe gestellt durch eine Krise bei *Ratatouille*.

Wie bereits erwähnt, tauschten wir bei diesem Film mittendrin den Regisseur aus – und brachten Brad Bird ins Projekt, der direkt von *Die Unglaublichen – The Incredibles* kam und die Story so überarbeitete, dass ein umfangreicher technischer Neustart notwendig wurde. In den frühen Versionen waren alle Ratten auf zwei Beinen gegangen, doch Brad war der Überzeugung, dass alle (bis auf den Helden Remy) auf vier Pfoten gehen sollten – wie echte Ratten. Das bedeutete, dass das »Rigging« der Ratten – komplexe Steuerungsmodule, mit denen Animatoren die Form und Position des

Computermodells verändern können – erheblich verändert werden musste. Das Produktionsteam bei Pixar hinkte bereits dem Zeitplan hinterher und war der Meinung, die Ressourcen für die Anpassungen, die Brads Vierfüßerentscheidung erforderte, stünden nicht zur Verfügung. Der Producer kündigte an, sie könnten den Film nur rechtzeitig fertigstellen, wenn Leute von Disney sie unterstützten, wo gerade eine Flaute zwischen zwei Projekten herrschte. Wir sagten Nein, das sei keine Option. Wir hatten die Gründe bereits allen erklärt, aber wahrscheinlich wollten sie herausfinden, ob wir es tatsächlich so gemeint hatten. Man kann es ihnen nicht verdenken; zusätzliche Leute zu bekommen war einfacher, als die Probleme zu lösen. Aber schließlich fand das *Ratatouille*-Team einen Weg und stellte den Film mit den zur Verfügung stehenden Mitteln rechtzeitig fertig.

Kurz darauf gab es bei Disney ebenfalls eine Krise mit *American Dog*. Zwar waren wir stolz darauf, immer für neue Ideen offen zu sein, aber wir hielten die bereits erwähnte Handlung mit dem Serienkiller für einen Hauch zu düster für einen Familienfilm. Doch trotz unserer Bedenken gaben wir dem Film eine Chance, sich zu entwickeln. Wir sagten uns, dass es immer eine gewisse Zeit dauerte, bis die Handlung für einen Film stand. Aber nach zehn Monaten mit Story-Trust-Meetings – und nur geringen Verbesserungen – kamen wir zu dem Schluss, dass wir das Projekt ganz von vorn beginnen mussten. Wir baten Chris Williams, einen erfahrenen Stoffentwickler, der vor allem für *Mulan* und *Ein Königreich für ein Lama* bekannt war, und Byron Howard, zu der Zeit leitender Animator bei *Lilo & Stitch*, die Regie zu übernehmen. Sie begannen sofort mit der Arbeit an einem neuen Filmkonzept. Der Serienkiller wurde verworfen und der Film in *Bolt – Ein Hund für alle Fälle* umbenannt. Eines ihrer Hauptprobleme bestand darin, dass Bolt visuell nicht ansprechend genug war, um den Film zu tragen. »Er war einfach nicht ausgereift«, erinnerte sich Byron und fügte hinzu, dass sie kurz vor Weihnachten 2007 »ein ›Der Hund sieht furchtbar aus‹-Meeting hatten, und sich dort fragten: ›Wie zum Teufel ändern wir das?‹ Zwei Animatoren meldeten sich und überarbeiteten den Hund mit den Riggers während der Weihnachtsferien. Sie verbrachten die kompletten zwei freien Wochen dort, aber als wir wieder zur Arbeit kamen, hatten sie die Attraktivität von Bolt von 20 Prozent auf 90 Prozent erhöht.«

Unter dem Zeitdruck fragte der Producer von *Bolt – Ein Hund für alle Fälle,* Clark Spencer, ob er ein paar Leute aus der Produktion von Pixar ausleihen konnte. Wieder sagten John und ich Nein. Wir hielten es für wichtig, dass jedes Studio am Ende eines Filmprojekts wusste, dass ihnen niemand aus der Klemme geholfen hatte – dass sie es selbst geschafft hatten.

Chris erzählte mir später, welch ein Hochgefühl es gewesen war, an der Spitze eines unter diesem Druck derart engagierten Produktionsteams zu stehen. »Es war toll, bei diesem Ereignis, das so elektrisierend für das gesamte Studio war, mittendrin zu stehen«, erinnerte er sich. »In meinen 15 Arbeitsjahren bei Disney hatte ich noch nie erlebt, dass die Leute so hart arbeiteten und sich so wenig beschwerten. Sie gaben wirklich alles für das Projekt – sie wussten, dass es der erste Film unter John war –, und sie wollten, dass es großartig wurde.«

Das war gut so, denn wie sich herausstellte, drohte bereits die nächste Krise.

Das Projekt war bereits weit fortgeschritten, als sich ein Problem mit Dino dem Hamster ergab, der verlässliche – wenn auch etwas verblendete – Kumpel des Helden und die witzigste Figur im Film. Anfang des Jahres 2008, wenige Monate vor dem Projektende, meldeten Animatoren, Dino erweise sich als ungeheuer zeitaufwendig bei der Animation. Ironischerweise war das Problem fast das genaue Gegenteil des Problems, das Pixar bei *Ratatouille* gehabt hatte. Nach dem neuen Skript sollte Dino auf zwei Beinen gehen, doch er war ursprünglich dafür entworfen worden, auf allen Vieren zu laufen. Das hört sich nicht nach einem großartigen Problem an, aber es ist extrem schwierig, eine zweibeinige Figur mit einem Vierbeiner-Rigging zu animieren, ohne dass die Figur verzerrt aussieht. Das war ein enormer Rückschlag. Dino war wichtig für den Witz und die Exposition des Films, doch die Animatoren meinten, er sei so schwer zu animieren, dass sie niemals rechtzeitig fertig würden. Verzweifelt wandten wir uns an die technischen Direktoren des Films und fragten, ob sie das Rigging der Figur vereinfachen konnten, damit sie einfacher zu animieren war. Ihre Antwort? Das neue Rigging würde sechs Monate dauern. Doch in sechs Monaten sollte der Film fertig sein. Wir saßen in der Klemme.

John und ich beriefen eine unternehmensweite Versammlung ein. Wir erklärten die Situation und hielten die bei Disney immer noch so genannte »Toyota-Rede«, in der ich beschrieb, wie in der Autofirma Befugnisse an die Mitarbeiter übertragen wurden und dass sogar Fließbandarbeiter Entscheidungen treffen durften, wenn sie auf ein Problem stießen. John und ich betonten, dass niemand bei Disney auf Erlaubnis warten musste, wenn er eine Lösung fand. Warum sollte man clevere Leute einstellen, fragten wir, wenn man ihnen nicht die Befugnis gibt, Schäden zu beseitigen? Viel zu lange hatte eine Kultur der Angst jene, die sich jenseits akzeptierter Protokolle bei Disney bewegen wollten, behindert. Mit dieser Ängstlichkeit würde Disney Animation niemals groß werden. Innovationen waren dazu nötig, und wir wussten, dass die Mitarbeiter es schaffen konnten. Wir forderten sie auf, vorzutreten und uns bei der Lösung des Problems zu helfen.

Nach dem Meeting übernahmen drei Mitglieder des Teams die Arbeit, Dino übers Wochenende neu zu modellieren und ihm ein neues Rigging zu geben. Eine Woche später war das Projekt wieder auf dem richtigen Weg.

Warum ließ sich ein Problem, dessen Lösung sechs Monate dauern sollte, letztendlich doch in wenigen Tagen aus der Welt schaffen?

Meiner Meinung nach liegt es daran, dass die Leiter von Disney Animation der Fehlervermeidung viel zu lange viel zu viel Bedeutung zugemessen hatten. Die Mitarbeiter wussten, dass Fehler Folgen haben würden, daher war ihr oberstes Ziel, keine Fehler zu machen. Meiner Meinung nach hatte diese institutionalisierte Angst zu dem *Bolt*-Schlamassel geführt. In bester Absicht hatten die Produktionsleiter des Films auf die Krise mit einem Zeitplan reagiert, der sicherstellen sollte, dass die Figur voll funktional und *fehlerfrei* war. (Die Ironie liegt darin, dass einem Fehler ziemlich egal sind, wenn die Lösung nur wenige Tage dauert, weil man dann immer noch mehr als genug Zeit hat, sie auszubügeln.) Doch der Versuch, Fehlschläge auszuschließen, war in diesem Fall – und, wie ich glaube, in den meisten Fällen – der völlig falsche Weg.

Damit drei Leute sich offline zusammensetzen und sich Lösungen überlegen konnten, mussten wir bei Disney Animation ein Ethos einführen, nach dem dies ein akzeptables Verhalten war, egal ob sie damit erfolgreich waren oder nicht. Dieses Ethos hatte in dem Studio schon einmal existiert, aber als wir ankamen, war leider nichts mehr davon übrig. Es war beglückend zu erleben, wie es bei *Bolt* in vollem Umfang zurückkehrte. Chris, Byron und ihr Kreativteam waren offen und zugänglich, vor allem aber konnten sie sich von der Vorstellung einer »richtigen« Problemlösungsstrategie lösen und sich stattdessen darauf konzentrieren, das Problem tatsächlich zu lösen – ein feiner, aber entscheidender Unterschied.

*Bolt* erhielt positive Kritiken und ein anständiges Einspielergebnis, aber bereits vorher hatten diese firmeninternen Siege den Mitarbeitern bei Disney Animation neuen Schwung gegeben. Durch gemeinsame Anstrengungen hatten sie aus einem langweiligen, festgefahrenen Projekt etwas Unwiderstehliches geschaffen – und das in Rekordzeit. Die Oscar-Nominierung für den besten Animationsfilm Anfang 2009 war ein zusätzlicher Bonus. Manchmal ist es schwierig, zwischen dem Unmöglichen und dem Möglichen (das aber große Anstrengungen erfordert) zu unterscheiden. In einem kreativen Unternehmen kann es fatal sein, das eine mit dem anderen zu verwechseln – aber wenn man richtigliegt, ist es jedes Mal ein erhebendes Gefühl. Bei Disney bewies *Bolt* genau das. Wir hatten einen Teil des Weges geschafft.

Wir sprechen nur selten darüber, aber nach der Fusion gab es Überlegungen, Disney Animation vollständig dichtzumachen. Das Hauptargument für die Schließung, das unter anderem Steve Jobs vorbrachte, war, dass John und ich nicht an beiden Orten gleichzeitig gute Arbeit machen konnten – und dass wir unsere Energie auf den Erhalt von Pixar konzentrieren sollten. Aber John und ich wollten diese Chance, Disney Animation wiederzubeleben, unbedingt, und Bob Iger unterstützte uns bei diesem Vorhaben. Wir glaubten aus tiefster Seele, dass das Studio wieder ein Goldenes Zeitalter erleben konnte.

Doch Steves Bedenken bezüglich unseres Durchhaltevermögens – oder auch unserer Unfähigkeit, an zwei Orten gleichzeitig zu sein – waren durchaus begründet. Der Tag hatte auch für uns nur 24 Stunden, und wir würden auf jeden Fall weniger Zeit für Pixar haben als früher. Von dem Moment an, als die Fusion verkündet wurde, bemühten John und ich uns, die Ängste unserer Kollegen zu zerstreuen, indem wir mehrere Treffen für jene veranstalteten, die mehr über die Gründe erfahren wollten, aus denen wir die Fusion für sinnvoll hielten. Dennoch hörten John und ich, als wir mehr Zeit bei Disney verbrachten, von mehreren Kollegen direkt, es sei ein schlechtes Zeichen für die Firma, dass wir weniger Zeit in Emeryville verbrachten und uns mehr auf die Bedürfnisse von Burbank konzentrierten. Ein Pixar-Manager verglich die Situation mit einer Scheidung, nach der die Eltern wieder heiraten und die Kinder ihrer neuen Ehepartner adoptieren. »Wir fühlen uns wie die eigenen Kinder, und wir waren artig, aber die adoptierten Kinder bekommen die ganze Aufmerksamkeit«, erzählte er uns. »Wir werden dafür bestraft, dass wir weniger Hilfe brauchen.«

Ich wollte nicht, dass Pixar sich vernachlässigt fühlte, aber ich gebe zu, dass ich an dieser neuen Situation etwas Positives erkannte. Sie gab anderen Pixar-Managern die Gelegenheit, die Lücke zu füllen. John und ich waren so lange dabei gewesen, dass eine gefährliche Mythologie um die Vorstellung entstanden war, dass wir zwar nicht die Einzigen waren, die Probleme bemerkten, dass wir aber unverzichtbar für ihre Lösung waren. Die Wahrheit war jedoch, dass andere Kollegen Probleme nicht nur vor uns bemerkten, weil sie dichter dran waren, sondern uns auch davon berichteten und uns bei der Lösung halfen. Unsere seltenere Anwesenheit im Büro gab den Pixar-Mitarbeitern Gelegenheit, etwas zu erkennen, das wir bereits wussten: Auch andere Führungskräfte im Unternehmen hatten Antworten.

Trotz aller Vorsichtsmaßnahmen dauerte es eine ganze Weile, bis die Pixar-Mitarbeiter sicher waren, dass niemand über den Hügel kommen und uns verändern würde, und dass wir sie nicht im Stich ließen. Doch irgendwann stellte sich das erhoffte Gefühl bei Pixar ein – eine starke Eigenverantwortung gepaart mit Stolz auch auf die Errungenschaften von Disney, der Muttergesellschaft – und führte zu einem gesunden Verhältnis zu Disney insgesamt. Für Manager ist dabei entscheidend, dass das nicht von selbst geschah. Dieses entspannte Verhältnis innerhalb des Unternehmens wäre ohne den Fünf-Jahres-Vertrag nicht möglich gewesen.

Das Dokument beruhigte die Pixar-Mitarbeiter, sorgte aber für einige Beschwerden aus der Personalabteilung der Disney Studios. Dort hatte man wenig Verständnis für die Sonderrechte, die unsere sorgfältig verteidigte Firmenpolitik gewährte. Meine Reaktion darauf war weniger der Loyalität gegenüber Pixar geschuldet als meinem Bekenntnis zu einer umfassenden Philosophie: In großen Organisationen hat Gleichförmigkeit durchaus Vorteile, aber ich glaube fest daran, dass kleinere Gruppen innerhalb des großen Ganzen die Möglichkeit haben sollten, sich von anderen abzugrenzen und nach eigenen Regeln zu arbeiten, solange diese Regeln funktionieren. Dies fördert die Eigenverantwortung und die Identifikation mit der Firma, was wiederum dem ganzen Unternehmen nützt.

**B**ei einer Fusion dieser Größenordnung müssen jeden Tag zahllose Entscheidungen getroffen werden, kleine und große. Eine der größten Entscheidungen, die John und ich bei Disney trafen, war eigentlich die Rücknahme einer Entscheidung aus dem Jahr 2004.

Damals wurde beschlossen, keine handgezeichneten Animationen mehr zu produzieren. Der Aufstieg der Computeranimation – und vor allem von 3-D – hatte die frühere Führungsriege von Disney davon überzeugt, die Ära der handgezeichneten Animation sei vorüber. John und ich beobachteten dies damals aus der Ferne und fanden es tragisch. Unserer Meinung nach war der Niedergang der handgezeichneten Animation nicht dem Reiz von 3-D geschuldet, sondern den lieblosen Geschichten, die erzählt wurden. Wir wollten, dass Disney Animation sich wieder auf das besann, was es groß gemacht hatte. Als wir daher hörten, dass unsere Vorgänger die Verträge mit zwei führenden Regisseuren des Studios, John Musker und Ron Clements, die unter anderem für die handgezeichneten Klassiker *Arielle, die Meerjungfrau* und *Aladdin* verantwortlich waren, nicht verlängert hatten, mussten wir bei dieser Entscheidung nicht lange nachdenken.

Wir holten John und Ron so schnell wie möglich zurück und baten sie um Vorschläge. Als Erstes nannten sie eine Variante eines klassischen Märchens – *Der Froschkönig* –, die in New Orleans spielen sollte mit der bei Disney ersten afroamerikanischen Prinzessin. Wir gaben grünes Licht für *Küss den Frosch* und holten ein Team zurück, das in alle vier Winde verstreut war. Wir forderten unser Team bei Disney auf, uns drei Szenarios vorzuschlagen, wie die handgezeichnete Produktion wieder aufgebaut werden konnte. Im ersten Szenario wurde das alte System genau so wieder aufgebaut, wie es vor unserer Ankunft gewesen war. Das lehnten wir aus Kostengründen ab. Im zweiten Szenario würden wir die Produktionsarbeit verteilen – und an billigere Animationsstudios außer Landes auslagern. Das lehnten wir ab, weil wir fürchteten, die Qualität des Films könne darunter leiden. Beim dritten Szenario hatten wir ein gutes Gefühl – wir würden wichtige Künstler im Studio einstellen und bestimmte Teile der Produktion, die keine Auswirkung auf die Qualität hatten, auslagern. Mir wurde gesagt, wir müssten dafür 192 neue Leute einstellen, worauf ich antwortete: Machen wir. Doch mehr durften es nicht werden.

John und ich waren aus dem Häuschen. Wir belebten gerade die Kunstform wieder, mit der das Studio gegründet worden war, vor allem aber würde dies der erste Disney-Film werden, der von Anfang bis Ende unter unserer Regie entstand. Wir spürten die Energie im Gebäude. Jeder, der an *Küss den Frosch* mitarbeitete, schien zu glauben, er müsse etwas beweisen. Wir führten einige Tools ein, die wir bei Pixar benutzten, und zeigten ihnen, wie man damit umging.

Recherchereisen zum Beispiel. Wir redeten uns den Mund fusselig über die Bedeutung von Recherchen bei der Ausarbeitung der Handlung für einen neuen Film. Es dauerte ehrlich gesagt eine ganze Weile, bis wir die Disney-Leute von dieser Idee überzeugen konnten. Sie wollten die Story so schnell wie möglich festlegen, damit sie mit der Arbeit an dem Film beginnen konnten, und erkannten zunächst nicht, wie ihnen Recherchen dabei helfen konnten; sie hielten sie für eine unnötige Ablenkung. »Das ist wie bei einer Matheaufgabe, wenn der Lehrer den Lösungsweg sehen will«, beschreibt Byron Howard die anfängliche Einstellung der Mitarbeiter bei Disney Animation, als John darauf bestand, dass die Leute das Gebäude verließen, wenn sie sich ihre Geschichten ausdachten. John will nicht nur Blödsinn auf der Leinwand sehen, wenn man Gebäudeskizzen für einen Film vorstellt. Dasselbe gilt für Figuren, Kostüme, Handlung. John glaubt tatsächlich daran, dass Originalität sich in jedem Detail ausdrückt.«

Wir blieben hartnäckig: Wir wussten, dass Recherche eine entscheidende Komponente für Kreativität war, und wir übertrieben ihre Bedeutung keineswegs. Daher flogen bei den Vorarbeiten zu *Küss den Frosch* alle führenden kreativen Mitarbeiter des Filmprojekts nach Louisiana. Sie besuchten die Krewe of Bacchus Parade am Sonntag vor Mardi Gras und erhielten so einen lebendigen Referenzrahmen für die Animation einer Szene, die auf diesem Festival basierte; die Fahrt auf dem Flussschiff *Natchez* half ihnen beim Aufbau des Sets für eine Szene auf einem ähnlichen Schiff; eine Fahrt mit der Straßenbahnlinie St. Charles Avenue sorgte dafür, dass sie den eigentümlichen Klang der Bahnglocke und die Geräusche und Farben einfingen: All das lag unmittelbar vor ihnen. Nach ihrer Rückkehr berichteten die Regisseure, Ron und John, die Recherchen hätten die Produktion beflügelt, wie sie es nie erwartet hätten. Damit begann ein neues Zeitalter: Heute können sich Regisseure und Autoren bei Disney gar nicht mehr vorstellen, eine Idee für einen Film ohne Recherchen zu entwickeln.

Vor der Veröffentlichung von *Küss den Frosch* hatte es viele Diskussionen über den Titel gegeben. Eine Zeit lang zogen wir »Die Froschprinzessin« in Betracht, aber die Marketing-Leute bei Disney warnten uns: Wenn das Wort *Prinzessin* im Titel auftaucht, glauben Kinogänger, der Film sei nur für Mädchen. Wir gaben nicht nach, weil wir glaubten, dass die Qualität des Films trotz dieser Assoziation Zuschauer jeden Alters, männlich und weiblich, in die Kinos locken würde. Wir glaubten, dass die Rückkehr zu handgezeichneter Animation im Zusammenhang mit einem beliebten Märchen genug Anziehungskraft haben würde.

Doch in diesem Fall lagen wir gründlich daneben.

Bei der Veröffentlichung von *Küss den Frosch* (mit dem Originaltitel *The Princess and the Frog*) glaubten wir, einen guten Film abgeliefert zu haben, die Kritiken bestätigten uns, und die Zuschauer liebten den Film. Doch wir merkten schnell, dass wir einen schweren Fehler begangen hatten – der noch durch die Tatsache verschlimmert wurde, dass der Film in den Vereinigten Staaten fünf Tage vor James Camerons Science-Fiction-Fantasy *Avatar* anlief. Bei diesem Termin lag es noch näher, dass Kinogänger das Wort *Prinzessin* im Titel sahen und dachten: Das ist nur was für kleine Mädchen. Wir hatten die Qualität, auf die wir so stolz waren, aufs Spiel gesetzt, weil wir behauptet hatten, wir würden einen tollen Film machen, aber nicht auf die Anregungen erfahrener Kollegen im Unternehmen gehört hatten. Qualität umfasst alle Aspekte – nicht nur das Rendering und das Storytelling, sondern auch die Positionierung und das Marketing –, das alles muss gut gemacht werden, und das bedeutete, dass man auf vernünftige Meinungen hören sollte, selbst wenn sie der eigenen Ansicht widersprechen. Der Film hatte sein Budget nicht voll ausgeschöpft, was in der Unterhaltungsbranche nur sehr selten gelingt. Die Qualität der Animation gehörte zum Besten, was das Studio je hervorgebracht hatte. Der Film war aufgrund der niedrigen Kosten profitabel, aber er brachte nicht genug ein, um irgendjemanden im Studio davon zu überzeugen, dass wir mehr Ressourcen in handgezeichnete Filme stecken sollten.

Wir hatten gehofft, der Film würde beweisen, dass 2-D wiederauferstehen konnte, aber durch unsere mangelnde Weitsicht und schlechten Entscheidungen sah es nun so aus, als sei das Gegenteil der Fall. Wir dachten damals – und glauben es auch heute noch –, dass handgezeichnete Animationen ein wundervoll ausdrucksstarkes Medium sind, doch heute sehe ich, dass ich mich damals von meinen Erinnerungen an das Disney Animation hinreißen ließ, das ich als Kind so sehr geliebt hatte. Ich hätte einfach gern bei der ersten Gelegenheit jene Kunstform gefeiert, die Walt Disney selbst begründet hatte.

Nach dem schwachen Start von *Küss den Frosch* war mir klar, dass wir unser Vorgehen überdenken mussten. Um diese Zeit wies mich Andrew Millstein darauf hin, dass unser zweigleisiger Ansatz – die Wiederbelebung von 2-D, während wir uns gleichzeitig für 3-D einsetzten – die Mitarbeiter des Studios verwirrte, die wir eigentlich dazu ermutigen wollten, sich auf die Zukunft zu konzentrieren. Das Problem bei 2-D bestand nicht darin, dass diese ehrwürdige Kunstform keinen Wert hatte, sondern dass die Regisseure bei Disney sich auf das Neue einlassen mussten und wollten.

Nach der Fusion fragten mich viele, ob wir wollten, dass Disney 2-D und Pixar 3-D machte. Sie erwarteten, dass Disney die alten Sachen machen würde und Pixar die neuen. Nach *Küss den Frosch* wurde mir klar, dass wir diese schädliche Denkweise im Keim ersticken mussten. Die Regisseure von Disney hatten große Achtung vor der Tradition des Studios, aber sie wollten darauf aufbauen – und um das zu tun, mussten sie sich ihre eigenen Wege bahnen dürfen.

Der Umgang mit dem Neuen kam bei Disney ironischerweise erst richtig in Schwung, als man dort endlich einen Weg fand, um etwas Altes umzudeuten und in neuem Licht zu sehen: das Märchen *Rapunzel*. Dieses Projekt war jahrelang in der Entwicklungshölle verkümmert, war bei Disney hin- und hergeworfen worden, hatte einige Fehlstarts erlebt und war schließlich aufgegeben worden. Doch nun kehrte eine gesunde Kreativität ins Studio zurück, und die Menschen sprachen miteinander. John hat oft gesagt, bei Disney Animation habe es nie an Talent gemangelt, nur durch die erstickenden Arbeitsbedingungen hätten die Mitarbeiter ihren kreativen Kompass verloren. Nun staubten sie diesen Kompass wieder ab, trotz der enttäuschenden Einspielergebnisse von *Küss den Frosch*.

Jahrelang hatten viele bei Disney versucht, die Geschichte von Rapunzel – die mit dem langen Haar – so zu knacken, dass ein toller Film daraus werden konnte. Keiner hatte es geschafft. Das Hauptproblem bestand darin, dass ein Mädchen, das in einem Turm eingesperrt war, keinen aktiven Hintergrund für einen Spielfilm bot. Irgendwann hatte Michael Eisner selbst vorgeschlagen, die Geschichte zu modernisieren, sie *Rapunzel Unbraided* (etwa: Rapunzel Ungeflochten) zu nennen und im heutigen San Francisco spielen zu lassen. Dann sollte die Heldin irgendwie in eine Märchenwelt transportiert werden. Der Regisseur des Films, Glen Keane, einer der besten Animatoren aller Zeiten – bekannt für seine Arbeit bei *Arielle, die Meerjungfrau*, *Aladdin* und *Die Schöne und das Biest* –, schaffte es nicht, die Idee so umzusetzen, dass sie funktionierte, und so endete das Projekt in einer Sackgasse. Eine Woche, bevor John und ich ankamen, legten unsere Vorgänger das Projekt still.

Als eine unserer ersten Handlungen bei Disney baten wir Glen, *Rapunzel* nicht aufzugeben. Es war eine klassische Geschichte und perfekt für die Marke Disney. Es musste doch eine Möglichkeit geben, sie filmisch umzusetzen. Kurz darauf hatte Glen einige vorübergehende Gesundheitsprobleme und musste seine Arbeit an dem Film weitgehend an einen Assistenten abgeben. Im Oktober 2008 brachten wir die Regisseure Byron Howard und Nathan Greno ins

Boot, die beide gerade mit *Bolt – Ein Hund für alle Fälle* einen Erfolg gefeiert hatten. (Howard hatte mit Chris Williams Regie geführt; Greno hatte das Story-Department geleitet.) Sie schlugen bei der Geschichte eine neue Richtung ein, taten sich mit dem Autor Dan Fogelman und dem Komponisten Alan Menken zusammen, der die Musik für die klassischen Disney-Musicals der 1990er-Jahre geschrieben hatte. Diese Rapunzel war durchsetzungsfähiger als die klassische Märchenfigur, und ihr Haar hatte magische Heilkräfte, die sie durch einen gesungenen Zauberspruch aktivierte. In dieser Version erkannte man das Märchen wieder, aber sie war gleichzeitig frech und modern.

Wir wollten auf keinen Fall unsere Fehler bei *Küss den Frosch* wiederholen, daher änderten wir den Filmtitel von *Rapunzel* in das geschlechtsneutrale *Tangled* (wörtlich: Verworren; deutscher Titel: *Rapunzel – Neu verföhnt*). Die Entscheidung war firmenintern umstritten, weil einige Mitarbeiter glaubten, wir ließen uns bei kreativen Entscheidungen zu stark von Marketing-Aspekten leiten und verfälschten einen Klassiker. Nathan und Byron wiesen diese Vorwürfe zurück mit der Begründung, ihre Geschichte handle von einer weiblichen und einer männlichen Figur, einem ehemaligen Dieb namens Flynn Rider, und der Titel *Tangled* drücke besser aus, dass es in dem Film um ein Duo gehe.

»Man würde *Toy Story* ja auch nicht ›Buzz Lightyear‹ nennen«, meinte Nathan.

*Tangled* kam im November 2010 in die Kinos und wurde ein Riesenerfolg, künstlerisch und kommerziell. A.O. Scott von der *New York Times* schrieb: »Bei Aussehen und Stimmung bietet der Film einen modifizierten, modernisierten, aber dennoch aufrichtigen und unverkennbaren Eindruck althergebrachter Disneyhaftigkeit.« Der Film spielte weltweit 590 Millionen US-Dollar ein und wurde zum zweiterfolgreichsten Film von Disney Animation, nach *Der König der Löwen*. Das Studio hatte den ersten Nummer-eins-Hit seit 16 Jahren, und der Nachhall dieses Erfolgs war im Gebäude spürbar.

An diesem Punkt könnte das Kapitel enden, aber es gibt eine Coda zur Geschichte, die jeden Manager in jeder Branche interessieren dürfte. John und ich waren entschlossen, den Erfolg von *Tangled* als Heilungsmoment für das Studio zu nutzen, und wir wussten genau, wie wir das anfangen mussten.

Schon lange vorher hatten wir gelernt, dass Bonuszahlungen zwar von allen geschätzt werden, dass aber etwas anderes fast genauso geschätzt wird: Wenn einem jemand, den man respektiert, in die Augen schaut und »Danke« sagt. Bei Pixar bekamen unsere Mitarbeiter Geld *und* Dankbarkeit. Wenn ein Film genug Geld einspielt, dass Bonuszahlungen fällig werden, arbeiten John und ich mit den Regisseuren und Producern zusammen und drücken jedem, der am Film mitgearbeitet hat, persönlich den Scheck in die Hand. Das passt zu unserer Überzeugung, dass jeder Film *allen* im Studio gehört (und bezieht sich auf unser Credo »Ideen können von überall her kommen«; jeder wird dazu ermutigt, Anmerkungen abzugeben und mit anzupacken, und sie tun es). Die Verteilung der Boni an jeden Einzelnen kann etwas dauern, aber wir finden es wichtig, uns die Zeit zu nehmen, jedem Mitarbeiter die Hand zu schütteln und ihm zu sagen, wie wichtig sein Beitrag ist.

Nach dem Erfolg von *Tangled* bat ich Ann Le Cam, die Vizepräsidentin der Personalabteilung, uns bei einem ähnlichen Vorgehen bei Disney zu unterstützen. Sie setzte personalisierte Anschreiben für jedes Teammitglied auf, begründete die Bonuszahlung, und am Morgen eines normalen Wochentags im Frühjahr 2010 baten der Geschäftsführer von Disney Animation, Andrew Millstein, die Regisseure Nathan Greno und Byron Howard, ihr Vorgänger (und die Inspiration zu diesem Film) Glen Keane, der Producer Roy Conli, John und ich alle, die an *Tangled* mitgearbeitet hatten, sich in einer großen Halle von Disney zu versammeln. Keiner von ihnen wusste, was sie dort erwartete – wir hatten nur angedeutet, es sei ein allgemeines Treffen. Aber als sie die Briefumschläge in unseren Händen sahen, wussten sie, dass es kein normales Meeting war. Ann hatte die Idee gehabt, jedem Teammitglied auch noch eine brandneue

DVD des Films zu überreichen – eine kleine Geste, die unseren Dank noch ehrlicher wirken ließ. Manche *Tangled*-Veteranen haben heute noch eine gerahmte Kopie des Briefes, den sie an jenem Tag erhielten, an der Bürowand hängen.

Wäre es einfacher gewesen, jedem Mitarbeiter einfach den Bonus aufs Girokonto zu überweisen? Natürlich. Aber wie beim Filmemachen ist auch hier Einfachheit nicht das Ziel. Qualität ist das Ziel.

Das Schiff änderte langsam den Kurs – und es würde ihn noch weiter ändern.

Ich habe bereits erwähnt, dass sich der Story Trust bei Disney zu einer starken, unterstützenden Gruppe entwickelt hat, aber in den ersten Jahren gab es dort keine Führungskräfte, die eine hervorragende Handlungsstruktur entwickeln konnten. Es war eine sehr gute Gruppe, aber ich war mir nicht sicher, ob sich irgendein Gruppenmitglied jemals zu einem Moderator entwickeln würde, wie es sie bei Pixar gegeben hatte. Das machte mir Sorgen, weil ich wusste, wie unverzichtbar Andrew Stantons und Brad Birds Fähigkeit war, einer Geschichte ein Gerüst zu geben und sie zu verbessern. Doch mehr als eine gesunde kreative Umgebung zu schaffen und abzuwarten, was sich entwickeln würde, konnten wir bei Disney nicht tun.

Ich war sehr erfreut, als mir während der Arbeit an *Ralph reichts* und *Die Eiskönigin – Völlig unverfroren* (unter der Regie von Chris Buck und Jennifer Lee, die auch das Drehbuch schrieb) auffiel, dass sich von innen heraus etwas veränderte. Die Autoren im Studio hatten eine Gruppe gebildet, die bei Story-Trust-Meetings eine entscheidende Rolle einnahm, vor allem wenn es um die Struktur eines Films ging. Diese Feedback-Runde war inzwischen so gut wie der Braintrust von Pixar, hatte aber eine eigene Persönlichkeit. Das war nur ein Zeichen für umfassendere Vorgänge: Das Studio insgesamt funktionierte reibungsloser. Dabei arbeiteten dort überwiegend immer noch dieselben Leute, die John und ich bei unserer Ankunft dort kennengelernt hatten. Wir hatten unsere Prinzipien auf eine dysfunktionale Gruppe angewendet und hatten sie verändert, ihr kreatives Potenzial freigesetzt. Sie waren zu einem Team zusammengewachsen, das aus außergewöhnlichen Künstlern bestand. Das erhob Disney Animation auf eine höhere Ebene. Jetzt gab es dort ebenso viele und ebenso gute Mitarbeiter wie bei Pixar, und doch war Disney Animation ganz anders. Das Studio, das Walt Disney aufgebaut hatte, war seiner wieder würdig.

# KAPITEL 13

## Notes Day

Als ich mit diesem Buch begann, wollte ich etwas von der Denkweise vermitteln, die unserer Arbeit bei Pixar und Disney Animation zugrunde liegt. Ich hoffte auch, durch die Gespräche mit meinen Kollegen könnte ich meine Theorien an ihnen erproben, über das von uns Aufgebaute reflektieren und dabei mehr Klarheit über meine Erkenntnisse zur Kreativität gewinnen, wie man sie zum Wachsen bringt, beschützt und erhält. Zwei Jahre später habe ich das Gefühl, es ist mir gelungen, doch Klarheit zu erlangen war schwierig. Zum Teil liegt das daran, dass ich während der Arbeit an diesem Buch Vollzeit bei Disney und Pixar arbeitete, und inzwischen stand die Welt auch nicht still. Teilweise war die Klarheit auch trügerisch, weil ich nicht an einfache Formeln für den Erfolg glaube. Dieses Buch sollte vermitteln, welche Komplexität die Kreativität erfordert. Und das bedeutete, dass ich mich in einige schwer ergründliche Gebiete wagen musste.

Während ich an diesem Buch arbeitete, entwickelte sich Disney dramatisch weiter. Der Story Trust wurde ein offenes Feedback-System, und die Production Group erlangte neue Standards in technischer Hinsicht und im Bereich Storytelling.

Bei allen Disney-Filmen gab es – wie erwartet – Einbrüche, doch wir fanden Möglichkeiten, uns da durchzubeißen. *Die Eiskönigin – Völlig unverfroren* startete 2013 und wurde wie *Rapunzel – Neu verföhnt* weltweit ein Kassenschlager. Versüßt wurde dieser Sieg noch durch die Tatsache, dass er auf den Triumph des Studios mit *Ralph reichts* aus dem Jahr 2012 folgte. Die kreative Kultur bei Disney Animation ist meiner Ansicht nach nun eine völlig andere als bei Johns und meiner Ankunft im Jahr 2006.

Währenddessen brachte Pixar *Die Monster Uni* heraus, wo mittendrin der Regisseur gewechselt wurde, ehe der Film in die Multiplexkinos kam. Der Film – unsere 15. Nummer eins in Folge – spielte 82 Millionen Dollar am Eröffnungswochenende ein (das größte Start-Ergebnis für Pixar aller Zeiten) und spielte dann weiter weltweit über 740 Millionen Dollar ein. Es herrschte Jubel bei Pixar. Doch wie immer lag mein Fokus auf den vor uns liegenden Herausforderungen, und ich wollte unserem Ziel treu bleiben, Probleme früh zu erkennen und sie dann gezielt anzugehen.

Ich habe festgestellt, dass in jedem Unternehmen Kräfte am Werk sind, die schwer auszumachen sind. Bei Pixar hatten diese Kräfte – darunter der Einfluss von Wachstum und die Folgen des Erfolgs – zu verschiedenen Problemen geführt. Während unserer Wachstumsphase hatten wir zum Beispiel sehr viele unterschiedliche Mitarbeiter eingestellt. Zusätzlich zu den Kollegen, die wir von Anfang an kannten, und die die Prinzipien unserer Unternehmensführung kannten, weil sie die Ereignisse kannten, die zu diesen Prinzipien geführt hatten, hatten wir also diverse Neuzugänge. Manche lernten schnell, nahmen die Ideen, auf denen unser Unternehmen fußte, schnell auf und wurden neue Führungskräfte, andere waren in Ehrfurcht erstarrt vor dem Unternehmen – hatten so großen Respekt vor unserer Geschichte, dass ihnen das im Wege stand. Viele brachten gute neue Ideen mit ein, doch andere waren zurückhaltend mit eigenen Vorschlägen. Schließlich war das die große mächtige Firma Pixar, dachten sie – die subventionierte Cafeteria, die Arbeitsmittel auf dem allerneuesten technischen Stand –, doch andere nahmen das als selbstverständlich hin und hielten solche Vergünstigungen für normal. Vielen gefiel es, dass wir so erfolgreich waren, doch manche wussten nicht, welche Kämpfe und Risiken dem vorangegangen waren. Sie fragten, warum wir die Dinge nicht einfacher machen konnten.

Kurz, wie bei jedem erfolgreichen Unternehmen gab es verschiedene Probleme bei Pixar. Doch das wichtigste darunter war meiner Ansicht nach, dass immer mehr Leute das Gefühl hatten, es sei entweder gefährlich oder nicht willkommen, abweichende Vorstellungen zu äußern. Es war anfänglich schwierig, das Zögern zu erkennen, doch als wir darauf achteten, sahen wir viele Anzeichen dafür, dass die Mitarbeiter ihre Meinung nicht frei äußerten. Für mich bedeutete das: Wir, die Führungskräfte, ließen zu, dass sich falsche Vorstellungen verbreiteten, und das war schlecht für unsere Unternehmenskultur.

Eine Krise bringt solche heimlichen Leiden in einem Unternehmen hervorragend an die Oberfläche. Und jetzt köchelten drei Krisen gleichzeitig: Erstens, unsere Produktionskosten stiegen, und wir mussten sie im Zaum halten; zweitens, wirtschaftliche Kräfte von außen setzten unser Unternehmen unter Druck; drittens, ein zentrales Ziel unserer Kultur – gute Ideen können von überall kommen, also muss jeder sich ermutigt fühlen, sich zu äußern – war ins Wanken geraten. Zu viele unserer Mitarbeiter – und meiner Ansicht nach ist da jeder einzelne »zu viel« – übten Selbstzensur. Das musste sich ändern.

Diese drei Herausforderungen – und unsere Überzeugung, dass es nicht eine große Lösung dafür gab – führten dazu, dass wir etwas ausprobierten, um die Blockade zu überwinden und das Studio neu zu beleben. Wir nannten es Notes Day (deutsch: Tag der Anmerkungen), und ich sehe darin ein herausragendes Beispiel für eine neue Weichenstellung für die Kreativität. Die Führungskräfte kreativer Unternehmen müssen sich laufend die Frage stellen: »Wie zapfen wir die Intelligenz unserer Mitarbeiter an?« Der Notes Day war ein Erfolg von der Entstehung bis zur Ausführung, vom guten Willen, aus dem heraus er entstand, bis zu den unternehmensweiten Veränderungen, die dadurch in Bewegung gesetzt wurden, und das lag teilweise an der zugrunde liegenden Vorstellung, dass die Behebung von Fehlern ein laufender Prozess ist, der schrittweise vorankommt. Kreative Menschen müssen akzeptieren, dass die

Herausforderungen nie enden, dass Fehlschläge unvermeidlich sind und dass eine »Vision« oft eine Illusion ist. Doch sie müssen – immer – die Sicherheit haben, dass sie ihre Meinung äußern können. Der Notes Day war eine Erinnerung daran, dass Zusammenarbeit, Entschlossenheit und Offenheit uns immer wieder weiterbringen werden.

Oft werde ich gefragt, auf welchen Pixar-Film ich am stolzesten bin. Meine Antwort lautet, ich bin auf alle unsere Filme stolz, doch am meisten stolz bin ich darauf, wie unsere Mitarbeiter mit Krisen umgehen. Wenn wir ein Problem haben, sagt die Unternehmensführung nicht: »Was zum Teufel werdet ihr dagegen unternehmen?« Stattdessen sprechen wir von »unserem« Problem und was »wir« tun können, um es zu lösen. Meine Mitarbeiter betrachten sich zu einem Teil auch als Eigentümer des Unternehmens und seiner Kultur, und das sind sie auch. Sie bemühen sich sehr um den Schutz von Pixar. Und dieser Geist von Schutz und Teilhabe führte zum Notes Day.

Im Januar 2013 versammelte sich die Pixar-Führung – etwa 35 von uns, einschließlich Producer und Regisseure – zu einer zweitägigen Klausurtagung in Cavallo Point, einem ehemaligen Armeestützpunkt in Sausalito, der zum Konferenzzentrum umgebaut wurde. Das liegt gegenüber von San Francisco auf der anderen Seite der Golden Gate Bridge. Zwei dringliche Themen standen auf der Tagesordnung. Erstens die steigenden Kosten für unsere Filme, zweitens eine unglückliche Veränderung in unserer Kultur, die allen aufgefallen war. Mit dem Wachstum hatte Pixar sich verändert. Kein Wunder – Veränderungen geschehen, und ein Unternehmen mit 1200 Personen (Pixar heute) wird anders funktionieren als eines mit 45 (Pixar damals). Doch viele waren besorgt, mit dem Wachstum sei es zu einer Erosion einiger Prinzipien gekommen, die uns in der Vergangenheit zum Erfolg verholfen hatten. Die Situation war nicht fatal – weit entfernt davon, denn wir arbeiteten an ein paar sehr aufregenden Projekten. Doch als wir uns in Cavallo Point versammelten, lag die Dringlichkeit greifbar im Raum. Jeder der 35 Männer und Frauen war beseelt von dem Wunsch, Pixar auf dem richtigen Gleis zu halten.

Tom Porter – unser Produktionsleiter, zufällig auch ein Pionier der Computergrafik und einer der Pixar-Gründer – begann den Tag mit einer ausführlichen Analyse unserer Kosten. Die Vertriebsmethoden änderten sich schnell, merkte er an, und so auch die wirtschaftliche Entwicklung unserer Branche. Dass wir als Unternehmen gut dastanden, machte uns nicht immun gegen diese größeren Kräfte, und wir stimmten alle zu, dass wir Schwierigkeiten vermeiden und unsere Kosten senken mussten. Gleichzeitig wollten wir nicht aufhören, etwas zu riskieren. Wir wollten immer ein Unternehmen bleiben, das auf ungewöhnliche Filme setzt wie *Oben*, *Ratatouille* und *WALL-E*. Es musste nicht in jedem Film um unkonventionelle Geschichten gehen, doch natürlich sollte jeder Filmemacher sich frei fühlen, solche vorzuschlagen.

Diese beiden Themen waren miteinander verbunden. Wenn die Kosten niedrig sind, lässt sich ein Risiko besser rechtfertigen. Wenn wir unsere Kosten nicht senkten, schränkte das tatsächlich die Art von Filmen, die wir machen konnten, ein. Außerdem hatte eine Kostensenkung einen weiteren Vorteil. Billigere Filme werden mit kleineren Teams gedreht, und alle bestätigten, dass die Arbeit besser läuft, je kleiner die Teams sind. Ein kleineres Team arbeitet nicht nur enger und kollegialer zusammen; bei einer kleineren Produktion haben die Mitarbeiter eher das Gefühl, dass sie Einfluss haben. Unser erster Film *Toy Story* ist mit unserer kleinsten Mannschaft entstanden, doch jeder folgende Film wurde visuell komplexer, die Teams wurden immer größer. Bei unserem Treffen in Cavallo Point benötigte ein Pixar-Film im Durchschnitt 22 000 Personenwochen, das ist unsere Maßeinheit für die Budgetplanung. Diese Zahl musste um etwa zehn Prozent gesenkt werden.

Doch wir brauchten noch etwas anderes, etwas, das sich schwerer in Zahlen ausdrücken ließ. Wir hatten zunehmend das Gefühl, dass unsere Mitarbeiter nach den Jahren des Erfolgs unter großem Druck standen, nur ja nicht zu versagen. Niemand wollte erstmals an einem Film mitarbeiten, der nicht schon bei der Eröffnung eine Nummer eins war. Daher bestand die Versuchung, zu viele visuelle Details in jeden Film zu bringen – um ihn »perfekt« zu machen. Dieser zunächst löblich scheinende Wunsch wurde begleitet von einer lähmenden Angst. Wenn wir nun nicht das erwartete Niveau von Exzellenz erreichten? Wenn wir nun visuell nichts Neues entdeckten? Wenn wir als Unternehmen entschlossen waren, Enttäuschungen zu vermeiden, dann scheuten wir auch das Risiko. Das Gespenst der Exzellenz aus der Vergangenheit nahm uns etwas von der Energie, die wir früher einmal für die außergewöhnliche Qualität aufwendeten. Außerdem waren viele neue Mitarbeiter zum Unternehmen gestoßen, Leute, die das Auf und Ab unserer vorherigen Filme nicht mitgemacht hatten. Sie kamen mit einer vorgefassten Meinung, was es bedeutete, bei einem erfolgreichen Unternehmen zu arbeiten.

So geht es vielen Unternehmen, eine Folge großen Erfolgs ist eine gefährliche Verzerrung der Realität. Wir hörten immer wieder, dass jemand etwas für falsch hielt, es jedoch nicht sagen wollte. Einer unserer wichtigsten Werte – dass Lösungen von jedem kommen können und dass jeder sich frei fühlen sollte, sich zu äußern – wurde unter unseren wachsamen Augen langsam begraben. Und nur wir konnten das wieder in Ordnung bringen.

»Manchmal glaube ich, die Menschen sind zu bequem geworden«, sagte John, als wir uns in einer renovierten Kapelle auf dem Gelände des Tagungsorts versammelten. »Sie müssen wieder Begeisterung verspüren – sie müssen sich fühlen wie wir damals: brennend und begeistert angesichts der Möglichkeiten!«

Es war nicht das erste Mal, dass John und ich uns fragten, wie weit die langjährige Führungsposition in der Branche die Mitarbeiter von Pixar beeinflusste. Nahmen sie allmählich den Erfolg als selbstverständlich hin? »Bei Disney gibt es eine Leichtigkeit und eine Geschwindigkeit, davon will ich mehr bei Pixar sehen«, sagte John.

Wir alle fragten uns: Wie konnten wir die Intensität und eine gewisse Verspieltheit bei Pixar erhalten, verhindern, dass sich ein Vorsichtsprinzip einschlich, das oft mit dem Erfolg eines Unternehmens einhergeht, und gleichzeitig schlanker und flinker werden?

Da meldete sich Guido Quaroni zu Wort. Guido ist Vice President unseres Softwaretools-Departments, und er macht sich viele Gedanken darüber, wie er seine 120 Ingenieure zufriedenstellen kann. Er steht vor einer echten Herausforderung an dieser Front: Seine Abteilung entwickelt Technologie, doch Pixar verkauft keine Technologie. Pixar verkauft Geschichten, die durch Technologie *möglich* geworden sind. Das bedeutet, wenn ein Pixar-Ingenieur neue Software entwickelt, ist sie nur insofern erfolgreich, wie sie zur Entstehung unserer Filme beiträgt. Ich habe das Problem schon angesprochen, dass die Mitarbeiter bei Pixar wissen wollen, wie groß ihr persönlicher Beitrag zum Erfolg jedes einzelnen Filmes war. Für die Softwareingenieure kann diese Unsicherheit besonders schwierig sein. Guido weiß, wenn er nicht vorsichtig ist, kann diese mangelnde Einbindung zum Sinken der Arbeitsmoral führen. Er gibt sich besondere Mühe, die besten Ingenieure zu halten, und will, dass ihnen die Arbeit gefällt.

Guido erzählte von den sogenannten »persönlichen Projekttagen«, die er in seiner Abteilung eingerichtet hatte. An zwei Tagen im Monat gestattet er seinen Ingenieuren, mit den Ressourcen von Pixar an etwas Beliebigem zu arbeiten, einem Problem oder einer Frage, die sie interessiert. Es muss nicht direkt in einem Film anwendbar sein oder sich mit den Anforderungen der Produktion befassen. Wenn ein Ingenieur zum Beispiel sehen will, wie es ist, wenn man in *Merida – Legende der Highlands* ein Bild aufhellt, kann er das ausprobieren. Wenn eine Gruppe Ingenieure mit dem Bewegungssteuerungsprogramm Kinect von Microsoft einen Prototyp bauen will, damit die Zeichner die Bewegungen der Figuren besser erfassen können, dann können sie das tun. Allem, was ihnen ihre Neugier eingibt, können sie folgen.

»Man muss den Leuten nur Zeit geben, dann haben sie auch

Ideen«, sagte Guido. »Und das Schöne daran: Sie stammen von ihnen.«

Guido hatte mir bereits berichtet, wie die persönlichen Projekttage in nur vier Monaten seine Mitarbeiter verändert hatten. Unter uns sammelten wir schon Ideen, wie man Ähnliches im gesamten Unternehmen umsetzen könnte. Er schlug sogar einmal vor, Pixar nach Abschluss eines Filmprojekts für vier Wochen zu schließen und darüber zu sprechen, was gut lief und was nicht, und was wir beim nächsten Projekt besser machen könnten – eine Art Super-Manöverkritik. Der Vorschlag war letztendlich nicht praktikabel, doch er regte uns zu weiterem Nachdenken an. Als wir überlegten, wie wir unser Ziel der Kostensenkung um zehn Prozent erreichen könnten, hatte Guido einen einfachen Vorschlag.

»Bitten wir die Pixar-Mitarbeiter – alle – um Vorschläge, wie wir das erreichen könnten«, sagte er.

Ich sah John an und sah, wie es in ihm arbeitete. »Okay, *das* ist interessant«, sagte er. »Wenn wir nun Pixar für einen Tag schließen? Alle kommen zur Arbeit, aber wir werden nur über dieses Problem sprechen. Wir widmen dem einen ganzen Tag.«

Augenblicklich waren alle begeistert. »Das ist typisch Pixar«, sagte Andrew. »Völlig unerwartet. Ja! Du willst die Leute begeistern? So wird das klappen.«

Als ich fragte, wer von den Anwesenden bei der Organisation helfen würde, schossen alle Hände nach oben.

Ich finde, kein kreativ tätiges Unternehmen sollte je aufhören, sich zu entwickeln, und das wurde unser nächster Schritt, um eine Stagnation zu verhindern. Wir wollten großen und kleinen Fragen nachgehen – uns selbst offen Anmerkungen über das Funktionieren des Unternehmens geben, ganz so, wie wir in einem Braintrust-Meeting über einen Film sprechen. Also war es sinnvoll, bei unserer Umsetzung von Guidos Idee unseren Kurzbegriff für ein offenes Feedback zu verwenden: Notes (deutsch: Anmerkungen). Wir beschlossen, der Montag, der 11. März 2013, sollte unser »Notes Day« werden.

Doch ohne die Unterstützung unserer Mitarbeiter würde die Übung keine Ergebnisse bringen, also setzten wir drei Versammlungen an, um unsere Idee vor jeweils etwa 300 Mitarbeitern zu erläutern. Tom Porter präsentierte eine verkürzte Version seines Gesprächs mit uns, um das Problem zu schildern, und stellte den Plan vor. »An diesem Tag werdet ihr uns sagen, wie man Pixar besser machen kann«, sagte John. »Wir werden an diesem Tag nicht arbeiten. Besucher sind nicht erlaubt. Alle müssen teilnehmen.«

»Wir haben ein Problem«, sagte ich, »und wir glauben, die Einzigen, die es lösen können, seid ihr.«

Wir bestimmten Tom zum Leiter des Notes Day. Er sollte dafür sorgen, dass es mehr wurde als nur eine Wohlfühlübung. Er machte von Anfang an klar, was der Notes Day war – und was nicht.

»Das ist keine Aufforderung, schneller zu arbeiten oder mehr Überstunden zu machen oder mit weniger Mitarbeitern auszukommen«, sagte er bei einer dieser Versammlungen. »Es geht darum, mit etwa der heutigen Anzahl von Mitarbeitern alle zwei Jahre drei Filme herauszubringen. Wir hoffen auf Verbesserungen in der Technologie. Wir hoffen, die Produktionen können gemeinsame Ressourcen nutzen und müssen nicht jedes Mal das Rad neu erfinden. Wir hoffen, die Zeichner erhalten klarere Anweisungen von den Regisseuren.« Doch um diese Hoffnungen wahr werden zu lassen – und um auch in anderen Bereichen Möglichkeiten für Verbesserungen auszumachen –, war es für die Pixar-Führung notwendig, dass alle sich äußerten.

Tom setzte eine Arbeitsgruppe für den Notes Day ein, die wiederum einen elektronischen Zettelkasten für die Vorschläge der Pixar-Mitarbeiter einrichtete. Hier konnten sie Themen einreichen, wie wir ihrer Ansicht nach innovativer und effizienter werden konnten. Sofort flossen Ideen zum Thema ein und auch Vorschläge für den Ablauf des Notes Day selbst.

Der elektronische Zettelkasten brachte wiederum Unerwartetes. Viele Abteilungen richteten ohne Aufforderung eigene Wiki-Seiten und Blogs ein, um die für sie zentralen Themen bei Pixar zu finden.

Wochen vor dem Notes Day sprachen die Mitarbeiter miteinander, wie sie es zuvor nie getan hatten, besonders wie man den Arbeitsfluss verbessern und positive Veränderungen herbeiführen könnte. Wenn Mitarbeiter um Orientierungshilfe baten, wie sie daran mitwirken konnten, gab ihnen John seinen kleinen Anstoß mit einer Hypothese: »Es ist das Jahr 2017. Beide Filme wurden in diesem Jahr mit weniger als 18 500 Personenwochen abgeschlossen ... Welche Innovationen haben dazu beigetragen, die Budgetziele dieser Produktionen einzuhalten? Welche speziellen Änderungen gab es?«

Am Ende gingen 4000 E-Mails in den Zettelkasten zum Notes Day ein. Insgesamt enthielten sie 1000 Vorschläge. Als ich sie mit Tom und seinem Team auswertete, waren wir bemüht, nichts Ungewöhnliches auszuschließen. »Wir vernachlässigten alles, was nach allgemeinem Genörgel klang, doch wir gaben interessanten Ideen Raum, die vielleicht zu etwas führen konnten, aber nicht mussten«, sagte er. »Ich bin sicher, wir waren voreingenommen gegen Vorschläge, mit denen wir eindeutig auf 18 500 Personenwochen kamen, doch wir nahmen viele Themen auf, die nur lose oder gar keine erkennbare Verbindung zu diesem Ziel hatten. Ich würde sagen, unser Hauptkriterium war: ›Kannst du dir vorstellen, dass 20 Leute eine Stunde lang über dieses Thema sprechen?‹«

Durch die Zusammenlegung ähnlicher Vorschläge kam Toms Team auf 293 Diskussionsthemen. Das waren immer noch zu viele für einen einzigen Tag, also wurde dieser Katalog bei einem Treffen der Führungsriege auf 120 Themen reduziert und in verschiedene große Bereiche eingeteilt: Schulung, Arbeitsumfeld und Unternehmenskultur; Ressourcenpool für mehrere Filme; Arbeitsmittel und Technologie; und Arbeitsfluss.

Der Ausscheidungsprozess war schwierig und wurde zusätzlich erschwert durch die Vielfalt der gestellten Fragen. Manche waren berechtigt, doch sehr speziell, wie: »Datenspeicherfehler durch unangemessenes Pruning verursachen einen beträchtlichen Zeitaufwand von Computer- und menschlicher Arbeitszeit. Was kann getan werden, um das Pruning zu verbessern?« Andere waren eher soziologisch: »Wie könnten wir zu dieser Kultur nach dem Motto ›Gute Ideen können von überall kommen‹ zurückkehren?« Und meine Lieblingsfrage war: »Wie können wir zu einem Film mit 12 000 Personenwochen kommen?« Genau: 12 000. Dieses Diskussionsthema stammte aus einigen E-Mails, die auf den Ruf nach zehnprozentiger Budgetkürzung mit der Forderung nach noch drastischeren Kürzungen reagierten.

»18 500, 17 500«, lautete der Betreff einer E-Mail an die Arbeitsgruppe zum Notes Day. Dieser Schreiber fragte, wenn nun von den drei Filmen, die alle zwei Jahre bei Pixar produziert wurden, einer in einem »reduzierten Rahmen« von 15 000 Personenwochen produziert wurde? Oder gar 12 500? »Keine Einsparungen bei der Story, nur Vereinfachungen beim Rest?«

Jemand anderes mailte: »Ich für meinen Teil würde gern an einem 10 000-Personenwochen-Film mitarbeiten. Ich habe das Gefühl, dass die dafür erforderlichen Maßnahmen zu den Bemühungen um 18 500-Personenwochen-Filme beitragen könnten.«

Wieder eine andere Person fragte: »Welche Art Film würde Pixar mit 12 000 Personenwochen machen? Gibt es eine kreative Idee, die unserem Ruf für so wenig gerecht werden könnte? An welcher Stelle würde es zu Kürzungen kommen? Was wäre anders beim Ablauf?« Die Betreffzeile dieser E-Mail lautete: »WERDET RADIKAL«.

Als die Sichtung und Sortierung abgeschlossen war, wollte Tom wissen, wie viele etwa an jedem Thema interessiert waren, damit er den Tag entsprechend planen konnte. Dazu ließ die Arbeitsgruppe zum Notes Day eine Übersicht herumgehen, und das Ergebnis war frappierend: Thema Nummer eins – worüber die meisten sprechen wollten – war der Film mit 12 000 Personenwochen. Am Ende organisierten Tom und sein Team sieben separate 90-minütige Sitzungen allein zu diesem Thema. Die Mitarbeiter, die sich für dieses Thema eingetragen hatten, waren keineswegs Märtyrer. Sie interessierte das Thema, wie man mit weniger mehr erreichen kann, und sie wollten sich damit beschäftigen. (Das muss man bedenken – das Thema, das meine Kollegen bei Pixar mehr als alles andere fesselte, war der Versuch, das Budget noch aggressiver zu beschneiden! Sie hatten das Problem in seiner ganzen Tragweite begriffen. Verstehen Sie, warum ich so stolz auf dieses Unternehmen bin?)

Es mag etwas zu detailliert erscheinen, wie ich die Organisation dieses Tages beschreibe, doch das alles war von entscheidender Bedeutung für den letztendlichen Ablauf des Tages. Es ist gut und wichtig, seine Mitarbeiter zu versammeln, um über Herausforderungen des Arbeitsplatzes zu sprechen, doch es war äußerst wichtig, dass wir aus all diesen Gesprächen etwas Fassbares, Brauchbares und Wertvolles ziehen konnten.

Wir hatten das Gefühl, die Gestaltung dieses Tages wäre entscheidend für den Erfolg der Unternehmung.

Tom und sein Team entschieden früh, dass die Teilnehmer ihre eigene Tagesordnung aufstellen sollten, und sich nur für die Sitzungen anmelden sollten, die sie interessierten. Jede der Diskussionsgruppen am Notes Day würde von einem Moderator aus der Gruppe der Production Manager geleitet. Eine Woche vor dem Notes Day nahmen alle Moderatoren an einer Schulung teil, wie man Gruppen beim Thema halten kann und sicherstellt, dass man von jedem – den Aufgeschlossenen, den Entspannten und allen dazwischen – etwas hört. Und damit auch sicher ein konkretes Ergebnis zustande kam, entwarf die Arbeitsgruppe eine Reihe von Formblättern, die jeder Teilnehmer ausfüllen musste.

Rote Formblätter waren für Vorschläge, blaue für Ideensammlungen und gelbe für sogenannte »Best Practices«-Ideen, die keine Arbeitsaufträge waren, sondern Grundsätzliches, wie wir als Unternehmen vorgehen sollten. Die Formblätter waren einfach und zielgerichtet. Die Gruppe mit dem Thema »Rückkehr zur Kultur nach dem Prinzip ›Gute Ideen kommen von überall‹« hatte blaue Formblätter mit folgendem Einstieg: *Stell dir vor, es ist das Jahr 2017. Wir haben Hürden beseitigt, sodass die Kollegen sich sicher fühlen, wenn sie offen sprechen. Leitende Angestellte sind offen für neue Prozesse. Was haben wir getan, um diesen Erfolg zu erreichen?*

Unter dieser Frage waren Kästen, in die die Teilnehmer drei Antworten schreiben konnten. Nachdem sie jeden Vorschlag allgemein beschrieben hatten, wurden sie aufgefordert, ein paar Schritte weiterzugehen. Welche »Vorteile für Pixar« würden diese Vorschläge bringen? Und wie sähen die »nächsten Schritte« aus, um sie in die Realität umzusetzen? Und schließlich gab es Raum für die Angaben: »Wer sollte diesen Vorschlag am besten hören?« und: »Wer sollte sich für diesen Vorschlag einsetzen?«

Das Ziel war sinnvolles Engagement, das auch zum Handeln führte. Tom und sein Team hatten einer Reihe von Themen Raum gegeben, die alle auf ähnliche Weise ausgearbeitet waren. Eine Sitzung über Best Practices fragte nach »Lektionen von außen«. Auf dem gelben Formblatt wurde die Frage gestellt: »Was können wir von den Best Practices anderer Unternehmen lernen?« Darunter war Raum für drei Punkte, alle mit denselben Folgefragen: »Vorteile für Pixar/Nächste Schritte«.

Das rote Formblatt für eine Arbeitsgruppe mit dem Titel »Hilfe für die Regisseure, um die Kosten des Story-Departments zu verstehen« gab den Teilnehmern folgenden Einstieg: *Bringe den Begriff Kosten früh in den Story-Prozess ein. Das Story-Department spielt eine Rolle für das Budget zur Entwicklung der Reels.* Dann gab es einen Leerraum mit der Überschrift: »Verbesserter Vorschlag?«, um die Teilnehmer zu ermutigen, die Anregung zu verbessern. »Inwiefern nutzt das dem Studio?«, wurde gefragt, und: »Welche Nachteile hat der Vorschlag?« Unten stand eine weitere Frage: »Ja! Weitere Schritte« oder »Nein, denn …« Bei der Ja-Option wurde gefragt: »Wer sollte diesen Vorschlag hören? (detailliert)«, und wieder: »Wer sollte sich für diesen Vorschlag einsetzen?«

Ich denke, das vermittelt einen Eindruck, wie viel unser Team investierte, damit der Notes Day uns auch wirklich weiterbrachte. Tom sagte: »Wir wollten nicht einfach Listen mit Vorschlägen, was man machen kann. Ziel war es, Mitarbeiter mit Leidenschaft zu finden, die diese Ideen vorantragen würden. Wir wollten Leute mit guten Erkenntnissen vor unserer Pixar-Führungsriege.«

Am Freitag vor dem Notes Day bekam ich eine E-Mail, dass sich

1059 Leute angemeldet hatten – fast alle aus dem Unternehmen, nur einige waren im Urlaub oder nicht im Haus. Am folgenden Montag würden wir also 106 Themen in 171 Arbeitsgruppen diskutieren, die von 138 Moderatoren an 66 Treffpunkten in unseren drei Gebäuden geleitet wurden – in Büroräumen, Konferenzräumen oder Aufenthaltsräumen wie der Poodle Lounge mit dem Gemälde von George Washington an der Wand, einem Wurfspiel mit Bohnensäckchen auf dem Boden und einer Discokugel an der Decke.

Wir waren sehr gut vorbereitet auf dieses Erlebnis.

Um neun Uhr am 11. März versammelten sich alle im Atrium des Steve Jobs Building. Wenn mein dunkelblaues Pixar-Sweatshirt das nicht hinreichend klarmachte, so doch sicher mein Gesichtsausdruck: Ich war ungeheuer stolz darauf, wie unsere Mitarbeiter bereits ihr Engagement zum Ausdruck gebracht hatten, damit der Notes Day ein historischer Tag für uns wurde. Ich hieß alle sehr herzlich willkommen und gab das Mikrofon dann an John weiter.

John spielt oft den Chefinspirator, und alle bei Disney und Pixar profitieren von seiner Energie und seinem Optimismus. Doch dies war keine enthusiastische Anfeuerung. Er ging vor der Bühne auf und ab und hielt die herzlichste und bewegteste Rede, die ich je von ihm gehört hatte. Zuerst sprach er über Offenheit und wie viel wir bei Pixar über ihre Bedeutung sprachen. Doch es ist schwierig, offen zu sein, und auch schwierig, Offenheit zu ertragen. Er wusste es aus erster Hand, denn bei der Vorbereitung des Notes Day bekamen die Organisatoren aus der elektronischen Zettelkiste viele Rückmeldungen zu John persönlich, und die waren nicht alle positiv. Insbesondere wurde beklagt, man sehe ihn zu wenig, weil er nun seine Zeit zwischen zwei Studios aufteilte. Die Quintessenz war, sie vermissten ihn, doch sie fanden auch, John könnte anders mit dem ungeheuren Druck umgehen, unter dem er stand.

John räumte ein, dass ihn das schmerzte; trotzdem wollte er alle Kritikpunkte im Detail hören. »Also schrieben sie eine Liste«, sagte er. »Ich dachte, das wäre vielleicht eine Seite, doch es wurden zweieinhalb«, sagte er. Er erfuhr unter anderem: Sein Terminplan war so eng, und die Treffen mit ihm waren so wertvoll, dass man sich meistens viel zu ausführlich darauf vorbereitete, und das nutzte keinem. »Es gab *viele* Anmerkungen zu meinem Zeitmanagement und dass ich die Stimmung von einem Treffen zum anderen mitbringe, sodass sich manche fragen: ›Warum ist er wütend auf uns?‹ Ich hatte keine Ahnung, dass das so war, und es war wirklich hart, diese zweieinhalb Seiten zu lesen. Doch es war so wertvoll für mich, das alles zu erfahren, und ich arbeite bereits daran, diese Dinge zu korrigieren.«

Es war still im Atrium, trotz der Menschenmenge.

»Also seid heute bitte ehrlich«, fuhr John fort. »Und die in Führungspositionen, rechnet damit, dass es sich manchmal anfühlt, als sei es gegen euch persönlich gerichtet. Ich mache keine Witze. Das wird so kommen, und ihr müsst heute ein dickes Fell haben. Sagt eure Meinung, für Pixar, seid offen. Vertraut mir. Darum geht es heute. Es geht darum, Pixar für immer besser zu machen – für euch und für die nächste Generation von Pixarianern. Das wird das Unternehmen grundlegend zum Besseren verändern. Doch es beginnt mit euch.«

Es war Zeit, in die Arbeitsgruppen zu gehen.

In der ersten Stunde des Notes Day ging jeder zu einem Treffen mit der eigenen Abteilung – Story, Lighting, Shading, Buchhaltung und so weiter – und tauschte sich dort mit den unmittelbaren Kollegen darüber aus, wie man effizienter arbeiten könnte. Diese Abteilungstreffen hatten wir als Einstieg in den Tag geplant; es ist immer einfacher, bekannten Menschen gegenüber offen zu sein, als bei Fremden. Doch wie John gesagt hatte, brauchte man dazu ein dickes Fell und musste tapfer sein. Weil sie um 10:45 Uhr begannen, standen die Chancen für den Rest des Tages gut, dass kein Angestellter neben jemandem sitzen würde, den er sehr gut kannte.

Warum? Weil die Sitzungen nicht nach Arbeitsfeld oder Abteilung organisiert waren. Sie waren an persönlichen Interessen orientiert. Bei der Vorbereitung war jeder und jede gefragt worden, worüber sie sprechen wollten, und Toms Team hatte genügend Arbeitsgruppen gebildet, dass jeder Platz fand. Manche Themen waren so speziell, dass nur ein kleiner Kreis von Mitarbeitern betroffen war (zum Beispiel: »Welche Lösungen gibt es zur Verbesserung der Produktivität im Lighting?«), doch manche Punkte zogen Interessenten aus dem ganzen Unternehmen an.

Kam man zum Beispiel zu einem Brainstorming mit dem Titel »Einen großartigen Arbeitsplatz entwickeln und wertschätzen« und dem Einstieg: *Es ist das Jahr 2017. Keiner im Studio verhält sich, als ob er einen Anspruch auf etwas hätte. Wie haben wir das erreicht?* – dann saßen vielleicht die Küchenchefin von Pixar, eine Frau aus der Rechtsabteilung, eine Frau aus der Finanzabteilung, ein erfahrener Zeichner, ein Mann aus der Informatikabteilung und über ein Dutzend anderer dort zusammen. Wie kam es zu einem Zustrom aus so unterschiedlichen Abteilungen? Bei dieser Arbeitsgruppe sagten alle, sie hätten sie wegen des Worts »Anspruch« im Einstiegstext gewählt. Ihnen allen waren bei Pixar Menschen begegnet, die Ansprüche stellten – die auf ihrem eigenen Arbeitsmittel bestanden, auch wenn man es teilen könnte, oder die jammerten, sie könnten ihre Mitarbeiter nicht zur Arbeit bewegen. »Das ist ein Arbeitsplatz«, sagte ein Zeichner, »ein *toller* Arbeitsplatz. Wir werden alle gut bezahlt. Diese Leute sollten aufwachen.«

Am meisten beeindruckte die Teilnehmer der Gruppe »Großartiger Arbeitsplatz«, wie viel sie gemeinsam hatten. Der Mitarbeiter aus der Informatikabteilung erzählte, wie er einen verzweifelten Hilferuf nach technischem Support erhielt. Als er in die Abteilung eilte, um sich das Problem anzuschauen, sagte ihm die betroffene Zeichnerin, er solle die Maschine in der Mittagspause reparieren, da passe es ihr am besten. »Ich muss auch zu Mittag essen«, sagte er der Gruppe, und die anderen nickten. Die Küchenchefin erzählte eine ähnliche Geschichte, wie in letzter Minute eine Anfrage einging, das Catering für ein Arbeitsessen zu übernehmen, ohne dass jemand den Aufwand und die Hektik würdigte, die das für ihr Personal bedeutete. Ein Figurenzeichner bedauerte, dass er nicht mehr über die Arbeit der anderen Abteilungen wie Lighting und Shading wusste. »Das macht es leicht, sich gegenseitig zu diffamieren.«

Nacheinander kamen die Teilnehmer dieser Arbeitsgruppe auf dieselben Themen zu sprechen. »Wir sollten dahin kommen, dass die Mitarbeiter sich auf Augenhöhe begegnen«, sagte eine Person. »Ich wünschte, mehr Leute wüssten mehr über den gesamten Produktionsablauf – dann würden sie sich gegenseitig anerkennen und verstehen, was die anderen machen«, sagte eine andere. »Wir müssen das Bewusstsein der Leute für das erhöhen, was sie nicht wissen.«

Ideen, die diese Gruppe auf ihre Formblätter schrieb: Mehr Empathie zwischen den Abteilungen fördern durch einen Arbeitsplatztausch. Eine Verlosung in der Mittagspause sollte die Leute willkürlich auswählen und so zu neuen Verbindungen und Freundschaften führen. Abteilungsübergreifende Treffen sollten weit auseinander arbeitenden Kollegen das Kennenlernen bei einem Bier erleichtern.

Ich habe diese Arbeitsgruppe teilweise deshalb beschrieben, weil sie auf viele Bereiche passt – ganz gleich, in welcher Branche man arbeitet, man hat mit dem Übel Anspruchshaltung schon zu tun gehabt. (Wenn ich andere Arbeitsgruppen vom Notes Day beschreiben sollte – die über zentralisiertes Rendering zum Beispiel –, dann könnten mir einige nicht mehr folgen.) Doch unabhängig vom besprochenen Thema und Ort fühlte man eine frische Brise von Energie. Wenn man in einen Toilettenraum kam oder draußen etwas Luft schnappte, hörte man alle darüber sprechen, wie spannend der Notes Day sei. Man hatte das Gefühl, wir waren mit etwas beschäftigt, das etwas bewirken würde.

Mitten am Tag versammelte Tom die Moderatoren, um kurz Rückmeldungen einzuholen, wie bislang alles gelaufen war, und bat sie, ihm ihre Eindrücke mitzuteilen. Einmal fragte er: »Wie viele von euch hatten Vorschläge in den Arbeitsgruppen, die man sofort umsetzen könnte?«, und alle hoben die Hand.

Wir hatten entschieden, die Führungskräfte, die Regisseure und die Producer von Pixar von den Arbeitsgruppen am Notes Day auszuschließen. Teilweise war das wichtig, damit alle frei sprechen konnten, und wir waren nicht sicher, ob sie das mit den Vorgesetzten könnten. Teilweise zogen wir uns auch zurück, weil wir selbst einige spezielle Themen unter uns anschauen mussten: kreative Oberaufsicht (Sind die Braintrust-Sitzungen so sinnvoll, wie sie vor zehn Jahren waren?), Umgangston und Stimmung in der Führung (Wie können wir eine Kultur der Einbeziehung fördern, in der jeder einen Vorschlag zur Arbeitsersparnis äußern kann?), die Notwendigkeit, dort Geld auszugeben, wo es am meisten bewirken kann (Wir haben ein System, das empfänglich für Exzesse ist. Es belohnt Perfektionisten und solche, die es allen recht machen wollen. Wie gehen wir mit dem Perfektionismus und dem Wunsch nach Innovation um?).

Ein Blick in die Gesichter meiner Kollegen, die von einer Arbeitsgruppe zur nächsten eilten, sagte mir, dass alles gut lief: Sie strahlten. Am Ende des Tages versammelten sich alle aus dem Unternehmen draußen auf ein Bier, Hotdogs und einige Sofortanalysen. Ich sah Menschen aus unterschiedlichen Abteilungen, die ihre Gespräche von drinnen weiterführten. Das gesamte Gelände war von einer elektrisierenden Energie erfüllt. Das war Pixar, wie sie es wollten, wie wir es wollten. Ich blieb extra bei verschiedenen Anschlagbrettern stehen, die wir aufgestellt hatten, damit die Teilnehmer dort ihre Eindrücke mitteilen konnten. Unter verschiedenen Kategorien war zu lesen:

Bester Moment des Tages: »John Lasseters Offenheit.«

Etwas Neues, was ich heute gelernt habe: »Den Leuten ist es wichtig. Menschen können sich verändern.«

Wie vielen Menschen bist du heute begegnet? »23.«

Und dann das: »Der Notes Day ist der Beweis, dass Pixar die Menschen ebenso wichtig sind wie die Finanzen.« Und: »Macht das nächstes Jahr wieder.«

Am nächsten Morgen erhielt ich E-Mails von Hunderten Angestellten. Ein Storyboarder fasste das Gefühl perfekt in Worte, das viele ausdrückten: »Hallo Ed«, schrieb er. »Ich wollte nur Danke sagen nach dem Notes Day. Der Tag war wirklich faszinierend, inspirierend, informativ und hatte, wie mir viele während des Tages sagten, etwas Läuterndes. Wenn es irgendwo Zynismus gab, habe ich ihn nicht bemerkt. Hinterher hatte ich das Gefühl, das Unternehmen sei ein wenig geschrumpft. Ich lernte neue Menschen und völlig neue Standpunkte kennen, erfuhr, womit andere Abteilungen zu kämpfen haben und was ihnen gelingt. Ich weiß nicht, ob es eine Maßeinheit gibt, um den Einfluss des Notes Day zu erfassen, doch von meinem Standpunkt aus ist er riesig. Ich glaube, am Ende gingen wir alle mit einem Gefühl vom Teilhabe an diesem beeindruckenden Ort und seiner Zukunft nach Hause. Ein Gefühl von ›Wir sind alle hier dabei‹. Schon das ist ein riesiger Erfolg. Johns Offenheit und sein Mut, über sein Feedback zu sprechen, legten die Latte unglaublich hoch. Mit seinem Geständnis versammelte er das gesamte Unternehmen fest hinter sich, und das war ›mit gutem Beispiel vorangehen‹ im besten Sinne. Ich glaube, wir können alle daraus lernen und unser eigenes Feedback mit ähnlicher Würde und Bescheidenheit akzeptieren. Vielen Dank, dass du ein Umfeld geschaffen hast, in dem diese Art von Gespräch stattfinden kann.«

Die Formulare, die die Teilnehmer am Notes Day am Ende der Arbeitsgruppen ausfüllten, scheuten sich nicht, zu fragen: »Wer sollte diesen Vorschlag einbringen?« Das war Absicht – wir wollten nicht, dass die besten Vorschläge vor sich hin dümpelten. In den Wochen nach dem Notes Day wurden alle, die sich als »Fürsprecher von Ideen« zur Verfügung gestellt hatten, zu Tom und seinem Team eingeladen, um an ihren Vorstellungen zu feilen. Dann stellten sie sie zuerst mir und unserem Geschäftsführer Jim Morris vor, und gemeinsam machten wir uns gleich daran, die sinnvollsten umzusetzen.

Mit anderen Worten, die Ideen vom Notes Day verstaubten nicht einfach in der Schublade – sie veränderten Pixar auf sinnvolle Weise und zum Besseren. Die einzelnen Veränderungen im Ablauf werden jedem banal vorkommen, der nicht in der Computeranimation arbeitet – wir erreichten zum Beispiel, dass die neuesten Cuts der Filme schneller zu den Regisseuren kamen – doch in der Summe machten sie einen Unterschied. In den Wochen nach dem Notes Day setzten wir vier gute Ideen um, verpflichteten uns zu fünf weiteren und merkten uns noch ein weiteres Dutzend für die laufende Weiterentwicklung vor. Bei allen ging es entweder um Verbesserungen unserer Abläufe, unserer Kultur oder im Führungsstil bei Pixar. Am wichtigsten war jedoch, dass wir die Blockade durchbrochen hatten, die der Offenheit im Wege stand und das Gefühl vermittelte, es sei gefährlich, den Mund aufzumachen. Manche messen den Erfolg des Tages vielleicht an den konkreten Resultaten, und darauf haben wir auch geachtet. Doch die tatsächliche Verbesserung erwächst aus durchgängiger Stringenz und Partizipation. Deshalb glaube ich, das Lohnendste am Notes Day war, dass wir den Menschen die Sicherheit geben konnten, zu sagen, was sie dachten. Seit dem Notes Day ist es okay, anderer Meinung zu sein. Das und unseren Mitarbeitern das Gefühl zu vermitteln, sie seien ein Teil der Lösung, das waren seine größten Erfolge.

Wie kam es zum Erfolg des Notes Day? Für mich lässt sich das auf drei Faktoren reduzieren: Erstens gab es ein klares und eingegrenztes Ziel. Es war keine ganz freie, aber eine weitreichende Diskussion (organisiert um Themen, die nicht von der Personalabteilung oder der Pixar-Führungsriege stammten, sondern von den Angestellten bei Pixar) mit einem *ganz spezifischen* Ziel: der Notwendigkeit, unsere Kosten um zehn Prozent zu reduzieren. Es wurde zwar zugelassen – und man forderte sogar dazu auf –, dass die Diskussionsthemen auch Bereiche streiften, die nur vage in Zusammenhang mit diesem Ziel standen, doch wichtig war, dass es das Ziel gab. Es bildete einen Rahmen – und verhinderte, dass Verwirrung aufkam.

Zweitens, diese Idee wurde von der obersten Führungsriege des Unternehmens vertreten. Hätte man die enorme Aufgabe der Durchführung des Notes Day jemandem ohne die entsprechende Durchsetzungskraft übertragen – und nicht Tom, der wiederum die am besten organisierten Leute aus dem Unternehmen zu seiner Unterstützung holte –, dann wäre daraus etwas völlig anderes geworden. Die Angestellten hätten die Idee nicht so gut angenommen, wenn sie das Gefühl gehabt hätten, dass die Führung nicht auch dahinterstand. Und damit wäre der Notes Day irrelevant geworden.

Drittens und damit verwandt ist die Tatsache, dass der Notes Day intern durchgeführt wurde. Viele Unternehmen beauftragen Consultingfirmen von außen mit der Organisation ihrer Klausurtage für die gesamte Belegschaft, und ich kann das verstehen: Es ist ein gewaltiges, ungeheuer zeitaufwendiges Unterfangen, wenn man es gut machen will. Doch ich glaube, der Schlüssel zum Erfolg lag in der Tatsache, dass unsere eigenen Leute den Notes Day durchführten. Dadurch, dass sie selbst sich engagierten und zusammenarbeiteten und die Tagesordnung auf etwas lenkten, das wirklich etwas bewirken konnte, wurden sie daran erinnert, warum sie bei Pixar arbeiteten. Ihr Einsatz war ansteckend. Der Notes Day war kein Endpunkt, sondern ein Anfang – ein Weg, Raum für unsere Angestellten zu schaffen, einen Schritt nach vorn zu tun, und über ihrer Rolle für die Zukunft unseres Unternehmens nachzudenken, Ich sagte bereits, es ist leicht, Probleme auszumachen, doch die Quelle dieser Probleme aufzuspüren, ist außerordentlich schwierig. Der Notes Day brachte Probleme zutage – doch die harte Arbeit lag noch vor uns. Der Notes Day allein löste kein Problem. Doch er veränderte unsere Unternehmenskultur – stellte sie wieder her –, sodass wir mit dem Voranschreiten besser werden.

Ich sagte es bereits, aber es lohnt sich, es zu wiederholen: Dinge verändern sich laufend, und das ist richtig so. Und mit der Veränderung erhebt sich die Notwendigkeit für Anpassungen, für ein neues Denken, und manchmal für einen kompletten Neustart – des Projekts, der Abteilung, des Unternehmensbereichs oder des Unternehmens insgesamt. In Zeiten des Wandels brauchen wir Unterstützung – von unseren Familien und von unseren Kollegen. Das erinnert mich an einen Brief von einem unserer Zeichner, Austin Madison, den ich besonders erbaulich fand.

»Wen es inspiriert«, schrieb Austin. »Wie viele andere Künstler da draußen wechsle ich ständig zwischen zwei Zuständen. Der erste (und der weitaus angenehmere der beiden) ist der kreative Modus, in dem ich glühend heiß aus dem Bauch heraus volles Rohr arbeite. Das passiert, wenn man seinen Stift weglegt und die Ideen nur so fließen wie Wein aus einem Kelch! Das passiert in etwa drei Prozent der Zeit. Die anderen 97 Prozent der Zeit bin ich im frustrierten mühevollen Büroecke-voll-zerknülltem-Papier-Modus. Wichtig ist es, sich fleißig durch diesen Sumpf aus Entmutigung und Verzweiflung zu kämpfen. Höre dir Geschichten von Profis an, die seit Jahrzehnten Filme machen und immer durch dieselben Pfeilhagel gewaltiger Produktionsprobleme gehen müssen. Mit einem Wort: DRANBLEIBEN. DRANBLEIBEN, wenn es darum geht, deine Geschichte zu erzählen. DRANBLEIBEN, wenn es darum geht, das Publikum zu erreichen. DRANBLEIBEN, wenn es darum geht, deiner Vision treu zu bleiben …«

Besser hätte ich es nicht ausdrücken können. Ich hatte nie das Ziel, zu erzählen, wie Pixar und Disney zurechtkamen, sondern zu zeigen, wie es uns weiterhin gelingt, jeden Tag und jede Stunde. Wie wir dranbleiben. Die Zukunft ist kein bestimmter Ort – sondern eine Richtung. Es ist also unsere Aufgabe, jeden Tag daran zu arbeiten, den richtigen Kurs zu finden und Korrekturen vorzunehmen, wenn wir, was unvermeidbar ist, einmal vom Kurs abkommen. Um eine kreative Unternehmenskultur lebendig zu erhalten, dürfen wir uns nicht vor andauernder Unsicherheit fürchten. Wir müssen sie akzeptieren, wie wir das Wetter hinnehmen. Unsicherheit und Veränderung sind die Konstanten des Lebens. Und das ist das, was Freude macht.

Es ist so, wenn es Herausforderungen gibt, werden immer auch Fehler gemacht. Unsere Arbeit ist nie getan. Wir werden immer Probleme haben, viele sind nicht sichtbar für uns; wir müssen daran arbeiten, sie zu entdecken, und unseren Anteil daran ermitteln, auch wenn uns das Unbehagen bereitet; wenn uns ein Problem begegnet, müssen wir all unsere Energien aufbringen, um es zu lösen.

Wenn Ihnen diese Aussagen bekannt vorkommen, dann deshalb, weil ich das Buch damit begonnen habe. Noch etwas kann hier wiederholt werden: Das Freisetzen von Kreativität erfordert, dass wir einmal Kontrolle abgeben, Risiken eingehen, unseren Kollegen vertrauen, ihnen den Weg frei machen, und auf alles achten, was Angst machen könnte. All das macht die Führung in einer kreativen Unternehmenskultur nicht einfacher. Doch nicht Einfachheit ist das Ziel, sondern Exzellenz.

# NACHWORT

## Der Steve, den wir kannten

Es war Ende 1985, und der Computergrafikabteilung bei Lucasfilm, die ich leitete, fehlte es an Kaufinteressenten, und, wie es aussah, auch an Optionen. Wer auch immer das geringste Interesse an computergenerierten Bildern hatte, hatte uns schon ins Maul geschaut. Mit General Motors hatten wir eine vielversprechende Sache laufen, nur um im letzten Moment doch noch eine Absage zu kassieren. Dann kam Steve Jobs zu uns. Wie erwähnt, war es um die Zeit herum, als einer seiner Anwälte uns während eines Meetings zur Seite zog und – wie ich glaube – im Scherz meinte, dass wir drauf und dran wären, in die Steve-Jobs-Achterbahn einzusteigen. Wie sich zeigte, taten wir genau das, und Junge, Junge, was für ein Höllenritt sollte das werden – mit all den dazugehörigen Auf und Abs.

Ich habe 26 Jahre eng mit Steve Jobs zusammengearbeitet. So viel über ihn geschrieben worden ist, so wenig glaube ich bis heute, dass irgendetwas davon auch nur annähernd den Mann beschreibt, den ich kannte. Es frustriert mich, dass die, die über ihn schreiben, dazu neigen, sich einseitig auf seine extremen Eigenschaften und die negativen, schwierigen Aspekte seiner Persönlichkeit zu konzentrieren. So kommt es, dass Steve in Profilen als dickköpfig und herrisch gezeichnet wird, als ein Mann, der standhaft und unerschütterlich an seinen Idealen festhielt, der es ablehnte, nachzugeben oder sich zu ändern und andere häufig so massiv einschüchterte, dass sie die Dinge auf seine Weise machten. Auch wenn viele der Anekdoten, die Leute über sein Verhalten als junger Manager zum Besten geben, wohl zutreffend sein dürften, ist die Darstellung insgesamt gesehen alles andere als zutreffend.

Der Begriff *Genie* wird heutzutage oft bemüht – allzu oft, meiner Meinung nach –, aber was Steve angeht, war das keine Übertreibung. Auch wenn er, als ich ihm das erste Mal begegnete, sich häufig herablassend und brüsk gab. Das ist der Teil von Steve, über den die Leute am liebsten schreiben. Mir ist klar, dass es schwierig ist, jemanden zu verstehen, der so sehr von der Norm abweicht, wie Steve das tat, und ich hege den Verdacht, dass diejenigen, die sich auf seine extremeren Eigenschaften kaprizieren, das tun, weil diese Eigenschaften eben unterhaltsam und in gewisser Hinsicht auch aufschlussreich sind. Sie Steves Geschichte bestimmen zu lassen, würde jedoch bedeuten, die weitaus wichtigere Geschichte zu verpassen. In der Zeit, in der ich mit Steve arbeitete, erwarb er nicht nur die Art praktischer Erfahrungen, die man eben so macht, wenn man zwei dynamische, erfolgreiche Unternehmen führt, er lernte auch besser einzuschätzen, wann er aufhören musste, Leute unter Druck zu setzen, und wie er sie, wenn erforderlich, weiter antreiben konnte, ohne sie zu zerbrechen. Er wurde fairer und weiser, und er entwickelte ein tieferes Verständnis dafür, was eine Partnerschaft ausmachte – in großen Teilen durch seine Ehe mit Laurene und die Kinder, die er so sehr liebte. Diese Veränderung führte aber keineswegs dazu, dass er in seinem legendären Streben nach Innovation nachgelassen hätte; sie bestärkte ihn vielmehr noch darin. Gleichzeitig verwandelte er sich in einen freundlicheren, sich seiner selbst mehr bewussten Führer. Und Pixar, davon bin ich überzeugt, spielte eine Rolle bei dieser Entwicklung.

Erinnern wir uns, Ende der 1980er-Jahre, als Pixar gegründet wurde, investierte Steve den Großteil seiner Zeit in den Aufbau von NeXT, dem Computerunternehmen, das er aus der Taufe gehoben hatte, nachdem man ihn bei Apple hinausgedrängt hatte. Keiner bei Pixar, Steve eingeschlossen, wusste, was wir da eigentlich machten. Anfangs ging Steve bei den Verhandlungen mit Kunden zu weit, was manchmal funktionierte, manchmal aber auch nach hinten losging. Bei NeXT etwa handelte er einen 100-Millionen-Dollar-Deal aus, mit dem IBM das Recht zur Nutzung der NeXT-Software erwarb. Weil Steve IBM trotz dieses immens hohen Betrags keinerlei Rechte auf nachfolgende Versionen der Software abgetreten hatte, sah die Sache nach einem perfekten Homerun für NeXT aus. Tatsächlich aber hatte er damit den Bogen überspannt und mit seinem Verhalten für viel böses Blut gesorgt – und daraus, wie er mir später sagte, seine Lehren gezogen.

Steve spürte in diesen frühen Tagen, dass sich bei Pixar etwas ganz Besonderes abspielte. Nur benennen konnte er es nicht, was ihn umso mehr frustrierte, weil er in der Zwischenzeit Geld verlor. Er hatte eine kostspielige Truppe, die ihrer Zeit weit voraus war. Konnte er durchhalten, bis dieses Potenzial Früchte trug, insbesondere wenn er gar nicht wusste, *ob* es denn einmal Früchte tragen würde? Wie muss man ticken, um sich darauf einzulassen? Würden Sie das tun?

Wir neigen dazu, Gefühl und Logik als zwei eigenständige, einander ausschließende Domänen zu betrachten. Steve war da anders. Der Faktor Leidenschaft spielte von Anfang an eine zentrale Rolle bei seinen Entscheidungen. Darin, wie er sie zu entfachen suchte, stellte er sich anfangs unbeholfen an, mit extremen oder völlig überzogenen Ankündigungen, auf die die Leute reagieren sollten. Bei Pixar aber, und obwohl wir weit davon entfernt waren, schwarze Zahlen zu schreiben, wurde diese Aggressivität gemildert durch sein Eingeständnis, dass wir, was Animation und Geschichtenerzählen anging, sehr viel mehr als er wussten. Steve respektierte unsere Entschlossenheit, als Erste einen computeranimierten abendfüllenden Spielfilm zu machen. Er sagte uns weder, wie wir unsere Arbeit tun sollten, noch versuchte er, uns seinen Willen aufzuzwingen. Selbst wenn wir uns unsicher waren, wie wir unser Ziel erreichen sollten, unsere Leidenschaft war etwas, das Steve anerkannte und schätzte. Genau das war es, was Steve, John und mich schlussendlich verband: Die Leidenschaft für Höchstleistungen – eine Leidenschaft, die so inbrünstig war, dass wir selbst dann, wenn die Dinge extrem ungemütlich wurden, bereit waren, miteinander zu streiten und zu kämpfen und zusammenzubleiben.

Ich erinnere mich noch deutlich an Steves Reaktion auf diese Leidenschaft, als wir an *Das große Krabbeln,* unserem zweiten Trickfilm in Spielfilmlänge, arbeiteten. Es gab einen internen Konflikt um das Bildformat des Films – das proportionale Verhältnis von Bildbreite zu Bildhöhe. Im Kino werden Filme im Breitwandformat wiedergegeben, ein Format, bei dem die Bildbreite mehr als das Doppelte der Bildhöhe beträgt; bei den damals gängigen Fernsehgeräten hingegen belief sich die Bildbreite lediglich auf Eineindrittel der Bildhöhe, war das Bildformat also mehr quadratisch. Erstellt man eine Videoversion eines Breitbildfilms, der auf einem Fernsehgerät wiedergegeben wird, bekommt man entweder schwarze Balken am oberen und unteren Bildschirmrand, oder man schneidet die Bildseiten einfach ab. Weder das eine noch andere liefert eine gute Wiedergabe des Originalfilms.

Bei *Das große Krabbeln* lagen die Marketing-Leute im Clinch mit den Filmemachern. Die Filmemacher wollten das Breitwandformat, weil es im Kino eine bessere Panoramaerfahrung ermöglicht und sie das für wichtiger hielten als das Seherlebnis zu Hause auf dem Bildschirm. Überzeugt, dass die Kunden einen Videofilm mit schwarzen Balken am oberen und unteren Bildschirmrand ablehnen würden, hielten die Marketing-Leute dagegen, dass das Breitwandformat zulasten der DVD-Absätze gehen würde. Steve, kein Filmkenner, stimmte mit den Marketing-Leuten überein, dass wir uns finanziell schaden würden, sollten wir den Film im Breitwandformat herausbringen. Die Frage war immer noch ungelöst, als ich eines Nachmittags Steve durch die Büros führte, damit er ein paar Pixar-Abteilungen einmal in Action erlebte, und wir am Ende in einem Raum voller Leute landeten, die an der Ausleuchtung einer Szene von *Das große Krabbeln* arbeiteten. Der Production Designer des Films, Bill Cone, zeigte auf den Monitoren gerade ein paar Szenen, die zufällig im Breitwandformat waren.

Bei diesem Anblick warf Steve auf die ihm eigene Weise ein, dass wir »verrückt« wären, den Film im Breitwandformat zu machen. Bill, keineswegs eingeschüchtert, drehte den Spieß sofort um und erklärte Steve, warum das Breitwandformat vom *künstlerischen* Standpunkt aus gesehen absolut entscheidend wäre. Was folgte, war ein intensives verbales Hin und Her. Ich würde nicht gerade von einem Streit reden, aber es ging definitiv heftig zur Sache. Die Diskussion endete, wie es schien, ergebnislos, und Steve und ich setzten unsere Tour fort.

Später kam ein sichtlich aufgewühlter Bill bei mir vorbei. »Oh mein Gott«, sagte er. »Ich habe mich mit Steve Jobs gestritten. Hab ich's versaut?«

»Im Gegenteil«, sagte ich. »Du hast gewonnen.«

Ich sah etwas, was Bill nicht sah: Steve hatte auf Bills Leidenschaft in der Angelegenheit reagiert. Dass Bill bereit war, sich so entschlossen und so wortgewandt für das einzusetzen, woran er glaubte, war für Steve ein Zeichen, dass Bills Standpunkt es wert war, respektiert zu werden. Nach dem Bildformat fragte er uns nie wieder.

Nicht die Leidenschaft hatte in Steves Kopf über die Vernunft gesiegt. Ihm war völlig klar, dass man Entscheidungen niemals allein auf der Grundlage von Gefühlen treffen durfte. Aber ebenso klar war ihm, dass Kreativität nicht linear ist, dass Kunst nicht Kommerz ist und dass er, würde er auf der Anwendung einer Dollar-und-Cent-Logik beharren, riskieren würde, eben das zu untergraben, was uns vor allen anderen auszeichnete. Steve legte großen Wert auf beide Seiten der Gleichung, auf Logik und auf Emotion, und die Art und Weise, wie er die Balance zwischen beiden bewahrte, war entscheidend dafür, ihn wirklich zu verstehen.

Mitte der 1990er-Jahre zeichnete sich immer deutlicher ab, dass Pixar, seit Langem in einigen vollgestopften Fertigteilhäusern im kalifornischen Point Richmond untergebracht, ein neues Domizil brauchte. Es war an der Zeit für ein richtiges Hauptquartier – einen Platz allein für uns, ganz nach unseren Bedürfnissen gestaltet. Steve höchstpersönlich machte sich an das Design, und das großartige Hauptgebäude, in dem wir heute logieren, ist das Endprodukt dieser ganzen Mühe. Allerdings war der Weg dahin nicht ganz einfach.

Steves erster Entwurf basierte auf einer Reihe recht eigentümlicher Annahmen dazu, wie sich seiner Meinung nach die Interaktion zwischen den Mitarbeitern fördern ließe. 1998, bei einem Meeting aller Mitarbeiter, auf dem die Pläne diskutiert wurden, kritisierten gleich mehrere Leute seine Absicht, nur jeweils einen Toilettenraum für Männer und für Frauen zu bauen. Steve gab nach, war aber unverkennbar frustriert, dass die Leute nicht zu verstehen schienen, worum es ihm ging: darum, die Mitarbeiter aus Notwendigkeit zusammenzubringen. Anfangs kämpfte Steve darum, den besten Weg zu finden, wie sich diese wechselseitige Erfahrung erzeugen ließ.

Als Nächstes verfiel er auf die Idee, für jeden Film, den wir produzierten, ein separates Gebäude zu errichten – wodurch, so seine Vorstellung, jedes Team in den Genuss eines eigenen und in sich abgeschlossenen Komplexes frei von jeder Ablenkung kommen würde. Da ich, was das betraf, so meine Zweifel hatte, lud ich Steve zu einem Ausflug ein.

Zeigen, nicht reden war, was bei Steve am besten funktionierte, und deswegen fuhr ich mit ihm hinunter nach Burbank, um ihm das als Northside bekannte vierstöckige Gebäude mit seiner glitzernden Glas-Aluminium-Fassade an der Thornton Avenue zu zeigen, das 1997 von Disney Animation 1997 übernommen worden war und in dem, neben anderen Projekten, auch die Crew für Disneys ersten 3-D-Animationsfilm, *Dinosaurier 3D – Im Reich der Giganten,* untergebracht war.

Bekannt aber war das Gebäude vor allem für das, was in den 1940er-Jahren darin untergebracht gewesen war: die streng geheime »Skunk Works«-Entwicklungsabteilung des Flugzeugbauers Lockheed, wo Kampfjets, Spionageflugzeuge und zumindest ein Tarnkappenkampfjet entwickelt wurden. Mir gefällt dieser historische Aspekt – und die Tatsache, dass die Bezeichnung Skunk Works auf den Comicstrip *Li'l Abner* von Al Capp zurückgeht. In diesem Comic gab es einen Running Gag über eine mysteriöse und überaus übel riechende Anlage tief in den Wäldern namens »Skonk Works«, in der aus Stinktieren, alten Schuhen und anderen abwegigen Zutaten ein starkes Getränk gebraut wurde.

Steve war klar, dass mein Anliegen an diesem Tag nicht darin bestand, mit ihm über Comicstrips oder Luftfahrtgeschichte zu plaudern, sondern darin, ihm das Gebäude zu zeigen – ein einladender Komplex, in dem mehrere Hundert Trickzeichner parallel an zahlreichen Projekten arbeiten, alle unter einem Dach. Ich mochte die Atmosphäre der weit offenen Gänge. Anfangs bemängelte Steve unzählige Details an der Raumaufteilung in dem Gebäude, aber nachdem wir etwa eine Stunde herumgegangen waren, spürte ich, dass die Botschaft bei ihm angekommen war: Separate Gebäude für jeden Film würden isolierend wirken. Hier konnte er mit eigenen Augen sehen, wie die Disney-Leute von der offenen Raumaufteilung profitierten, wie sie Informationen teilten und gemeinsam Ideen entwickelten. Steve glaubte sehr an die Macht des zufälligen Zusammenkommens und wusste, dass Kreativität kein einsiedlerisches Unterfangen sein kann. Unser kleiner Ausflug zum Northside half ihm nur, klarer zu sehen, was er ohnehin wusste. Wenn man in einem kreativen Unternehmen seine Mitarbeiter in getrennten Silos unterbringt – Projekt A hier, Projekt B dort –, kann das kontraproduktiv sein.

Nach diesem Trip traf er sich ein weiteres Mal mit seinen Architekten und legte die Grundzüge für ein einziges, großes Gebäude fest. Der Bau des neuen Pixar-Hauptquartiers war für ihn eine Sache der persönlichen Verantwortung.

Wir alle kennen den Spruch von »Unsere Mitarbeiter sind unser wichtigstes Kapital«. Für die meisten Manager aber sind das bloß Worte, die man von sich gibt, damit die Mitarbeiter sich besser fühlen. Was nicht heißt, dass man nicht daran glaubt, aber in der Realität ändern nur wenige Führungskräfte ihr Verhalten oder treffen Entscheidungen, die diesen Worten gerecht werden. Nicht so

Steve. Er nahm dieses Prinzip und errichtete unser Hauptquartier darum herum. Das Gebäude wurde von A bis Z so konzipiert, dass die Mitarbeiter ermutigt werden, sich zu vermischen, zusammenzukommen und zu kommunizieren und so, durch die Verbesserung unserer Fähigkeit zur Zusammenarbeit, unsere Filmarbeit zu unterstützen.

Schlussendlich überwachte Steve den Bau unseres neuen Hauptquartiers bis ins kleinste Detail, von den gebogenen Stahlbrücken, die das zentrale Atrium überspannen, bis hin zur Auswahl der Sitze in unseren Vorführräumen. Weil er subjektive Barrieren nach Möglichkeit vermeiden wollte, wurden die Treppen offen und einladend gestaltet, und damit wir uns begegneten, wenn wir zur Arbeit kamen, wollte er einen einzigen Eingang für alle. Im zentralen Atrium – wo bis heute alle zusammenkommen, um zu essen, Tischtennis zu spielen oder von den Pixar-Oberen über die neuesten Entwicklungen im Unternehmen in Kenntnis gesetzt zu werden – befinden sich Meetingräume, Toiletten, ein Postzimmer, drei Vorführräume und ein Essbereich. Mit dem Resultat, dass viele Wege sich kreuzen, dass die Leute sich den ganzen Tag über den Weg laufen, ganz automatisch, und dadurch der Kommunikationsfluss verbessert und die Wahrscheinlichkeit zufälliger Begegnungen erhöht wurde. Man kann die Energie in dem Gebäude förmlich spüren. Steve durchdachte das alles mit der Metalogik eines Philosophen und der Akribie eines Handwerkers. Er glaubte an einfache Materialien, meisterhaft verbaut. Er wollte, dass der ganze Stahl nicht überstrichen wird, sondern offen zutage liegt. Er wollte, dass die Glastüren glatt mit den Wänden abschließen. Kein Wunder also, dass, als das Gebäude im Herbst 2000 nach vier Jahren Planung und Bau bezogen wurde, die Pixar-Leute – die für gewöhnlich vier Jahre an einem Film arbeiten – dem Gebäude den Spitznamen »Steve's Movie« verpassten.

Ich gestehe, es gab Augenblicke, in denen ich fürchtete, Pixar könnte dem »Gebäudekomplex« zum Opfer fallen – bei dem ein Unternehmen sich ein Hochglanz-Hauptquartier verpasst, das eine bloße Fortsetzung des exekutiven Egos darstellt. Doch diese Sorge war unbegründet. Von dem Tag unseres Einzugs am Thanksgiving-Wochenende 2000 an erwies sich das Gebäude als ein außergewöhnliches und fruchtbares Zuhause. Darüber hinaus transformierte es Steve – schon immer unser Verteidiger nach außen – in den Köpfen unserer Mitarbeiter zu einem integralen Bestandteil unserer Unternehmenskultur. Die neue Umgebung war so exemplarisch und so eindeutig Steve zuzuschreiben, dass jeder seinen singulären Beitrag zu und sein Verständnis für die Art und Weise anerkennen konnte, wie wir arbeiteten.

Diese Wertschätzung war eine positive Entwicklung, weil die Leute, wie bereits erwähnt, wenn sie Steve kennenlernten, sich typischerweise zuerst an seinen Stil gewöhnen mussten. Brad Bird berichtet von einem Meeting während der Arbeiten an *Die Unglaublichen – The Incredibles,* kurz nachdem er zum Studio gestoßen war, bei dem Steve seine Gefühle verletzt hatte, als er meinte, die künstlerische Arbeit bei *Die Unglaublichen – The Incredibles* erinnere ihn streckenweise »irgendwie an Samstagmorgen« – ein Bezug auf die billigen Cartoons, die Hanna-Barbera und andere produzierten. »In meiner Welt ist das ungefähr so, als würde jemand sagen: ›Deine Mutter treibt's mit allen‹«, meint Brad. »Ich kochte vor Wut. Nach dem Meeting ging ich hinüber zu Andrew und sagte: ›Hey, Mann, Steve hat gerade eine Sache vom Stapel gelassen, die mich absolut ankotzt.‹« Und Andrew, ohne auch nur zur fragen, worum es ging, entgegnete: »Was, nur *eine* Sache?« Mit der Zeit verstand Brad, dass Steve, wenn er so etwas sagte, nicht als Kritiker sprach, sondern als unser ultimativer Fürsprecher. Allzu oft schon nämlich sind Zeichentrick-Superhelden billig hingeschludert worden und haben dann auch entsprechend ausgesehen – darauf konnten sich Steve und Brad einigen. *Die Unglaublichen – The Incredibles* mussten, das war Steves Implikation, höhere Ziele erreichen. »Er wollte damit nur sagen, dass wir zeigen müssen, dass das hier etwas Größeres ist«, sagt Brad. »Und genau das war bezeichnend für Steve.«

Auch wenn das außerhalb von Pixar niemand wusste, knüpfte Steve dauerhafte Bande mit unseren Regisseuren. Anfangs führte ich das darauf zurück, dass er ihre kreativen und ihre Führungsqualitäten anerkannte, und sie wiederum die Unterstützung und die Einsichten schätzten, die er ihnen gab. Doch als ich näher hinsah, erkannte ich, dass es da etwas sehr Wichtiges gab, das sie teilten. Wenn zum Beispiel Regisseure eine Idee für einen neuen Film pitchen, dann setzen sie sich mit allem, was sie haben, dafür ein, selbst wenn ein Teil von ihnen weiß, dass die Sache am Ende vielleicht doch nicht funktioniert. Das Pitchen ist eine Methode, um Material zu testen, Maß zu nehmen und – fast noch wichtiger – es zu stärken, indem man beobachtet, wie es auf ein Publikum wirkt. Wenn die Idee aber nicht einschlägt, verstehen sie sich meisterhaft darauf, sie fallen zu lassen und sich einer anderen Sache zuzuwenden. Das ist eine seltene Fähigkeit – und eine, über die Steve ebenfalls verfügte.

Steve besaß ein bemerkenswertes Talent dafür, Dinge loszulassen, die nicht funktionierten. Wenn man eine Meinungsverschiedenheit mit ihm hatte und ihn davon überzeugen konnte, dass man recht hatte, änderte er auf der Stelle seine Meinung. Er hielt an Ideen nicht einfach deshalb fest, weil er sie einmal für brillant befunden hatte. Sein Ego hing nicht an Vorschlägen, die er machte, selbst wenn er sein ganzes Gewicht dafür in die Waagschale warf. Und als Steve sah, dass die Pixar-Regisseure dasselbe taten, erkannte er in ihnen verwandte Seelen.

Eine der Gefahren bei diesem Ansatz besteht darin, dass man, wenn man zu überzeugt pitcht, andere eben durch die eigene Überschwänglichkeit davon abhält, offen und ehrlich zu antworten. Besitzen Leute eine starke Persönlichkeit, können andere sich durch ihre Intensität eingeschüchtert fühlen. Wie man verhindert, dass es dazu kommt? Der Trick besteht darin, das Augenmerk vom Initiator der Idee weg auf die Idee selbst zu verlagern. Die Leute legen oft zu viel Gewicht darauf, von wem eine Idee kommt, akzeptieren sie (oder kritisieren sie nicht), weil sie von Steve oder einem angesehenen Regisseur kommt. Aber Steve legte keinen Wert auf diese Art der Bestätigung. Ich habe ihn unzählige Male beobachtet, wie er seine Ideen – manchmal ziemlich verrückte Ideen – vor versammelter Runde in die Luft warf, nur um zu sehen, wie sie ankamen. Und wenn sie nicht gut ankamen, dann ließ er sie eben los. Im Prinzip ist das eine Art des Geschichtenerzählens – die Suche nach dem besten Weg, eine Idee zu präsentieren und zu kommunizieren. Leute, die Steve nicht verstanden, missverstanden seine Angewohnheit, Ideen in die Runde zu werfen, als Bevormundung. Und legten ihm seinen Enthusiasmus oder seine Beharrlichkeit als Kompromisslosigkeit oder Dickköpfigkeit aus. Tatsächlich aber prüfte er, wie die Leute auf seine Ideen reagierten, um dann zu entscheiden, ob er oder ob er sich nicht zu ihrem Fürsprecher machen sollte.

Steve galt gemeinhin nicht unbedingt als ein großer Geschichtenerzähler, und er legte stets großen Wert darauf, darauf hinzuweisen, dass er keine Ahnung vom Filmemachen hatte. Zugleich aber rührten die Bande zwischen ihm und unseren Regisseuren von der Tatsache her, dass er wusste, wie wichtig es ist, eine Geschichte zu konstruieren, auf die die Leute reagieren. Das war die Fähigkeit, die er bei seinen Präsentationen bei Apple nutzte. Wenn er vor ein Publikum trat, um ein neues Produkt vorzustellen, war ihm klar, dass er effektiver kommunizierte, wenn er den Leuten eine Geschichte bot, und jeder, der ihn einmal live erlebt hat, wird bestätigen, dass seine Auftritte außergewöhnlich und sehr sorgfältig konstruiert waren.

Bei Pixar konnte Steve mit *anderen* Leuten zusammenarbeiten, die *ihre eigenen* Geschichten konstruierten, und ich glaube, dass dieser Prozess ihm dabei half, mehr über zwischenmenschliche Dynamik zu erkennen. Es war etwas Besonderes, seinen Intellekt auf die Emotionalität eines Films anzuwenden – Eine Art Ankommen? Fühlte es sich richtig an? –, etwas, das befreiend auf ihn wirkte und ihn zu der Einsicht brachte, dass der Erfolg von Pixar davon abhing, dass die Filme, die wir machten, eine tiefe Verbindung zum Publikum schufen. Angesichts dessen, wie Steves Verhalten in der Vergangenheit beschrieben worden ist, würde man wohl eher nicht davon ausgehen, dass er in der Lage war, einem verwundbaren Regisseur zu einem noch nicht in trockene Tücher gepackten Film konstruktives Feedback zu geben, und schon gar nicht auch noch auf einfühlsame Weise. Fakt aber ist, dass Steve mit der Zeit ein richtiges Talent dafür entwickelte. Einmal, erinnert sich Pete Docter, hatte Steve zu ihm gesagt, dass er, wenn er es sich aussuchen könnte, in seinem nächsten Leben als Pixar-Regisseur zurückkehren würde. Ich habe keinen Zweifel, dass er, würde er das tun, einer der Besten werden würde.

Im Spätsommer 2003 wurde es zusehends schwieriger, den Kontakt mit Steve aufrechtzuerhalten. Eigentlich war er bekannt dafür, auf E-Mails zu jeder Tages- und Nachtzeit innerhalb von Minuten zu antworten. Nun aber kam, wenn ich ihn anrief oder ihm eine Mail schickte, nichts zurück. Dann, im Oktober, schaute er bei Pixar vorbei, was höchst ungewöhnlich war – wenn es nicht gerade ein Board-Meeting gab, besprachen wir uns üblicherweise am Telefon miteinander. Kaum hatten John und ich uns gesetzt, da schloss Steve die Tür und erzählte uns von diesen Schmerzen im Rücken, die einfach nicht weggehen wollten. Daraufhin hatte sein Arzt ihn neulich zu einer Computertomografie geschickt, bei der herauskam, dass er an Bauchspeicheldrüsenkrebs litt. Von den Leuten mit dieser Diagnose sind, teilte er uns mit, fünf Jahre später 95 Prozent nicht mehr am Leben. Steve war entschlossen, den Kampf aufzunehmen, aber er wusste auch, dass er dieses Mal möglicherweise nicht gewinnen würde.

Im Laufe der nächsten acht Jahre probierte Steve es mit einer scheinbar endlosen Anzahl unterschiedlichster Therapien, traditionellen ebenso wie experimentellen. Als seine Kraft nachließ, hatten wir weniger häufig Kontakt, aber nach wie vor rief er einmal pro Woche an, um sich zu erkundigen, wie die Dinge liefen, um Ratschläge zu geben oder um Bedenken zu äußern. Einmal in dieser Zeit fuhren John und ich hinunter zu Apple und aßen mit ihm zu

Mittag. Nach dem Lunch führte Steve uns in einen streng gesicherten Raum, in dem Apple seine supergeheimen Neuentwicklungen verwahrte, und zeigte uns den frühen Prototyp von etwas, das er iPhone nannte. Das Ding hatte einen Touchscreen für die Anwendereingabe, was die Handhabung nicht lediglich einfach, sondern geradezu zum Spaßerlebnis machte – und ließ die Mobiltelefone, die in unseren Taschen steckten, auf einen Schlag wie Artefakte aus einer grauen Vorzeit aussehen. Besonders begeistert davon war er, weil es ihm, wie er sagte, nicht nur darum ging, ein Mobiltelefon zu entwickeln, das die Leute benutzten, sondern eines, das sie *liebten* – ein Telefon, das ihnen zu einem besseren Leben verhalf, besser sowohl im funktionalen wie im ästhetischen Sinn. Und Apple hatte, war er überzeugt, es geschafft, eben so ein Gerät zu entwickeln.

Auf dem Weg hinaus hielt Steve uns im Flur zurück und sagte, er habe an einer Liste von drei Dingen gearbeitet, die – und ich erinnere mich sehr präzise an die Worte – »ich noch tun will, bevor ich in See steche«. Ein Ziel, das ihm ganz besonders am Herzen lag, lautete, das Produkt, das er uns gerade gezeigt hatte, auf den Markt zu bringen – und noch ein paar andere, von denen er überzeugt war, dass sie Apples Zukunft absichern würden. Zweitens wollte er dafür sorgen, dass sich die Erfolgsgeschichte von Pixar fortsetzte. Das dritte und von allen wichtigste Ziel bestand darin, seine drei jüngsten Kinder auf einen guten Weg zu bringen. Ich weiß noch, wie er die Hoffnung äußerte, noch mitzuerleben, wie sein Sohn Reed, der zu der Zeit in die achte Klasse ging, den Highschool-Abschluss machte. Mit anhören zu müssen, wie dieser Mann, den einmal nichts und niemand hatte aufhalten können, seine Hoffnungen und seinen Ehrgeiz auf eine knappe Handvoll Wünsche beschränkte, brach mir das Herz, natürlich, zugleich aber erinnere ich mich, gedacht zu haben, dass es, wie Steve das sagte, ganz natürlich klang. Irgendwie hatte ich das Gefühl, dass er seinen Frieden mit der Unvermeidlichkeit des eigenen Endes geschlossen hatte.

Am Ende sollte er alle drei Ziele erreichen.

An einem Sonntagnachmittag im Februar 2007 traten meine Tochter Jeannie und ich aus einer Limousine auf einen langen, roten Teppich … und stießen um ein Haar mit Steve Jobs zusammen. Es waren noch ein paar Stunden bis zum Beginn der 79. Oscar-Verleihung, und um zu unseren Sitzen zu gelangen, mussten wir drei uns durch die Menschenmenge drängen, die sich vor dem Kodak Theatre im Herzen Hollywoods versammelt hatte. *Cars* war in der Kategorie bester Animationsfilm nominiert, und wie alle anderen, die sich Hoffnungen auf einen Oscar machten, hatte uns ein leichtes Lampenfieber gepackt. Auf dem Weg hinein ließ Steve den Blick über den Affenzirkus um uns herum schweifen – die elegant herausgeputzten Männer und Frauen, das Gedränge der TV-Reporter, die Masse der Paparazzi und kreischenden Fans, die Limousinen, die eine nach der anderen vorfuhren – und sagte: »Was diese Szene wirklich braucht, ist ein buddhistischer Mönch, der sich selbst abfackelt.«

Die Perspektive richtig hinzubekommen, ist so verdammt schwer. Ich habe über ein Vierteljahrhundert mit Steve gearbeitet – länger, glaube ich, als irgendjemand sonst – und dabei einen Entwicklungsbogen in seinem Leben wahrgenommen, der sich nicht in die Kurzporträts des unerbittlichen Perfektionisten einfügt, die ich in Magazinen, Zeitungen und selbst in der von ihm autorisierten Biografie gelesen habe. Der unbarmherzige Steve – der ungehobelte und brillante, aber gefühlsmäßig stocktaube Kerl, den wir zu Anfang kennengelernt hatten – verwandelte sich in den letzten beiden Jahrzehnten seines Lebens in einen anderen Menschen. Jeder bei uns, der Steve etwas besser kannte, bekam diese Veränderung mit. Er wurde einfühlsamer, und nicht nur, was die Gefühle anderer Leute anging, sondern auch für das, was sie zum kreativen Prozess beisteuerten.

Die Erfahrungen, die er bei Pixar machte, waren mit für diesen Wandel verantwortlich. Steves Ehrgeiz war es, nützliche Dinge zu erschaffen, die zugleich Freude machten; das war seine Art, die Welt zu einer besseren zu machen. Und das war mit ein Grund, warum

Pixar ihn so sehr mit Stolz erfüllte – weil er das Gefühl hatte, dass die Welt wegen der Filme, die wir machten, eine bessere *war*. So brillant die Apple-Produkte auch sein mochten, am Ende, konnte man ihn immer wieder sagen hören, landeten sie doch ausnahmslos auf der Müllhalde. Die Pixar-Filme dagegen würden ewig leben. Wie ich selbst glaubte er daran, dass unsere Filme überdauern werden, weil sie an tiefere Wahrheiten rühren, und diese Vorstellung gefiel ihm sehr. John spricht gerne von der »vornehmen Aufgabe, die Leute zu unterhalten«, eine Mission, die Steve durch und durch verstand, insbesondere gegen Ende seines Lebens, und an der teilhaben zu können, er – der genau wusste, dass das Entertainment nicht gerade ganz oben auf der Liste seiner Fähigkeiten stand – sich sehr glücklich schätzte.

Pixar nahm eine besondere Stellung in Steves Welt ein, und in der Zeit bei uns entwickelte er seine Rolle unablässig weiter. In den ersten Jahren war er unser Wohltäter, derjenige, der die Rechnungen bezahlte, damit die Lichter nicht ausgingen. Später wurde er zu unserem Beschützer – nach innen ein konstruktiver Kritiker, aber nach außen unser wildester Verteidiger. Wir hatten ein paar schwere Zeiten miteinander, keine Frage, aber durch diese Prüfungen knüpften wir zwischen uns ein ganz besonderes Band. Ich hatte immer dieses Bild im Kopf, dass Pixar für Steve so etwas wie ein lieb gewonnenes Stiefkind war – empfangen, bevor er in unser Leben trat, aber doch von ihm gehegt und gepflegt in unseren prägenden Jahren. In dem Jahrzehnt vor seinem Tod sah ich zu, wie Steve Pixar veränderte, während zugleich Pixar ihn veränderte. Ich sage das, und gebe doch zu, dass man unmöglich einen Teil seines Lebens vom Rest trennen kann; Steve lernte, natürlich, immer auch von seiner Familie und seinen Kollegen bei Apple. Und doch war etwas ganz Besonderes an der Zeit, die er mit uns verbrachte – verstärkt noch, so paradox das auch klingen mag, durch die Tatsache, dass Pixar sozusagen sein Nebenjob war. Seine Frau und seine Kinder standen selbstredend ganz oben, und Apple war sein erster und sein am lautesten gefeierter unternehmerischer Erfolg. Pixar war ein Ort, an dem er ein bisschen relaxen und herumspielen konnte. Auch wenn er in seiner Intensität nie nachließ, konnten wir mit ansehen, wie er die Fähigkeit zum Zuhören entwickelte.

Wie in Kapitel 5 erwähnt, nahm Steve auf mein Drängen hin nicht an den Braintrust-Meetings teil. Aber wenn Filme für das Board of Directors des Studios gescreent wurden, bekam er im Nachhinein oft einen kurzen Bericht. Ein- oder zweimal pro Film, wenn eine Krise dräute, schaute er unweigerlich vorbei und sagte etwas, das uns half, unsere Wahrnehmung zu verändern und den Film besser zu machen. Wenn er uns etwas mitteilen wollte, fing er stets mit denselben Worten an: »Ich bin ja kein Filmemacher, also könnt ihr alles, was ich sage, einfach ignorieren …« Um anschließend mit verblüffender Effizienz das Problem ganz genau zu diagnostizieren. Steve nahm ausschließlich das Problem in den Fokus, nicht die Filmemacher, was seiner Kritik nur umso mehr Gewicht verlieh. Hat man das Gefühl, dass eine Kritik aus persönlichen Gründen vorgetragen wird, kann man leicht darüber hinweggehen. Über Steve konnte man nicht hinweggehen. Jeder Film, zu dem er sich äußerte, profitierte von seinen Einsichten.

Wenn er in den Anfangszeiten in seinen Ansichten noch zu wilden Umschwüngen neigte und brüsk in seiner Kritik sein konnte, lernte er im Laufe der Zeit, sich besser auszudrücken und auf die Gefühle anderer zu achten. Er lernte, den Raum zu »lesen«, und legte Fertigkeiten an den Tag, die ich ihm Jahre früher gar nicht zugetraut hätte. Steve sei, sagen einige, mit dem Alter sanfter geworden. Ich finde nicht, dass das eine zutreffende Beschreibung ist; dazu klingt es viel zu passiv, so als hätte er einfach mehr durchgehen lassen. Steves Transformation war ein aktiver Prozess. Er engagierte sich wie gehabt; was er verändert hatte, war allein, wie er das tat.

Es gibt da einen Satz, den schon viele in dem Bemühen angeführt haben, Steves Gabe dafür zu erklären, das Unmögliche zu erreichen. Steve, sagen sie, arbeitete mit einem »Reality Distortion Field«, einer Art Realitätsverzerrungsfeld. Walter Isaacson hat diesem ominösen Feld in seiner Biografie des Apple-Gründers ein ganzes Kapitel gewidmet und darin unter anderem Andy Hertzfeld, ein Mitglied des ursprünglichen Mac-Teams bei Apple, mit folgenden Worten zitiert: »Das Reality Distortion Field bestand aus einer verwirrenden Mischung aus charismatischer Rhetorik, unbeugsamem Willen und der Bereitschaft, die Fakten jederzeit so hinzubiegen, wie er sie brauchte.« Auch bei Pixar habe ich diesen Satz ziemlich oft gehört. Immer wieder kam es vor, dass Leute, wenn sie Steve zuhörten, zu der Überzeugung gelangten, sie hätten eine neue Erkenntnisebene erreicht, nur um hinterher festzustellen, dass es ihnen unmöglich war, seine argumentativen Schritte zu rekonstruieren – mit der Folge, dass die Erkenntnis sich wieder verflüchtigte und die Leute sich am Kopf kratzten und das Gefühl hatten, sie seien hinters Licht geführt worden. »Realitätsverzerrung« eben.

Mir ging dieser Ausdruck immer schon gegen den Strich; irgendwie schwingt etwas Negatives darin mit, die Unterstellung, dass Steve, wenn ihm der Sinn danach war, versuchen würde, eine Fantasiewelt in die Realität zu bringen, ohne jede Rücksicht darauf, dass seine Weigerung, sich den Fakten zu stellen, für die Leute um ihn herum bedeutete, eine Nachtschicht nach der anderen zu fahren und ihr Leben auf den Kopf zu stellen, nur um seine unmöglichen Erwartungen doch noch irgendwie zu erfüllen. Um Steves Weigerung, Regeln – beziehungsweise Realitäten – zu folgen, die auf andere Anwendung finden, ist schon viel Aufhebens gemacht worden; ein berühmtes Beispiel ist seine Weigerung, ein Nummernschild an seinen Wagen zu schrauben. Doch wer allzu sehr darauf abhebt, läuft Gefahr, etwas sehr Wichtiges zu übersehen. Steve hatte erkannt, dass viele Regeln im Grunde genommen willkürlich sind. Ja, er hat Grenzen getestet und hin und wieder auch überschritten. Als Wesenszug könnte man das als »antisozial« beschreiben – beziehungsweise, wenn das Ziel darin besteht, die Welt zu verändern, mit dem Etikett »visionär« auszeichnen. In der Theorie unterstützen wir die Vorstellung häufig, die geltenden Grenzen zu verschieben – und ignorieren dabei die Probleme, die das in der Praxis verursachen kann.

Schon bevor Pixar auf den Namen Pixar getauft wurde, hatten wir uns der Aufgabe verschrieben, etwas zu erreichen, was nie zuvor getan worden war. Was mich angeht, war und ist das ein lebenslanges Ziel, und meine Kollegen bei Pixar – darunter auch Steve – waren gleichermaßen zu diesem Sprung entschlossen, auch wenn die Computer zu der Zeit weder schnell genug waren noch ausreichend Speicherkapazitäten besaßen, um es zu verwirklichen. Eine Eigenschaft kreativer Menschen liegt darin, dass sie sich vorstellen, das Unmögliche möglich zu machen. Diese Art des Vorstellens – träumen, in Gedanken herumspinnen, das, was (im Moment) wahr ist, einfach zurückweisen – ist der Weg, wie wir Dinge entdecken, die neu oder wichtig sind. Steve wusste um den Nutzen der Wissenschaften und des Rechts, aber er wusste auch, dass komplexe Systeme dazu neigen, auf nicht lineare und unvorhersagbare Weise zu reagieren. Und dass Kreativität im Idealfall uns alle überrascht.

Für mich besitzt der Begriff Realitätsverzerrung noch eine weitere, abweichende Bedeutung, eine, die in meiner Überzeugung gründet, dass unsere Entscheidungen und Handlungen Konsequenzen haben und dass diese Konsequenzen unsere Zukunft gestalten. Unsere Handlungen verändern unsere Realität. Unsere Absichten zählen. Die meisten glauben, dass ihre Handlungen mit Konsequenzen einhergehen, denken aber nicht konsequent zu Ende, was diese Überzeugung impliziert. Steve dagegen tat das. Wie ich war er davon überzeugt, dass wir, eben indem wir unseren Absichten entsprechend handeln und unseren Werten treu bleiben, die Welt verändern.

Am 24. August 2011 trat Steve von seinem Posten als Apple-CEO zurück – außerstande, den rigiden Anforderungen der Arbeit, die er so liebte, weiterhin gerecht zu werden. Kurz darauf, ich war zu Hause gerade mit meinen morgendlichen Fitnessübungen beschäftigt, rief Steve mich an. Um ehrlich zu sein, ich kann mich nicht mehr genau daran erinnern, was gesprochen wurde; ich wusste, dass es mit ihm zu Ende ging, und das war eine Wahrheit, mit der zurechtzukommen mir unglaublich schwerfiel. Aber ich weiß noch, dass seine Stimme kräftig klang – viel kräftiger, als sie nach allem, was er durchgemacht hatte, hätte klingen sollen –, als er über die vielen Jahre sprach, die wir miteinander gearbeitet hatten, und darüber, wie dankbar er dafür war, diese Erfahrung gemacht zu haben. Außerdem erinnere ich mich, dass er davon sprach, wie sehr er sich geehrt fühlte, seinen Teil zum Erfolg von Pixar beigetragen haben zu dürfen. Und dass ich ihm sagte, wie sehr ich mich geehrt fühlte und wie dankbar ich ihm war für seine Freundschaft, sein Beispiel und seine Loyalität. Als wir auflegten, sagte ich zu mir selbst: »Das war sein Abschiedsanruf.« Und das war er auch: Steve lebte zwar noch sechs Wochen, aber mit ihm gesprochen habe ich in dieser Zeit nicht mehr.

Am Montagmorgen fünf Tage nach Steves Tod versammelte sich die gesamte Pixar-Belegschaft im Atrium des Gebäudes, das er entworfen hatte, zur Andacht und Trauer. Um elf Uhr morgens war das Atrium voller Menschen, und es war an der Zeit, von ihm Abschied zu nehmen. Ich stand an der Seite, in Gedanken bei dem Mann, der für Pixar Retter und Beschützer gewesen war – und für mich ein enger Freund. Schließlich gab ich mir einen Ruck und ergriff das Wort.

Es gab so vieles, über das ich hätte reden können – darüber, wie er 1986 Georg Lucas die Abteilung abkaufte, aus der Pixar hervorgehen sollte, und uns damit vor dem Aus bewahrte; darüber, wie er uns drei Jahr später, als ein komplett computeranimierter Film noch weit jenseits unserer Fähigkeiten zu liegen schien, zu dem Wagnis ermutigte, mit *Toy Story* unseren ersten computeranimierten Spielfilm zu produzieren; darüber, wie er unsere Zukunft absicherte, als er uns an Disney verkaufte und anschließend einen Merger aushandelte, der eine echte Partnerschaft begründete und so unsere Autonomie bewahrte; oder darüber, wie er uns half, eine Klitsche mit 43 Mitarbeitern in ein Studio mit den 1100 Männern und Frauen zu verwandeln, die an diesem Morgen vor mir standen. Rückblickend erinnerte ich mich an die ersten Momente unserer Beziehung – Steve, der bohrte und hinterfragte, während ich meine Ideen immer weiter ausfeilte und untermauerte. Er zwang mich, fokussierter, widerstandfähiger, smarter und besser zu werden. Im Laufe der Zeit hatte ich mir angewöhnt, mich auf seine besondere, fordernde Art zu verlassen, die mir noch jedes Mal dabei half, mein eigenes Denken klarer zu sehen. Ich konnte jetzt schon das Gewicht seines Verlustes spüren.

»Ich erinnere mich an den Tag im Februar vor 25 Jahren, an dem Pixar gegründet wurde«, fing ich an und erzählte von dem Treffen in einem Konferenzsaal bei Lucasfilm, bei dem die Verträge unterzeichnet wurden, die Steve zum Mehrheitsbesitzer machten. Wir waren am Ende, hatten monatelang nach potenziellen Käufern für unsere Abteilung gesucht, bevor schließlich Steve auf den Plan getreten war. Für all diejenigen, die nicht von Anfang an bei Pixar dabei waren, ließ ich noch einmal Revue passieren, wie Steve mich und Alvy Ray Smith auf die Seite nahm, die Arme um uns legte und sagte: »Wenn wir das hier durchziehen, gibt es eine Sache, um die ich ganz besonders bitte: Was auch geschieht, wir müssen loyal zueinander sein.« Und dieses Versprechen hatte Steve, rief ich jetzt meinen Kollegen zu, immer eingehalten. »Im Laufe der Jahre haben Pixar und Steve eine Menge Veränderungen durchlebt und Kämpfe gefochten«, sagte ich. »Es waren sehr schwere Zeiten, und Pixar stand schon kurz vor dem Kollaps. Jeder andere Investor oder Risikokapitalgeber hätte aufgegeben.« Nicht so Steve – er verlangte von sich dasselbe, was er von uns erbeten hatte: Loyalität.

»Ich weiß nicht, was die Zukunft bringen wird«, schloss ich meine Ausführungen. Durch die Oberlichter strömte Sonnenlicht in das Atrium. »Aber ich glaube, dass Steves Fokus auf Leidenschaft und Qualität uns Welten erschließen wird, die wir im Moment noch gar nicht sehen können. Und dafür bin ich ihm wahrhaft dankbar.« Als ich diese Worte sagte, wurde mir mehr als je zuvor bewusst, wie wichtig es ist, dass wir das, worauf Steve so stolz war, verstehen und verteidigen. Es war seit jeher mein Wunsch, bei Pixar eine Kultur zu erschaffen, die ihre Führer und Vorreiter – Steve,

John und mich – überdauern würde. Nun hatte einer von uns das Set zu früh verlassen, und damit blieb die Aufgabe, diese Kultur zu stärken – dafür zu sorgen, dass sie sich selbst fortzuführen imstande war –, John und mir überlassen.

Als ich geendet hatte, gab ich das Mikrofon frei für alle, die Steve nahegestanden hatten und etwas sagen wollten, und einer nach dem anderen kamen sie auf das Podium. Andrew Stanton bezeichnete Steve als »unsere kreative Firewall«. Mit ihm im Rücken genossen die Pixar-Kreativen das Leben »freilaufender Hühner«, sagte er und erntete dafür ein Lachen. »Steve hat alles getan, um uns kreative Freiheit zu geben.«

Nach ihm ergriff Pete Docter, seit jeher ein Meister der genauen Beobachtung, das Mikrofon und ließ uns an einer seiner liebsten Erinnerung an Steve teilhaben. Bei einem Meeting irgendwann vor mehreren Jahren fielen Pete in einem der Hosenbeine von Steves Levi's 501 zwei identische kleine Löcher auf. Und als Steve seine Position auf dem Stuhl wechselte, entdeckte Pete zu seinem Erstaunen in Steves anderem Hosenbein dieselben zwei Löcher, und zwar an derselben Stelle, unmittelbar über dem Knöchel. Noch während Pete sich – vergebens – einen Grund für diese symmetrischen Löcher in Steves Hosenbeinen auszumalen versuchte, sah er, wie Steve nach unten griff, um durch den Hosenstoff hindurch seine Socken hochzuziehen – und dabei seine Finger genau auf die Löcher legte! »Das war also Steve, millionenschwer, aber ganz offenkundig kein bisschen darum bekümmert, sich ein neues Paar Hosen zu kaufen«, meinte Pete. »Oder vielleicht hätte es ja auch ein Paar Socken mit besserem Elastikband getan? So oder so, es war ein zutiefst menschlicher Zug an diesem ansonsten so überlebensgroßen Typ.«

Brad Bird erzählte davon, wie er damals, als er mit Pixar zum ersten Mal über die Produktion von *Die Unglaublichen – The Incredibles* sprach, sich keineswegs sicher war, ob er das Angebot annehmen sollte. Er spielte immer noch mit dem Gedanken, bei Warner Bros. zu bleiben, die mit *Der Gigant aus dem All* seinen letzten Film herausgebracht hatten. »Aber ich brauchte einen vollen Monat, um ein Meeting mit der Verwaltung des Studios zu vereinbaren, für das ich gerade einen Film gedreht hatte«, erzählte Brad. »In der Zwischenzeit hatte Steve den Namen meiner Frau in Erfahrung gebracht, und als er danach fragte, wie es meinen Kindern ging, kannte er auch ihre Namen. Der Typ hatte seine Hausaufgaben gemacht. Und da fragte ich mich, was zum Teufel in mich gefahren war, mit Warner Bros. überhaupt zu reden? Damit war die Sache beschlossen.«

»In dieser Hinsicht war Steve das Maß der Dinge«, fuhr Brad fort. »Er dachte immer langfristig. Steve hatte ein Faible für den Buddhismus, aber für mich war er eher einfach ein sehr spiritueller Mensch. Ich muss einfach glauben, dass er an etwas glaubte, das über das hier hinausreicht« – Brad stockte einen Moment, von seinen Gefühlen übermannt – »und dort werden wir alle ihm wieder begegnen. Dort, wo der Rahm nach oben steigt. Auf dich also, Steve, und auf die lange Sicht.«

Nun fehlte nur noch John. Stille machte sich im Atrium breit, aber man konnte die Gefühle spüren, die uns umwogten. Auf dem Podium ergriff John das Wort und beschrieb, welch große Ehre es für ihn war, als Steves Freund mitzuerleben, wie er sich zum Besseren veränderte – wie wir alle es anstreben.

»Als Steve uns kaufte«, sagte John, »hatte er dieses Selbstbewusstsein. Manche nennen es Arroganz; ich nenne es Selbstbewusstsein. Im Grunde genommen war es der Glaube, jeden Job, den andere machten, besser als sie selbst machen zu können. Deshalb wollte bei Apple auch keiner mit Steve in einen Aufzug steigen – weil sie davon ausgingen, dass sie bis zum obersten Stockwerk aller Wahrscheinlichkeit nach schon gefeuert wären.« Wieder brachen die Leute in Lachen aus. »Doch als sich Pixar nach und nach zu einem Animationsstudio entwickelte, fing er an, genauer hinzuschauen, was wir hier alles arbeiteten – und kam aus dem Staunen kaum mehr heraus. Er erkannte, dass er nicht einmal ansatzweise in der Lage war, das zu machen, was wir konnten. Mir gefällt der Gedanke, dass er, als er Pixar aufbaute, als er und Laurene heirateten und er seine Kinder bekam, dass die Erkenntnis, wie brillant die Leute hier bei Pixar waren – dass all das mit dazu beitrug, aus ihm den unglaublichen Anführer zu machen, der er war.«

Drei Wochen zuvor hatte John Steve ein letztes Mal besucht. »Wir saßen eine gute Stunde zusammen und unterhielten uns über die kommenden Projekte, an denen er so interessiert war«, erzählte John mit stockender Stimme. »Ich sah ihn an und erkannte, dass dieser Mann mir – uns – alles gegeben hatte, was wir uns je wünschen konnten. Ich nahm ihn in die Arme. Ich küsste ihn auf die Wange, und dann, für alle von euch« – John liefen jetzt Tränen über die Wangen – »sagte ich zu ihm: ›Danke, Steve! Ich liebe dich.‹«

Tosender Applaus erfüllte das Atrium, Applaus, der erst abebbte, als einer der Pixar-Singers auf das Podium stieg. Mit ruhiger Stimme kündigte er an, dass unsere hauseigene A-cappella-Band, die auf der Abschlussparty nach jeder Filmproduktion in der Geschichte von Pixar aufgetreten war, nun auch für Steve singen wollte. So, wie wir in diesem Moment in dem Gebäude versammelt standen, das wir alle »Steve's Movie« nannten, konnte ich nicht anders, als zu denken, dass er das hier geliebt hätte – eine passende Abschlussparty für eine großartige Produktion namens Steve Jobs.

Die Achterbahn hatte angehalten, und ein guter Freund war ausgestiegen, aber Junge, Junge, was für eine Runde haben wir da zusammen gedreht. Es war ein wahrer Höllenritt gewesen.

# AUSGANGSPUNKTE

## Überlegungen zum Management kreativer Unternehmenskulturen

Im Folgenden habe ich für Sie einige der Prinzipien zusammengefasst, die wir über die Jahre hinweg entwickelt haben, um eine gesunde kreative Kultur aufzubauen und zu bewahren. Mir ist klar, wenn man eine komplexe Idee auf einen T-Shirt-Slogan reduziert, riskiert man unweigerlich, ein Gefühl von Erkenntnis zu erzeugen und zugleich die Idee ihrer eigentlichen Kraft zu berauben. Ein Sprichwort, das im Ohr hängen bleibt, befindet sich immer schon auf halbem Wege zur Belanglosigkeit. Man bekommt etwas, das sich gut sagen lässt, aber nicht mit dem Verhalten verbunden ist. Aber auch wenn ich mich in diesem Buch durchweg negativ über vereinfachende Wahrheiten geäußert habe, habe ich doch einen Standpunkt und glaube, dass es hilfreich sein könnte, einige der Prinzipien mit Ihnen zu teilen, die mir am meisten am Herzen liegen. Der Trick besteht darin, die nachfolgenden Aussagen als Ausgangspunkte zu begreifen, nicht als Endpunkte, sondern als Aufforderung zur weitergehenden Recherche.

- Gib einem mittelmäßigen Team eine gute Idee, und es wird sie versauen. Gib einem großartigen Team eine mittelmäßige Idee, und es wird daraus entweder eine gute Idee machen oder etwas Besseres finden. Wenn man das richtige Team hat, stehen die Chancen gut, dass die Ideen gut werden.
- Bei der Suche nach neuen Leuten sollte man mehr auf ihr Wachs-

tumspotenzial achten als auf ihre momentanen Fähigkeiten. Wozu jemand morgen in der Lage sein wird, ist wichtiger als das, was er heute kann.

- Man sollte immer danach streben, Leute einzustellen, die smarter sind als man selbst. Entscheiden Sie sich immer für das Bessere, auch wenn das nach einer potenziellen Gefahr aussieht.
- Wenn die Leute in Ihrer Organisation Angst haben, eigene Ideen vorzuschlagen, haben Sie schon verloren. Tun Sie Ideen nicht ab, nur weil sie von unerwarteter Seite kommen. Inspiration kann von überall kommen – und tut das auch.
- Nur offen für Ideen von anderen zu sein, reicht nicht. Die kollektive Brainpower der Leute zu engagieren, mit denen man arbeitet, ist ein aktiver und permanenter Prozess. Als Manager muss man die Ideen aus seinen Mitarbeitern herauskitzeln und sie ständig ermutigen, eigene Ideen einzubringen.
- Es gibt viele gute Gründe, warum Leute in einer Arbeitsumgebung nicht offen miteinander sind. Es ist Ihre Aufgabe, nach diesen Gründen zu suchen und sie zu beheben.
- Ebenso gibt es immer einen Grund dafür, wenn jemand anderer Meinung ist als Sie. Unsere erste Aufgabe ist es, zu verstehen, wie die anderen zu ihren Schlussfolgerungen gelangen.
- Auch wenn in einer Organisation Angst herrscht, gibt es einen Grund dafür – und besteht unser Job darin, a) herauszufinden, was diese Angst verursacht, b) sie zu verstehen und c) zu versuchen, die Angst aufzulösen.
- Davon überzeugt sein, dass man selbst recht hat, ist bei Weitem am wirksamsten, wenn es darum geht, alternative Standpunkt auszuschließen.
- Im Allgemeinen scheuen Leute davor zurück, Dinge zu sagen, die den Status quo herausfordern. Braintrust-Meetings, Dailies, Postmortems und Notes Day sind Versuche, die Einstellung zu stärken, dass es in Ordnung ist, auch kritische Meinungen kundzutun. Sie alle sind Mechanismen zur Selbstbewertung, die dazu dienen, die Wahrheit zu enthüllen.

- Wenn man auf den Fluren mehr Wahrheit hört als in Meetings, dann hat man ein Problem.
- Viele Manager sind der Ansicht, dass es ein Zeichen mangelnden Respekts ist, wenn man sie nicht vor allen anderen über Probleme informiert oder sie damit in einem Meeting überrascht. Machen Sie sich davon frei.
- Mit einer Informationspolitik, die darauf abzielt, Probleme herunterzuspielen, riskiert man, als Lügner, Naivling, Ignorant oder herzloser Manager zu erscheinen. Probleme teilen ist ein Akt der Inklusion, der den Mitarbeitern das Gefühl vermittelt, am großen Ganzen teilzuhaben.
- Die ersten Schlussfolgerungen, die wir aus unseren Erfolgen und Misserfolgen ziehen, sind typischerweise falsch. Resultate messen, ohne den Prozess zu bewerten, ist trügerisch.
- Glauben Sie nicht, dass es, wenn Sie Fehler vermeiden, keine Fehler mehr zu beheben gibt. In Wahrheit sind die Kosten der Fehlervermeidung häufig weitaus höher als die Kosten der Fehlerbehebung.
- Veränderung und Unsicherheit sind Bestandteil des Lebens. Unser Job besteht nicht darin, uns dagegen zu wehren, sondern darin, die Fähigkeit aufzubauen, wieder auf die Beine zu kommen, wenn unerwartete Dinge geschehen. Wer effektiv führen will, muss permanent versuchen, die Dinge, die verborgen sind, zu enthüllen und sie ihrer Natur nach zu verstehen.
- Ebenso wenig ist es Aufgabe des Managers, Risiken zu vermeiden. Seine Aufgabe ist es vielmehr, dafür zu sorgen, dass man sie ohne Gefahr eingehen kann.
- Misserfolge sind nicht notwendigerweise schlecht. Genau genommen sind sie das ganz und gar nicht. Misserfolge sind unausweichlich, wenn man etwas Neues macht.
- Vertrauen heißt nicht, darauf zu vertrauen, dass jemand keinen Fehler macht – sondern den Leuten zu vertrauen, auch wenn sie Fehler machen.
- Die Leute, die schlussendlich für die Umsetzung eines Plans

verantwortlich sind, müssen befähigt sein, auch ohne vorherige Genehmigung Entscheidungen zu treffen, wenn etwas schiefläuft. Probleme finden und beheben ist die Aufgabe von allen. Jeder sollte in der Lage sein, den Produktionsprozess zu unterbrechen.

- Der Wunsch, dass alles glatt läuft, ist ein verfehltes Ziel – weil er dazu führt, Leute anhand der Fehler zu bewerten, die sie machen, und nicht nach ihrer Fähigkeit, Probleme zu lösen.
- Warten Sie nicht, bis etwas perfekt ist, bevor Sie es anderen zeigen. Die Devise lautet: früh zeigen und oft zeigen. Schön wird es, wenn wir dort sind, aber der Weg dorthin ist nicht notwendigerweise schön. Und das ist auch völlig in Ordnung.
- Die Kommunikationsstruktur eines Unternehmens sollte kein Abbild seiner Organisationsstruktur sein. Jeder sollte in der Lage sein, mit jedem zu reden.
- Vorsicht vor allzu vielen Regeln. Regeln können einem Manager das Leben erleichtern, aber die 95 Prozent, die sich gut verhalten, können sich dadurch herabgewürdigt fühlen. Erlassen Sie keine Regeln, um die anderen fünf Prozent in den Griff zu bekommen – sprechen Sie Verstöße gegen den gesunden Menschenverstand individuell an. Das macht zwar mehr Arbeit, ist auf lange Sicht aber gesünder.
- Grenzen setzen kann kreative Reaktionen ermutigen. Aus unangenehmen oder scheinbar unhaltbaren Bedingungen heraus kann exzellente Arbeit hervorgehen.
- Die Auseinandersetzung mit außergewöhnlich schwierigen Problemen zwingt uns, anders zu denken.
- Eine Organisation ist, als Ganzes gesehen, konservativer und resistenter gegenüber Veränderungen als die Individuen, aus denen sie sich zusammensetzt. Gehen Sie nicht davon aus, dass allgemeine Zustimmung allein schon ausreicht, um Veränderungen anzustoßen – eine Gruppe zu bewegen verlangt viel Energie, selbst wenn alle mit an Bord sind.
- Die gesündesten Organisationen bestehen aus Abteilungen, de-

ren Agenden sich unterscheiden, aber deren Ziele miteinander verbunden sind. Wenn eine Agenda gewinnt, verlieren alle.

- Unser Job als Manager in einem kreativen Umfeld besteht darin, neue Ideen gegenüber denen in Schutz zu nehmen, die nicht verstehen, dass, wenn etwas Großartiges entstehen soll, es auch Phasen geben muss, die nicht so großartig sind. Verteidigen Sie die Zukunft, nicht die Vergangenheit.
- Neue Krisen sind nicht immer beklagenswert – sie testen und demonstrieren die Werte eines Unternehmens. Der Prozess der Problemlösung knüpft oft enge Bande zwischen den Mitarbeitern und hält die Kultur in der Gegenwart.
- *Exzellenz*, *Qualität* und *gut* sollten Auszeichnungen sein, die verdient sind, die uns von anderen zuerkannt werden und nicht wir uns selbst verleihen.
- Machen Sie nicht den Fehler, Stabilität zum Ziel zu küren. Balance ist wichtiger als Stabilität.
- Verwechseln Sie nicht den Prozess mit dem Ziel. An unseren Prozessen arbeiten, um sie besser, einfacher und effizienter zu machen, ist eine unerlässliche Aufgabe und etwas, um das wir uns kontinuierlich bemühen sollten – aber es ist nicht das Ziel. Unser Ziel ist, das Produkt großartig zu machen.

# DANK

## Ed Catmull

Ein Buch wie dieses zu schreiben, eines, das aus so vielen Jahren des Lernens und der Erfahrungen schöpft, wäre ein Ding der Unmöglichkeit ohne den Input von zahllosen Menschen. Ich werde mehrere von ihnen beim Namen nennen, aber in Wahrheit hat dieses Buch von der Arbeit aller meiner Kollegen und Freunde bei Pixar und Disney profitiert. Ich bin jedem und jeder Einzelnen zutiefst dankbar.

Zuerst und vor allem muss ich John Lasseter danken, langjähriger Freund und Chief Creative Officer von Pixar und Disney Animation. John ist offen und großzügig bis ins Mark und hat zu diesem Buch viele Erinnerungen und Einsichten beigesteuert. Bob Iger, Chairman und Chief Executive der Walt Disney Company, hat dieses Projekt von Anfang an unterstützt und es durch sein Feedback über die Maßen verbessert. Alan Horn und Alan Bergman, ihres Zeichens Chairman respektive Präsident der Walt Disney Studios, waren weise Führer, die mit mir zusammen an vielen Änderungen gearbeitet haben.

Ich habe das große Glück, ein unglaubliches Team von Managern um mich zu wissen, mit denen ich jeden Tag arbeite: bei Pixar General Manager Jim Morris und Lori McAdams, Vice President für Human Resources; bei Disney Animation General Manager Andrew Millstein und Ann Le Cam, Vice President für Produktion sowie für Human Resources.

Dieses Buch wäre niemals entstanden ohne meine Agentin,

Christy Fletcher, und meinen Lektor bei Random House, Andy Ward. Andy hat das Projekt von seiner Entstehung bis zu seiner Vollendung gehütet und gehegt. Er ist ein großartiger Lektor und hat jede einzelne Seite lesbarer, überzeugender und ganz einfach besser gemacht. Danken möchte ich auch Wendy Tanzillo, die seit 13 Jahren als meine Assistentin mit ihrer Fürsorge und Aufmerksamkeit mein Leben davor bewahrt, ins Chaos abzudriften.

Über die Jahre hinweg habe ich unzählige Gespräche und Diskussionen geführt, die mir geholfen haben, einige der schwierigeren Konzepte in diesem Buch in den Griff zu bekommen. Zu denen, die mir mit ihrem bereitwilligen Engagement eine unermessliche Hilfe waren, gehören Michael Arndt, Brad Bird und Bob Peterson. Sehr profitiert habe ich auch von den außergewöhnlich tiefschürfenden Gesprächen mit Philip Moffitt, Direktor des Life Balance Institute.

Als das Buch so langsam Gestalt annahm, habe ich viele Leute gebeten, es zu lesen. Ich bin diesen Prozess nicht viel anders angegangen, wie wir beim Screening unserer Filme vorgehen, sprich ich habe mir gesagt, je mehr Feedback ich bekomme, und das von einer möglichst bunt gefächerten Gruppe, umso besser und klarer würde das Buch werden. In Anbetracht der Länge des Buches war das, wie mir sehr wohl klar ist, kein kleiner Gefallen, um den ich da bat, und doch haben sie alle mir, ohne zu zögern, ihre Zeit geschenkt. Dafür danke ich: Jennifer Aaker, Darla Anderson, Brad Bird, Jeannie Catmull, Lindsey Collins, Pete Docter, Bob Friese, Marc Greenberg, Casey Hawkins, Byron Howard, Michael Jennings, Michael Johnson, Jim Kennedy, John Lasseter, Ann Le Cam, Jason Levy, Lawrence Levy, Emily Loose, Lenny Mendonca, Andrew Millstein, Jim Morris, Donna Newbold, Karen Paik, Tom Porter, Kori Rae, Jonas Rivera, Ali Rowghani, Peter Sims, Andy Smith, Andrew Stanton, Galyn Susman, Bob Sutton, Karen Tenkoff, Lee Unkrich und Jamie Woolf. Als besonders hilfreich bei dem Versuch, eine Struktur in das Buch zu bringen, haben sich Robert Baird, Dan Gerson und Nathan Greno erwiesen, die eines Tages mit einem gigantischen Whiteboard in mein Büro marschiert kamen. Nicht zu vergessen Pixar-Archivarin Christine Freeman, die mir beim Recherchieren eine enorme Hilfe war, Elyse Klaidman und Cory Knox, die viele Puzzleteile im Blick behielten, deren Faden ich verloren hatte, sowie Oren Jacob, der wichtige Lücken füllen half.

Weiter sollte ich darauf hinweisen, dass die Ideen in diesem Buch über einen Zeitraum von 45 Jahren entstanden sind und mich auf dieser Reise zahllose Leute begleitet haben. Das hier ist kein Geschichtsbuch. Auch wenn es zur Unterstützung der von mir präsentierten Konzept eine Reihe chronologischer Schilderungen enthält, ist mir bewusst, dass etliche Leute – insbesondere solche im technischen Bereich – sich unterrepräsentiert fühlen werden, was vor allem an ihrer Arbeit liegt, die höchst komplex ist und sich einer zugänglichen Darstellung versperrt. Für das Protokoll sei also angemerkt, dass Bill Reeves, Eben Ostby und Alvy Ray Smith eine Schlüsselrolle bei dem gespielt haben, was ich für Pixars größten Triumph halte, nämlich die Verschmelzung von Kunst und Technologie – und dass dieses Buch tief in ihrer Schuld steht.

Zu guter Letzt meine Frau Susan und die sieben Kinder, um die unser Leben kreist – Ben, David, Jeannie, Matt, Michael, Miles und Sean. Ich danke euch für eure Geduld, eure Unterstützung und eure Liebe. Schließlich geht mein Dank auch an meinen 92 Jahre alten Vater, Earl Catmull, dessen Erinnerungen an meine Kindheit deutlicher sind als meine eigenen und dessen Beschreibungen meiner frühesten Lebensjahre von unschätzbarem Wert für mich waren.

# Amy Wallace

Mein Dank gilt meiner Agentin, Elyse Cheney, die mir dieses Projekt beschert hat. Andy Ward von Random House für seine Genialität in allen Dingen. Meinem Sohn Jack Newton dafür, dass er so ist, wie er ist: einfühlsam, lustig und anregend. Mary Melton und Jim Nelson, meinen unglaublich hilfsbereiten Redakteuren beim *Los Angeles*-Magazin beziehungsweise bei *GQ*, dafür, dass sie es mir möglich gemacht haben, bei diesem Buch einzusteigen. Allen bei Pixar und Disney Animation, die mir bei der Suche nach den Schlüsselszenen geholfen haben, ganz besonders aber Brad Bird, Pete Docter, Christine Freeman, Elyse Klaidman, John Lasseter, Jim Morris, Tom Porter, Andrew Stanton und Wendy Tanzillo. Meinen Eltern für den Satz »Wenn du schreiben willst, musst du lesen«, und allen meinen lieben Freunden, die nie aufhören, mir mit Rat und Tat zur Seite zu stehen: Julie Buckner, Karla Clement, Sacha Feinman, Ben Goldhirsh, Carla Hall, Gary Harris, Nancy Hass, Jon Herbst, Claire Hoffman, Beth Hubbard, Justin McLeod, J.R. Moehringer, Bob Roe, Julia St. Pierre, Minna Towbin Pinger, Valerie Van Galder, Brendan Vaughan und Sherri Wolf. Und dann noch Ed Catmull dafür, dass er mir eine Chance gegeben und mich ins Haus gebeten hat.

# REGISTER

## Symbole



## A



## B



## C

## I



## J



## K



## L



## M

## T



## U



## V



## W



## X



## Z